园林植物杀虫剂应用技术

马安民　崔　维　主编

河南科学技术出版社

·郑州·

图书在版编目（CIP）数据

园林植物杀虫剂应用技术/马安民，崔维主编.—郑州：河南科学技术出版社，2017.10

ISBN 978-7-5349-8984-1

Ⅰ.①园… Ⅱ.①马… ②崔… Ⅲ.①园林植物-植物性杀虫剂-研究 Ⅳ.①TQ453.3

中国版本图书馆CIP数据核字（2017）第219502号

出版发行：河南科学技术出版社

地址：郑州市经五路66号 邮编：450002

电话：（0371）65737028 65788613

网址：www.hnstp.cn

策划编辑：李义坤

责任编辑：司 芳

责任校对：郭晓仙

封面设计：张 伟

版式设计：栾亚平

责任印制：张艳芳

印 刷：河南新华印刷集团有限公司

经 销：全国新华书店

幅面尺寸：140 mm×202 mm **印张**：16.875 **字数**：405千字

版 次：2017年10月第1版 2017年10月第1次印刷

定 价：39.80元

本书编写人员名单

主　　　　编	马安民	崔　维		
副　主　编	史先元	张红涛	师东梅	王静洲
	杨　波	陈治华	闫立新	张新峰
	陈玉琴	韩延峰	张东辉	
编　　　者	薛晓栋	贺英华	高国峰	许东丽
	赵新雅	王俊娜	张　靓	水春红
	邓菊朋	李大江	付建业	乔长江
	王清江	李灵娟	李亚茹	

前　言

随着园林事业的蓬勃发展，本于自然、高于自然、以人为本的和谐园林对植物病虫害的防治提出了更高的要求。在使用农药时不仅要求对人无害，而且要对植物生态无害，具体应该以不破坏绿地的生态平衡，且对人的危害降低到最低限度为基础。园林植物品类繁多，生态、习性各不相同，加之各种农药的性质、特点及使用方法的不同，因而必须做到合理、谨慎用药，确保人类与生态的安全。

鉴于目前园林农药施用技术人员水平参差不齐，为方便读者，三门峡市园林科学研究所组织编写本书，书中结合各种虫害的防治，对主要杀虫剂的作用机制、作用特点及使用方法进行了介绍，其中的使用方法多来自生产一线，可靠安全。全书分为两部分。第一部分为概论，共4章，包括杀虫剂的概念、剂型、作用机制、使用方法及杀螨剂的使用；第二部分为各论，共18章，介绍了各种杀虫剂的通用名称、化学名称、毒性、作用特点、制剂及使用方法。但由于每种杀虫剂制剂较多，书中只对常见制剂及常见虫害进行了举例说明，其中第二十二章列出了生产上用到的单验方杀虫剂。本书共涉及杀虫剂单剂近300种，混剂近500种，去掉了铁灭克等高毒禁用农药。附录部分列出了防治常见害虫的药剂、部分杀虫剂的敏感植物、高效低毒杀虫杀螨剂、常见杀虫剂通用名与俗名的对照表等。

本书提倡合理用药、防止抗性、保护生态的综合防治，可为广大园林、苗圃、花卉工作者及园林设计者在植物虫害防治方面提供参考，在生产实践中起到抛砖引玉的作用。但由于编者水平有限，书中可能存在错误之处，望广大读者提出宝贵意见。

编者

2017 年 5 月

目　录

第一部分　概　论

1

第二部分　各　论

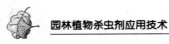

十一、杀螨剂的混剂

（一）含三氯杀螨醇的混剂

【主要品种】

第一部分　概　论

第一章　杀虫剂的概念、剂型及作用机制

一、杀虫剂的概念及分类

（一）概念

杀虫剂是用来防治农、林、卫生、储粮及畜牧等方面处于所有发展阶段的害虫及病媒昆虫的药剂，包括杀卵剂和杀幼虫剂。同时具有杀螨或杀线虫活性的，则被称为杀虫杀螨剂或杀虫杀线虫剂。杀螨剂是用来防治害螨的药剂，也常被列入杀虫剂。杀虫剂主要包括有机磷类、拟除虫菊酯类、氨基甲酸酯类、烟碱类、苯甲酰脲类等。有机氯、有机磷、氨基甲酸酯及拟除虫菊酯类杀虫剂统称为常规杀虫剂，也称为第一、二、三代杀虫剂。结构独特、作用方式新颖、杀虫效果优良、对环境友好的杀虫剂（如氯化烟酰类、苯甲酰苯基脲类、蜕皮激素类、吡咯类等）则被称为第四代杀虫剂。

（二）分类

1. 按来源分类　杀虫剂可分为天然产物杀虫剂和人工合成杀虫剂，具体可将其分为九类。

（1）矿物油杀虫剂：如柴油乳剂（防治叶螨、蚜虫、介壳虫等）。

（2）生物体杀虫剂：如细菌杀虫剂苏云金杆菌（Bt）、真菌杀虫剂白僵菌、天敌昆虫中华草蛉。

（3）生物化学杀虫剂：如烟碱、川楝素、阿维菌素。

（4）有机磷杀虫剂：如敌敌畏、辛硫磷等。

（5）有机氮杀虫剂：如杀虫双、抗蚜威等。

（6）拟除虫菊酯类杀虫剂：如高效氟氯氰菊酯、氯氰菊酯、联苯菊酯等。

（7）特异性杀虫剂：如杀铃脲等。

（8）其他杀虫剂：如吡虫啉、啶虫脒、噻虫胺、氟虫酰胺等。

（9）混合杀虫剂：如毒·氯氰（毒死蜱+氯氰菊酯）、阿维·哒（阿维菌素+哒螨灵）。

2. 按化学成分分类　杀虫剂可分为无机杀虫剂和有机杀虫剂。无机杀虫剂主要是含砷、氟、硫和磷等元素的无机化合物，如氟硅酸钠、硫黄等。有机杀虫剂包括天然有机杀虫剂、人工合成有机杀虫剂和生物杀虫剂。

（1）天然有机杀虫剂：包括苦蒿素、Bt等生物源杀虫剂及柴油乳剂、矿物喷淋油等矿物源杀虫剂。

（2）人工合成有机杀虫剂：包括有机氯类、有机磷类、氨基甲酸酯类、拟除虫菊酯类、苯甲酰脲类、新烟碱类及取代吡咯类等杀虫剂。

（3）生物杀虫剂：包括微生物源杀虫剂、植物源杀虫剂、昆虫生长调节剂及天敌昆虫、性激素、沙蚕毒素等动物源杀虫剂。

3. 按作用方式或效应分类　杀虫剂可分为胃毒剂、触杀剂、熏蒸剂、内吸剂、特异性杀虫剂（包括驱避剂、化学不育剂、拒食剂、引诱剂、昆虫生长调节剂）、粘捕剂、综合杀虫剂等。也可分为杀生性类和非杀生性类杀虫剂。其中杀生性类包括胃毒剂、触杀剂、内吸剂和熏蒸剂；非杀生性类包括引诱剂、驱避剂、拒食剂、化学不育剂和生长调节剂等五大类。

4. 按毒理分类　杀虫剂可分为神经毒剂和非神经毒剂。神经毒剂类包括氯化烃类、芳香族类及烯烃类、植物性杀虫剂（如烟碱、除虫菊素等）、有机磷酸酯类、氨基甲酸酯类等。非神经毒剂包括：①重金属、砷素剂、氟素剂等原生质毒剂；②磷化氢、硫化氢、鱼藤酮、氢氰酸等破坏能量代谢的呼吸毒剂；③矿物油、惰性粉等物理性毒剂；④抑制几丁质合成及激素代谢类的昆虫生长调节剂等特异性杀虫剂；⑤作用于代谢的酶类或细胞内肌质网膜上的钙释放通道 ryanodine（RyR）受体，以及一些目前不知道或无明确的作用位点、多作用位点的杀虫剂。

5. 按使用方法分类

（1）土壤处理剂：指通过喷施、浇灌、翻混等方法防治土壤传带的虫害的药剂，如辛硫磷、毒死蜱、阿维菌素等土壤处理剂。

（2）茎叶处理剂：指主要通过喷雾或喷粉法施药于植物的杀虫剂，如20%甲氰菊酯乳油、24%灭多威水剂、80%敌敌畏乳油等。

（3）种子处理剂：指用于处理种子的杀虫剂，主要防治种子传带的虫害或者地下害虫，如吡虫啉等。

6. 按毒性高低分类

（1）特毒杀虫剂：又称极毒杀虫剂，大白鼠口服急性半数致死量（LD_{50}）小于或等于 1 mg/kg。

（2）高毒杀虫剂：大白鼠口服急性 LD_{50} 为 1~50 mg/kg。

（3）中等毒性杀虫剂：大白鼠口服急性 LD_{50} 为 50~500 mg/kg。

（4）低毒杀虫剂：大白鼠口服急性 LD_{50} 为 500~5000 mg/kg。

（5）微毒杀虫剂：大白鼠口服急性 LD_{50} 为 5000~10 000 mg/kg。

（6）实际无毒杀虫剂：大白鼠口服急性 LD_{50} 大于 10 000 mg/kg。

7. 按使用对象分类　杀虫剂包括食叶性害虫类、刺吸性害虫类、地下害虫类、软体动物类、螨类及其他类杀虫剂。

二、杀虫剂的剂型及制剂

杀虫剂的主要剂型有三十余种，包括粉剂、乳油、油剂、悬浮剂、水剂、颗粒剂、水乳剂、烟剂、气雾剂、微胶囊剂、缓释剂及各种混配制剂等。

（一）粉剂

粉剂（DP）包括喷粉用粉剂、拌种用粉剂、土壤处理用粉剂、可湿性粉剂、可溶粉剂、种子处理用可分散粉剂、种子处理用可溶粉剂等。前三种都是直接使用，而其他几种是供加水喷雾或浸种用。

其中可湿性粉剂（WP）是将杀虫剂原药、载体、填料、表面活性剂（湿润剂、助悬剂、分散剂）、辅助剂（稳定剂）等按比例混合研磨成很细、易被水润湿并能在水中分散悬浮的粉状剂型，多是由不溶于水的农药原药与润湿剂、分散剂、填料混合粉碎而成。使用时需加水稀释成悬浮液进行喷雾。如 10% 吡虫啉可湿性粉剂等。

（二）乳油

乳油（EC）是将杀虫剂原药（一般不溶于水的原粉或原油）按一定的比例溶解在有机溶剂（如二甲苯、苯、环己酮、樟脑油等）中，再与相应比例的乳化剂等相溶配成的单相均匀透明油状液体制剂。加水后能形成相对稳定的乳状液。如 80% 的敌敌畏等。

（三）微乳剂

微乳剂（ME）是由一种或一种以上液体以液珠形式均匀分散在另一种互不相溶的液体中形成的分散体系，即油为分散组

（或内相、有机相），水为分散介质（或外相、水相、连续相）。其液滴微细，滴径一般为 0.01~0.1 μm，外观为透明均匀液体。如 10%高效苯醚菊酯等微乳剂。

固体微乳剂是外观为固体、用水稀释后呈透明乳状液、分散体系中油珠粒径为纳米级的一类新剂型。它既继承了微乳剂的优点，又对环境友好。如 15%三唑磷微乳粒剂。

（四）油剂

油剂（OL）是将农药原药加油质溶剂、助溶剂和稳定剂等混合后制成的高浓度油状液体。根据用途、用法、施药机具的不同，油剂可分为超低量油剂、热雾剂、展膜油剂、通用油剂、油质气雾剂。如 8%噻嗪酮展膜油剂等。

（五）悬浮剂

悬浮剂（SC）是不水溶固体杀虫剂或不混溶液体杀虫剂在水或油中的分散体。它是以水为分散介质，将原药、助剂（润湿分散剂、防腐剂、增稠剂、稳定剂、pH 调整剂、消泡剂等）经湿化法超微粉碎制成的胶状体剂型。悬浮剂的粒径一般控制在 1~5 μm，具有喷后物体表面不留色泽、不易堵塞喷雾器（粒径小）、喷雾时刺激性较小等优点。如 2.5%溴氰菊酯的凯素灵悬浮剂。

（六）干悬浮剂

干悬浮剂（DF）是由杀虫剂原药、纸浆废液、棉籽饼等植物油粕或动物毛皮水解下脚料及某些无机盐等工农业副产物为原料，通过湿法粉碎干燥造粒配制而成的一种剂型。和水分散粒剂实质上是一样的，只是干悬浮剂稀释后自然微粒细度可达 1~5 μm，优于干法的 10~40 μm。干悬浮剂是先做成水悬浮剂，再喷雾干燥，它保留了悬浮剂、乳剂和可湿性粉剂的优点，克服了以水为分散介质的悬浮剂在储存中分层和结块的缺点。如高效氯氰干悬浮剂。

（七）水分散粒剂

水分散粒剂（WG）是由一种干的、有一定强度和细度、很少起尘、能自由流动、均匀粒子组成的粒剂。加水稀释，即迅速崩解、分散，得到粒径分布接近于起始粉或悬浮液制造时粒径（1～10 μm）的喷雾悬浮液制剂。它包括干法生产的水分散粒剂及采用湿法生产的干悬浮剂。

（八）缓释剂

缓释剂（BR）是利用物理或化学手段，利用高分子缓释载体储存一定数量农药，在要求时间内使其有控制地释放的一种剂型。缓释剂可分为物理型和化学型，物理型有微胶囊剂、塑料橡胶结合剂、多层带、纤维片等，化学型有纤维素酯脲素聚合物及金属盐聚合物。

微胶囊剂是一种在农药外膜包上一层塑料衣，使农药缓慢地从胶囊中释放出来的剂型。其粒径一般为几微米至几百微米，可以制成粉状固体作为粉剂应用，也可以制成水悬液作为喷洒剂使用，或压成片剂、块状及棒状制剂。

微囊悬浮剂是用物理、化学或物理化学相结合的方法，先将杀虫剂高度分散成几微米至几百微米的颗粒，而后用高分子化合物包裹和固定起来，形成具有一定包覆强度的囊，通过选择性半透膜有控制地释放杀虫剂，发挥其药效。

（九）气雾剂

气雾剂（AE）是凭借包装容器内推进剂，产生高速气流，将内容药液分散雾化，靠阀门控制喷雾量的一种罐装剂型。它具有使用方便、能快速杀灭害虫、用药量少等优点，主要以菊酯类击倒剂与致死剂为主。

（十）热雾剂

热雾剂（HN）是将杀虫药的有效成分溶解在具有合适闪点和黏度的溶剂中，再添加其他助剂加工成一定规格要求的制剂，使用时借助烟雾机高温加热挥发成烟，同时将液体杀虫剂一同以几十微米的微滴喷出分散悬浮在空气中。

（十一）饵剂（毒饵）

饵剂（RB）是为引诱目标害虫取食而设计的制剂。如灭蝇毒饵、灭蟑毒饵。

（十二）烟剂

烟剂（FU）是引燃后有效成分以烟状分散体系悬浮于空气中的农药剂型。它是由原药、燃料、氧化剂、助燃剂，分别磨碎通过 80 号筛目（177 μm 筛），再按一定比例混合配制而成的粉状物。如属热烟剂类的蚊香系列驱蚊产品。

（十三）水剂

水剂（AS）是农药原药的水溶液剂型，是药剂以分子或离子状态分散在水中的真溶液。药剂浓度取决于有效成分的水溶解度，一般在使用时再加水稀释。该剂型具有使用安全、毒性低、环境污染小、不易燃、成本低等特点。

（十四）颗粒剂

颗粒剂（GR）是指用农药原药、辅助剂和载体制成的粒状农药制剂，通常是由熔融的农药有效成分浸入加工成型颗粒的空隙而制得。高熔点的固体农药颗粒剂也可以通过挤压、团聚造粒或包衣制得。颗粒剂分为遇水解体和遇水不解体两种。颗粒剂经土壤处理用药具有缓释、节水、节药等特点，能通过根系向上传导发挥药效。

（十五）种衣剂

将干燥或湿润状态的种子，用含有黏结剂的农药组合物包裹，在种子外形成具有一定功能和包覆强度的保护层，这一过程称为种子包衣。包在种子外边的组合物质称为种衣剂。种衣剂按农药加工剂型可分为水悬浮剂（FS）、水乳剂（EWS）、悬乳剂（SES）、干胶悬剂（DFS）、微胶囊剂（CS）五种剂型。常使用的化学农药种衣剂型主要有悬浮剂、粉剂、干粉、超微粉体、水乳剂、微胶囊剂等。

三、杀虫剂主要性能的检验方法

（一）一般性能指标检验

（1）悬浮率：是可湿性粉剂、悬浮剂、水分散粒剂、微囊悬浮剂等农药剂型的质量指标之一，至少应在50%以上，高的可达90%。将农药粉粒轻轻倒入装有水的量筒（或无色透明酒瓶、矿泉水瓶）中，药粉在30秒内能自行浸入水中，并自行分散，一面慢慢下沉，一面向四面扩散，形成混浊悬浮液，稍加搅动后，静置30分钟。上层不出现清水层、下层不出现厚的沉淀物，或30分钟后有少许沉淀后稍加搅动，药粉仍能恢复先前的悬浮状态，则悬浮率较好。

（2）乳化性：对于如乳油、水乳剂和微乳剂等需对水配成稀乳状液使用的剂型，乳化性能是一个重要的指标。将农药倒入水中，能自动扩散成白色乳液，搅拌均匀后静置3小时，液面无浮油，底部无沉淀，则乳化性较好。

（3）润湿性：是可湿性粉剂、悬浮剂等类农药的一个重要质量指标。将植物叶片浸入药液中，数秒后取出观察，叶片沾满药液，润湿性良好；叶片上无药液或只有液斑，润湿性不佳。注意：可溶粉剂和水剂中大多无润湿剂。

（4）粉粒细度：是可湿性粉剂、悬浮剂、水分散颗粒剂，以及用于喷粉的粉剂等的重要质量指标之一，可用大拇指和食指捏少量农药粉，轻轻捻动，无硌手感，则细度较好。

（二）针对各剂型的指标检验

（1）悬浮剂：应为略带黏稠的、可流动的悬浮液，其黏度非常小，均匀。若因长时间存放出现分层，经手摇动可恢复均匀状态的，仍可视为合格产品。如果不能重新变成均匀的悬浮液，底部的沉淀物摇不起来，悬浮性能就不好。

（2）乳油：

1）外观：先看药瓶里的乳油是不是已经分层，再看是不是已经混浊，有无结晶析出来。凡是不分层、不混浊又无结晶的乳油都是好的乳油；而有分层、混浊或有结晶析出来的乳油就是已经变质的，使用起来药效就差。当然，如果乳油是放在较低温度下，发现有结晶，待放到室温下又能溶解时，不能认为是变质。

2）乳化性：把1份体积的乳油倒进19份体积的水里，混合以后摇30下，然后静置半小时，看有无油状物或膏状物浮在水面上，再看底部有无沉淀物，如果都没有，就表明该药剂的乳化力很好。当测乳化性的时候，如果放到水里的乳油能够很快地扩散开，变成白色，就是最好的乳油，这种不用搅动就能扩散开的乳油，也叫扩散力强的乳剂。如果出现明显的沉淀物，或者水面有浮油、乳膏，就是乳化性能差的乳油。

（3）可湿性粉剂：

1）外观：应为很细的疏松粉末，无团块。

2）湿润性：用一只大口的玻璃瓶，里面装上水，然后用小勺轻轻地将一勺可湿性粉剂倒在水面上，2分钟以后，如果能够全部湿透并且逐渐沉下的，就是润湿性好的可湿性粉剂；如果药粉还是漂在水面上，那就是润湿性差的药剂。用这种方法也可以区别出哪一种是可湿性粉剂，哪一种是撒粉用的粉剂，容易湿润的是可湿性粉剂，一般粉剂不被润湿。

3）悬浮性：把上面测过湿润性的玻璃瓶口堵好，来回振摇30下，然后放置10分钟，看一看。如果药液仍然是混浊的，瓶底沉下的药粉不多时，就是悬浮性比较好的可湿性粉剂；如果有一多半都已沉下或者药液已近澄清，悬浮性能就不好；如果全部药粉都已沉到瓶底时，就是悬浮性很差的可湿性粉剂；如果药剂凝成一团，也说明不是好的可湿性粉剂。

（4）粉剂：

1）外观：应为疏松的细粉，无团块。

2）吸湿性：在取药粉测吸湿性之前，先查看一下粉剂包装纸袋外面有无潮湿的情况，如果有，当然是吸湿性大的表现。然后从袋里取出一点药粉倒在一张白纸上，拿起白纸，用拇指和食指在纸外面捏一下，如果黏成一片就表明这种药粉已吸潮，若作为喷粉使用，质量不好；如果仍旧是松散的细粉，则表明是好的喷粉药剂。可湿性粉剂的吸湿性要比一般粉剂大一些，但因为这种药剂要对水使用，吸湿性对它的影响比喷粉用的粉剂小。不过吸潮总不是好事情，因为农药吸湿后容易变质。

四、杀虫剂的作用方式及作用机制

（一）杀虫剂的作用方式

1. 触杀作用 药剂接触昆虫体壁并穿透体壁进入体内而达到作用部位，使昆虫中毒死亡的作用方式，称为触杀作用。具有触杀作用的药剂，称为触杀剂。如常用的辛硫磷、溴氰菊酯等。影响触杀作用的因素主要是昆虫表皮的构造与触杀剂的理化性质。昆虫体壁由表皮层、真表皮和底膜组成。表皮层由外向内又可分为上表皮、外表皮、内表皮三层。昆虫上表皮中所含蜡质、类脂及鞣化蛋白质与水无亲和性，但其脂溶性强；而昆虫体壁的外表皮、内表皮都是由几丁质和蛋白质组成的，为亲水性物质。药剂通过湿润展布，溶解上表皮的蜡质及类脂（靠其脂溶性）后，携带药剂穿过上表皮，再通过外表皮、内表皮、真表皮和底膜，最后达到作用部位。

药剂一般在昆虫的节间膜、触角、足等薄膜处易通过，在感觉部位药剂易侵入。药剂入侵的部位离脑和体神经愈近，中毒愈快。幼龄幼虫体壁及刚蜕过皮的幼虫药剂易于入侵，而在幼虫蜕皮前，新旧表皮之间有蜕皮液（含有各种酶类），药剂不易通过。另外，如乳油、微乳剂、水乳剂的乳化质量及黏着性、润湿性、增效性也很重要。

2. 胃毒作用 药剂随食物经昆虫口器进入消化道中被中肠吸收，通过循环系统到达作用部位所引起昆虫中毒致死的作用方式，称为胃毒作用。凡是能通过口器进入消化道中，通过前、中、后肠致死昆虫的都称为胃毒剂，如有机磷的敌百虫及菊酯类农药等。理想的胃毒剂应该是相对分子质量小、溶解度大、解离度小，昆虫嗜食而不引起呕吐或腹泻，进入消化道可被溶解吸收，对昆虫无忌避、无拒食作用。注意，具有触杀作用的药剂也可通过昆虫消化道的前、后肠而发生胃毒作用。

3. 熏蒸作用 杀虫剂汽化所产生的有毒气体，通过昆虫的呼吸系统进入体内，使昆虫中毒致死的作用方式，称为熏蒸作用。具有熏蒸作用的杀虫剂，称为熏蒸剂，如溴甲烷、氯化苦、磷化铝、硫酰氟等。在熏蒸剂中加入乙酸乙酯可促进气门开放，增强熏蒸作用；增加二氧化碳浓度，可提高昆虫呼吸频率，提高熏蒸效果。

4. 内吸作用 杀虫剂被植物根、茎、叶吸收后，可在植物体内运转或转化成毒性更大的物质。昆虫取食带毒的茎、叶而发生的中毒作用，称为内吸作用。内吸性药剂一般为向顶性传导，属于有机磷类、氨基甲酸酯类、有机氮类及烟碱类的品种较多。有机氯类杀虫剂中除林丹有微弱的内吸作用外，其他品种几乎都无内吸作用；而常见的拟除虫菊酯类杀虫剂都无内吸作用。注意，在植物叶片上仅能定量渗入组织内，而不能在体内输导的是内渗作用，不是内吸剂。

5. 杀卵作用 药剂与虫卵接触而进入卵内阻止卵（胚胎）的正常发育，降低卵的孵化率或直接作用于卵壳使虫胚中毒死亡的作用方式，称为杀卵作用。具有杀卵作用的药剂，称为杀卵剂，如丙溴磷、噻嗪酮、抑食肼、仲丁威等。杀卵作用应具备以下条件之一：①使卵壳硬化与钙化，胚胎干死，如石灰硫黄合剂具有该作用；②包围卵壳，阻碍胚胎呼吸，积累有毒代谢物质，使卵窒息致死，如一些油剂对蚊卵、叶螨卵等的作用；③通过呼吸孔、授精孔进入卵壳内，渗透入卵黄膜，使卵中毒、胚胎发育停止而致死；④药剂对初孵幼虫有毒，当在卵壳上喷布药剂后，初孵化若虫爬过卵壳接触药剂而死亡。

6. 其他作用 如可驱避害虫的驱避作用，能破坏生理功能、消除食欲拒食而死的拒食作用，使卵不孵化的不育作用，能引诱害虫聚集的引诱作用，干扰害虫本身体内激素的激素干扰作用。

（二）杀虫剂的作用机制

杀虫剂的作用机制除和毒性基团有关外，也和整个分子的化学结构有关。化学结构与生物活性的关系可以概括为以下几点：①P＝O用P＝S取代，则毒性降低；②用甲氧基取代乙氧基，一般可降低毒性及对昆虫的毒力；③对硝基苯基—NO_2代以—CN、—$SOCH_3$、—Cl，则毒性降低；④在对硝基苯基的邻位代入一个甲基，毒性降低；⑤不同的对映体，其毒性往往也有差别。

整个杀虫剂的作用机制的理论基础可概括为：①轴突传导和突触传导；②电压门控性钠离子通道（电压依赖性通道）和膜受体通道（配体门控通道）；③传递物质分解酶系统。

1. 神经毒剂的作用机制 神经系统冲动的传导主要是轴突上的传导和突触处的传导。神经毒剂的作用均是阻断神经传导，而不是直接杀死神经细胞。

（1）轴突毒剂：主要是通过改变膜的离子通透性，影响正常膜的电位差，使电冲动的发生与传导失常。镶嵌在细胞膜上的由跨膜蛋白质大分子、通道蛋白组成的蛋白质孔道，能控制

Na^+、K^+、Ca^{2+}和Cl^-等离子的通透性。大部分杀虫剂作用于钠通道和γ-氨基丁酸（GABA）受体，但有机磷酸酯和氨基甲酸酯类杀虫剂则是阻断乙酰胆碱酯酶（AChE）。

离子通道可分为：①配体门控离子通道（当膜受体受膜外的某种物质激活，可将化学信息转变为电信号），如乙酰胆碱受体（AChR）、GABA受体、谷氨酸受体和拟除虫菊酯受体等；②电压门控离子通道，开、关既由膜电位决定又与电位变化的时间有关，具有对膜电位变化很敏感和跨膜蛋白质孔道镶嵌在脂质双分子层上并与其他膜蛋白或细胞支架上的元件构成一个整体的特点，如Na^+、K^+、Ca^{2+}、Cl^-通道等；③胞内第二信使激活通道，如Ca^{2+}、肌醇三磷酸、G蛋白或蛋白激酶等；④环核苷酸门控（CNG）通道，在视觉和嗅觉方面的信号传导中起作用；⑤机械力敏感的离子通道，当细胞受各种各样的机械力刺激时开启的离子通道。

如拟除虫菊酯是Na^+通道的变构剂，在去极化期间使Na^+通道开启延长，导致钠电流和钠尾电流明显延长。烟碱型乙酰胆碱受体、谷氨酸受体、GABA受体是配体门控通道，烟碱受体（nAChR）在突触膜上与神经递质乙酰胆碱（ACh）特异性结合，产生一系列生物学效应；谷氨酸是昆虫的神经肌肉连接处和哺乳动物脑中的兴奋型神经递质；GABA受体被占领或破坏之后神经冲动的正常传导受阻。

（2）前突触毒剂：是一类主要作用于突触前膜的杀虫剂。如环戊二烯类杀虫剂，通过刺激前突触膜大量释放乙酰胆碱，造成乙酰胆碱在前、后两个神经元的间隙中大量积累，因而阻碍了神经元之间的神经传导。

（3）胆碱酯酶抑制剂：

1）乙酰胆碱酯酶的功能：乙酰胆碱酯酶的作用是催化水解神经递质乙酰胆碱为胆碱和乙酸。乙酰胆碱酯酶存在许多同工酶

（对乙酰胆碱的亲和力和水解能力强于其他胆碱酯类），在一定浓度范围内随底物浓度增加水解加快，但当底物浓度超过 4~7 mmol/L 时，水解变慢。乙酰胆碱是昆虫胆碱能突触的神经递质，在完成信息传递（动作电位）后被乙酰胆碱酯酶分解。胆碱酯酶（ChE）与乙酰胆碱酯酶不同的是它不会被过高的底物浓度所抑制，且胆碱酯酶对丁酰胆碱的亲和力和水解力大于乙酰胆碱酯酶。无脊椎动物（包括昆虫、螨类等）和脊椎动物的神经组织内，人和哺乳动物的血红细胞中都含有高浓度的乙酰胆碱酯酶，但大多数动物的血浆中含有胆碱酯酶。

2）有机磷杀虫剂对乙酰胆碱酯酶的抑制作用：

A. 抑制酶活性：首先形成可逆性复合体（PX·E，存在时间短），然后是酶磷酰化反应，磷原子（亲电性）与酶反应，亲电性愈强，对酶抑制能力愈强，X 基团分离能力愈大。K_2 为磷酰化反应速率常数（磷酰化反应很快）。最后是酶去磷酰化，几乎不发生，K_3 为速率常数。

$$\text{PX} + \text{E} \underset{K_{-1}}{\overset{K_{+1}}{\rightleftharpoons}} \text{PX} \cdot \text{E} \overset{K_2}{\longrightarrow} \underset{\text{X}}{\text{EP}} \overset{K_3}{\longrightarrow} \text{P} + \text{E}$$

B. 酶活性的恢复：酶经磷酰化后，虽然水解作用极为缓慢，但仍然能自发地放出磷酸并使酶复活，这一反应称为自发复活作用或脱磷酰化作用。

$$\text{EP} + \text{H}_2\text{O} \longrightarrow \text{EH} + \text{P—OH}$$

自发复活速度取决于磷原子上残留的取代基及酶的来源，与抑制剂的离去基团无关。在乙酰胆碱酯酶复活剂中，羟胺（弱）、肟、羟肟酸（强）引入阳离子活性更强，因而攻击磷酰化酶中的磷原子并取代它们。

C. 磷酰化酶的老化：老化现象是由于二烷基磷酰酶的脱烷基反应，使磷酰化酶在恢复过程中转变为另一种结构，以至于羟胺类的药物不能使酶恢复活性。其速率与磷酰基上的烷基有关，二乙基磷酰化酶老化缓慢，但甲基、仲烷基及苄基（苯甲基）酯的老化较快。反应速度取决于非酶的烷基磷酸酯基 C—O 键的断裂。因此，酶如果受烷基化能力高的磷酸酯的抑制，老化现象易于发生。

另外，有机磷杀虫剂抑制乙酰胆碱酯酶活性，可使机体神经细胞的生长发育受到阻碍，通过结合到非竞争性位点改变乙酰胆碱受体的构型或是直接阻断烟碱受体通道而抑制其功能，影响神经突触的乙酰胆碱的释放，以及对大脑突触体的钙离子通道功能有抑制作用。

3）氨基甲酸酯类对乙酰胆碱酯酶的抑制作用：

$$CX+E \xrightleftharpoons{K_1} CX \cdot E \xrightarrow{K_2} \underset{X}{CE} \xrightarrow{K_3} C+E$$

和有机磷类杀虫剂相比：①氨基甲酸酯类的 K_3 比乙酰化酶水解慢，但是比磷酰化酶水解快得多。乙酰化酶的复活半衰期只有 0.1 毫秒左右，氨基甲酰化酶为几分钟到数小时，而磷酰化酶为几小时到几十天，甚至永不复活。②无老化。③中毒治疗用阿托品效果好，酶复活剂（解磷定、双复磷）无效。

综上所述，氨基甲酸酯和有机磷均是乙酰胆碱酯酶的不正常底物，为酯动部位抑制剂（有时也称为酸转移抑制剂）。有机磷或氨基甲酸酯与乙酰胆碱酯酶丝氨酸的羟基结合，使乙酰胆碱酯酶磷酰化或氨基甲酰化，即被抑制，去磷酰化需要几个月的时间，而去氨基甲酰化也需要几小时左右，但是去乙酰化只要几分之一毫秒。这样导致突触部位积累大量的乙酰胆碱，突触后膜的乙酰胆碱受体不断地被激活，突触后神经纤维长期处于兴奋状态。但过量的乙酰胆碱又可造成去极化阻断，抑制神经传导，使昆虫在中毒后期逐渐失去活动能力，昏迷死亡。另外，神经传导的阻断也可使整个生理生化过程失调或破坏。

（4）乙酰胆碱受体毒剂：

1）乙酰胆碱受体的生理功能是识别和转导化学信号乙酰胆碱。包括烟碱受体、蕈毒碱样受体（mAChR）、蕈毒酮样受体。烟碱样受体是突触后膜的配体门控离子通道，与乙酰胆碱结合影响膜电位改变，产生一个快兴奋性突触后电位。蕈毒碱样受体属膜受体，它可被蕈毒碱激活，被阿托品阻断，与递质结合后激活腺苷酸环化酶（或鸟苷酸环化酶），使腺苷三磷酸（ATP）［或鸟苷三磷酸（GTP）］分解出一个焦磷酸盐并形成一个环腺苷酸（CAMP）［或环鸟苷酸（CGMP）］，后者又激活蛋白激酶致使后突触膜上的离子通道蛋白磷酸化，并产生一个慢兴奋性突触后电位。蕈毒酮同样可激活 M 型、N 型受体，但对第三类受体亲和力更大。

烟碱类主要指硝基甲撑杂环化合物及其硝基亚胺类似物，如咪蚜胺等。其作用于多种乙酰胆碱受体，包括 M 型受体和蕈毒酮样受体及药理学性质不同的昆虫烟碱受体亚型。烟碱在低浓度时刺激烟碱受体，引起兴奋，而在高浓度时占领受体，使神经突触传递受阻，害虫表现为持续兴奋、呼吸衰竭，直至死亡。烟碱只对烟碱受体和蕈毒酮样受体有作用，而对蕈毒碱样受体无作用。烟碱类与其他杀虫剂一般无交互抗性。中毒症状：在致死剂量下中毒症状为行动失控、发抖、麻痹直至死亡；在亚致死剂量下为拒食，可引起蚜虫惊厥、蜜露排放减少，最终饥饿死亡。可影响害虫生殖。对昆虫比对哺乳动物的毒性更强。

沙蚕毒素类在昆虫体内转化为 1，4-二硫苏糖醇（DTT）类似物，主要作用于神经节的后膜部分，从二硫键转化而来的巯基与乙酰胆碱受体结合。对烟碱受体，其抑制了神经节的突触后膜电位，同时使突触前膜放出的神经递质减少，降低突触后膜对乙酰胆碱的敏感性，阻断正常的突触传递。沙蚕毒素可与乙酰胆碱竞争作用于烟碱受体，当它占领烟碱受体后使其失活，影响了离子通道，突触后膜不能产生动作电位，无去极化现象，高阻断突触传递；作用于蕈毒碱性受体而引起兴奋，去极化而低阻断。中毒症状：瘫痪、麻痹、虫体软化、瘫痪死亡。

2）GABA 受体毒剂：对许多杀虫剂敏感。GABA 是一个配体门控离子通道，是一种可引起后突触膜的超极化作用的抑制性神经递质，可抑制动作电位的产生，占领或破坏 GABA 受体可影响正常的突触传递。在昆虫的神经突触前膜，既有 A 型 GABA 受体，也有 B 型 GABA 受体，而在突触后膜则只有 A 型 GABA 受体。即 GABA 门控的氯通道作用是突触前膜释放的 GABA 和后膜 A 型 GABA 受体位点结合，诱导受体改变构象、开放通道，Cl^-涌入膜内，使膜超级化，产生抑制性突触后电位。

3）章鱼胺受体毒剂：章鱼胺是一种可控制内分泌或光器官的神经递质，可调节咽侧体离子通道和咽侧体末端释放保幼激素；调控昆虫体内保幼激素的合成；蜕皮激素含量可能受章鱼胺的影响；萤甲神经产生的发光效能也受到章鱼胺的调控。作为神经激素，它可诱导脂类和碳水化合物的移动，使昆虫在需能时从碳水化合物迅速转变到脂肪酸代谢；促进神经组织中糖原的分解和作用，从而滋养神经轴突并为运输提供能源；可影响运动类型、栖息甚至记忆；还可作用于各种肌肉、脂肪体和感觉器官的末梢。

章鱼胺与受体结合后，活化腺苷酸环化酶将腺苷三磷酸（ATP）转化为环腺苷酸（CAMP）。CAMP 的产生活化了蛋白激酶，可使各种蛋白及酶磷酸化（磷酸基来自 ATP），产生各种生理反应。有一部分章鱼胺在释放后进入血淋巴中，作用于神经、肌肉及其他反应器官，引起生理反应。章鱼胺作用于章鱼胺受体的正常功能是神经传递、调节肌肉收缩的强度等，章鱼胺受体的激活剂也同样会占领受体，使受体丧失作用。而章鱼胺的拮抗剂可完全抑制章鱼胺的正常功能。

（5）水解酶：水解酶能使杀虫剂水解成不杀虫的新物质。

酯酶是水解酶中的一大类，它们能与有机磷、氨基甲酸酯和拟除虫菊酯这些酯类杀虫剂上的烷基和"断裂"的基团起反应，使杀虫剂变成去烷基的衍生物和醇。α-萘基酯酶是间接测定酯类被昆虫体内水解酶水解速度的一种代表物质。

  2. 呼吸毒剂的作用机制 呼吸毒剂包括外呼吸抑制剂和内呼吸抑制剂。其中外呼吸抑制剂可堵塞或覆盖昆虫体气门，阻断昆虫气管内的气体与外界空气交换，引起昆虫窒息；而多数呼吸毒剂为内呼吸抑制剂，是对呼吸酶系的抑制（抑制氧化代谢）。

  在一定条件（有酶作用及适当的温度和 pH 等）下，活细胞内的糖、蛋白和脂肪等要经过初步代谢而进入三羧酸循环。三羧酸循环的每一步都有特殊的酶催化。其中乌头酸酶、琥珀酰辅酶 A 和 α-酮戊二酸去氢酶与毒理有关。

  在生物氧化过程中代谢物质（糖、脂、氨基酸等）首先经脱氢酶催化脱出氢并经递氢体沿呼吸链的一定方向被传到细胞色素 b 时，2 个氢（2H）放出 2 个电子（$2e^-$）变为质子（H^+），电子则通过细胞色素体系传到分子氧。同时氧化酶的金属离子将电子传给分子氧，使之激活变为离子 O^{2-}，$2H^+$ 与 O^{2-} 结合成水。在氢与电子传递过程中通过氧化磷酸化作用产生 ATP 的三个可逆的氧化还原传递系统，分别由烟酰胺腺嘌呤二核苷酸（NAD）或烟酰胺腺嘌呤二核苷酸磷酸（NADP）、黄素单核苷酸（FMN）或黄素腺嘌呤二核苷酸（FAD）、泛醌和多种细胞色素组成。细胞色素只传递电子，其余递体可递氢亦可递电子。氧化磷酸化是代谢物被氧化释放的电子通过一系列电子递体从 NADH（还原型烟酰胺腺嘌呤二核苷酸）或 FADH2（还原型黄素腺嘌呤二核苷酸）传到 O_2 并伴随将腺苷二磷酸（ADP）磷酸化产生 ATP 的过程。在糖解和三羧酸循环的多个过程中，NAD^+ 辅因子还原为 NADH，琥珀酸盐（或酯）脱氢酶与 FAD 相结合也还原为 FADH2，二者通过呼吸链携带电子传送，最终形成水。

内呼吸抑制剂可分为：

（1）作用于三羧酸循环的呼吸毒剂：如氟乙酰胺是在水解成氟乙酸后，与乙酰辅酶A结合成的一个复合物，再与草酰乙酸结合成氟柠檬酸而抑制乌头酸酶，使柠檬酸不能转变为异柠檬酸，从而阻断三羧酸循环；亚砷酸盐类主要是抑制α-酮戊二酸脱氢酶，使得酮戊二酸积累而影响三羧酸循环，但重要的是其能影响氨基酸的相互转化而造成代谢的混乱。

（2）作用于呼吸链的呼吸毒剂：包括①在NAD^+与泛醌之间起作用的抑制剂，如鱼藤酮及杀粉蝶素A及B主要是与NADH脱氢酶与泛醌之间的某一成分发生作用，使害虫细胞的电子传递链受到抑制，降低了生物体内的ATP水平，使害虫得不到能量供应，然后行动迟滞、麻痹而缓慢死亡。②琥珀酸氧化作用抑制剂，如放线菌素A。③在细胞色素Cytb及Cytcl之间起作用的抑制剂，包括抗生素、麻醉剂、放线菌素A及某些昆虫的毒素。④细胞色素c氧化酶的抑制剂：与细胞色素c氧化酶的血红素部分发生化学结合而产生抑制作用。细胞色素c氧化酶是末端氧化酶，其被抑制使呼吸链在末端阻断，结果使所有在呼吸链中的化合物都处于还原态。如CN^-与血红素侧链上的甲酰基起反应，抑制了分子氧与血红素的结合。

（3）具有抑制氧化磷酸化作用的抑制剂（解偶联剂）：如敌螨死等杀螨剂及五氯苯酚等二硝基苯酚类，可使呼吸链和氧化磷酸化失偶联，电子可传递但不能产生ATP；如溴虫腈等吡咯类为氧化磷酸化解偶联剂，主要作用于昆虫细胞线粒体膜而阻断质子穿过线粒体膜，使线粒体产生ATP的能力减弱，导致细胞受损，最终死亡。

（4）能量转移系统（磷酸化作用）抑制剂：如有机锡类化合物。

3. 消化毒剂的作用机制　消化毒剂主要通过破坏昆虫消化

系统中肠组织、影响消化酶而起作用。包括 Bt 内毒素、植物源次生代谢物，如二氢沉香呋喃类化合物等。

（1）Bt 内毒素的作用机制：Bt 产生的杀虫蛋白晶体是由多个杀虫晶体蛋白或 δ-内毒素或 Cry 蛋白的亚单位组成。该毒蛋白晶体在昆虫中肠的高 pH 值环境和蛋白酶的作用下溶解并被激活，引起昆虫中肠膜上皮细胞裂解。

δ-内毒素（伴孢晶体毒素）是主要的杀虫晶体蛋白，包括 Cry 蛋白和 Cyt 类蛋白两大类群。Cry 蛋白在活体和离体条件下只对鳞翅目、双翅目或鞘翅目有效；Cyt 蛋白在活体条件下只对双翅目有效，而离体条件下具有广谱性。δ-内毒素的作用过程要经溶解、酶解活化、与受体结合、插入、孔洞或离子通道形成等五个环节。鳞翅目幼虫的中肠组织一般都呈碱性，δ-内毒素易于溶解并被中肠蛋白酶水解，释放出的抗酶多肽活力片段再与中肠内膜上的刷缘状膜小泡（BBMV）中特异受体结合，毒素分子插入质膜形成一个微孔，以离子和小分子渗入，直到肿胀变大使细胞破裂死亡，肠壁受损，肠道内容物进入血淋巴，血淋巴 pH 值上升使昆虫麻痹死亡，毒性肽进入血淋巴可使昆虫患毒血症死亡，活细胞或孢子进入血腔可使昆虫患败血症死亡。

（2）其他消化毒剂：

1）二氢沉香呋喃类化合物：如苦皮藤素 Ⅱ、Ⅲ、Ⅳ 等可致黏虫中肠柱状细胞的微绒毛排列不整齐，大量脱落；基膜内褶空间变大，排列紊乱；细胞质密度降低；内质网极度扩张，囊泡化，核糖体脱落；线粒体嵴模糊不清楚，双层膜不完整。其可能机制为：药物与昆虫中肠细胞膜及内膜结合，使膜系统结构发生改变，水分和各种离子的通透性随之改变，引起细胞肿胀、失水、瓦解，最终死亡。

2）鬼臼毒素类化合物：如丁布可抑制胰蛋白酶和胰凝乳蛋白酶的活性而影响食物的消化，进而影响昆虫的生长发育。

4. 昆虫生长发育调节剂的作用机制 昆虫生长发育调节剂（IGR）主要包括保幼激素及其类似物、几丁质合成抑制剂、蜕皮激素类、抗保幼激素类。

（1）保幼激素及其类似物（JHA）：保幼激素可抑制昆虫变态及胚胎发育。在昆虫幼虫期，保幼激素使幼虫蜕皮时保持幼虫的形态；而处于末龄幼虫时，昆虫因体内保幼激素分泌减少以至消失而蜕皮成蛹。若在末龄幼虫时给以保幼激素则其形态有可能为永久性幼虫或介于幼虫和蛹之间的畸形虫；若蛹期注入少量保幼激素，即羽化为半蛹半成虫状态；刚产下的卵或产卵前的雌成虫接触药剂，则抑制胚胎发育，导致不育。

（2）抗保幼激素（AJH）：

1）保幼激素（JH）生物合成的抑制剂，如乙基-4，2-萜品烯-羧基-氧（ETB）具有保幼激素增效剂和拮抗剂活性，包括保幼激素受体水平的竞争，保幼激素合成早期步骤的抑制，以及通过负反馈对保幼激素生物合成的阻碍。ETB 可能是作为负责咽侧体开启和关闭的反馈系统的抑制物而起作用的。

2）作用于咽侧体的 AJH 活性物质，如早熟素富电子密度的3，4-双键被咽侧体中的细胞色素 P450 单加氧化酶环氧化后变成不稳定的高度活化的环氧化物，此氧化物吸附在亲核底物上，破坏细胞大分子并导致不可逆转的细胞降解，从而破坏咽侧体，使其不能合成保幼激素，导致提前变态、成虫不育、降低两性吸引力、胚胎发生损伤、干扰取食节律、引起或结束滞育等。

3）保幼激素结合蛋白或受体部位的阻碍剂，如乙基-3-甲基-月桂酸酯（EMD）只有较高剂量（食物中浓度 100 mg/kg）时 AJH 才有活性。EMD 对离体咽侧体和体内保幼激素滴度不产生明显的影响。EMD 作用于保幼激素的受体部位。

（3）具蜕皮激素活性的虫酰肼、甲氧虫酰肼等化合物所引起的中毒症状均类似蜕皮酮过剩的症状，即强迫性蜕皮。这类药剂能诱导产生更多的蜕皮激素或抑制了血淋巴和表皮中的羽化激素释放而使蜕皮无法进行下去；二芳酰肼与蜕皮甾酮（20E）的作用机制相似，蜕皮甾酮的分子靶标是由蜕皮甾酮受体（EcR）和超螺旋基因产物（USP）两种蛋白组成，当 EcR 和 USP 结合为异源二聚体后，蜕皮甾酮才能与之结合形成蜕皮甾酮复合物，随后激活"早期"基因表达，再由"早期"基因激活"晚期"基因，从而表现出对蜕皮甾酮的反应。虫酰肼等二芳酰肼类化合物可能是通过模拟蜕皮甾酮，竞争性地与 EcR/USP 受体复合物结合，在诱导蜕皮时，抑制了羽化激素的释放，而干扰昆虫正常的蜕皮，导致死亡。

（4）几丁质合成抑制剂：几丁质是由 N-乙酰葡萄糖胺通过 α-1，4 糖苷键连接起来的线性多糖，是许多生物的结构性组分。作用于几丁质的形成，造成昆虫表皮形成受阻的药剂，称为几丁质合成抑制剂，包括苯甲酰脲类、噻嗪酮类及一些植物源物质。

1）苯甲酰脲类：如除虫脲等，主要用于防治鞘翅目、鳞翅目、双翅目和膜翅目的一些害虫。致毒症状主要表现在蜕皮和变态受阻。作用机制：间接地抑制几丁质合成酶而阻断几丁质合成；干扰昆虫的内分泌体系：除虫脲抑制 β-蜕皮激素降解酶，导致 β-蜕皮激素的积累，致使几丁质酶、多功能氧化酶和多元酚氧化酶活性增强，进而影响到几丁质的合成与沉积，还影响神经分泌细胞，干扰蛋白质合成，影响核酸的合成和代谢等。通过影响细胞膜结构，从而影响了细胞膜内外物质运转：二硫苯胺类化合物能抑制细胞基质的膜转运，而除虫脲的结构和二硫苯胺类物质的结构相似，而且能抑制细胞的 DNA 合成。除虫脲改变了中肠上皮细胞生物膜的通透性，使细胞内合成的尿苷二磷酸-乙酰葡萄糖胺分子不能通过膜而到达膜的外表面聚合成几丁质。

A. 杀卵机制：卵壳内幼虫口沟不能成功地刺破口器周围的黄色薄膜，因而死于卵内；由于几丁质合成受到影响，胚胎发育不能正常进行，呼吸受到影响而死；苯甲酰脲类药剂影响到DNA合成，从而阻碍了胚胎发育，使发育停止在一定阶段。

B. 成虫不育机制：影响了昆虫的睾丸或卵巢的发育造成的。杀卵和成虫不育作用的根本原因可能是干扰DNA合成。

2）噻嗪酮类：蜕皮激素调节蜕皮的过程，首先是蜕皮甾酮水平升高，使得昆虫的真皮和表皮分离，在真皮和表皮之间充满了蜕皮液和解离旧表皮的酶的前体，在较高水平的蜕皮甾酮的作用下，真皮细胞增殖生成新的表皮，然后蜕皮甾酮水平下降，激活蜕皮液中酶的活性，分解旧表皮。噻嗪酮正是抑制了蜕皮甾酮水平的下降使昆虫不能进行正常蜕皮。

3）其他：印楝素抑制脑神经分泌细胞对促前胸腺激素（PTTH）的合成与释放，影响前胸腺对蜕皮甾酮类的合成和释放，以及咽侧体对保幼激素的合成与释放。昆虫血淋巴中保幼激素正常滴度水平破坏的同时，使得昆虫卵成熟所需的卵黄原蛋白合成不足而导致绝育。印楝素主要是通过对昆虫内分泌活动的扰乱而影响昆虫的生长发育。

5. 昆虫行为干扰剂的作用机制　昆虫的行为主要表现为趋性、避害、进攻、自卫、取食、生殖、栖息及一些本能性的活动（如筑巢、作茧、咬羽化孔等），当然也包括为了达到以上目的的迁飞、移动、觅偶等活动。影响这些行为的干扰剂主要有昆虫的信息素及一些拒食剂、忌避剂、拒产卵剂和引诱剂等。

（1）信息素：昆虫信息素是同种昆虫个体之间在求偶、觅食、栖息、产卵、自卫等过程中起通信联络作用的化学信息物质，主要有性信息素、聚集信息素、报警信息素、示踪信息素、疏散信息素及蜂王信息素、那氏信息素等。

在不同种昆虫之间和昆虫与其他生物之间也存在传递信息的化学物质，即种间信息化学物质，主要有利己信息素、利他信息素及协同素等。

昆虫主要靠嗅觉来觉察信息素。昆虫的触角表面密布多种形态各异的嗅觉接受器，嗅觉接受器感觉细胞的树状突常伸进特化的感觉毛中，每根感觉毛的表面有很多与毛中液体相通的微孔，树状突浸泡在感觉液中。有气味的信息素分子必须被浸有树突的液体吸收，并通过扩散移到树状突的接受表面——受体，然后传入神经，经过脑的综合，再做出行为反应。

昆虫性信息素主要用于虫情测报、大量诱捕、干扰交配、害虫检疫、虫种鉴定等方面，可将性信息素配合其他杀虫药剂（化学不育剂、病毒、细菌等）使用。

（2）拒食剂：抑制昆虫取食过程，造成取食量减少及取食行为异常的物质，统称为昆虫拒食剂。

拒食剂、忌避剂与驱避剂的区别：昆虫的取食过程包括：①寄主识别和定位；②开始取食；③持续取食；④终止取食。将抑制昆虫取食过程中②和③的物质称为拒食剂。将影响昆虫取食过程①及干扰昆虫在寄主上的定着、产卵和栖息（对寄主的识别和定位）的物质称为忌避剂。将引起昆虫无法选择和定向，甚至远离其适宜的生境和食物的一类挥发性物质称为驱避剂。忌避剂与驱避剂在许多文献中含义基本相同。

昆虫拒食剂包括：①绝对性拒食剂：昆虫对其表现出持续性拒食，最后因饥饿而死。②相对性拒食剂：在一定的时间内可抑制昆虫的取食，但当受试昆虫饥饿到一定程度则又开始取食。它们分属以下四类化合物：倍半萜烯内酯环类、异类黄酮、苦木素类和柠檬苦素。

昆虫取食行为被抑制的原因可能是感受器信息输入中断，也可能是中枢神经特化的"抑食细胞"受到刺激，抑或兼而有之。感受器对拒食化合物在电生理方面的反应有两种形式：①由取食刺激素（如蔗糖、肌醇）诱导产生的神经冲动频率被改变，即拒食剂阻碍或干扰了昆虫对取食刺激的感知；②直接诱导特定的拒食细胞，降低发出的神经冲动频率，即拒食剂引起昆虫神经系统不正常的放电，阻止昆虫获得正确的味觉信息，从而使其不能做出恰当的取食行为反应。一种昆虫对某一种拒食化合物的反应，可能只表现其中的一种形式，抑或两者兼具。如印楝素主要在于对抑食细胞的刺激从而导致了昆虫拒食作用；川楝素对昆虫下颚瘤状体栓椎感受器有抑制作用，使昆虫神经系统内取食刺激信息的传递中断，幼虫失去味觉功能而表现出拒食作用。

（3）其他行为干扰剂：如忌避剂、抗产卵剂或干扰产卵剂等。忌避是植物抵御昆虫的一种重要方式。几种楝科植物对橘蚜均有一定的忌避活性。番茄抽提物对小菜蛾具有明显的忌避、拒食及抑制产卵作用。

昆虫行为干扰剂并不直接杀死害虫，而是迫使害虫转移选择目标。值得重视的是，利用忌避性不但可以防治仓储害虫和卫生害虫，而且可以有效地防治病毒病的传播，特别是蚜虫拒食剂的应用，可有效地干扰病毒的获得和传播。

6. 增效剂的作用机制

（1）影响杀虫剂的物理性状：在药液中加入表面活性剂会使原药剂的表面张力降低，药液在植物体表的接触角度下降，同时沉积量增加，如 APSA-80 可使敌百虫和氯氰菊酯的表面张力降低；茶皂素可改变农药药液表面张力、药液在靶标生物体表的接触角，以及药剂在植物体表的有效沉积量。

（2）影响昆虫代谢解毒酶：抑制解毒酶系，使杀虫剂不被迅速降解为无毒物。如增效醚（PbO）是多功能氧化酶（MFO）的专一性抑制剂，而增效磷（O,O-二乙基-O-苯基硫代磷酸酯）、丙基-2-丙炔基苯基磷酸酯（NIAI63889）等也具有抑制 MFO 的活性。增效剂 NIAI63889 通过对 MFO 抑制，使溴氰菊酯不被分解而增效。脱叶磷（1，2，4-三丁基三硫磷酸酯，DEF）是非特异性酯酶（Est）的专一性抑制剂，对氯菊酯和氯氰菊酯有增效作用。磷酸三苯酯（TPP）是羧酸酯酶（CarE）的专一性抑制剂，对有机磷和氨基甲酸酯类有增效作用。顺丁烯二酸二乙酯（DEM）是谷胱甘肽硫转移酶（GST）的专一性抑制剂。马来酸二甲酯及其类似物苯基丁氮酮（保泰松）对几种有机磷杀虫剂和氨基甲酸酯类中的残杀威有增效作用，其不仅能代谢谷胱甘肽，且对影响杀虫剂降解的谷胱甘肽硫转移酶有直接抑制作用。

（3）改变杀虫剂对表皮的穿透速率：毒死蜱与阿维菌素混用时的表皮穿透速率均高于使用单剂时的表皮穿透速率。

（4）对作用部位的影响：

1）影响乙酰胆碱酯酶：辛硫磷和氰戊菊酯混配增强了对黏虫、豆蚜等的靶标酶乙酰胆碱酯酶的抑制；Bt与敌百虫复配时也能增加敌百虫对乙酰胆碱酯酶的抑制作用。

2）影响神经膜钠通道：氧乐果和溴氰菊酯单剂在昆虫中枢神经突触处产生相加甚至增强作用；辛硫磷与溴氰菊酯混剂增强了对神经细胞钠通道的抑制作用。

（5）其他：几丁质合成抑制剂苏脲一号与氨基甲酸酯类农药甲萘威复配具有增效作用，可降低棉铃虫的消耗指数和食物转化率，抑制幼虫体壁几丁质的合成，减缓幼虫的生长速率。

7. 解毒剂的作用机制　人畜中毒的主要原因是磷酰化乙酰胆碱酯酶不易复活即磷酰基不易脱离酶。如果加以亲核性更强的药剂，就有可能将磷酰基取代下来而使酶复活。解磷定、氯磷定等就是有效的有机磷解毒剂。

阿托品也用于有机磷中毒治疗，但阿托品不能直接使酶复活，而是将副交感神经末端乙酰胆碱受器封闭起来，使大量积累的乙酰胆碱不能发挥作用，因此症状得到缓解，乙酰胆碱酯酶逐渐得到恢复。

五、主要杀虫剂的致毒症状

所谓致毒症状，是指昆虫对药剂中毒后，其行为、形态等表象发生明显的改变而表现出来的异常现象。

1. 拟除虫菊酯类 如氯氰菊酯、高效氯氟氰菊酯等，对黏虫的致毒症状分为兴奋、痉挛、麻痹、死亡四个阶段，而Ⅱ型菊酯类杀虫药剂的典型中毒症状仅有痉挛、麻痹、死亡三个阶段。其致毒机制为：Ⅰ型菊酯与钠通道结合后延缓钠通道的关闭从而引起动作电位的连续重复放电；Ⅱ型菊酯作用于钠通道后也可以产生延长的钠电流引起负后电位去极化，振幅和时长增加，在负后电位去极化达到兴奋阈值时起作用，引起神经肌肉痉挛产生超兴奋，使运动失调，表现为强烈的痉挛，但钠通道一直不关闭，则使神经传导被阻断，昆虫麻痹死亡。

2. 有机磷类 如马拉硫磷、辛硫磷等，对黏虫的致毒症状分为兴奋、痉挛、昏迷和死亡四个阶段，在兴奋期主要表现为不停地爬动或起飞；在痉挛期表现为触角、口器、足、翅等器官颤抖、抽搐，反吐胃液，排泄异常，甚至会拉出直肠，或生殖器外伸，难以缩回；在昏迷期表现为静止但对机械刺激有反应；在死亡期体壁干燥皱缩。其致毒机制为：有机磷杀虫剂抑制了乙酰胆碱酯酶，导致突触间隙积累大量的乙酰胆碱，突触后膜的乙酰胆碱受体不断地被激活，突触后神经纤维长期处于兴奋状态，而使中毒昆虫兴奋，但是过量的乙酰胆碱又可造成突触传递阻断，从而抑制了神经传导，使昆虫在中毒后期逐渐地失去活动能力，昏迷死亡。有机磷类药剂中毒后，随着昆虫乙酰胆碱酯酶的活力降低，中毒逐渐加深，这与酶的活力有关。另外，神经传导的阻断可导致整个生理生化过程的失调与破坏及机体的衰竭而使昆虫呕吐、排泄异常。

3. 氨基甲酸酯类 如灭多威、克百威等，对黏虫的致毒症状主要分为兴奋、痉挛、昏迷和死亡四个阶段，各阶段的症状特点和有机磷杀虫剂的几乎相同。和有机磷类的区别主要表现在：氨基甲酸酯类药剂的作用速度快，且兴奋强度高，而有机磷类作用速度慢，中毒后有明显的安静期，兴奋强度弱。其致毒机制同有机磷类。

4. 新烟碱类 如烟碱、吡虫啉等，对黏虫在低剂量下的致毒症状可分为兴奋、痉挛、昏迷、死亡等四个时期，在兴奋期昆虫不断爬行、呕吐、体躯扭动等，但时间很短；在痉挛期，昆虫剧烈扭曲，足痉挛而难以运动，排泄异常，甚至可拉出直肠或生殖器外露，此期时间较长；在昏迷期，昆虫的足、口器附肢等微微颤抖，并逐渐完全不动；在死亡期虫体皱缩（腹部几乎缩在一起）。一些黏虫在昏迷后还会复苏活动。在高剂量下表现为痉挛、昏迷、死亡，状态和低剂量一样。其致毒机制为：在低剂量下，作为乙酰胆碱受体的激活剂而刺激乙酰胆碱受体，引起兴奋、痉挛等症状；在高剂量下，占领乙酰胆碱受体，使神经突触传递受阻，因而中毒的昆虫表现出昏迷甚至死亡的症状。

5. 沙蚕毒素类 药剂对昆虫的致毒症状分为麻痹和死亡两个阶段，昆虫中毒后行动逐渐迟缓麻痹直到瘫软；死亡后虫体变长（鳞翅目幼虫），体色不变；在麻痹期间会出现复苏。其致毒机制为：药剂与昆虫体内乙酰胆碱受体的 α-亚基结合，阻断接纳乙酰胆碱的功能，并作为烟碱受体的通道开放抑制剂，阻断神经节胆碱能突触的传递，表现为活动降低，麻痹瘫痪致死。但一些昆虫在麻痹后又复苏，可能与沙蚕毒素的主要代谢物二磺酸可反过来促使其解毒有关。

6. 阿维菌素及甲维盐 药剂对昆虫的致毒症状分为麻痹期和死亡期，鳞翅目死亡昆虫的体躯极柔软，体长变长，体色不变。其致毒机制为：作为一种激活剂增强或直接打开了谷氨酸

（Glu）和（或）GABA 配体门控的氯离子通道，使氯离子大量涌入膜内，产生超极化，使动作电位不能产生，神经系统的正常电位传导受到破坏。

7. 苯基吡唑类　如锐劲特，对昆虫的致毒机制可能为：锐劲特抑制了 GABA 门控的氯离子流，同时使 Glu 含量升高而不断刺激 Glu 受体，导致突触后电位自发放而引致昆虫表现出兴奋、痉挛等症状，由于某些调节或反馈机制或其他原因，使 Glu 含量恢复、GABA 含量降低，最终造成昆虫昏迷甚至死亡。

8. 杀虫脒类　如双甲脒等，对昆虫的致毒症状与剂量有关，在亚致死剂量下，昆虫表现出多种异常行为，如厌食、脱离寄主、改变生物学习性等；在致死剂量下，昆虫兴奋、痉挛、昏迷后逐渐死亡。其致毒机制为：该类药剂占领章鱼胺受体，引起突触后膜兴奋，产生频率和振幅均不规则的动作电位，干扰神经的正常传导，当神经电位的传导被阻滞后，逐渐昏迷甚至死亡。

9. 苯甲酸基苯基脲类（苯甲酰脲类）　如除虫脲，黏虫幼虫在高剂量下，可拒食，取食微量即可中毒，导致排泄异常、体躯皱缩，死亡；在低剂量下，难以蜕皮而死亡，体躯发黑；在微剂量下，蜕皮异常，新形成的表皮易破裂，因体液大量流失而死亡。另外，还可致昆虫发育延缓、体重下降、变态受阻、不育等。这主要是通过干扰葡糖酰胺聚合成高分子的几丁质所必需的专一性蛋白的合成或转运，使昆虫体内几丁质合成或沉积受阻，致使昆虫很难形成完整的新表皮，且旧表皮和新表皮难以分离，进而导致昆虫难以蜕皮或蜕皮不完整而死亡；抑制中肠蛋白酶的活力而造成厌食；抑制碱性磷酸酯酶、酸性磷酸酯酶的活性及 DNA 的合成而导致发育、变态受阻及不育。

第二章　杀虫剂的使用

一、杀虫剂的选择

杀虫剂的使用效果与杀虫剂的作用特点、害虫的生活习性及植物的生长物候期情况极为密切。杀虫剂使用后，要进入害虫体内到达杀虫剂的作用部位后才能发挥其杀虫的功效。不同的杀虫剂到达害虫体内的方式是不同的。大多数杀虫剂是作用于神经系统的毒物，在品种之间由于理化性质、毒性、作用机制、代谢方式、稳定性等方面的差异，其适用对象（杀虫谱）和安全性各不相同。因此，在某一植物某一物候期选择使用杀虫剂，针对杀虫剂均具有多种杀虫作用的机制，必须了解其最突出的作用方式，还要全面了解害虫的自身特点、生活习性及各种杀虫剂的特点，针对不同害虫选用正确的杀虫剂配方。

（一）根据害虫口器特点选择杀虫剂

1. 咀嚼式口器害虫　该类害虫取食植物叶片或其他组织，主要有鳞翅目幼虫（如卷叶虫、夜蛾幼虫、柑橘凤蝶幼虫等）、鞘翅目害虫（甲虫类）、直翅目若虫和成虫（蝗类、蟋蟀、蝼蛄）、膜翅目幼虫和成虫。胃毒性强的杀虫剂对这类害虫防效显著，内吸性好的但触杀和胃毒作用欠缺的杀虫剂对这类害虫无效。

2. 刺吸式口器害虫　该类害虫刺吸植物幼嫩组织，吸食组织中的汁液，主要有蚜虫、叶蝉、椿象、介壳虫若成虫、蚊类成虫、蓟马等，宜选择内吸性好或内渗性好且有较好的胃毒作用的杀虫剂。

（二）根据害虫的体壁特点选择杀虫剂

害虫的体壁结构影响触杀作用。害虫体壁上表皮中所含有的蜡质及脂类化合物与水无亲和性，喷洒到虫体上的药液会积聚成球而从虫体表面滚落流失。而像介壳虫等体表有较厚的蜡质，药液更不易湿润。触杀剂的药效除了农药本身的成分因素外，与其中的农药助剂和剂型有关。乳油、微乳剂、水乳剂中的乳化剂质量及黏着剂、润湿剂、增效剂均影响药效。其他如有机磷类农药多数均具有良好内渗作用，当药液到达虫体表面后能快速渗入昆虫体内，如百死特是由辛硫磷和毒死蜱进行复配的一种制剂，具有很好的触杀和胃毒作用，可广泛用于防治蛾蝶类幼虫等咀嚼式口器害虫；而拟除虫菊酯类杀虫剂大多无内吸性，但具有良好的内渗性，触杀与胃毒是主要的作用方式。防治一些钻蛀性害虫，我们可考虑选用内渗性好的杀虫剂，但不一定是内吸性好的杀虫剂。

（三）选择使用几丁质合成抑制剂和蜕皮激素

这类杀虫剂具有较强的胃毒作用，主要是影响害虫体表几丁质的形成或使蜕皮异常，只在幼虫或若虫阶段使用，并且以咀嚼式口器害虫效果好，在害虫的其他阶段（蛹、成虫）使用效果不佳。一般作用效果比较慢，经常与菊酯类、有机磷类等混用。防治高抗性害虫的关键是要在幼虫或若虫低龄期使用。例如，丁醚脲等用来防治蛾蝶类幼虫，配方中加入脱氧甲维盐可增强速效性；噻嗪酮用来防治飞虱若虫等，加入吡虫啉类成分，速效性明显增加。

（四）地下害虫的防治用药

地下害虫主要有蛴螬（金龟子幼虫）、地老虎（一种蛾类害虫）、蟋蟀、蝼蛄，还有一些虫害如花蕾蛆、叶甲类害虫的幼虫等。地下害虫由于其为害部位特殊，主要在土壤中或土表生活，施药后要考虑农药与土壤颗粒的结合，因此对杀虫剂的成分选择是关键。以高氯·辛、毒死蜱来撒施或与肥料混用为主，也可用百死特、全虫杀（氯·辛）或阿维菌素等对水冲施。注意在灌根防治时要灌注根部，勿将药液洒到叶片特别是新叶上，以免造成药害。

（五）针对钻蛀性害虫的用药

为害枝秆上的天牛，防治方法以高浓度药液注射为主，药剂选择以具有熏蒸作用或内吸作用的杀虫剂为好，如可选择丁硫克百威等进行注射。而像为害当年生枝条的木蠹蛾、透翅蛾等，要掌握害虫卵孵化期进行喷药防治，药剂宜选用胃毒性好、触杀性好（并具有良好的内渗性）的杀虫剂。例如，防治梨树的梨茎蜂，可在开春时期用高效氯氰菊酯进行喷雾，喷药时要注意喷施当年抽生的枝条；而针对禾本科植物上的一些钻蛀性害虫，可利用内渗性强的杀虫剂。

（六）针对一些特殊害虫的用药

吸果夜蛾是比较难以防治的害虫，在李、桃、龙眼、荔枝、柑橘上为害严重。其成虫是以喙刺吸果实为害，用一些内吸性强的杀虫剂来喷雾防治收效甚微，主要以采用驱避剂进行防治较好，如可用氟氯氰·三唑1500倍液在果实成熟期每隔15天喷雾1次。利用实蝇对酸甜类食物的趋性制作引诱剂来进行防治，如可选择阿维菌素等混入糖醋液进行诱杀。

不同种类杀虫剂的使用特点比较见表1。

表1 不同种类杀虫剂的使用特点

分类	优点	缺点	举例
化学杀虫剂	杀虫谱广，效果显著	毒性大、残留高、易产生抗药性、毒杀天敌、污染环境等	有机氯、有机磷类
高效低毒改良类	高效低毒、对环境影响小、对人畜较安全	某些对鱼毒性高，对益虫有害，易产生抗性	拟除虫菊酯类、几丁质合成抑制剂类
植物源生物农药	对人畜安全无毒，低残留，不影响环境，不伤害天敌，无抗药性，无药害	药效慢且不稳定，易受环境影响，杀虫谱窄，用药量大，成本高，产品有效期短	Bt、青虫菌等
病毒型复合杀虫剂	高效无毒安全、选择性强、不伤害天敌、无抗药性、药效持久	效果缓慢，不宜在害虫大发生时使用	黄地老虎颗粒体病毒等

总之，在杀虫剂的使用上，要了解各种杀虫剂的作用特点、害虫的生活习性，并结合植物的生长物候期情况进行综合分析，达到准确用药。

二、杀虫剂的使用方法

（一）常规杀虫剂的使用方法

1. 喷雾法 利用施药机械，按照用量将可湿性粉剂、浮油、水剂、可溶粉剂、油剂、悬浮剂等农药制剂（超低容量喷雾剂除外）加水调制成乳液、溶液、悬浮液，将药液喷到防治对象及其寄主表面的方法，称为喷雾法。通常每亩（非法定计量单位，1亩＝666.6 m²，下同）药液量在 40 kg 以上的称为高容量喷雾法，其雾滴直径范围为 100～400 μm，地面喷雾 2～4 亩／（日·机）；每亩药液量在 10 kg 以下的称为低容量喷雾法，雾滴直径范围为 100～200 μm，地面喷雾 40～60 亩／（日·机）；每亩药液量为 200～300 mL 的称为超低容量喷雾法，雾滴直径范围为 50～100 μm，地面喷雾 300～500 亩／（日·机）。一般来说，雾滴直径越小，雾滴覆盖密度越大，防治效果也越好。要注意：一是选择性能良好喷雾器，保证喷雾质量；二是植物表面有较厚蜡质层时，不利于液体施展，可加渗透剂等助剂；三是选清水（井水或河水）作为稀释剂；四是避免环境污染。

2. 喷粉法 利用喷粉机具或撒粉机具喷粉或撒粉，气流把农药粉剂吹散后沉积到植物上的施药方法，称为喷粉法。该方法的特点是不需用水，工效高，在植物上的沉积分布性能好，着药比较均匀，使用方便，常用于防治暴发性害虫。其影响防效的主要因素是粉剂质量、喷粉机具、喷粉技术及气象因子等。注意要选择质量好的喷粉药械，时间一般以早晚有露水时效果较好（因为药粉可以更好地附着在植物上）；喷粉量应根据不同防治对象来决定，一般每亩 1.5～2.5 kg；注意环境条件的影响，大风天不适合喷药，应在无风（风力小于 1 m/s）、无上升气流时进行，刮大风时应停止喷粉；在喷粉后 24 小时内遇雨，宜重喷；喷粉人员应该在上风头顺风喷，不要逆风喷粉，以防止农药中毒；粉剂不能受潮。

3. 熏蒸法 用熏蒸剂或常温下容易蒸发的农药或易吸潮组分放出毒气的农药（如磷化铝等），防治在常温密闭或较密闭的场所的病虫害的施药方法，称为熏蒸法。熏蒸可以有效地防治隐蔽的有害生物，如仓库、车厢、温室大棚等场所。影响熏蒸效果的因素：①药剂本身的特性：要求熏蒸剂沸点低，相对密度小，蒸气压高。②温度：温度升高时，药剂易挥发，同时昆虫活动能力增强，效果较好。但温度一般以不超过 20 ℃为宜。③昆虫种类及不同发育阶段：对熏蒸效果有一定的影响。昆虫对药剂抵抗力排序为老龄幼虫>卵>蛹>成虫。

4. 烟雾法 把油状农药分散成为烟雾状态的施药方法，称为烟雾法。要用专用的机具（烟雾机）才能把油状农药分散为烟雾状态，烟雾的直径一般为 0.1~10 μm。烟雾态农药的沉积分布很均匀，对病虫的杀伤力的控制效果都显著高于一般喷雾法和喷粉法。

5. 注射（打孔注药）法 将药剂直接置入树干或通过输液的方式将药液输入植物体内，或应用注射器具将药液注入树体达到防治病虫害及调节植物生长的方法，称为注射法。该方法具有防效高，药效持久，不受树体高度、水源和气候条件的限制，对天敌影响小等优点。其所用药剂多为内吸剂。

6. 飞机施药法 用飞机将农药液剂、粉剂、颗粒剂等均匀地撒施在目标区域内的施药方法，称为飞机施药法。飞机施药法又叫航空喷雾喷粉法，是效率最高的施药方法，具有成本低、效果好、防治及时等优点，常用于森林病虫害防治。适用于飞机喷洒的农药剂型有粉剂、可湿性粉剂、水分散粒剂、悬浮剂、干悬浮剂、乳油、水剂、油剂、颗粒剂等。

7. 撒施法 抛施或撒施颗粒状农药的施药方法，称为撒施法。该方法主要用于土壤处理、水田施药或植物心叶施药。除颗粒剂外，其他农药需配成毒土或毒肥。应注意混拌质量，农药和化肥混拌不可堆放过久；撒施时间要掌握好，水田施药要求稻田露水散净，以免毒土粘于稻叶造成药害；撒杀虫剂要求有露水。

8. 灌根泼浇法 将一定浓度的药液灌入植物根区或均匀泼浇到植物上，使药液沉落在植物下部根际土壤中的施药方法，称为灌根泼浇法。灌根法主要用于防治植物根部病虫害，如地下害虫、瓜类枯萎病等，影响因素主要是药剂本身的内吸性。使用泼浇法施药，应注意药剂的安全性和扩散性，药剂安全性不好时，不宜用泼浇法施药；水层深浅也是影响杀虫效果的重要因素。

9. 拌种法 将药粉或药液与种子按一定的比例均匀混合的方法，称为拌种法。拌种可以有效防治地下虫害和通过种子传播的病害。要注意：一是药剂与种子必须混拌均匀；二是药剂必须能较牢固地黏着在种子表面并能快速干燥，或很少脱落。

10. 种苗浸渍法 用一定浓度的药剂浸渍种子或苗木的方法，称为种苗浸渍法。此方法是防治某些种传病害及使用植物生长调节剂时常用的用药方法，应当注意温度、药液浓度、处理时间三者之间相互关联的关系。刚萌动的种子或幼苗对药剂一般都很敏感，尤其是根部反应最为明显，处理时应格外慎重，避免发生药害。

11. 毒饵法 利用能引诱有害生物取食的饵料，加上一定比例的胃毒剂混配成有毒饵料或毒土诱杀有害生物的施药方法，称为毒饵法。在使用上经常更换饵料能收到较好的效果。

12. 涂抹法 利用药剂内吸传导性，把高浓度药液通过一定装置涂抹到植物上的施药方法，称为涂抹法。注意选择药剂必须有较强的内吸传导性，涂抹部位要有利于植物吸收。

（二）几种施用农药新技术

1. 静电喷雾技术 静电喷雾技术是在喷药机具上安装高压静电发生装置，作业时通过高压静电发生装置，使带电喷施的药液雾滴在植物叶片表面沉积量大幅增加，农药的有效利用率可达90%。

2. 低容量喷雾技术 低容量喷雾技术是指在单位面积上施药量不变的情况下，将农药原液稍加水稀释后使用，用水量相当于常规喷雾技术的1/10~1/5。该技术使用时只需将常规喷雾机具的大孔径喷片换成孔径 0.3 mm 的小孔径喷片即可，可防止常规喷雾给温室造成湿害，特别适宜温室和缺水的山区应用。

3. 电子计算机施药技术 将电子计算机控制系统用于喷雾机上，通过超声波传感器确定植物形状，使农药喷雾特性始终依据果树形状的变化而自动调节。该技术可提高作业效率和农药的有效利用率。

4. 循环喷雾技术 循环喷雾技术是指对常规喷雾机进行设计改造，在喷雾部件相对的一侧加装药物回流装置，把未沉积在靶标植物上的药液收集后抽回到药箱内，使农药能循环利用，提高农药的有效利用率。

5. 药辊涂抹技术 药辊涂抹技术主要适用于内吸性除草剂。药液通过药辊（一种利用能吸收药液的泡沫材料做成的抹药滚筒）从药辊表面渗出，药辊只需接触到杂草上部的叶片即可奏效。

6. "丸粒化"施药技术 "丸粒化"施药技术适用于水田。对于水田使用的水溶性强的农药，采用"丸粒化"施药技术效果良好。

（三）不同作用方式杀虫剂的使用方法

1. 内吸剂

（1）内吸剂的特点：

1）品种以有机磷类、氨基甲酸酯类、有机氮类及烟碱类的较多。有机氯类中只有林丹有微弱的内吸作用，而常见的拟除虫菊酯类杀虫剂都无内吸作用。

2）选择性较强：一般对刺吸式口器害虫特别有效，多数被喷洒到植物表面后，能迅速被植物吸收到体内，可杀灭隐藏害虫。

3）对药剂施用过程中不能直接接触到的害虫，如在叶背面的蚜虫、红蜘蛛及钻蛀性害虫等有效。

4）对较小虫体类害虫效果较好；对较大虫体类常因摄入量不足达不到目的，且易增强害虫的抗药性。

5）一般来说易被植物体吸收，几乎不受雨水冲刷的影响。

6）省工、省药。

（2）使用方法：

1）种苗处理：用内吸性杀虫剂处理种子或种苗，药剂进入植株体内，可防止苗期虫害。可采用浸种、拌种、闷种、种子包衣等方法处理种子或通过蘸秧处理种苗。

2）土壤处理：该类药剂常被用于处理土壤消灭地下害虫及植株的地上部分害虫。持效期长的可以与土壤组成缓释剂，如克百威等。用法包括沟施、穴施、灌根和土壤注射等方法。

3）植株局部处理：将药剂直接涂抹在植株的叶部、茎部或注射到植株体内，依靠其内吸传导作用在植物体内运转、分布，消灭树干和树冠上的害虫。用法包括涂抹法、包扎法和树干注射法及输液。

4）撒施：把药剂直接撒在秧田、沟穴中，植物的根系吸收后将药剂传导到植物的其他部位防治害虫。如将杀虫双颗粒剂撒到树根部并灌水，可消灭枝、叶害虫。

5）喷施技术（喷粉和喷雾）：利用机械将药剂以雾状分散或以风力把低浓度的农药粉剂吹浮在空中并沉积到植物和防治对象上。主要用于毒性较低的内吸性杀虫剂。

（3）使用注意事项：

1）内吸性杀虫剂是特殊的胃毒剂，要求有效成分活性要尽可能的高，适于防治刺吸植物汁液的害虫。

2）有些药剂仅能渗透到植物表皮而不能在植物体内传导，不能当作内吸剂使用，施药时要喷洒周到。

3）对茎秆部一般采取涂茎和茎秆包扎等方法，根部吸收则通过土壤药剂处理、根区施药及灌根等方法，叶部则主要通过叶片施药方法。大多以向顶传导为主，很少向下传导；若喷洒不均匀，效果不理想。

4）可用浸种法使药剂分布在种皮和子叶上，发芽后再转运到幼苗中防治虫害。

5）要使药剂黏附力及耐雨水冲刷更理想，可采用有机硅等高效助剂进行桶混。在喷雾施用时要均匀喷洒。

6）多数内吸性杀虫剂对人畜的毒性很大且有残毒，在使用时特别要注意。如处理对象为食用植物，则必须考虑施药后的安全间隔期和收获产品的农药残毒等问题。

7）不能与活菌混用。

2. 胃毒剂　胃毒剂是通过害虫取食后进入虫体内，主要针对害虫消化道、神经系统发挥作用。有机磷类、菊酯类、氨基甲酸酯类、阿维菌素、甲氨基阿维菌素等均具有强烈的胃毒作用。在使用中应注意：①针对的害虫食量要大，如甜菜夜蛾、斜纹夜蛾、小菜蛾3龄后幼虫、菜青虫、豆荚螟、稻纵卷叶螟等。②保证喷洒均匀，叶片正反两面均应着药。③药剂黏附力好，耐雨水冲刷，可以采用与有机硅桶混。

3. 触杀剂　触杀剂通过害虫体表进入虫体内杀灭害虫，包括有机磷类中的大部分、菊酯类、氨基甲酸酯类、沙蚕毒素类、阿维菌素、甲氨基阿维菌素等。在使用中应注意：①要求害虫体积较大，活动能力强，如甜菜夜蛾、斜纹夜蛾、小菜蛾（3龄后）、菜青虫、豆荚螟、稻纵卷叶螟。②药剂喷洒要均匀，正反两面均应着药。③药剂黏附力好，耐雨水冲刷。④速效性强，此类药剂一般持效期较短，最好配合持效期长的药剂。⑤最好加有吸湿剂，以便在药膜干后，能吸收空气中水分或露水，保持药膜湿润。

4. 熏蒸剂　熏蒸剂是通过产生有毒气体进行杀虫，包括仓储用的马拉硫磷等，地下害虫常用的有毒死蜱、溴甲烷等，蛀干害虫常用的敌敌畏等。在使用中应注意：①施用空间相对密闭，如粮仓、封行后的水田中下部、土壤中、树洞中、树皮下（如天牛蛀孔、几丁虫树皮下蛀道）等。②施药时要注意温度，温度高药效发挥好。③一般针对地下害虫和虫体较小的害虫。④保存时避光、冷凉。⑤注意安全，人畜等应在毒气散尽后，才能进入下一步的工作。

（四）不同剂型的施用方法及其区别

农药剂型不同，施用方法各异。用法恰当，不但可提高防效、降低成本，还能减轻对环境的污染，提高安全性。常用农药剂型的正确施用方法如下。

1. 乳油　乳油的渗透性强，分散性好，加水稀释即成为乳剂。其用法有：①喷雾法：对于食叶量大的害虫，加水稀释成所需的浓度，再均匀地喷洒。施药量以叶面充分湿润而药液又不从叶片上流下来为准。②浸种法：加水稀释成一定浓度浸泡种子。可先把种子放在粗布袋或纱布袋里在清水中预浸，然后沥干水再浸入药液中。注意掌握好浸种的浓度、温度和时间。③拌种法：将药剂与种子均匀混合。要边喷边拌，喷完后继续翻动至种子全部湿润，然后盖膜闷若干小时后再行播种。

2. 粉剂　不易被水湿润，不能分散和悬浮在水中，不可对水喷雾。其用法有：①喷粉法：用喷粉器适量均匀地喷施药粉。应在晴天无风时进行，一般在清晨和傍晚。要求施后手摸叶片略有粉感，但看不到粉层。在幼苗期不宜喷粉。②拌种法：按比例与种子混合拌匀后播种，防治地下害虫。③毒土法：与细土混合成毒土进行沟施（播种沟）、撒施（播种面）或与种子混合播种。施于地面时要求土壤湿润。

3. 可湿性粉剂　可用水稀释成一定浓度的乳液，药效比粉剂持久，比乳剂差。其用法有：①喷雾法（同"乳油"）；②浸种法（同"乳油"）；③泼浇法：把一定量的可湿性粉剂加入较大量的水中，进行泼浇。

4. 水剂（水溶剂） 水剂不易储存，湿润性较差，植物表面不易附着，使用时加水喷雾施用。

5. 颗粒剂 药效逐步释放，药效期长，用量较小。因粒大落速快，受风影响小，适合处理土壤、点施或撒施，如可用于多种植物的心叶施药。微胶囊型颗粒剂不但有较长的防效期，而且还能保护其中的原药不受环境因素的影响，可用于大棚撒施。

6. 烟剂 用法为点燃熏蒸。只能在仓库、温室和大棚等密闭或较密闭的无风环境中使用。

以上几种制剂施法区别：粉剂不易溶于水，不能加水喷雾，低浓度的粉剂供喷粉用，高浓度的粉剂用作配制毒土、毒饵、拌种和土壤处理等。粉剂使用方便，功效高，宜在早晚无风或微风时使用。可湿性粉剂吸湿性强，加水后能分散和悬浮在水中，可作喷雾、毒饵和土壤处理等用。可溶粉剂（水溶剂）可直接对水喷雾或泼浇。乳剂加水后为乳化液，可用于喷雾、泼浇、拌种、浸种、毒土、涂茎、包扎等。超低容量制剂（油剂）是直接用来喷雾的药剂，是超低容量喷雾的专门配套农药，使用时不能加水。颗粒剂和微粒剂不易产生药害。缓释剂用法一般同颗粒剂，其持效期延长，并减轻了污染和毒性。

应注意乳油、可湿性粉剂、悬浮剂这三种剂型的差别：杀虫剂的乳油效力高于悬浮剂和可湿性粉剂，同一种农药有效成分剂型以选用乳油为好。悬浮剂的药效虽次于乳油但高于可湿性粉剂，因为悬浮剂的颗粒要比可湿性粉剂细得多。

（五）特殊情况下杀虫剂的使用

1. 冬季使用杀虫剂 冬季气温低，害虫的活动与为害大都处于隐蔽与静止状态。施药时应注意：①选择晴天高温时段用药。此时害虫取食量与呼吸强度大于阴冷天气，有利于发挥毒杀作用。②要适当增加药量，但一般不超过常规用药量的50%。

③要选用适宜冬季施用的农药。一般情况下，胃毒剂和触杀剂受温度的影响小，内吸剂和熏蒸剂受温度的影响大。宜选用溴氰菊酯、辛硫磷、石硫合剂等在低温下药效较好的药剂。冬季药效的发挥时间长，要耐心等待。④药剂降解变慢，残存期延长，要延长安全间隔期。⑤可增添增效剂如硅油、"植物油"剂或酸性的物质等，但在食用植物上施药时不可添加。

2. 雨季使用杀虫剂 ①内吸性强、渗透力及抗冲刷能力强的杀虫剂，如乙酰甲胺磷等通过植物茎叶吸收能迅速传导到植株的各个部位；敌百虫、抗蚜威、喹硫磷、灭幼脲、高效氯氟氰菊酯等无内吸作用，但渗透力及抗冲刷能力强；一些击倒力强的速效杀虫剂如抗蚜威、速灭威、混灭威、灭多威、丁硫克百威、棉铃宝及菊酯类农药等在施用后能迅速发挥药效（抗蚜威施用后数分钟即可杀灭植物上的蚜虫）。这些药剂均能在雨季施用。②要注意选择在无雨时进行；喷后 24 小时内遇雨，要补喷 1 次（注意适当降低喷洒浓度）。③可在药剂中加入黏着剂，如大豆粉、聚乙烯醇、皮胶等。

3. 粉尘剂在棚室花卉上的应用 粉尘剂要求 90% 以上能通过 325 目（目为非法定计量单位，表示每平方英寸上的孔数）的筛子，且有很大的空隙度；其表观密度为 $0.25 \sim 3.0 \text{ g/m}^3$。粉尘剂被喷出后，微粒可不规则飘浮 10~15 分钟，扩散、穿透植株冠层，在植株地上各部位均匀地沉积；能降低棚室湿度，且省工、省力、省药，如 5% 灭蚜粉尘剂等防治棚室内的蚜虫、粉虱等。要求使用专用喷粉器，在足够强的风力下，调节喷粉量在每分钟 200 g 左右（1 kg/亩），由里向外手持喷粉管边退边逐行对行间空气左右均匀摇喷，最后把门关上即可。

注意：①时间要避开晴天中午，可以结合管理，在傍晚或阴天时施药。②药剂不能受潮，要使用专用喷粉器，禁止对着植株喷。③应在虫害发生初期开始每 7~10 天施用 1 次，连用 2~3 次即可。喷粉后3天内不可喷雾喷水，以免将药粉冲掉。④喷后要闭棚2小时左右，禁止人员进入。⑤对剩余药粉可从棚室的风口将喷粉管伸入棚内喷完。

4. 性诱剂的使用 将昆虫性信息素化合物（简称性诱剂）用释放器释放，干扰害虫雌雄交配，减少受精卵数量。性诱剂使用中涉及性诱剂配比、诱捕器设计、诱芯质量、释放材料、诱捕效率等因素。该法具有安全性、选择性、高效性、持效性、兼容性，符合优质、高产、高效、生态、安全的农业发展目标。特别是可利用多种性信息素合成复合迷向剂防治多种害虫。若与少量必要的农药配合使用，可组成害虫防治的绿色生防系统。

5. 种子保护剂的使用 种子保护剂可直接放置到植物种子中防虫，也可用于其他储藏物品（具有活性的储藏物除外），要求纯度高、低毒、高效、廉价、保护期长、对种子发芽率无影响。如林丹、马拉硫磷、杀螟硫磷、碘硫磷、溴硫磷、敌敌畏、溴氰菊酯、苯醚菊酯、丁烯硫磷等，其中以溴氰菊酯、苯醚菊酯、丁烯硫磷最为理想。目前常用的有保粮磷、防虫磷、虫螨磷、杀虫松、植物性杀虫剂（β-细辛脑、菖蒲根、肉豆蔻油），可取代马拉硫磷的高效低毒杀虫剂有虫螨磷和甲基毒死蜱等。注意，使用时要准确计算用药量，不得超剂量用药。用药量以每千克种子中用纯药（有效成分）的量（mg），用"mg/kg"表示。

常用以下方法施药：①机动喷雾法：对于机械化大型库，可采用仓用电动喷雾机将药液直接均匀地喷在输送带上，边入库边喷药。在人工入库的情况下，可边喷边拌地施入。②手动喷雾法：按喷洒药液与种子的重量比为1∶1000，每30 cm厚度喷拌药1次，最后再喷1次。若较少可将其按10 cm左右厚度平摊开，分3次将药液均匀喷拌施入，最后再入仓储藏。③超低容量喷雾法：用不超过种子量0.02%的水将药剂配成较浓的药液，进行超低容量喷雾施药。④结合熏蒸表面层喷雾法：将种子耙平，按 30 cm 厚度量计算用药量。配成药液边喷边拌地施入，再按规定将磷化铝等熏蒸剂埋入。⑤砻糠载体法：将计划用药量先施于砻糠（稻谷壳）上制成药砻糠，以种子量的 0.1% 将药砻糠均匀地撒施种子中。⑥拌粉法和拌粒法：将粉剂或粒剂拌和于种子中。注意，米象、玉米象、谷象、谷蠹、拟谷蠹、杂拟谷蠹和锯谷盗等对磷化氢的抗药性最严重。

（六）关于杀虫剂的稀释

商品农药中，除了有效成分含量低的粉剂、粒剂和缓释剂可以直接施用外，其他的剂型因有效成分含量高，必须用稀释剂稀释后才能施用。

农药稀释时的浓度表示法：①稀释倍数：表示某种规格的农药加稀释剂的倍数。如 50% 敌敌畏乳油 1000 倍液，就是用 50% 敌敌畏乳油与水按 1：1000 份配成的稀释液，其一般是按重量计算。但当稀释倍数在 100 倍以内时，稀释剂的用量要扣除药剂所占的 1 份，如配 40% 氧乐果乳油 80 倍液，则需水 79 份。②百分浓度（%）：是指 100 份农药稀释液中含有效成分的份数。如 0.0125% 乐果稀释液，表示 100 份稀释液中含乐果成分为 0.0125 份。

在稀释时一般按使用说明书用量。尽管某些农药在一定范围内，浓度高、单位面积用药量大时药效会高些，但是超过限度，有些防效反而下降，甚至出现药害，污染环境；而用量过低，又影响防效，诱发抗性。因此，必须将施药面积、施药量和用水量准确计量。药液用量一般为：草本旺长期 75 kg/亩，移栽成活后 60 kg/亩，苗期 50 kg/亩。林木一般按实际喷施量，以植物表面布满雾滴而不滴水为度。

药液配制时，液剂应先加 1/3 水，再加药，补水至需要量；可湿性粉剂，应先用约 10 倍药量的水和药搅匀，补水至需要量再搅匀。

（七）常用喷雾作业参数

1. 步行速度 水田 0.4~0.8 m/s，旱地 0.8~1.2 m/s，喷头离植物高度为 0.6~1 m，喷头保持水平状态或有 5°~10° 仰角，使喷头高度高出植物顶端 0.5 m。

2. 有效喷幅 使用手持式喷雾器，水田取 4~6 m，旱地取 3~5 m。

3. 用药量 用药量公式为：

$$施药量（mL/hm^2）= \frac{流量器流率（mL/s）}{步行速度（m/s）×有效喷幅（m）} ×10\ 000$$

三、杀虫剂使用中存在的问题

（一）杀虫剂使用中存在的误区

（1）一发现用药防效不理想，就盲目混用，甚至将几种混合剂进行混用，造成药害或贻误防治时机。

（2）用药单一集中（现用、早期使用农药剂型），过度依赖某一单一制剂，用药量大，致使害虫产生抗药性。表现在每季植物和每年所使用的次数及每次使用的剂量、喷药间隔期等。

（3）过于追求速效性，对药效迟缓难以接受。因棉铃虫、甜菜夜蛾、蚜虫类等害虫对菊酯类药剂易产生较严重的抗性，防治较为困难。

（4）过度相信内吸药剂的内吸性，忽视了均匀施药。

（5）盲目认为进口的才是最好的，或毒性越高、药剂越新，杀虫效果越好，忽略了不同药剂对不同施药对象的作用往往不同。

（二）杀虫剂使用中存在的错误

（1）只知商品名，不知通用名及其性能特点。

（2）施药方法不当，虫情不准，盲目用药，或不能对症施药。使用杀虫剂时，应针对害虫为害部位及发生状况，选择适当防治时期及防治方法。如甜菜夜蛾的幼虫在晴天的傍晚至翌日上午 8 时在叶面上为害，应在此时将药液喷到虫体上；防治蚜虫、温室白粉虱、烟粉虱，应针对叶背面喷药；喷洒辛硫磷等易光解的药剂宜在傍晚进行。

（3）由于用药历史、用药水平，害虫几乎对所有的合成化学农药及生物农药都会产生抗药性，特别是对新的取代药剂抗性发展速率加快，这不仅是由于在害虫种群中存在"高风险"的物种或害虫的遗传变异性，而且与杀虫剂的杀虫活性与持效性及使用强度有关，其中以双翅目、鳞翅目昆虫产生抗药性的种数最多，主要害虫如蚜虫、棉铃虫、小菜蛾、菜青虫、温室白粉虱、马尾松毛虫、马铃薯甲虫及螨类等。对付害虫抗性要轮换取代，或混剂选择具有负交互抗性的药剂。

（4）喷雾器质量差，配件质量低劣，加之对喷雾器的使用、保管也存在一定问题，导致在使用中出现喷雾器漏药、雾化不良等问题。

（5）在使用杀虫剂中常因不严格按规定使用的剂量、浓度、次数和时间施药，或错用，致使植物产生药害，导致叶枯花落、生长受阻，甚至植株死亡。也有出现人畜中毒现象。

（6）一些药剂中有过量添加成分及擅自加入其他农药成分或违禁农药（如六六六等）成分。一些产品存在虚假的信息等。

（三）杀虫剂的合理使用

1. 选择药剂，对症用药

（1）根据防治对象选择杀虫剂：就杀虫剂来讲，对咀嚼式口器害虫可选如敌百虫等胃毒剂，对刺吸式口器害虫（蚜虫等）可选内吸剂（如避蚜雾等），触杀剂则对各种口器害虫有效，熏蒸剂只能在保护地密闭后使用而在露地使用效果不佳，胃毒剂用于防治刺吸式口器的蚜虫、螨类、介壳虫则无效。对刺吸式口器的害虫可以用触杀剂、内吸剂来消灭，同时还要注意选用合适的药剂剂型。同种农药的不同剂型，其防治效果也有差别，通常乳油最好，可湿性粉剂次之，粉剂最差。保护地内使用粉尘剂或烟剂效果较好。另外，每一种药剂都有各自的杀虫特点。如溴氰菊酯防虫范围虽广，但对螨无效；灭蚜松只对蚜虫有效；辛硫磷在土壤中对地下害虫持效长，适合防治地下害虫。在害虫防治时，要根据害虫种类、发育阶段、生活习性、植物对药剂的敏感性，选择有效无害的药剂。

（2）关于家庭害虫的防治：任何杀虫剂对人体都具有一定的毒性，常用的拟除虫菊酯类以氯菊酯、胺菊酯、丙烯菊酯和溴氰菊酯较安全。但在使用时也要注意以下几点：在喷药雾之前，应先将食物、水源、碗柜密封，最好在人们进餐之后使用；应穿上长袖衣服，戴上口罩；不要过量使用；要避免猛烈撞击、高温环境及对着火源喷射；施药后及时通风一段时间方可入室。对于蟑螂等爬虫，则应将气雾均匀地喷在其出没、停留、栖息处，欲保持药效持久，喷后不宜抹去。平时要将药罐置于儿童接触不到的位置。

（3）根据害虫的发生规律用药：以田间调查为指导，做好虫情预报，抓住最佳防治时机，适时用药。由于农药的持效期及不同害虫虫龄对药物的抗性不同（一般低龄幼虫抗药力最差），同时常用农药的药效一般随田间温度的升高而相应提高，如单甲脒等杀螨剂，气温在 25 ℃左右时施用效果较好。内吸剂要在树液开始流动后才会被大量吸收。各种有害生物防治适期不同，同一种有害生物在不同的植物上为害，防治适期也有区别；使用不同杀虫剂防治某种害虫的防治适期也不一样。要根据防治对象的发生规律、所使用农药的特性及预测报告结果，抓住防治对象薄弱环节及时用药。如防治钻蛀性害虫应在卵孵盛期用药，防治一般害虫应在 3 龄之前用药；对发病中心可先局部封锁中心用药，对点片发生的虫害可先点片防治。

（4）要注意使用先进的施药技术：如用低容量、超低容量喷雾防治危害植物体表的害虫，用施颗粒剂或药剂闷种防治地下害虫，用内吸剂涂茎或根区施药法防治害虫。另外还要注意农药的用量和使用次数，如药量少则达不到防治的目的，药量多则易产生药害和浪费。

2. 施药技术 农药种类和剂型不同，使用方法也不同。如可湿性粉剂不能用于喷粉，粉尘剂不可用于喷雾，胃毒剂不能用于涂抹，内吸剂一般不宜制毒饵。喷雾做到细致均匀；使用烟剂必须保持棚室密闭；施用粉尘一定要避开阳光较强的中午；药剂喷布要均匀周到，叶的正反面均要着药。喷药不能马马虎虎，要认真仔细地喷施。

（1）根据天气情况，科学、正确地施用农药：一般应在无风或微风天气施用农药，同时注意气温变化。气温低时，多数有机磷农药效果较差；温度太高，容易出现药害。多数药剂应避免中午施用。刮风下雨会使药剂流失，降低药效，因此最好使用内吸剂，其次使用乳剂。

（2）注意用药的关键期在幼虫期、初发生期（做好虫情预报，达到防治指标时立即用药），根据风向均匀周到施药，同时要注意安全间隔期、花期的用药。

（3）在施用前了解农药特性，严格掌握农药用量。在一定范围内浓度高些，药效会高些，但超过限度，药效反而会下降，并易出现药害。

（4）配制药液注意事项：配制乳剂时，应将所需乳油先配成 10 倍液，然后再加足全量水。稀释可湿性粉剂时，先用少量水将可湿性粉剂调成糊状，然后再加足全量水；配制毒土时，先将药用少量土混匀，再用更多土二次混匀，经过几次混匀后就可以使用；配制药液宜用清水，硬度高的水要软化后配药，否则会影响可湿性粉剂的悬浮性或破坏乳剂的乳化性，影响药效或发生药害。

（5）农药制剂中已含有一定的表面活性剂，但因防治对象不同、使用阶段不同、加工质量不同、选用的水质不同，为改善喷雾液的湿润展着性能和提高药效，往往还需加入一定的助剂。特别是对可溶粉剂和水剂等湿润展着性能不好的药液。如加入适量的洗衣粉或有机硅增效剂可提高药效；如用敌百虫晶体或可湿性粉剂加水喷雾时，宜加入药液量的 0.05% ~ 0.10% 的中性洗衣粉。

3. 安全事项

（1）把安全放在首位，能不用药尽量不要用。儿童、病人、妇女生理敏感期不能接触农药。对相对比较安全的杀虫剂，长期低剂量接触也会引起神经麻痹、感觉神经异常及头晕头痛等神经症状。一些杀虫气雾剂、杀虫乳油等含有毒的苯及其同系物溶剂，长期接触有诱发白血病和骨髓抑制的危险。

（2）在使用农药时，要了解农药的毒性，防止农药中毒事件的发生；一般有机氯农药残留期较长，有机磷残效期稍短。从剂型上来说，可湿性粉剂、乳剂残留时间较粉剂长。

（3）施药时必须穿戴防护衣、帽，防止背负式药械药液泄漏到身体上，禁止说笑打闹，禁止吃、喝、抽烟。

（4）配药或田间施药时，人要站在上风头，操作方向与风向应成 90°角，不使药雾和药粉从迎面方向飘来；为避免经皮肤接触，配制农药时不能直接用手接触药剂或药水，宜戴防渗透的胶手套，施用固体农药如确需用手也必须戴防渗透的胶手套。

（5）进行农药配制及施药时，口、鼻不要靠药剂太近，并应戴防护口罩，必要时口罩里再垫一块折叠好的多层洁净纱布。防护口罩用毕应及时清洗，不得使用农药污染过的口罩。

（6）施用农药或清洗药械时，不要污染水源或鱼塘，以防饮水或水产品中农药的含量增高。

4. 避免环境污染　结合当地的具体情况制定每种杀虫剂的使用准则，提高使用技术，使药剂最大程度地附着在植物或有害生物体靶标上，而不应该大量逸失到土壤、大气或水域中，造成环境污染。在园林上使用要注意，人们经常接触的植物要少用或不用农药，在公共的休闲或娱乐场所要少用或不用农药，即使应用，也应以低毒农药为主。尽量减少与杀虫剂的接触。

（四）防止杀虫剂产生抗药性

昆虫抗药性变化与乙酰胆碱受体相关功能位点的突变有关。要保持昆虫对药剂的敏感性，就要坚持以预防为主、最少化应用杀虫剂的原则，应考虑对未来害虫种群及环境的影响，应大范围限制杀虫剂的使用。

（1）选择最佳的药剂使用方案，包括各类（种）药剂、混剂及增效剂之间的搭配使用，特别注重选择无交互抗性的药剂进行交替轮换使用和混用。具有交互抗性或多抗性的药剂不能轮换交替或取代及作为混剂使用；选择每种药剂的最佳使用时间和方法及使用次数，使每种农药针对某一害虫避免连续使用两个世代。注意提高用药质量，并不是用量越多越好，要在保证防治效果的基础上选择合理的用药方法、使用最低的有效浓度和最少施药次数，做到棵棵见药、均匀施药。如对棚室使用熏蒸法效果较好。慎用菊酯类药，若长期用菊酯类杀虫剂易引起螨类的大发生。注意低剂量用药是通过降低选择压力，在种群中保持敏感基因，以取得延缓抗性的效果；高剂量施药是以足够的剂量淘汰敏感个体和抗性杂合子，以达到延缓抗性的目的。高剂量用药应注意：药剂低毒，施药地点允许高剂量的杀虫剂在短期内存在，使足够剂量的杀虫剂仅施于害虫，每次施药后要有感性个体迁入，加增效剂抑制解毒作用。

（2）为了提高防效，防止污染和产生抗药性，可轮换使用作用机制不同的农药。包括：①生物源、矿物源及有机合成农药之间的交叉使用。②不同作用机制的药剂交叉使用，如毒死蜱与吡虫啉交叉使用。③喷雾剂与熏烟剂的交叉使用，如在温室、塑料棚可将喷雾与熏烟方式交替使用。④药剂的茎叶处理与土壤处理交叉使用，不具杀卵活性的杀虫剂与杀卵剂交叉使用等。

（3）合理混用农药，达到兼治、增效和延缓抗药性的目的。如白僵菌、Bt 等生物杀虫剂与化学杀虫剂混用，化学杀虫剂与井冈霉素等杀菌剂混合使用。但一定要注意混合后不破坏原有的理化性状，防效互不干扰或有所提高。要注意有效成分是菌类的生物农药与化学杀菌剂不能混用，有机磷类、菊酯类杀虫剂不能与碱性农药混用，同类性质的农药不可混用。

（4）综合应用农业的、物理的、生物的、遗传的及化学的各项措施。如可利用辐射不育进行遗传防治，利用放射能、激光直接杀死害虫，利用微波处理土壤防治地下害虫，利用雷达探测害虫迁飞等尽可能降低种群中的繁殖率和生存率等。在尽可能大的面积上轮换施药以有效减少抗性个体的迁移，尽可能减少对非目标生物的影响。当单一或较窄杀虫谱的药剂足以防治使用时，决不使用广谱杀虫剂。在植物收获期后，应及时清理残留物，去除害虫的食物源和越冬场所。

（5）利用生态系统中各种生物之间相互依存、相互制约的生态学现象和某些生物学特性防治害虫。包括 Bt、白僵菌等病原微生物，寄生蜂、寄生蝇等寄生性生物，草蛉、瓢虫、步行虫、畸螯螨、钝绥螨、蜘蛛、蛙、蟾蜍、食蚊鱼、叉尾鱼，以及许多食虫益鸟等捕食性生物的利用。如用 Bt 各种变种制剂防治多种林业害虫（细菌），病毒粗提液防治蜀柏毒蛾、松毛虫、泡桐大袋蛾等（病毒），微孢子虫防治舞毒蛾等的幼虫（原生动物）等。选择对害虫有毒力而对益虫杀伤力较小的农药，要为害虫天敌创造适宜生存、繁殖的环境。

（6）建立害虫防治系统，包括测虫选药（配方选药），合理配药（桶混、浓度、润湿），低容量施药。在不同生长期（物候期），几种虫害同时为害，或者多虫多病，研究制定全程解决方案，实现"一喷多防"。对高风险害虫最好能以害虫的发生世代，来确定使用某一作用机制杀虫剂进行防治。

（7）农药抗性的产生与植保器械的使用、生态环境条件选择等方面的错误有关。

（五）杀虫剂混用问题

农药混用必须了解掌握各类型农药的性质、作用和防治的对象，必须考虑和解决如何避免产生交互抗性和多抗性的问题，并注意避免药害，科学合理地复配混用。若混用不当，轻者降低药效，出现药害，重者造成毁种。杀虫剂混用包括杀虫剂加增效剂、杀虫剂加杀虫剂、杀虫剂加杀菌剂、杀虫剂加植物生长调节剂及肥料等。如菊酯类与有机磷类农药混用、矿物油与有机磷混用等，都是较好的混用方案。如与碱性物质混合易分解失效的药剂不能与碱性农药混用；两种或两种以上药剂混用会发生化学反应的，不能混用；尤其是不能为节省时间、劳力，把多种防治病虫或其他对象的药剂随意混合使用等。

病虫抗药性出现后改用混合用药常能奏效。但要注意：①同种有效成分不宜混用。②混合后不可出现分层、浮油、沉淀、混浊程度明显增加。③微生物农药不宜与杀菌剂混用。④混合后药液放置时间不宜超过 3 小时。⑤小面积混用试验 2~3 次后，再大面积使用。

（六）农药的残留问题

有些农药在使用后，可能黏附在植物外表，也可能渗透到植物内部，被植物吸收。这些农药虽然受到外界环境条件如光照、雨、露、气温的影响及植物体的作用，逐渐分解消失，但速度缓慢，在收获时往往有一定量的农药残留。特别是在农作物接近收获期施用过多、过浓的农药，更会造成农产品中有过量的农药残留。

（七）杀虫剂的药害问题

在农药使用中常因不严格按规定的剂量、浓度、次数和时间施药，或错用致使植物产生药害，导致叶枯花落、生长受阻，甚至植株死亡。如敌敌畏浓度高时，对樱花、梅花易产生药害。针对药害情况可从以下几个方面补救。

（1）喷大水淋洗或低浓度碱性水淋洗：若是由叶面和植株喷洒某种农药后而发生的药害，可迅速用大量清水喷洒受药害的植物上部，并增施磷钾肥，中耕松土，促进根系发育。在喷水时可在水中加入 0.2% 的纯碱（碳酸钠）或 0.05%～0.1% 的石灰（因目前常用的大多数农药遇到碱性物质都易分解），以加快药剂的分解。同时由于大量喷水后，植物吸收较多的水分，使植物体内的药剂浓度得到一定降低，从而可减轻药害症状。

（2）追施速效肥：在植物发生药害后，可迅速追施尿素等速效肥料增加养分，以增强植物的生长活力，这对受害较轻的种芽、幼苗效果较明显。

（3）用药物解毒：针对导致发生药害的药剂，喷洒能缓解药害的药剂，如对氧乐果等农药造成的药害可在受害植物上喷施 0.2% 的硼砂溶液，也可喷施 0.5% 的石灰水等。

（4）注意修剪：对树木及果树等，常采用灌注、注射、包扎等施药方法，使用内吸性较强的杀虫药剂。若因施药浓度过高而发生药害，对受害较重的枝条，可迅速去除，以免药剂继续在树体内传导和渗透，并迅速灌水。

常见杀虫剂及其敏感植物见表2。

表2 常见杀虫剂及其敏感植物一览表

杀虫剂	敏感植物	备注
倍硫磷	梨、桃、樱桃、啤酒花及部分十字花科蔬菜植物的幼苗	十字花科植物幼苗；梨、桃、樱桃、啤酒花易发生药害，不宜使用；植物开花期勿用
吡虫啉	豆类、瓜类	
丙溴磷	观赏棉、瓜、豆类、苜蓿	十字花科植物和核桃在花期勿使用
仲丁威（巴沙）	瓜、豆、茄科植物	
哒嗪硫磷		与2，4-滴除草剂使用的间隔期太短易产生药害
敌百虫、敌敌畏、二溴磷	豆类、瓜类	对幼苗敏感
丁醚脲	幼苗	高温高湿条件下对幼苗易产生药害，一般25%丁醚脲乳油使用剂量不超过50 mL/亩
毒死蜱	瓜类、烟草花、莴苣、某些樱桃品种	苗期及花期易产生药害，禁止在蔬菜上使用
氟啶脲	十字花科植物	十字花科植物苗期易烧叶

杀虫剂	敏感植物	备注
机油（柴油）乳剂		萌芽期、花期喷机油乳剂 150 倍液+40% 水胺硫磷 1200~1500 倍液有药害，喷过机油乳剂后 10~15 天才能喷石硫合剂、波尔多液；在果实生长期易形成花果皮
甲萘威（西威因）	瓜类	
克螨特	梨树、柑橘	对柑橘嫩梢产生褐色印斑；浓度过高、药量过大会使果面产生黄色不规则的环纹；对苹果和柑橘类果实，高温下果实易产生绿斑
硫黄	黄瓜、豆类、马铃薯、桃、李、梨、葡萄等作物	使用时应适当降低浓度或减少施药次数，高温季节应早、晚施药，避免中午施药
马拉硫磷	番茄幼苗、瓜类、豇豆、高粱、樱桃、梨、桃、葡萄、豆类、十字花科植物和苹果的一些品种	使用时浓度高则植物幼苗敏感

续表

杀虫剂	敏感植物	备注
炔螨特	柑橘、木瓜、植物幼苗和新梢嫩叶	植物幼苗和新梢嫩叶在高温、高湿条件下对该药敏感
噻嗪酮	部分十字花科植物	叶片会出现褐斑或白化等药害
三环锡	柑橘类	
三磷锡	柑橘春梢嫩叶、果实	春梢嫩叶、果实上6~7月用药
三氯杀螨醇	忌氯植物如苹果部分品种、柑橘、山楂、茄子	对柑橘有慢性药害，会导致冬季大量落叶（氯中毒）
三氯杀螨砜	柑橘、梨和苹果的某些品种	对柑橘有慢性药害，会导致冬季大量落叶（氯中毒）
三唑锡	春梢嫩叶	在低温期会对春梢嫩叶有较轻的药害，也会造成落花、落叶、落果等
杀虫单	观赏棉、烟草、四季豆、马铃薯及某些豆类	
杀虫双、杀虫单	观赏棉、豆类、白菜、羽叶甘蓝、马铃薯等	十字花科植物幼苗在夏季高温下对杀虫双反应敏感；其在柑橘上也有药害产生

杀虫剂	敏感植物	备注
杀螨特	梨的某些品种	
杀螨酯（螨卵酯）	苹果和梨的某些品种	湿冷的状况下
杀灭菊酯		易诱发螨类暴发
杀螟丹（巴丹）	十字花科植物	夏季高温时十字花科植物的幼苗
杀螟硫磷	部分十字花科植物	
杀扑磷		花期喷雾易引起药害，使用浓度加大会引起褐色叶斑；在气温超过 30 ℃用 800~1000 倍液，幼果极易产生药害
水胺硫磷	果树、桑园、桃树等多种植物	在桃树上易产生落叶
松碱合剂		喷过松碱合剂 1 周内不得使用有机磷农药，20 天内不得喷石硫合剂
辛硫磷	部分瓜、豆类	在观赏瓜生长期，高温时易烧叶
氧乐果或乐果	枣树、桃、李、杏、樱桃、柑橘、橄榄	浓度高时易产生药害
乙酰甲胺磷	桑、茶树	
异丙威	薯类	施药前后 10 天，不可使用敌稗
杀铃脲	部分十字花科类	幼苗

（八）特效药剂的筛选

（1）对大黑鳃金龟有效的药剂：丁硫克百威、丙硫克百威、氰戊菊酯、辛硫磷、毒死蜱、丙溴磷。

（2）对细胸金针虫有效的药剂：辛硫磷、毒死蜱。

（3）对柑橘矢尖蚧有效的药剂：甲维盐>阿维菌素>噻虫嗪>硝虫硫磷>噻嗪酮>杀扑磷>吡虫啉>乙酰甲胺磷>毒死蜱>喹硫磷。

（4）对甜菜夜蛾有效的药剂：甲维盐>茚虫威>溴虫腈>多杀菌素>呋喃虫酰肼>氟啶脲>氟铃脲>虫酰肼>辛硫磷>毒死蜱>丙溴磷>苯氧威、虱螨脲、蚊蝇醚。

（5）对小菜蛾有效的药剂：多杀霉素>氟虫腈>印楝母药>甲维盐>溴虫腈>茚虫威>阿维菌素>氟啶脲>杀虫单>丁醚脲>呋喃虫酰肼>除虫脲>硝虫硫磷>杀螟丹>虫酰肼>联苯菊酯>抑食肼>毒死蜱。

（6）防治二化螟药剂：抗生素类（甲维盐、阿维）>苯基吡唑类（氟虫腈）、对鱼类高毒的菊酯类>有机磷酸酯类、非甾醇类蜕皮激素类似物质（虫酰肼）、昆虫生长调节剂（氟啶脲）、对鱼类低毒的菊酯类（醚菊酯、氟硅菊酯）>有机氯（硫丹）>沙蚕毒素类。可供筛选的药剂有甲维盐、阿维菌素、氟虫腈、辛硫磷、喹硫磷、毒死蜱、三唑磷、虫酰肼、呋喃虫酰肼、哒嗪硫磷、乙氰菊酯等。

（7）防治褐飞虱药剂：噻嗪酮、氟虫腈、烯啶虫胺>噻虫嗪>醚菊酯、吡虫啉、丁硫克百威、猛杀威>啶虫脒、仲丁威、速灭威>残杀威、混灭威、三唑磷>敌敌畏、氯噻啉、乐果>乙氰菊酯、马拉硫磷>苯氧威。可供使用的有效药剂有噻嗪酮、氟虫腈、烯啶虫胺、噻虫嗪、毒死蜱、氟硅菊酯、丁硫克百威、异丙威、猛杀威、啶虫脒、仲丁威、速灭威、敌敌畏、吡虫啉等。

（8）防治灰飞虱药剂：氟硅菊酯、氟虫腈、烯啶虫胺>噻虫嗪>毒死蜱、吡虫啉>丁硫克百威、异丙威、猛杀威>啶虫脒>仲丁威、噻嗪酮>氯噻啉、残杀威、混灭威>速灭威、异丙威>乐果>乙氰菊酯、马拉硫磷>苯氧威。

（9）对棉铃虫成虫有效的药剂：高效氯氟氰菊酯、辛硫磷、毒死蜱、硫双灭多威、茚虫威、埃玛菌素、多杀菌素、甲氧虫酰肼、溴虫腈、甲维盐。

（10）对卵块有效的药剂：高效氯氟氰菊酯、辛硫磷、毒死蜱、多杀菌素、高效氯氟氰菊酯、甲维盐。

（11）防治棉蚜药剂：阿维菌素、吡虫啉、丁硫克百威、啶虫脒、甲维盐、丁醚脲、唑螨酯、双甲脒、丙溴磷、喹硫磷、吡蚜酮、三唑磷、倍硫磷。

（12）防治棉伏蚜药剂：丁硫克百威最好，辛硫磷、啶虫脒、吡虫啉、阿维菌素、毒死蜱、喹硫磷次之，硝虫硫磷、吡丙醚、高效氯氟氰菊酯、三唑磷一般，吡蚜酮最差。

（13）防治棉红蜘蛛药剂：阿维菌素、甲维盐、唑螨酯、哒螨灵、四螨嗪、多杀菌素、联苯菊酯、双甲脒。

（九）农药是否失效的鉴别方法

在储存农药时一定要注意储存方法，不能见光的，要用棕色容器；不能用塑料制品和铜制金属容器盛装，宜用玻璃瓶盛装，如二嗪磷等。另外还要注意温度对药剂的影响。确定药剂是否失效可按以下方法鉴别。

1. 溶解法　此法用于鉴别沉淀的乳剂农药。将药瓶放入40~60℃的水中浸泡60分钟左右。若瓶底沉淀物溶解，说明农药未失效。若沉淀物不溶解，可将沉淀物滤出，取少量并加注适量温水；若沉淀物溶解，说明农药仍可使用。

2. 对水法　此法用于鉴别粉剂、可湿性粉剂和乳剂农药。如果是粉剂，可取50 g药剂，放入玻璃杯内加适量清水，搅动使其溶解，静置30分钟左右，若颗粒悬浮均匀且瓶底无沉淀，说明此农药未失效。而可湿性粉剂在储存时易结块，可将结块先研成粉末，加少量清水。若很快溶解，说明农药有效，反之则不能使用。如果是乳剂，可取少量放入玻璃杯内，加注适量的水进行搅拌，静置 30 分钟。若水面无油珠，杯底无沉淀物，说明该农药有效。

3. 烧灼法 此法用于鉴别粉剂农药，取适量粉剂农药放在金属物上，在火上烧灼，若冒白烟则说明农药未失效。

4. 振荡法 此法用于鉴别乳剂农药，根据乳剂农药易分层这一特点，先看其是否分层。若未分层则说明农药有效；若分层，可上下振荡数次，使其均匀后，静置 40~60 分钟，再仔细观察，如果再次分层则说明农药失效，不能使用。

（十）关于杀虫剂轮用

（1）要求所用药剂无交互抗性，最好用具负交互抗性的药剂。如拟除虫菊酯与有机磷类药剂。

（2）选用作用机制不同类型药剂，避免形成交互抗性。

（3）用药间隔期：如果间隔期太长，抗性不能降低；若药剂残效期特别长，在该残效期内轮用会削弱对延缓抗性发展的作用，此时应适当延长间隔期。

（4）杀虫剂轮用应该在害虫发生早期进行。

四、杀虫剂的选购

1. 看标签 在选购农药时或使用农药之前，应当认真阅读农药标签。任何农药产品上都必须贴有标签，标签上必须注明农药名称、企业名称、农药三证、农药的有效成分，以及含量重量、产品性能、毒性、用途和使用技术、使用方法、生产日期、产品质量保证期及注意事项，农药分装的还应当注明分装单位。在选购农药时首先应看标签及其上内容是否完整，上面字迹是否清晰，是否有中文通用名及其有效成分含量，是否过质保期。

2. 看产品外观质量　部分剂型的产品外观质量见表3。

表3　部分剂型的产品外观质量

剂型	合格产品	不合格产品	剂型	合格产品	不合格产品
乳油（EC）	均匀透明	混浊、分层或沉淀者	粉剂（DP）	微细粉末	含粗粒子及结团成块者
微乳剂（ME）	均匀，透明或半透明	油水分层、混浊或沉淀者	可湿性粉剂（WP）	微细粉末	含粗粒子及结团成块者
水乳剂（EW）	白色或浅色浓稠状乳液，不透明	液体分层、冻结者	粒剂	颗粒大小均一，无粉末	粉末较多者
悬浮剂（SC）	白色或浅色可流动黏稠状。若出现沉淀经摇晃能再悬浮呈均匀的悬浮液	若出现沉淀，经摇晃悬浮不起者	种衣剂（PS）	依可湿性粉剂、粉剂或悬浮剂的外观质量标准判断	
水剂	透明或半透明的均一液体，不含固体悬浮物	低温出现沉淀，且升温后不溶化者	烟剂（FP）	含水量小于3%	手捏包装袋，有吸潮结成的颗粒或小硬块者

3. 看有效成分含量　有效成分含量以质量分数、g/kg或g/L表示。若所含有效成分的种类、名称与产品标签上注明的有效成分的种类、名称不相符，或有效成分的含量比标签上标明的含量低，或标签上未标明有效成分种类、名称的产品，均属假劣农

药。凡检出含有国家禁止生产销售使用的农药品种，或检出其他有害组分、造成保护对象受害的农药，均为劣质农药。

4. 可暂不提供原药来源证明的农药产品　①以植物（根、茎、叶或种子）用溶剂或水萃取，经过滤、配制成为制剂的植物源农药；②以虾、蟹外壳或蘑菇等水解产物直接配制得到的多糖类制剂（如甲壳素、寡聚糖和多聚糖）；③病毒及病菌类；④目前无原药登记或原药生产批准证书的品种，如杀虫双等；⑤国家发展和改革委员会 2016 年第 39 号公告规定中可暂不提供原药来源证明的产品。

第三章　杀虫剂的混用与混剂

把两种以上的不同农药混配在一起施用，具有扩大控制范围、增强防治效果、降低药剂毒害、延长施药时间、节省防治成本、克服农药抗性、减少施药次数、强化适应性能、挖掘品种潜力中的一项或几项的作用，称为杀虫剂混用。在混用的杀虫剂中，一种组分不能杀死的个体将被另一组分杀死，这是由于混配后改变了药剂的物理性状，对昆虫表皮的穿透作用增强，对解毒酶产生抑制作用，因而对害虫具有增效作用。

一、混用的三种形式

（1）现混现用：在生产中根据具体情况调整混用的品种和剂量，包括与肥料及助剂的混用。要求随混随用。

（2）桶混：对不便于现混的，厂家将其制成桶混制剂（罐混制剂），分别包装出售。

（3）预混剂：指由工厂制备的含两种或两种以上的农药有效成分的定型制剂，如10%阿维·哒乳油。针对杀虫剂，包括它与其他杀虫剂、杀线虫剂、杀螨剂、杀软体动物剂、杀鼠剂、除草剂、植物生长调节剂及杀菌剂的混剂。注意，混剂的含量是指产品中各有效成分的总含量，用质量分数（%）、质量与容量比（g/L）表示，包括各成分的通用名称及含量。如"21%灭杀毙乳油", 在标签上还必须标注 "本产品含氰戊菊酯为 6%, 含马拉硫磷为 15%" 等字样。混剂的中文通用名称由其各有效成分中文通用名称的简称词 (词头或代词) 连缀而成。

二、混用中要考虑的几个问题

(1) 保证混用后无不良的化学反应。有机磷类、氨基甲酸酯类、拟除虫菊酯类、硫制剂等农药与碱性农药混合后会发生水解反应或碱性脱氯化氢反应而很快分解失效; 二嗪磷、杀螟硫磷、甲萘威等不能与含铜的药剂混用; 敌百虫遇碱性物质后会变成敌敌畏, 但久置则会失效。

(2) 混用后不破坏药剂的物理性状。在用药时要保证乳油混合后具有良好的乳化性、分散性、湿润性、展着性等, 可湿性粉剂或胶悬剂混合后要具有很好的悬浮率及湿润性、展着性。一旦物理性状遭到破坏, 轻者降低药效, 严重者产生药害。如可湿性粉剂与其他农药或肥料混合后有时会产生絮状沉淀, 这是由于湿润剂的作用被破坏所造成的。

(3) 混合后各组分在药效时间、施用部位及使用对象都较一致, 能充分地发挥各自的功效, 且不对人、畜、植物、其他有益生物和天敌产生危害。如溴氰菊酯与有机磷农药混用, 会增加对植物的药害; 有机磷农药与松脂合剂混用, 对植物易产生药害。

(4) 混用后残留量应低于单剂。如马拉硫磷与异稻瘟净混用, 不仅药效增强, 对人畜的毒性也明显增强。为防止造成选择压力不平衡, 混用的各组分残效期近似相等。

(5) 混用各品种要具有不同的作用方式和不同的防治对象, 各成分应无交互抗性、相互增效 (共毒系数大于 1)。如高效氯氰菊酯与马拉硫磷按一定比例混配后其共毒系数为 476, 说明有增效作用。

（6）可以优势互补。如拟除虫菊酯类与特异性杀虫剂、阿维菌素与高效氯氰菊酯混配，实现了长效与速效的结合。

（7）扩大杀虫谱。有些杀虫剂与杀螨剂混配，可达到虫和螨兼治。

（8）为延缓害虫的抗药性，应早期混用。抗性基因存在于种群中的不同个体中，同类药剂之间的潜在抗性机制相同，因而不能混用。若抗性是由多功能氧化引起的，则应注意与多功能氧化酶抑制剂混用。拟除虫菊酯类易产生抗药性，可与其他杀虫剂混用。如菊马乳油可显著延续棉铃虫抗药性。一些有机磷、氨基甲酸酯类杀虫剂混用短期内效果较好，但不利于延缓抗性发展。

（9）高价药可与比较便宜的杀虫剂合理混配，降低防治成本。如吡虫啉、乙硫苯威混配不仅可防治飞虱及叶蝉，同时也降低了成本。

（10）正确理解农药混用。农药混用不仅仅是几种药剂在喷雾器中混合或混配成商品，而且包括在一个防治区的不同小区施用不同类型的杀虫剂所形成的分区施药。

三、混用操作步骤

（1）结合苗木及害虫的生理特点、发育状况和生育时期，确定防治目标与防治佳期。

（2）合理选择单剂，确定最佳药剂配方，包括尽可能选择化学结构、作用机制不同，制剂形式相同和可以增效的品种与配比，要尽量避免乳油与可湿性粉剂、胶悬剂混用。若需添加微量元素，用量不宜过大；要注意各单剂间混后无不良反应、不变质，残效期应尽可能接近，且安全、增效、扩谱、消抗、降费，对人畜的毒性不增加，以确保药效，防止出现药害。适于现混现用的农药剂型有乳油、可湿性粉剂、胶悬剂、可溶粉剂、水剂等。

（3）确定各单剂药量。对共防相同目标，在二混时各自保持原用药量的 1/2，三混时则各取 1/3 量。但若混后增效显著还可再减量。对兼治不同目标时应保持各自的有效防治用量，大多是以有效成分计算出药量，并加入到一定的容器中稀释后使用。

常用的计算公式：

$$纯药剂用量 = \frac{所配药剂量}{所稀释倍数}$$

$$各单剂纯品用量 = 纯药剂用量 \times 该药剂含量$$

$$某单剂农药制剂用量 = \frac{该药剂用量}{该单剂制剂有效成分含量}$$

（4）配药时应遵循微肥、可湿性粉剂、胶悬剂、水剂、乳油的顺序依次加入，并不断搅拌，避免各单剂直接混合。混合的方法是先用水均匀稀释一种药剂，再用这种药液去稀释另一种药剂，避免采取先混合药剂再稀释或分别稀释后再混合的方法。混好即用，避免长时间存放。在喷药时注意轻微振荡或搅拌。

四、杀虫剂常见混用类型

（1）有机磷类药剂和菊酯类药剂的混用：有机磷杀虫剂的作用机制是抑制昆虫神经系统的乙酰胆碱酯酶，使大量的乙酰胆碱在突触间积累，破坏了正常的神经传导；而菊酯类是作用于轴突膜上的钠离子通道。它们均具有强的触杀作用兼有胃毒作用，混用比较合理。如高效氯氟氰菊酯与三唑磷按 1：9 混用，可防治棉铃虫、蓟马、螟类等多种害虫；溴氰菊酯与毒死蜱按0.38：25 混用，可防治棉铃虫、蚜虫等多种害虫。

（2）氨基甲酸酯类剂和菊酯类药剂混用：氨基甲酸酯类药

剂的作用机制同有机磷类，具有触杀和胃毒作用且多数品种具有内吸作用，可以和菊酯类药剂混用。如抗蚜威和溴氰菊酯按10∶1混用，可防治蚜虫及多种其他害虫。

（3）一些氨基甲酸酯类和有机磷类混用增强了药效，扩大了杀虫谱，如叶蝉散与甲基毒死蜱按1∶1混用，可防治叶蝉及鞘翅目多种害虫；叶蝉散与马拉硫磷混用有增效作用。

（4）某些有机氯类杀虫剂与氨基甲酸酯杀虫剂，以及某些菊酯类杀虫剂与有机氯类杀虫剂混用，如硫丹和溴氰菊酯、氰戊菊酯、氯氰菊酯等；环戊二烯类药剂与菊酯类药剂混用；一些生物制剂与菊酯类药剂混用，如鱼藤酮、Bt与菊酯类混用；几丁质合成抑制剂类与有机磷类、菊酯类等的混用，如除虫脲与辛硫磷、氰戊菊酯的混用；杀螨剂和其他药剂的混用。

（5）同类药剂之间的混用：由于乙酰胆碱酯酶变构后会对大多数二甲基有机磷类药剂产生交互抗性，而对二丙基有机磷类药剂产生负交互抗性，因此二甲基有机磷类农药与二丙基有机磷类药剂混用可增效；同理，二甲基氨基甲酸酯类和二丙基氨基甲酸酯类混用也具增效作用。由于乙酰胆碱酯变构对引起抗性的羧酸酯酶活性作用不大，且大多数有机磷类药剂对羧酸酯酶有较强的抑制作用，因而某些有机磷类杀虫剂之间混用也有增效作用，如敌百虫与辛硫磷、乙酰甲胺磷，辛硫磷与马拉硫磷，乙酰甲胺磷与甲基毒死蜱等的混用。一些拟除虫菊酯类杀虫剂之间混用也有增效作用，如胺菊酯与苯醚菊酯混用有增效作用。

（6）生物农药杀虫剂与化学农药杀虫剂的混用：根据害虫的迁飞特性，可配合使用，在生物农药中加入低剂量的化学农药，可降低害虫的抵抗力，为病原微生物的侵入创造条件；同时害虫被病原微生物侵染后，又降低了对化学农药的抵抗力，起到增效作用。

（7）杀虫剂与杀菌剂的混用：一般情况下，杀虫剂与杀菌剂混用的药量等于两类药剂单独使用的药量之和，但对于具增效作用的可适当减少剂量。注意混用之前必须对药效、药害、药剂理化性能的影响及毒性进行可行性试验，不可乱混乱用，以免发生药害。

（8）杀虫剂与化肥的混用：肥料会对一些农药组分的生物活性产生活化或钝化作用；同样，农药也会影响植物对矿质养分的吸收、代谢。许多氯代烃类、有机磷类和氨基甲酸酯类农药能影响植物生长和对矿质营养的吸收，如氮肥和杀虫剂的相互作用是增效的。氮、磷、钾肥与杀虫剂混用，有可能改善一些农药的表面活性，增加其渗透性和附着力等，从而增加其杀虫活性。一些微量元素则可能与不同的杀虫剂发生反应，增强或减弱其活性。施肥可对植物的抗虫性产生影响。大量施用钾肥能减轻虫害。

（9）杀虫剂、杀螨剂与化肥混用后，要保持原有的理化性状，肥效、药效、激素均得以发挥，不发生酸碱中和、沉淀、盐析等化学反应，对植物无毒害作用。在无把握的情况下，可先在小范围内进行试验，在证明无不良影响后才能混用。可各取其一点放在少许水中，若无反应则可混；若出现沉淀、分层、泛泡或浮出油状物等现象时，则不可混用。

（10）杀虫剂与增效剂的混用：增效剂本身无杀虫作用，只有与某些杀虫剂混用时才发挥杀虫增效作用。合理使用增效剂能提高药效 4~21 倍。如高渗助剂可增强药剂在叶面的黏着力，可带动药剂向害虫体内渗透，加快药效发挥；植物油、矿物油、白糖、洗衣粉、食盐等与农药混合使用，均可提高药效。

（11）杀虫剂和除草剂一般不能混用，还有可能产生药害。如苗后烟嘧类除草剂和有机磷杀虫剂混用，易对植物产生药害；但苗后除草剂可搭配菊酯类农药。

五、关于混合制剂

混合制剂是指两种或两种以上农药合理混配成各种剂型的制剂，大都是以杀虫剂加增效剂出现。剂型包括混合粉剂、混合可湿性粉剂、混合乳油、混剂悬浮、混剂颗粒、混剂种衣剂。混剂可表现出以下作用：①增效作用：混剂的药效或毒性高于各单剂的总和。②拮抗作用：混剂药效或毒性小于各单剂的总和。③相加作用：混剂的药效或毒性与各单剂的毒性的总和相近。注意增效是指提高防虫效果，而增毒是指对人畜的毒性增加。

常见杀虫剂的混剂有以下几种类型：①有机磷与菊酯类（增效）：如辛硫磷与胺菊酯，辛硫磷与氯氰菊酯，辛硫磷与氰戊菊酯，毒死蜱与氯氰菊酯等。②拟除虫菊酯和氨基甲酸酯类（增效）：如甲萘威分别与丙烯菊酯、炔呋菊酯、苄呋菊酯，胺菊酯与仲丁威等。③拟除虫菊酯类（增效）：如胺菊酯与苄呋菊酯等混配。④有机磷农药（增效）：如敌马合剂，二溴磷与辛硫磷，辛硫磷与敌敌畏混配等。⑤阿维菌素类与其他类。⑥烟碱类与其他类。

混剂具有以下优点：①用作用机制不同的农药或与增效剂混配可防治抗性害虫和延缓某些害虫抗性发展。②有增效和兼治的作用：配方良好，增效倍数高，同时兼治多种害虫。③混剂可减少用量和施药次数。④卫生杀虫剂混剂高效、速效、安全方便、无明显的异味和刺激性、价格低廉。

其他混配型还有片剂、药笔、药膏、药膜、药纸、药剂涂料、毒蝇绳、粘捕剂等。

第四章　关于杀螨剂

　　用于防治植食性害螨的药剂称为杀螨剂，一般只能杀螨而不能杀虫。兼有杀螨作用的农药品种较多，如有机磷和氨基甲酸酯化合物中的很多品种，但不能称为杀螨剂，可称为杀虫杀螨剂。另外硫黄及矿物油对害螨也有杀灭作用。

　　杀螨剂有无机硫和有机合成杀螨剂两大类。无机硫杀螨剂主要是硫黄和石硫合剂。有机合成杀螨剂具体包括：①有机氯类，如三氯杀螨砜；②有机氮杂环类，如四螨嗪；③有机溴类，如溴螨酯；④有机锡类，如三唑锡、苯丁锡；⑤有机磷类，如三磷锡；⑥甲脒类，如双甲脒、单甲脒；⑦抗生素类，如浏阳霉素、华光霉素、阿维菌素；⑧杂环类，如哒螨灵；⑨亚硫酸酯，如炔螨特；⑩噻唑烷酮类，如噻螨酮；⑪肼衍生物，如杀螨腙；⑫苯氧基吡唑，如唑螨酯；⑬季酮酸类，如季酮螨酯；⑭甲氧基丙烯酸酯类，如嘧螨酯；⑮酰胺类，如蚍螨胺；⑯含氟类，如氟螨；⑰硫脲类，如丁醚脲。

　　杀螨剂作用机制有抑制线粒体呼吸作用的，包括哒嗪类、吡唑类、喹唑啉类、萘醌类、吡咯类、硫脲类和嘧啶类，如溴虫腈、唑螨酯、哒螨酮、吡螨胺等；破坏螨卵能量来源的类脂化合物，包括苯甲酰苯基脲类、四嗪类、季酮酸类和噁唑啉类，如乙螨唑、氟螨嗪、季酮螨酯、季酮甲螨酯；神经毒剂类，包括有机磷类、氨基甲酸酯类、拟除虫菊酯类等，如可持续打开钠离子通道、阻止神经信号传递的拟除虫菊酯，拮抗 γ-氨基丁酸的联苯肼酯、弥拜菌素等。

杀螨剂大多具有触杀作用或内吸作用，有些对成螨、幼螨和卵都有效，而有些只能杀死成螨而对卵无效，还有些只能杀卵。具有杀螨作用的药剂有嘧啶类的嘧螨醚、噁唑啉类的乙螨唑、四嗪类的氟螨嗪、联苯肼酯类的联苯肼酯、季酮酸类的螺螨酯、增效类的增效炔醚等。具有杀螨作用的有机磷杀虫剂有毒死蜱、喹硫磷、嘧啶氧磷、辛硫磷、马拉硫磷、乐果、乙酰甲胺磷、水胺硫磷（高毒）、敌敌畏、倍硫磷、伏杀硫磷、速杀硫磷。

使用杀螨剂应根据螨的种类和防治时期来选用合适的杀螨剂，应注意：①尽量选择在害螨生育期、盛发初期，种群密度、数量较少时喷药。一般最佳防治时期为第一代虫的螨卵孵化初期和麦收前。②在害螨的成螨、若螨、幼螨同时并存时，应选用对螨类各虫态都有效的药剂；当卵的数量远超成螨、若螨时，应选用杀卵效果好、卵螨兼治的长效型杀螨剂，若使用无杀卵作用的杀螨剂，螨数短期内下降，但不久又回升。③注意不同杀螨剂的作用特点不同，应在不同的时期使用。一种药剂连续多次使用，易诱发抗药性，可采用不同杀螨机制的杀螨剂轮换使用或混合使用。如四螨嗪对卵杀伤力很强，对幼螨和若螨也较强，对成螨无效，应在卵盛期、幼螨期施药；唑螨酯和苯丁锡对螨卵基本无效，不应在卵盛期施药；哒螨灵和噻螨酮无交互抗性，可以轮换使用。④不可随意提高用药量或药液浓度，以保持害螨群中有较多的敏感个体，延缓抗药性的产生和发展。

第二部分 各 论

第五章　有机磷类杀虫剂

一、有机磷类杀虫剂的化学结构及类型

有机磷类杀虫剂的化学结构中含有磷酸酯基本结构，多数结构较简单，主要有磷酸酯类化合物、硫代磷酸酯类化合物。其结构通式为：

$$(RO)_2 \overset{\overset{\displaystyle Z}{\|}}{—} P—X$$

式中：Z 一般是 S 或 O；X 是 NH_2、OCH_3、CH_3、H、Cl、NO_2 等。有机磷类杀虫剂是含 C—P 键、C—O—P、C—S—P、C—N—P 键的有机化合物，常含 CH_3O—、C_2H_5O—、苯（氧）基、苯氧硫甲基、异丙硫基 C_3H_7S—、强酸性基—CH $=CCl_2$ 等官能团。磷原子周围含相同两部分的为对称型有机磷，磷原子周围四个基团互不相同的为不对称型有机磷。

在结构通式中，不对称型有机磷药效高、毒性低；烷基（RO—）与毒性的关系为：异丙基>乙基>甲基>丙基>丁基；X 中的酸性基团与毒性的关系为：NO_2>CN>Cl>H>CH_3>SCH_3；硫联结构比硫离结构的毒性大；磷酸酯类、硫赶类比硫逐类毒性大。

有机磷类杀虫剂具体可分为以下五类：

（1）磷酸酯：包括二烷基芳基磷酸酯、二烷基乙烯基磷酸酯和磷酰化羟肟酸或肟。

（2）一硫代磷酸酯：

1）硫逐磷酸酯：包括二烷基芳基（含芳杂环基）硫逐磷酸酯、二烷基β-烷基乙基硫逐磷酸酯和肟的酯，如辛硫磷、杀螟硫磷等。其化学性质较稳定，是有机磷杀虫剂的重要类型。

2）硫赶磷酸酯：是一种容易异构化的硫逐磷酸酯，如丙溴磷等。

（3）二硫代磷酸酯：多数属于硫逐硫赶型，少数为二硫赶型；多数烷氧基团是对称的，少数是不对称的，如马拉硫磷等。

（4）膦酸酯及硫代膦酸酯：

1）磷酸酯的磷酸分子中一个羟基被有机基团置换，形成P—C键，称为膦酸酯，如敌百虫。含有两个P—C键的称为次膦酸酯类。

2）硫代膦酸酯，如三唑磷（1，2，4-三唑）、毒死蜱（吡啶类）。

（5）磷酰胺及硫代磷酰胺：

1）磷酰胺：磷酸分子中羟基被氨基取代，称为磷酰胺，如甲胺磷。

2）硫代磷酰胺：磷酸分子中羟基被氨基取代，磷酰胺分子中剩下的氧原子也可被硫原子取代，形成硫代磷酰胺，如乙酰甲胺磷、水胺硫磷等。

有机磷类杀虫剂几种类型的结构通式如下：

$$\begin{array}{ccc} \underset{RO}{\overset{RO}{\diagdown}}\overset{\displaystyle O}{\underset{\displaystyle |}{P}}-OR' & \underset{RO}{\overset{RO}{\diagdown}}\overset{\displaystyle S}{\underset{\displaystyle |}{P}}-OR' & \underset{RO}{\overset{RO}{\diagdown}}\overset{\displaystyle O}{\underset{\displaystyle |}{P}}-SR' \\ \text{磷酸酯} & \text{硫逐磷酸酯} & \text{硫赶磷酸酯} \end{array}$$

二硫代磷酸酯　　　　　膦酸酯　　　　　硫代膦酸酯

磷酰胺　　　　　　　　硫代磷酰胺

二、有机磷类杀虫剂的特点

（1）原药多为油状液体，少数为固体（如敌百虫），一般具有较大的大蒜臭味，颜色略深，大部分常温下蒸气压低，不易挥发，不溶或微溶于水，易溶于一般有机溶剂，遇水易水解成无毒化合物而失去杀虫活性，在氧化剂或生物酶的催化作用下易被氧化，多数品种在自然光照、风雨条件下易降解，在较高温度或碱性条件下易分解。分解后可以简单地转化为氨、磷酸及硫醇类小分子。

（2）品种多，存在立体异构现象，理化性质、活性毒性差异大，杀虫方式多样（如触杀、胃毒、熏蒸等），杀虫谱宽，适用范围广，多数有内吸性，能虫螨兼治，且防效较高。某些品种选择性强，如灭蚜松只对蚜虫有效。在昆虫种间的作用有差别。与其他农药相比抗性产生较慢，各品种间的交互抗性也不十分明显。

（3）多数品种对害虫毒力仅次于拟除虫菊酯类杀虫剂，高于有机氯类杀虫剂，高于或等于氨基甲酸酯类杀虫剂，但其药效好，使用浓度及使用成本较低。一般在气温较高时药效较好。持效期一般比有机氯类杀虫剂短，但品种之间差异比较大。

（4）多数属高毒或中等毒，有的甚至属剧毒，少数为低毒类。如马拉硫磷、辛硫磷、乐果、氯硫磷、乙基稻丰散等为低毒类药剂。

存在直接或间接的免疫毒性。哺乳动物比昆虫易解毒，专用解毒剂为解磷定。鸡、鸭、鹅等家禽对有机磷制剂特别敏感。

（5）有机磷类杀虫剂在生物体内能转变成磷酸化合物，但其中一些品种对人畜急性毒性较大。绝大多数品种在一般使用浓度下不引起植物药害，但个别品种对少数植物会产生药害。有机磷类杀虫剂在人体内并非无累积作用，某些品种如敌百虫、敌敌畏的致畸、致肿瘤作用已引起人们的重视。

（6）有机磷内吸剂随水分在木质部向顶性传导速度快，向基性传导主要在韧皮部进行，速度较慢，应多施用于根部或接近根部的部位。

三、有机磷类杀虫剂的作用机制

神经系统内的乙酰胆碱酯酶或胆碱酯酶和有机磷杀虫剂发生磷酰化反应，形成共价键的"磷酰化酶"，是有机磷类杀虫剂的主要作用机制。具体为：①主要作用于动物或昆虫神经系统突出部位，先水解成磷氧化态，通过吸附动物体内的神经组织中的丝氨酸酯酶（乙酰胆碱酯酶或胆碱酯酶）而抑制了其活性，使乙酰胆碱在体内蓄积，从而引起中枢和外周胆碱能神经功能严重紊乱，破坏正常的神经冲动传导，引起一系列神经系统中毒症状，如异常兴奋、痉挛、麻痹、死亡等，直到死亡。此机制对昆虫和人、畜、家禽、鱼类等无差异。②具有免疫毒性，影响免疫应答，抑制抗体产生和 T 细胞增殖，增加自身抗体，抑制自然杀伤（NK）细胞、细胞毒性 T 淋巴（CTL）细胞的活性。③某些有机磷酸酯对谷氨酸脱羧酶、谷氨酶受体、谷胱甘肽硫转移酶及 JH-酯酶均有作用。某些有机磷酸酯具有神经传递类似物的活性，如对烟碱受体有直接作用。

【主要品种】

1. 辛硫磷

（1）通用名称：辛硫磷，phoxim。

（2）化学名称：O,O-二乙基-O-［（α-氰基亚苄基氨基）氧］硫代磷酸酯。

（3）毒性：低毒。

（4）作用特点：见光易分解失效。高效低毒，以触杀为主（有机磷类杀虫剂中触杀毒力最高），无内吸作用。对鳞翅目幼虫很有效，对虫卵也有一定的杀伤作用。可防治地下害虫蝼蛄、蛴螬等。

（5）制剂：87%、90%、91%原药，40%、45%、50%乳油，40%增效乳油，600 g/L 乳油，15%、20%、40%高渗乳油，2.5%微粒剂，1.5%、3%、5%、10%颗粒剂，2.5%微乳剂，30%微囊悬浮剂，3.6%大粒剂等。

（6）用法：

1）防治松毛虫、苹果小卷叶蛾、梨星毛虫、烟青虫、刺蛾类、尺蠖、飞虱、叶蝉、稻纵卷叶螟、稻苞虫、蓟马黏虫、地老虎、红铃虫、棉铃虫、棉蚜、小菜蛾、菜青虫、菜蚜、麦叶蜂、麦蚜虫等害虫，可用 50%乳油 1000～1500 倍液喷雾。

2）防治茶蚜、茶毛虫，可用 40%乳油 3000～4000 倍液喷雾；防治茶小绿叶蝉、黄刺蛾，可用 40%乳油 1000～1500 倍液喷雾；防治黄卷叶蛾、龟甲蚧、红蜡蚧、长白蚧、黑刺粉虱、茶橙瘿螨等，可用 40%乳油 800～1000 倍液喷雾；防治大造桥虫，可用 50%乳油 1000 倍液喷雾。

3）防治桑毛虫、桑螟、桑刺蛾等，可用 40%乳油 3000～4000 倍液喷雾；防治桑尺蠖、桑蓟马，可用 40%乳油 2000～3000 倍液喷雾。

4）防治播种期地下害虫，可亩用 3%颗粒剂 1.5～3 kg 或

10%颗粒剂160~200 g，播种前沟施。

5）防治越冬代桃小食心虫，可在越冬代幼虫出土高峰期前，按树冠大小在地面画好树盘，树盘直径要比树冠大约1 m，清除树盘内杂草。亩用40%乳油500~750 mL拌细土50 kg，撒施于树盘内，耙入土下1 cm深。或用40%乳油700倍液，每株树盘内喷洒15~20 mL药液，将药液耙入土中。

6）防治生长期地下害虫，可亩用3%颗粒剂2~3 kg，在株边或行间开沟施入，再覆土；或亩用40%乳油250 mL与细土25 kg拌和，撒施后锄入土壤。

7）防治地老虎，可用50%乳油1000倍液浇灌；防治蛴螬，可用50%乳油1000~1500倍液灌根，或40%乳油1000~1500倍液喷雾或者浇灌；也可用5%颗粒剂按67.5 kg/hm² 随播种施入地下，可防治蛴螬等多种地下害虫。茎叶喷雾防治害虫，可亩用有效成分12~15 g对水50 kg喷雾。

8）防治卫生害虫，可用50%乳油500~1000倍液喷洒。

9）防治碧桃、樱花、红叶李等花木钻蛀性害虫，可用棉球蘸没有稀释的辛硫磷乳油或悬浮剂塞入蛀孔，熏蒸效果较好。在六月中下旬卵孵化期，可喷洒50%乳油1500倍溶液。

（7）注意事项：药液要随配随用，不能与碱性药剂混用，收获前6天禁用。最好在傍晚和夜间施用。采用辛硫磷的颗粒剂穴施时，一定要与土壤充分混匀，挖大穴，以免根系直接接触药剂颗粒而产生药害。

2. 甲基辛硫磷

（1）通用名称：甲基辛硫磷，phoximmethyl。

（2）化学名称：O，O-二甲基-O-［（α-氰基亚苄胺基）氧］硫代磷酸酯。

（3）毒性：低毒。

（4）作用特点：为辛硫磷同系物，与辛硫磷的作用特点和防治对象相似，但其用药量略高于辛硫磷。

（5）制剂：40%乳油。

（6）用法：

1）防治蚜虫、蓟马等，可用 40%乳油 1000～1500 倍液喷雾；防治小菜蛾、甜菜夜蛾，可用 40%乳油 800 倍液喷雾。

2）防治苹果食心虫，可在成虫产卵高峰期施药；防治蚜虫，可在发生初盛期，用浓度 150～300 mg/L 药液或 40%乳油 1500～3000 倍液喷雾。

3. 二嗪磷

（1）通用名称：二嗪磷，diazinon。

（2）化学名称：$O，O$-二乙基-O-（2-异丙基-6-甲基嘧啶-4-基）硫代磷酸酯。

（3）毒性：中等毒。

（4）作用特点：广谱，具触杀、胃毒、熏蒸和一定的内吸作用及杀螨杀线虫活性的杀虫剂。对鳞翅目、同翅目等多种害虫均有效，可用于拌种或防治地下害虫，也可防治卫生害虫（在动物体内易被分解和代谢）。可控制大范围作物上的刺吸式口器害虫和食叶害虫。可防治螨类、根结线虫、金针虫、蛴螬、蝼蛄、地老虎等。残效期较长，为无公害防治药剂。

（5）制剂：95%、96%、97%、98% 原药，25%、30%、40%、50%、60% 乳油，2% 粉剂，0.1%、4%、5%、10% 颗粒剂，40%可湿性粉剂，50%水乳剂。

（6）用法：

1）防治蛴螬等，可亩用 10%颗粒剂 400～500 g 配制 10 kg 毒土沟施，地下虫严重地块可适当增加用药量。

2）防治茶尺蠖、茶毛虫、茶刺蛾等，可在 2～3 龄幼虫期，用 50%乳油 1200～1500 倍液喷雾；防治茶叶瘿螨、茶橙瘿螨、茶红蜘蛛等，可在越冬前或早春若螨扩散为害前，用 50%乳油 1000～1200

倍液喷雾；防治枸杞瘿螨，可亩用50%乳油80～100 mL对水喷雾。

（7）注意事项：二嗪磷对一些品种的苹果较敏感。不能和含铜农药及敌稗混用。在使用敌稗前后两周内不可使用本药。不可与碱性农药混合施用。

4. 三唑磷

（1）通用名称：三唑磷，triazophos。

（2）化学名称：O, O-二乙基-O-（1-苯基-1，2，4-三唑-3-基）硫代磷酸酯。

（3）毒性：中等毒。

（4）作用特点：具有触杀、胃毒和渗透作用的广谱杀虫杀螨剂及杀线虫剂，可防治鳞翅目害虫、害螨、蝇类幼虫及地下害虫等，对植物线虫和松毛虫较有效。

（5）制剂：85%、90%、98%原药，20%、25%、30%、40%、60%乳油，10%、12%、13.5%、40%高渗乳油，13.5%增效乳油，15%微乳剂，2.5%颗粒剂、可湿性粉剂，250 g/L、400 g/L超低容量喷雾剂，8%、15%、20%、25%微乳剂，15%、20%水乳剂。

（6）用法：

1）防治林木上的蚜虫，可用0.75～1.25 g（有效成分）/L药液喷雾。

2）防治地老虎及夜蛾类害虫，可在种植前用40%乳油按1～2 kg（有效成分）/hm²混入土壤中。

（7）注意事项：对家蚕、鱼类毒性大，喷药时防止污染蚕桑及鱼塘。禁止在蔬菜上使用。

5. 马拉硫磷

（1）通用名称：马拉硫磷，malathion。

（2）化学名称：O, O-二甲基-S-［1，2-双（乙氧基甲酰）乙基］二硫代磷酸酯。

（3）毒性：低毒。

（4）作用特点：具有触杀、胃毒及轻微的熏蒸作用，无内吸作用，对刺吸式口器和咀嚼式口器的害虫都有效。

（5）制剂：75%、85%、90%、95%原药，25%油剂，45%、50%乳油，70%优质马拉硫磷乳油（防虫磷），1.2%、1.8%粉剂。

（6）用法：

1）防治果树上的各种刺蛾、巢蛾、蠹蛾、蚜虫、粉介壳虫、茶尺蠖等，可用45%或50%乳油1000~1500倍液喷雾。

2）防治茶黄象甲、长白蚧、龟甲蚧、茶绵蚧、茶圆蚧、蓑衣蛾等，可用50%乳油800~1000倍液喷雾。

3）防治松毛虫、杨毒蛾、尺蠖等林木害虫，可用25%油剂150~250 mL超低容量喷雾。

4）防治蝗虫等，可用50%乳油60~80 mL加水1倍超低容量喷雾；或亩用75%、85%原药55~60 g进行飞机超低容量喷雾。

6. 毒死蜱

（1）通用名称：毒死蜱，chlorpyrifos。

（2）化学名称：O，O-二乙基-O-（3，5，6-三氯-2-吡啶基）硫代磷酸酯。

（3）毒性：中等毒。

（4）作用特点：为具有触杀、胃毒和熏蒸作用的硫逐磷酸酯类杀虫杀螨剂，对地下害虫的防效较好。对多种咀嚼式和刺吸式口器害虫均具有较好防效。

（5）制剂：85%、90%、92%、94%、95%、97%、98%、98.5%原药，25%、40%（新农宝、博乐）、40.7%（同一顺）、45%、48%（鑫螟一休、乐斯本）、50%、65%乳油，10%、20%高渗乳油，0.5%、3%、5%、10%、14%、15%、20%、25%颗粒剂，15%烟剂，15%、25%、30%、40%、50%微乳剂，40%乳油（盖仑

本)，20%、25%、30%（科保毒死蜱)、36%微囊悬浮剂，48%微胶囊（地虫盖帽)，30%种子处理微囊悬浮剂，15%颗粒剂［中联（撒旺）］，20%、22%、25%、30%、40%水乳剂，30%、40%可湿性粉剂，0.1%、0.2%、0.52%、0.8%、0.9%、1%、2.6%、2.8%饵剂，1.0%毒饵，1.0%胶饵。

（6）用法：

1）防治各种种蛆或根蛆，可亩用40%乳油150~200 mL或10%高渗乳油1.5~2.0 L，对水200~300 L灌根；或亩用5%颗粒剂1.6 kg，与细土5 kg拌匀后撒施。

2）防治蛴螬，可在金龟子卵孵盛期，亩用40%乳油400~500 mL配成毒土，撒施后用薄土覆盖；或用40%乳油1500倍液浇灌，亩用药液300~400 L；或用30%微囊悬浮剂按1575~2250 g/hm^2灌根。

3）防治苹果树的叶螨、柑橘的矢尖蚧和橘蚜等，可用40%乳油1000倍液喷雾；防治柑橘潜叶蛾，可在嫩芽长至2~3 mm或50%枝条抽出嫩芽时，用40%乳油1000~1500倍液喷雾；防治苹果绵蚜，可用40%可湿性粉剂按160~267 mg/ kg喷雾。

4）防治桃小食心虫，在卵果率达0.5%~1%、初龄幼虫蛀果之前，用40%乳油800~1000倍液喷雾。

5）防治荔枝害虫如荔枝蒂蛀虫、瘿螨、尖细蛾、介壳虫等，可用40%乳油800~1000倍液喷雾；防治果园白蚁，可用40%乳油1500~2000倍液喷雾。

6）防治桃蛀果蛾、梨花蝽、苹果绵蚜、梨圆蚧、球坚蚧、葡萄东方盔蚧等，可在孵化盛期和低龄幼虫期喷洒48%乳油1000~2000倍液；防治枸杞瘿螨，可亩用40%乳油60~80 mL对水喷雾。

7）防治象甲类园林害虫，可用48%乳油1000倍液，于11月底和4月初幼虫发生的高峰期灌注入虫害处。

（7）注意事项：毒死蜱禁止在蔬菜上使用。

7. 甲基毒死蜱

（1）通用名称：甲基毒死蜱，chlorpyrifos-methyl。

（2）化学名称：O，O-二甲基-O-（3，5，6-三氯-2-吡啶基）硫代磷酸酯。

（3）毒性：低毒。

（4）作用特点：性能与防治对象同毒死蜱。在甲基毒死蜱中加入少量的溴氰菊酯混合使用，对有机磷产生交互抗性的虫种效果特别好。

（5）制剂：95%、96%原药，25%、40%乳油，20%高渗乳油。

（6）用法：防治棉铃虫，可用 40%乳油按 600~1050 g/hm^2 喷雾；防治十字花科植物上的菜青虫、小菜蛾、菜蚜，可在幼虫盛发期用 40%乳油 1000~2000 倍液均匀喷施。

8. 敌百虫

（1）通用名称：敌百虫，trichlorfon。

（2）化学名称：O，O-二甲基-（2，2，2-三氯-1-羟基乙基）膦酸酯。

（3）毒性：低毒。

（4）作用特点：具有胃毒作用、内渗活性及一定的触杀作用（较弱），无内吸传导作用。可防治咀嚼式口器和刺吸式口器害虫及卫生害虫等，对鳞翅目、双翅目、鞘翅目害虫及半翅目椿象类有特效，对蚜虫和螨无效。

（5）制剂：90%以上的原粉，90%晶体，80%~90%、97%可溶粉剂，25%油剂，30%、40%乳油，50%可湿性粉剂，2.5%、5%、6%粉剂，畜用制剂等。

（6）用法：

1）防治林、果、茶害虫，如松毛虫、桑毛虫、天幕毛虫、梨星毛虫、茶毛虫、草原毛虫、柑橘角肩椿象、荔枝蒂蛀虫、荔枝椿象、桑螟、樟丛螟及多种尺蠖、刺蛾、毒蛾、袋蛾、食心虫等，可用80%～90%可溶粉剂或90%晶体800～1000倍液喷雾，或亩用25%油剂150～200 g超低容量喷雾。

2）防治竹笋泉蝇，对用材竹林，可用90%晶体1500～2000倍液喷射林地，出笋前喷1次，出笋后每10天喷1次，连喷2～3次。

3）防治菜青虫、黄曲跳甲、菜螟、烟青虫、菜叶蜂、黄守瓜、大猿叶虫等，可用90%晶体75 g对水喷雾，或亩用80%～90%可溶粉剂80～100 g对水喷雾；防治根蛆，可用90%晶体1000倍液灌根。

4）防治蝼蛄、地老虎等地下害虫时，可亩用90%可溶粉剂1000倍液灌根，苗床期可每亩用90%可溶粉剂80～100 g，或90%晶体加少量热水溶化后与4～5 kg炒熟的棉籽饼或菜籽饼拌匀，傍晚撒施于植物根部诱杀。

9. 敌敌畏

（1）通用名称：敌敌畏，dichlorvos。

（2）化学名称：$O，O$-二甲基-O-（2，2-二氯乙烯基）磷酸酯。

（3）毒性：中等毒。

（4）作用特点：为具有熏蒸、胃毒和触杀作用的杀虫杀螨剂，温度越高其杀虫效果越好。对咀嚼式与刺吸式口器害虫均有效，可防治同翅目、鳞翅目害虫。施药后易分解，持效期短、无残留。对月季花等易有药害，对柳树也较敏感。

（5）制剂：50%、80%乳油，10%、37%高渗乳油，22.5%、50%油剂，20%塑料块缓释剂。

（6）用法：

1）防治苹果卷叶蛾、巢蛾、刺蛾、梨星毛虫、梨网椿象、柑橘潜叶蛾、锈壁虱及蚜虫、红蜘蛛等，可用80%乳油1000~1500倍液喷雾。

2）防治茶毛虫、茶梢蛾、茶卷叶蛾、茶尺蠖、叶蜂、桑螟、桑螟、桑蚧、桑木虱等，可用80%乳油1500~2000倍液喷雾。

3）防治悬铃木大袋蛾、松毛虫及其他林木上的鳞翅目害虫幼虫，可用80%乳油1000倍液喷雾，或亩用50%油剂超低容量喷雾。

4）防治温室白粉虱成虫和若虫，可用80%乳油1000倍液喷雾，每5~7天喷药1次，连喷2~3次即可。也可于傍晚亩用22%烟剂0.5 kg熏蒸。

5）防治粪坑或污水面蛆，用50%乳剂500倍液，按每平方米0.25~0.5 mL喷洒即可。

6）田间撒施毒土或毒糠熏蒸，可防治黏虫。

10. 敌敌钙

（1）通用名称：敌敌钙，calvinphos。

（2）化学名称：$O-$（2，2-二氯乙烯基）$-O-$甲基磷酸钙与$O-$（2，2-二氯乙烯基）$-O$，$O-$二甲基磷酸酯的络合物。

（3）毒性：中等毒。

（4）制剂型：10%、65%水溶粉剂，2%粉剂，各种浓度乳剂，兽用胶囊剂。

（5）用法：

1）防治家蝇，以0.5%水溶液加糖或牛奶，用脱脂棉吸附作毒饵防治，有效期25天。

2）防治蝇虫，可将10%水溶粉剂与细沙制成0.5%敌敌钙颗粒剂撒施。

11. 丙溴磷

（1）通用名称：丙溴磷，profenofos。

（2）化学名称：$O-$乙基$-O-$（4-溴-2-氯苯基）$-S-$丙基硫

代磷酸酯。

（3）毒性：中等毒，对鱼、鸟、蜜蜂有毒。

（4）作用特点：非内吸，有较好的渗透性，具有触杀、胃毒作用，作用快。

（5）制剂：85%、89%、90%、94%原药，20%、40%、44%、50%乳油，72%乳油（维抗），25%超低容量喷雾剂，3%、5%颗粒剂，50%水乳剂，20%微乳剂。

（6）用法：以有效成分计，对刺吸式害虫和螨类用量为$250 \sim 500 \ \text{g/hm}^2$，对咀嚼式害虫用量为$400 \sim 1200 \ \text{g/hm}^2$。

12. 二溴磷

（1）通用名称：二溴磷，naled。

（2）化学名称：O，O-二甲基-O-（1，2-二溴-2，2-二氯乙基）磷酸酯。

（3）毒性：中等毒。

（4）作用特点：具有触杀、胃毒作用及一定的熏蒸作用，无内吸作用，对食叶性鳞翅目幼虫、蚜虫、叶蝉、飞虱、潜叶蝇及螨类较有效，但对一些钻蛀性害虫效果不理想。

（5）制剂：50%乳油。

（6）用法：

1）防治枣步曲、枣黏虫、梨网蝽及各种林木上的卷叶蛾、造桥虫、尺蠖、毒蛾等鳞翅目害虫、蚜虫、蚧类、红蜘蛛等，可用50%乳油1000 ~ 1500倍液喷雾。

2）防治茶尺蠖、袋蛾等，可用50%乳油1000倍液喷雾；防治茶树介壳虫，可在1龄若虫期用50%乳油500 ~ 800倍液喷雾，兼治多种害虫及害螨。

3）防治桑毛虫、桑尺蠖、桑叶虫、桑螟、桑飞虱等，可用50%乳油1000 ~ 1500倍液喷雾。

4）防治温室内的蝇类及粉螨，可按每10 m²用50%乳油

16~17 mL对水喷雾，兼治蚜虫。

13. 杀螟硫磷

（1）通用名称：杀螟硫磷，fenitrothion。

（2）化学名称：$O，O$-二甲基-O-（4-硝基-3-甲基苯基）硫代磷酸酯。

（3）毒性：中等毒，对人畜低毒。

（4）作用特点：具有触杀、胃毒作用，无内吸、熏蒸作用，具有较强的内渗性，可杀伤钻蛀性害虫的低龄虫。有一定的杀卵作用，能杀伤螟虫、红铃虫、棉铃虫、斜纹夜蛾、大豆食心虫的卵粒，对螟虫特效。对刚孵化的天牛幼虫，产卵孔用药较有效。

（5）制剂：75%、80%、85%、93%、95%原药，20%、45%、50%乳油，65%精制乳油（杀虫松），40%可湿性粉剂，0.8%、0.9%、1%胶饵，5%饵剂，1.08%气雾剂，3%乳剂。

（6）用法：

1）防治果树食心虫、桃蛀螟、卷叶蛾、刺蛾、袋蛾、粉介壳虫、粉虱、葡萄透翅蛾等，可用50%乳油1000倍液喷雾。

2）防治茶毛虫、茶尺蠖、茶小绿叶蝉等，可用50%乳油1000~1500倍液喷雾，每间隔10天喷1次，共喷2~3次。

3）防治蛀干性害虫如天牛，可用50%乳油加柴油（1∶20）点滴虫孔；防治杨干象甲，可用50%乳油1000倍液在发生期每10天喷1次，共喷2~3次。

4）防治桑螟，可在越冬幼虫盛发期用50%乳油1500倍液喷雾。

5）防治松墨天牛，可设置集虫器，内盛3%乳剂诱杀。

（7）注意事项：对十字花科作物易引起药害。对蜜蜂有毒，花期不宜使用。对鱼毒性大，避免污染水源。

14. 倍硫磷

（1）通用名称：倍硫磷，fenthion。

（2）化学名称：$O，O$-二甲基-O-（4-甲硫基-3-甲基苯基）硫代磷酸酯。

（3）毒性：中等毒。

（4）作用特点：具有触杀、胃毒作用及广谱、速效性，持效期长，有一定的渗透作用，但无内吸传导作用。

（5）制剂：50%乳油。

（6）用法：

1）防治松墨天牛，可在松墨天牛成虫补充营养期，用12%倍硫磷150倍液+4%聚乙烯醇10倍液+2.5%溴氰菊酯2000倍液林间喷雾（地面、树干、冠部喷洒）。

2）防治桃小食心虫，可在虫果率达0.5%～1%时用50%乳油1000～2000倍液喷雾。

3）防治红蜘蛛、吹绵介壳虫、红蜡蚧、康氏粉蚧、柑橘锈壁虱、梨网蝽、各种潜叶蛾、茶毒蛾、苹果绵蚜等，可用50%乳油1000～1500倍液喷雾。

（7）注意事项：对十字花科植物的幼苗和梨、桃、樱花易产生药害。对蜜蜂高毒，对鱼有一定的毒性。

15. 喹硫磷

（1）通用名称：喹硫磷，quinalphos。

（2）化学名称：O，O-二乙基-O-喹噁啉-2-基硫代磷酸酯。

（3）毒性：中等毒。

（4）作用特点：具有胃毒、触杀作用及一定的杀卵作用，无内吸和熏蒸作用，为杀虫杀螨剂。在植物体内有良好的渗透性。

（5）制剂：70%原药，25%乳油，10%、22%高渗乳油，12.5%增效乳油。

（6）用法：

1）防治枣树龟蜡蚧及柑橘的蚜虫、红蜘蛛、袋蛾、矢尖蚧、黑点蚧、红蜡蚧等，可用25%乳油1000~1500倍液喷雾。

2）防治茶树的茶尺蠖、茶毛虫、小绿叶蝉、黑刺粉虱、茶丽纹象甲、橙瘿螨、叶瘿螨、长白蚧、红蜡蚧等，可用25%乳油1000倍液喷雾。

3）防治飞虱、蓟马、叶蝉等，可在若虫高峰期，亩用25%乳油100~125 mL对水喷雾。

16. 嘧啶氧磷

（1）通用名称：嘧啶氧磷，pirimioxyphos。

（2）化学名称：O,O-二乙基-O-（2-甲氧基-6-甲基嘧啶基-4-基）硫代磷酸酯。

（3）毒性：中等毒。

（4）作用特点：具有触杀、胃毒、一定的内吸渗透及熏蒸作用，为广谱性杀虫杀螨剂。对一些害虫的卵较有效。

（5）制剂：40%、50%乳油。

（6）用法：

1）防治蛴螬，可用50%乳油制成0.1%颗粒剂撒施，每亩用颗粒剂2 kg；防治白边地老虎，可用50%乳油按50 mL加细土0.5 kg的比例制成5%的毒土或粒剂，撒施于幼苗四周。

2）防治林木上的蚜虫、红蜘蛛，可用50%乳油1000倍液喷雾。

3）防治地老虎，可亩用50%乳油150~200 mL对水2~3 L，拌细土15~20 kg撒施。

（7）注意事项：该药易分解，宜现用现配，不宜久放。对蜜蜂、鱼和水生动物有毒害。

17. 乙酰甲胺磷

（1）通用名称：乙酰甲胺磷，acephate。

（2）化学名称：O-甲基-S-甲基-N-乙酰基-硫代磷酰胺酯。

（3）毒性：低毒。

（4）作用特点：具有内吸、胃毒、触杀及一定熏蒸和杀卵作用，为高效、低毒、低残留、广谱缓效型杀虫剂。

（5）制剂：90%、95%、97%、98%原药，20%、30%、40%乳油，15%高渗乳油，75%可溶粉剂（沙隆达），25%可湿性粉剂，0.8%、1.5%、1.8%、2%、2.5%、2.8%、3%、3.1%、3.5%饵剂，1%灭蟑螂饵剂（神农），97%水分散粒剂，1.5%、1.8%、2.5%、3%饵粒，90%、95%可溶粒剂。

（6）用法：

1）防治桃小食心虫、梨小食心虫、桃蚜等，可在成虫产卵高峰期，用40%乳油800~1000倍液喷雾，或用30%乳油对水500~750倍均匀喷雾。

2）防治象甲类园林害虫，可用40%乳油1000倍液，于11月底和4月初幼虫发生的高峰期灌注入虫害处。

3）对柑橘矢尖蚧若虫（在1龄若虫期）、红蜘蛛，可用30%乳油400~500倍液喷雾，但对其他介壳虫的防效较差。

4）防治茶蚜、茶毛虫、茶尺蠖、茶小绿叶蝉、茶刺蛾等，可用40%乳油1000倍液喷雾。

5）防治蚜虫，应掌握在虫口数量较低时使用，一般采用40%乳油500~1000倍液，即亩用40%乳油100~200 mL（有效成分30~60 g），对水50~100 kg喷雾，每亩用量50 kg左右（注意对水量不能小于500倍）。

（7）注意事项：不宜在桑树、茶树上使用。

18. 乐果

（1）通用名称：乐果，dimethoate。

（2）化学名称：O，O-二甲基-S-（甲基氨基甲酰甲基）二硫代磷酸酯。

（3）毒性：中等毒。

（4）作用特点：为内吸性广谱高效低毒选择性杀虫剂，易被植物吸收并输导至全株。对害虫和螨类有触杀和一定的胃毒作用。可用于防治多种作物上的刺吸式口器或咀嚼口器的害虫和叶螨。

（5）制剂：80%、85%、90%、96%、98%原药，96%、97%、98%乐果结晶，40%、50%乳油，12%增效乳油，36%高渗乳油，1.5%粉剂，20%、40%蚕用乳油，另有超低量油剂。

（6）用法：一般亩用有效成分30～40 g。对蚜虫，亩用有效成分15～20 g即可。

1）防治花卉害虫如瘿螨、木虱、实蝇、盲蝽等，可用30%可溶粉剂1500～2000倍液喷雾；防治介壳虫、刺蛾、蚜虫，可用40%乳油2000～3000倍液喷雾。

2）防治柑橘红蜡蚧、蜡蝉，可用40%乳油800倍液喷雾。

3）防治苹果叶蝉、梨星毛虫、木虱，可用50%乳油1000～2000倍液喷雾。

4）防治茶橙瘿螨、茶绿叶蝉，可用40%乳油1000～2000倍液喷雾。

5）防治桑蚕和柞蚕的寄生蝇，可用浓度500～1000 mg/L药液喷洒桑叶或柞树。施药后需经4天才能喂蚕。

（7）注意事项：该药易分解，应随配随用。对牛、羊、家禽的毒性高，喷过药的牧草在1个月内禁止放牧。对啤酒花、菊科植物、高粱等的某些品种及烟草、枣树、桃、杏、梅树、橄榄、无花果、柑橘等使用前应先做药害实验。

19. 亚胺硫磷

（1）通用名称：亚胺硫磷，phosmet。

（2）化学名称：O，O-二甲基-S-（酞酰亚胺基甲基）二硫代磷酸酯。

（3）毒性：中等毒。

（4）作用特点：具有触杀、胃毒作用，具有内渗性但不能传导，可兼治叶螨。

（5）制剂：95%原药，20%、25%乳油。

（6）用法：

1）防治蛀干性害虫如天牛之类，可用 25%乳油加柴油（1∶20）点滴虫孔或用棉球蘸药液堵孔。

2）防治云南松叶甲成虫，可用 25%乳油 400～600 倍液喷雾；防治白杨叶甲、柳九星叶甲、柳十星叶甲的成虫和初孵幼虫，各种卷叶蛾幼虫、栎实象成虫等，可用 25%乳油 800～1000 倍液喷雾；对刺蛾类幼虫，可用 25%乳油 1500～2000 倍液喷雾。

3）防治茶桑长白蚧、角蜡蚧，可在卵孵化盛末期、1 龄幼虫占 80%时，用 25%乳油 800 倍液喷雾；防治茶尺蠖、茶毛虫、小绿叶蝉，可在 3 龄前幼虫期或小绿叶蝉若虫高峰前，用 25%乳油 1000 倍液喷雾，亩喷药液 50～75 kg。

4）防治桑树上的褐刺蛾、扁刺蛾及褐边绿刺蛾，可在幼虫为害初期，用 25%乳油加 80%敌敌畏乳油的 2000 倍混合液喷雾；防治桑螟，可在 2 龄幼虫末、桑叶未卷叶前，用 25%乳油 1000 倍液喷雾；防治桑蛀虫，可用 25%乳油 50 倍液注入桑树干、枝最下面的一个为害孔内，或用棉球吸药液塞孔；防治树瘿蚊，可用 25%乳油 600～800 倍液喷苗的基部及表土；防治桑虱，当发现有幼虫出土时，可用 25%乳油 200 倍液浸泡的纸绳或细麻绳缠桑树主干基部距地面 2～3 cm 处，阻止初孵幼虫上树为害。

5）防治苹果叶螨，可在果树开花前后用 25%乳油 1000 倍液喷雾；防治落叶果树上的卷叶蛾、天幕毛虫和桃粉蚜等，可用 25%乳油 600 倍液喷雾。

6）防治柑橘上的粉虱、黑翅粉虱、木虱、双翅姬粉虱，可于低龄幼虫发生期用 25%乳油 1000 倍液喷雾；防治柑橘上的红蜡蚧、红帽蜡蚧、绿绵蜡蚧、多角绵蚧、吹绵蚧、长白蚧、褐圆蚧及爆皮虫、大爆皮虫等，可于 1～2 龄幼蚧盛发期用 25%乳油

500~800 倍液喷雾；防治溜皮虫，可于成虫羽化前用 25% 乳油 3 倍液喷孔口周围；防治恶性叶甲、潜叶甲、柑橘潜叶甲，可于成虫发生期上树为害时用 25% 乳油 800 倍液喷雾。

7）防治荔枝、龙眼树上的爻纹夜蛾，可在卵盛孵期、低龄幼虫蛀果前，用 25% 乳油 500~800 倍液喷树冠。

20. 杀扑磷

（1）通用名称：杀扑磷，methidathion。

（2）化学名称：O，O-二甲基-S-（2，3-二氢-5-甲氧基-2-氧代-1，3，4-噻二唑-3-基甲基）二硫代磷酸酯。

（3）毒性：高毒。

（4）作用特点：具有触杀、胃毒和渗透作用，能渗入植物组织内部。对咀嚼式、刺吸式口器害虫及潜道、卷叶害虫均有杀灭效力，尤其是对介壳虫有特效（特别是盾蚧），对螨类也有一定的控制作用。

（5）制剂：93%、95% 原药，40% 乳油，16% 高渗乳油。

（6）用法：

1）防治柑橘矢尖蚧、糠片蚧、蜡蚧的雌蚧，可用 40% 乳油 800~1000 倍液（有效浓度 400~500 mg/kg）喷雾，间隔 20 天再喷药 1 次；对若蚧，用 1000~3000 倍液（有效浓度 133~400 mg/kg）即可。

2）防治柑橘褐圆蚧，可在其为害叶片枝条及若虫和成虫上果为害期，用 40% 乳油 1500 倍液喷雾。

3）防治粉蚧，可在若虫期用 40% 乳油 1000~2000 倍液喷雾。

4）防治柑橘红蜡蚧，可在柑橘红蜡卵孵化盛期和孵化末期，用 40% 乳油按 400~600 mg/kg 各喷药 1 次。

21. 伏杀硫磷

（1）通用名称：伏杀硫磷，phosalone。

（2）化学名称：O，O-二乙基-S-（6-氯-2-氧代苯并噁唑啉-3-基甲基）二硫代磷酸酯。

（3）毒性：中等毒。

（4）作用特点：具有触杀、胃毒作用，有渗透作用但无内吸作用，为广谱性杀虫杀螨剂。可防治多种害虫并兼治螨类，也可用于防治地下害虫。

（5）制剂：95%原药，30%、33%、35%乳油，30%可湿性粉剂，2.5%、4%粉剂。

（6）用法：

1）防治木橑尺蠖、丽绿刺蛾、潜叶蛾、茶毛虫（2~3龄幼虫盛期）、小绿叶蝉等，可用35%乳油1000~1200倍液喷雾。

2）防治桃小食心虫、茶叶瘿螨、茶短须螨、茶橙瘿螨，可在茶叶非采摘期和害螨发生高峰期，用35%乳油700~800倍液喷雾。

3）防治柑橘潜叶蛾，可在放梢初期，橘树嫩芽长至2~3 mm或抽出嫩芽达50%时，用35%乳油1000~1400倍液（有效浓度250~350 mg/kg）喷雾。

4）防治钻蛀性害虫，应较其他有机磷杀虫剂提前用药，宜在卵孵盛期前1~2天施药。

5）防治蓟马和斜纹夜蛾，可亩用35%乳油50 mL加水40~60 kg喷雾。

22. 稻丰散

（1）通用名称：稻丰散，phenthoate。

（2）化学名称：O，O-二甲基-S-（α-乙氧基甲酰苄基）二硫代磷酸酯。

（3）毒性：中等毒。

（4）作用特点：具有触杀、胃毒作用及杀卵作用，为非内吸性杀虫杀卵杀螨剂。可防治多种刺吸式口器和咀嚼式口器的害虫。

（5）制剂：93%原药，50%、60%乳油，5%油剂，40%可湿

性粉剂，3%粉剂，2%颗粒剂，85%水溶性粉剂，75%、90%超微粒制剂等。

（6）用法：

1）驱避实蝇（或蜂）类害虫，可用50%乳油20倍液装入器皿中挂在树上。

2）防治果林茶桑的卷叶蛾、潜叶蛾、食心虫、蚜虫、蓟马、蚧等，可用50%乳油800~1000倍液喷雾。

3）防治柑橘矢尖蚧、褐圆蚧、糠片蚧、吹绵蚧等，可在幼蚧期用50%乳油1000倍液喷雾。

4）防治蚜虫、蓟马、菜青虫、小菜蛾、斜纹夜蛾等，可亩用50%乳油120~150 mL对水喷雾。

5）防治棉铃虫、叶蝉等，可用50%乳油按2.25~3 L/hm² 对水900~1125 kg常量喷雾。

23. 蔬果磷

（1）通用名称：蔬果磷，dioxabenzofos。

（2）化学名称：2-甲氧基-4（H）-1，3，2-苯并二氧杂磷-2-硫化物。

（3）毒性：中等毒。

（4）作用特点：具有触杀、胃毒作用，也具有熏蒸及杀卵效力。

（5）制剂：20%、25%乳剂，25%可湿性粉剂，5%、10%颗粒剂。

（6）用法：防治林木的桃小食心虫、卷叶蛾、舞毒蛾、蚜虫、粉蚧、梨网蝽等，可用25%乳剂1000倍液喷雾。

（7）注意事项：该药剂对柿树部分品种的5~6月新叶会造成伤害，对桃的幼果和蔬菜幼苗有药害。

24. 乙硫磷

（1）通用名称：乙硫磷，ethion。

（2）化学名称：O，O，O'，O'－四乙基－S，S'－亚甲基－双（二硫代磷酸酯）。

（3）毒性：中等毒。

（4）作用特点：为杀虫杀螨剂，对多种害虫及叶螨有效，对螨卵也有杀伤作用。可用于花卉及林木植物上，防治蚜虫、红蜘蛛、飞虱、叶蝉、蓟马、蝇、蚧类、鳞翅目幼虫。

（5）制剂：50%乳油。

（6）用法：

1）防治花卉及林木食叶害虫、叶螨、木虱等，可用50%乳油1000~1500倍液喷雾，喷至淋洗状态。

2）防治飞虱、蓟马等，可于发生初期用50%乳油2000倍液喷雾，持效期10天左右。

3）防治红蜘蛛，可于成若螨发生期或卵孵盛期用50%乳油1500~2000倍液喷雾。

25. 硝虫硫磷

（1）通用名称：硝虫硫磷，xiaochongliulin。

（2）化学名称：O，O－二乙基－O－（2，4－二氯－6－硝基苯基）硫代磷酸酯。

（3）毒性：中等毒。

（4）特点：具有触杀、胃毒内渗性，为广谱低残留杀虫杀螨剂。可防治柑橘介壳虫、矢尖蚧（优于速扑杀、氧乐果等），也可防治红蜘蛛、稻飞虱、小菜蛾等害虫，可替代高毒杀虫剂。

（5）制剂：90%、95%原药，30%乳油。

（6）用法：对柑橘矢尖蚧进行防治，可在每年的4~7月柑橘矢尖蚧幼虫发生期，用30%乳油750~1000倍液喷雾，间隔15天左右再施药1次，即可取得良好的防治效果。

（7）注意事项：除碱性农药外，硝虫硫磷乳油可与其他多种农药混合使用。

26. 哒嗪硫磷

（1）通用名称：哒嗪硫磷，pyridaphenthione。

（2）化学名称：$O，O$-二乙基-O-（2，3-二氢-3-氧代-2-苯基-6-哒嗪基）硫代磷酸酯。

（3）毒性：低毒。

（4）作用特点：具有触杀、胃毒作用兼有杀卵作用，无内吸作用，为高效、低毒、低残留广谱性的杀虫杀螨剂。对多种咀嚼式口器和刺吸式口器害虫较有效。

（5）制剂：20%乳油，2%粉剂。

（6）用法：

1）防治林木竹青虫、松毛虫等，可用20%乳油500倍液喷雾。

2）防治果树蚜虫、食心虫，可用20%乳油500~800倍液喷雾。

3）防治螟虫、叶蝉、蚜虫、螨、棉铃虫、菜青虫、黏虫、玉米螟、茶树害虫，可用20%乳油800~1000倍液喷雾。

4）防治棉叶螨成螨、若螨、螨卵，可用20%乳油1000倍液喷雾。

5）防治棉蚜、棉铃虫、红铃虫、造桥虫，可用20%乳油500~1000倍液喷雾，或亩用2%粉剂3 kg喷粉，效果良好。

（7）注意事项：该药不能与碱性药剂混用，不能与2，4-滴除草剂同时使用，否则易产生药害。

27. 速杀硫磷

（1）通用名称：速杀硫磷，heterophos。

（2）化学名称：O-乙基-O-苯基-S-丙基硫代磷酸酯。

（3）毒性：中等毒。

（4）作用特点：为不对称型有机磷杀虫杀螨剂，广谱，以触杀和胃毒作用为主，具有渗透作用，但不能传导。对鳞翅目、同翅目、缨翅目、鞘翅目、害虫及害螨均有效，可有效防治根瘤线虫。可用于蔬菜、果树、粮食、花卉等植物。

（5）制剂：40%乳油。

（6）用法：可亩用 40%乳油 25~32 mL 对水 40~50 kg 喷雾。

28. 胺丙畏

（1）通用名称：胺丙畏，propetamphos。

（2）化学名称：（*E*）-*O*-2-异丙氧甲酰-1-甲基乙烯基-*O*-甲基-*N*-乙基硫代磷酰胺。

（3）毒性：中等毒。

（4）作用特点：具有触杀兼有胃毒作用，还有使雌蜱不育的作用。

（5）制剂：20%、40%、50%乳油，2%粉剂。

（6）用法：防治观赏棉伏蚜、苗蚜，可用 40%乳油稀释 1000 倍液喷雾，也可用于防治蟑螂、苍蝇、蚊子等卫生害虫。

29. 丙硫磷

（1）通用名称：丙硫磷，prothiofos。

（2）化学名称：*O*-乙基-*O*-（2，4-二氯苯基）-*S*-丙基二硫代磷酸酯。

（3）毒性：低毒。

（4）作用特点：具有触杀和胃毒作用，对鳞翅目幼虫较有效。

（5）制剂：500 g/L 乳油，400 g/kg 可湿性粉剂。

（6）用法：用于羽叶甘蓝、柑橘、菊花、樱花和草坪等，防治菜青虫、小菜蛾、羽叶甘蓝夜蛾、黑点银纹夜蛾、蚜虫、卷叶蛾、粉蚧、斜纹夜蛾、烟青虫和美国白蛾等害虫。一般使用浓度为 50~75 μg（有效成分）/mL。

30. 丁酯磷

（1）通用名称：丁酯磷，butonate。

（2）化学名称：O，O-二甲基-（2，2，2-三氯-1-丁酰氧基）乙基膦酸酯。

（3）毒性：低毒。

（4）作用特点：具有触杀作用，抑制胆碱酯酶活性，在昆虫和植物体内可转化成敌百虫。可用于防治卫生害虫、家畜体外寄生虫、蚜虫、步行虫及蜘蛛等。

（5）制剂：气雾剂，混合浓缩剂，可湿性粉剂，粉剂。

（6）用法：防治室内卫生害虫，可用气雾剂、混合浓缩剂直接喷雾或用可湿性粉剂稀释后喷洒；也可用于室内观赏植物，喷雾或涂抹药液杀灭植物体表害虫。

31. 杀螟腈

（1）通用名称：杀螟腈，cyanophos。

（2）化学名称：O，O-二甲基-O-（4-氰基苯基）硫代磷酸酯。

（3）毒性：中等毒。

（4）作用特点：具有触杀、胃毒、内吸作用，其杀虫速度快，残效期较长。可防治黏虫、蚜虫、菜青虫、黄曲跳甲、茶尺蠖、黑翅粉虱及红蜘蛛等。

（5）制剂：50%乳油，2%粉剂，1%液剂，5%乳油（用于防治卫生害虫）。

（6）用法：防治木蠹蛾等，可用50%乳油500倍液灌注虫孔；防治茶小绿叶蝉、茶尺蠖及黑翅飞虱等，可用50%乳油800~1200倍液喷雾。

（7）注意事项：对瓜类易产生药害，不宜使用。

32. 甲基嘧啶磷

（1）通用名称：甲基嘧啶磷，pirimiphos-methyl。

（2）化学名称：O，O-二甲基-O-（2-二乙氨基-6-甲基嘧啶-4-基）硫代磷酸酯。

（3）毒性：低毒。

（4）作用特点：为广谱速效性有机磷杀虫剂，兼有胃毒和熏蒸作用。

（5）制剂：90%原药，55%乳油，2%、5%粉剂，20%水乳剂，8.5%泡腾片剂。

（6）用法：防治卫生蝇、蚊，可用20%水乳剂按玻璃面 $1 g/m^2$，油漆面、石灰面 $3 g/m^2$ 滞留喷洒。

33. 蚜灭磷

（1）通用名称：蚜灭磷，vamidothion。

（2）化学名称：O，O-二甲基-S-［2-（1-甲基氨基甲酰乙硫基）乙基］硫代磷酸酯。

（3）毒性：中等毒。

（4）作用特点：为内吸性杀虫杀螨剂，具有触杀作用，对刺吸式口器害虫有效，对绵蚜特效。

（5）制剂：40%乳油。

（6）用法：防治苹果绵蚜，可用40%乳油1000~1500倍液喷雾，有效控制期可达两个月，春、秋各施1次，可控制全年为害。

34. 氯唑磷

（1）通用名称：氯唑磷，isazofos。

（2）化学名称：O，O-二乙基-O-（5-氯-1-异丙基-1H-1，2，4-三唑-3-基）硫代磷酸酯。

（3）毒性：中等毒。

（4）作用特点：为杀虫剂、杀线虫剂，具有内吸、触杀和胃毒作用，可通过根系吸收传导。通过抑制胆碱酯酶的活性，干扰线虫昆虫神经系统的协调作用而致死。可用于柑橘、凤梨及观赏植物等作物，防治根结、胞囊、穿孔、根腐、茎、纽带、肾形、螺旋、半穿刺、短化、刺、轮、盘旋、针、长针、毛刺、剑等线虫，也可有效地防治稻螟、稻飞虱、稻瘿蚊、稻蓟马、玉米蝼、金针虫、地老虎、切叶蚁等，可用作土壤处理剂。水溶性好，施于土表后多停留在 0～20 cm 的表土层内。

（5）制剂：3%颗粒剂（米乐尔）。

（6）用法：适用于土壤处理，可以撒施、沟施、穴施，为避免药害可以在施药后先混土再播种或移栽，以防直接接触萌芽种子或根系。

1）防治植物线虫，可用 3%颗粒剂按 67.5～97.6 kg/hm^2 在播种时沟旁带施，与土混匀后播种覆土。

2）防治花卉线虫，可亩用 3%颗粒剂 1.5～2 kg，在定植前 10 天左右控制撒施，覆土压实。

3）防治象甲类园林害虫，可用 3%颗粒剂于 11 月底和 4 月初幼虫发生的高峰期施于植株根部。

（7）注意事项：严禁用于蔬菜、果树、茶叶及中草药。对鱼类等水生动物高毒，对蜜蜂有毒，对鸟类口服有毒。

第六章　氨基甲酸酯类杀虫剂

一、氨基甲酸酯类杀虫剂的化学结构及类型

　　氨基甲酸酯类杀虫剂的基本结构属于碳酸衍生物，分子中都有氨基甲酸的分子骨架，其通用名称多用"威"作后缀。通式为 $\overset{R_1}{\underset{R_2}{N}}-\overset{\overset{O}{\|}}{C}-OX$ 。式中：R_1 多为 H；R_2 为甲基；X 为取代苯基、萘基、杂环基等。化学结构类型较多，作为杀虫剂，其结构上的变化主要在酯基 X 上，一般要求酯基的对应羟基化合物具有弱酸性，如烯醇、酚、羟肟等。结构的另一可变部分是氮原子上的取代基，氮原子上的氢可被一个或两个甲基取代，或被一个甲基和一个酰基取代。

　　对乙酰胆碱酯酶酯动部位吸引力按一甲氨基甲酸酯、二甲氨基甲酸酯、丙甲氨基甲酸酯与氨基甲酸甲酯顺序递减，与酶结合后水解速度则相反。

　　苯基上的取代基包括甲基、乙基、异丙基、叔丁基、烃氧基、—Cl 等。取代基其毒力以邻位、间位大于对位，邻位如害扑威、异丙威、仲丁威、残杀威；间位如速灭威、混灭威（其中的灭除威为—CH_3 间间位，灭杀威为—CH_3 间对位）等。

化学结构类型可分为四类：N，N-二甲基氨基甲酸酯类、N-甲基氨基甲酸芳香酯类、N-甲基氨基甲酸肟酯类、N-酰基（或羟硫基）N-甲基氨基甲酸酯。

（1）N，N-二甲基氨基甲酸酯类：在酯基中都含有烯醇结构单元，氮原子上的两个氢均被甲基取代。如抗蚜威等。

（2）N-甲基氨基甲酸芳香酯或稠环基氨基甲酸酯类（包括取代苯基-N-甲基氨基甲酸酯类）：氮原子上一个氢被甲基取代，芳基可以是对、邻和间位取代的苯基、萘基和杂环苯并基等。如甲萘威、仲丁威、残杀威、异丙威和克百威、丙硫克百威、丁硫克百威等。

（3）N-甲基氨基甲酸肟酯或肟基氨基甲酸酯类：引入了含烷硫基的肟酯基。如涕灭威、灭多威、杀线威和抗虫威等。

（4）N-酰基（或羟硫基）N-甲基氨基甲酸酯：氮原子上的氢被酰基、磷酰基、羟硫基、羟亚硫酰基等基团取代。如棉铃威等。

二、氨基甲酸酯类杀虫剂的作用机制

氨基甲酸酯类杀虫剂的作用机制与有机磷类相似，但它是以分子整体与乙酰胆碱酶发生反应，需在昆虫体内完整的突触处（反射弧）进行，部位集中于胸部神经节的运动神经，且酶去氨基甲酰化较慢，无老化及迟发性神经毒性。它对害虫的胆碱酯酶的抑制是可逆的，其半恢复时间为 20~60 分钟，全恢复时间需数天。注意：有机磷类对胆碱酯酶的抑制是不可逆的，其半恢复时间一般为 80~100 分钟，全恢复时间可长达几个月，有些品种甚至不能恢复。

氨基甲酸酯类杀虫剂对节肢动物和哺乳动物的作用是相似的，都是干扰神经系统，抑制神经传递过程中的传递介质分解酶胆碱酯酶，致使乙酰胆碱酯酶酯动部位的丝氨酸羟基酰化使酶失活。氨基甲酸酯可作为胆碱酯酶的底物与乙酰胆碱竞争，始终进行着竞争性的可逆反应。若水解过快或整个分子与胆碱酯酶的亲和力不强，则毒效较低。

三、氨基甲酸酯类杀虫剂的特点

（1）具有高度选择性。不同结构类的品种，其毒力和防治对象差别很大。大多数品种的速效性好、持效期短、选择性很强，自然分解快，不易污染环境，对天敌比较安全，对高等动物及鱼类安全，主要防治刺吸式口器害虫，如叶蝉、飞虱、蓟马、棉蚜、棉铃虫、玉米螟等害虫，但对螨类和介壳虫无效。一些品种的持效期达 1~2 个月，可用来处理土壤或处理种子，防治地下害虫，如克百威等。一些品种对咀嚼式口器害虫的防效优于有机磷类农药，可用于防治钻蛀性害虫。一般来说，苯环上的取代基是烃基的如甲基、乙基、异丙基、叔丁基及仲丁基，邻位或间位的化合物对害虫的毒性强，对位的化合物毒性都比较低。苯环上连接氯原子的化合物如害扑威等对叶蝉、飞虱、蚜虫、粉虱及鳞翅目幼虫均有速效，但药效期短，而对蓟马的毒性则比苯环上连接烃基的要小一些；含萘环的甲萘威杀虫谱广，可防治棉铃虫、斜纹夜蛾、黏虫、棉蚜等；含有苯并呋喃环的克百威，杀虫谱更广，还能杀线虫，而且具有强内吸性，但含有杂环的抗蚜威却主要用于防治除棉蚜以外的多种蚜虫。此类药剂在环境中的累积残留作用较小。注意取代苯基类品种有交互抗性，彼此间不能混用，不宜与碱性农药混用，也不能同敌稗混用或连用。

（2）能有效防治对有机磷类和有机氯类杀虫剂产生抗性的一些害虫。其增效性能多样，拟除虫菊酯类杀虫剂用的增效剂如芝麻素、芝麻油、氧化胡椒基丁醚等（能够破坏虫体对氨基甲酸酯类杀虫剂的解毒代谢机能），对氨基甲酸酯类杀虫剂也有增效作用。不同结构类型的氨基甲酸酯农药之间混用有增效作用。凡是对脂肪族酯酶具有选择抑制作用的氨基甲酸酯类药剂对有机磷药剂均有增效作用。与有机磷药剂混用，会产生拮抗作用，有的会产生增效作用，但毒性一般不会超过两者单独使用的毒性之和。

（3）对昆虫多数都具有触杀和胃毒作用，有的还兼有熏蒸和内吸作用。一般来说，N–甲基氨基甲酸肟酯类具有很好的内吸活性，N–甲基氨基甲酸芳香酯中的个别品种如克百威也具有较好的内吸性，其他结构的品种基本无内吸作用，以触杀和胃毒作用为主。有些氨基甲酸酯类杀虫剂与有机磷杀虫剂混合会产生拮抗作用。由于其分子结构接近天然有机物，在自然界中易被分解，残留量低。残杀威、噁虫威还可用于防治卫生及储粮害虫。少数品种毒性较高，如克百威、涕灭威等。昆虫对其所产生的抗性比有机磷类慢。

（4）大部分氨基甲酸酯类比有机磷类杀虫剂毒性低，只有少数如克百威、涕灭威高毒，多属中等毒类，比有机磷类杀虫剂对人畜的毒性低，有专门的解毒药阿托品（可肌内注射或静脉注射），但酶复活剂无效（因胆碱酯酶复活剂如解磷定等只适用于有机磷剂，对氨基甲酰化胆碱酯酶的复活不起作用）。对蜜蜂的毒性较高，对鱼类较安全。可经消化道、呼吸道和皮肤黏膜进入体内，在体内易分解，排泄较快，部分经水解、氧化或与葡萄糖醛酸结合而解毒，部分则以原药或其代谢产物的形式迅速经肾排出。其代谢产物的毒性较原药小。

（5）氨基甲酸酯类杀虫剂纯品大多为白色晶体，有微弱气味和一定的熔点，蒸气压通常较低，不易挥发。大多数品种在水中溶解度低，能溶于大多数有机溶剂。在酸性环境中，对光、热稳定，毒性也相对增加；在碱性环境中易分解而失效。该类化合物分解产物一般为二氧化碳、胺类、酚类和醇类，这些分解物是无毒低残留的。因此氨基甲酸酯类杀虫剂是比较安全的农药，具有高效广谱等优点。

【主要品种】

1. 苯醚威

（1）通用名称：苯氧威，fenoxycarb。

（2）化学名称：2-（4-苯氧基苯氧基）乙基氨基甲酸乙酯。

（3）毒性：微毒。

（4）作用特点：为非萜烯类氨基甲酸酯类广谱杀虫剂，具有胃毒、触杀及杀卵作用，其杀虫作用是非神经性的，表现为对多种昆虫有强烈的保幼激素活性，可抑制成虫期的变态和幼虫期的蜕皮，对蜜蜂和有益生物无害，对观赏植物上能有效地防治木虱、蚧类、卷叶蛾、松毛虫、美国白蛾、尺蠖、杨树舟蛾、苹果蠹蛾等，对当前常用农药已有抗性的害虫亦有效。

（5）制剂：12.5%、25%乳油，5%颗粒剂，10%微乳状液，1.0%饵剂，25%、50%可湿性粉剂，5%粉剂，3%、10%水剂，2%毒饵，0.25%气雾剂，3%高渗乳油。

（6）用法：使用浓度一般为 0.0125%～0.025%，有时为 0.006%。

1）在苗圃，以浓度 0.006%喷射，能抑止乌盔蚧的未成熟幼虫和龟蜡蚧的 1～2 龄期若虫的发育成长。在果园及林木上，以浓度 0.006%喷施，能抑制乌盔蚧的未成熟幼虫和龟蜡蚧的 1 龄、2 龄期若虫的发育成长。

2）在白蚁活动区域内，视蚁害情况投放含苯氧威和氟铃脲的白蚁诱饵。一般每隔 6～10 m 放一堆，每堆 3～5 小包，用枯枝（杂草）、泥土覆盖。白蚁数量多时，可用喷粉球直接向白蚁身上喷施灭蚁灵粉剂（主要成分为全氯环戊癸烷），利用白蚁传递信息时相互接触及生活习性上的交哺吮舐特性，可使药剂在群体内迅速传播，达到消灭白蚁群体的目的。

3）防治蟑螂，可用 3%高渗乳油（苯氧威加高渗透剂和增效剂）与毒死蜱组合，配成 0.01%～0.06%的浓度喷雾。

2. 残杀威

（1）通用名称：残杀威，propoxur。

（2）化学名称：2-异丙氧基苯基-N-甲基氨基甲酸酯。

（3）毒性：中等毒。

（4）作用特点：具有胃毒、熏蒸和快速击倒作用，为有强触杀力的非内吸性杀虫剂。药效接近敌敌畏，但残效期长，可用于防治多种植物上的害虫，如蚜虫、叶蝉、棉蚜、粉虱等。

（5）制剂：97%原药，20%乳油，8%可湿性粉剂，0.3%、0.4%、1%粉剂，10%微乳剂，2%杀蟑笔剂，0.5%、1%、2%杀蟑饵剂，1.5%杀蝇饵剂，1.5%饵剂，2%膏剂。

（6）用法：一般使用浓度为 0.03%～0.075%，或 300～750 g（有效成分）/hm^2。

1）防治桑树桑象虫，可用 8%可湿性粉剂按 53.33～80 mg/kg 喷雾。

2）防治棉铃虫，可在二代、三代棉铃虫发生时，每百株卵量超过 15 粒或每百株幼虫达 5 头开始，用 20%乳油按 3.75 L/hm^{2}对水 1500 kg 喷雾。

3）防治蓟马、飞虱，可在开花前后用 20%乳油 300 倍液喷雾。

4）防治卫生害虫蜚蠊等，可用 2%残杀威杀蟑笔剂涂抹或投放 1%、2%杀蟑饵剂；防治卫生害虫蝇类，可用 1.5%杀蝇饵剂投放；防治黑皮蠹及蚂蚁等，可按 3 g/m^{2}撒施 0.4%粉剂。

3. 仲丁威

（1）通用名称：仲丁威，fenobucarb。

（2）化学名称：2-仲丁基苯基-N-甲基氨基甲酸酯。

（3）毒性：中等毒。

（4）作用特点：具有触杀及一定的胃毒、熏蒸和杀卵作用。可施于植物表面或水面杀虫。其对叶蝉、飞虱的药效期比混灭威、速灭威等长，对天敌害虫蜘蛛的杀伤力较小。

（5）制剂：90%、95%、97%、98%、98.5%原药，20%、25%、50%、80%乳油，20%水乳剂。

（6）用法：

1）防治棉蚜，可亩用25%乳油100~150 mL对水50~75 kg喷雾，药效期约为7天。

2）防治棉叶蝉，可亩用25%乳油150~200 mL对水喷雾。

3）防治飞虱、叶蝉、蓟马等，可在发生初盛期亩用25%乳油150 mL对水75~100 kg喷雾。

4. 混灭威

（1）通用名称：混灭威，dimethacarb。

（2）化学名称：混二甲基苯基-N-甲基氨基甲酸酯。

（3）毒性：中等毒。

（4）作用特点：由两种同分异构体混合而成，对飞虱、叶蝉具有触杀及胃毒作用。药效不受温度影响。对鳞翅目、同翅目和双翅目等害虫有效。

（5）制剂：85%、90%原药，50%乳油，25%速溶乳粉，3%粉剂。

（6）用法：

1）防治茶长白蚧，可于第一、第二代卵孵化盛期到1龄、2龄若虫期前，用50%乳油按3.75~4.5 mL/hm² 对水1125~1500 kg喷雾。

2）防治食心虫，可在成虫盛发期到幼虫入荚前，用3%粉剂按22.5~30 kg/hm² 喷粉。

3）防治棉铃虫，可于每百株棉铃虫达5头时，用50%乳油按 1.5~3 L/hm² 对水 1500 kg 喷雾；或用 3%粉剂按 22.5~30 kg/hm² 喷粉。防治棉红蜘蛛同此。

4）防治蚜虫，可用 50%乳油按 1.5 L/hm² 对水 1500 kg 喷雾。注意，亩用药量超过 100 mL 对观赏棉易产生药害。

5）防治飞虱、叶蝉、蓟马，可亩用 50%乳油 100~120 mL 对水喷雾。

5. 灭除威

（1）通用名称：灭除威，miechuwei。

（2）化学名称：3,5-二甲基苯基-N-甲基氨基甲酸酯。

（3）毒性：低毒。

（4）作用特点：具有速效性、触杀性及一定的内吸作用，有较快的击倒作用，对飞虱、叶蝉较有防效。可用于森林害虫及木材防腐，也可防治蛞蝓、蜗牛等。

（5）制剂：2%、3%粉剂，3%颗粒剂，20%乳油，50%可湿性粉剂。

（6）用法：

1）防治茶小绿叶蝉，可在低龄若虫时，用 50%可湿性粉剂 1000 倍液常量喷雾，或用 2%粉剂按 30~45 kg/hm² 喷粉。

2）防治茶长白蚧，可在若虫孵化盛期，用 50%可湿性粉剂按 3750~4500 g/hm² 对水喷雾。

3）防治叶蝉、飞虱等，可在若虫高峰期，用 2%粉剂按 30~45 kg/hm² 喷粉，或用 50%可湿性粉剂按 1590~2250 g 对水针对性喷雾。

4）防治苗期蚜虫，可在幼苗期用 50%可湿性粉剂按 600~750 g/hm² 对水喷雾。

6. 灭杀威

（1）通用名称：灭杀威，xylylcarb。

（2）化学名称：3,4-二甲基苯基-N-甲基氨基甲酸酯。

（3）毒性：中等毒。

（4）作用特点：可抑制动物体内的胆碱酯酶活性，作用迅速，选择性强。可防治叶蝉、飞虱，林木上的鳞翅目幼虫及介壳虫，速效性同马拉硫磷，其残效性能不如甲萘威。药效受温度影响小。

（5）制剂：50%可湿性粉剂，30%乳油，2%粉剂，3%微粒剂。

（6）用法：防治叶蝉、飞虱、介壳虫及鳞翅目幼虫，可按亩用 45~60 g（有效成分）对水喷雾。

7. 甲硫威

（1）通用名称：甲硫威，methiocarb。

（2）化学名称：3，5-二甲基-4-甲硫基苯基-N-甲基氨基甲酸酯。

（3）毒性：中等毒。

（4）作用特点：具有触杀、胃毒作用。杀软体动物主要是胃毒作用。可防治鳞翅目、鞘翅目、同翅目害虫，如蚜虫、蓟马、蚧类、卷叶蛾、舞毒蛾、红蜘蛛、观赏植物粉蚧、粉虱及各种蜗牛和蛞蝓。

（5）制剂：50%、75%可湿性粉剂，3%粉剂，4%小药丸，2%饵剂（灭旱螺）。

（6）用法：

1）防治旱地、温室的蜗牛与蛞蝓，对蜗牛亩用 2%饵剂 500~600 g，对蛞蝓亩用 2%饵剂 333~500 g。

2）防治蜗牛和蛞蝓，可用 2%饵剂按 3~5 kg/hm² 撒施，每平方米 20~30 粒，兼治长脚龟嘴、王鳖、马陆和蜈蚣等。

3）防治观赏植物的有效浓度为 0.05%~0.1%。

8. 速灭威

（1）通用名称：速灭威，metolcarb。

（2）化学名称：3-甲基苯基-*N*-甲基氨基甲酸酯。

（3）毒性：中等毒。

（4）作用特点：具有内吸性及触杀、熏蒸作用，可防治飞虱、叶蝉、蓟马及椿象等，对卷叶螟、柑橘锈壁虱、红铃虫、蚜虫、红蜘蛛等也有效。该药作用快，药效一般只有 2~3 天。

（5）制剂：25% 可湿性粉剂，20% 乳油，2%、3%、4% 粉剂。

（6）用法：

1）防治茶蚜、茶小绿叶蝉、茶长白介壳虫、龟甲介壳虫及 1 龄若虫期黑粉虱，可用 25% 可湿性粉剂 600~800 倍液喷雾。

2）防治柑橘锈壁虱，可用 20% 乳油按 500 mg/kg 喷雾，或用 25% 可湿性粉剂 400 倍液喷雾。

3）防治棉蚜、棉铃虫，可用 25% 可湿性粉剂 200~300 倍液喷雾。

4）防治叶蝉、蚜虫、粉虱、蚧虫等，常用 25% 可湿性粉剂 200~400 倍液或 20% 乳油 1000~1500 倍液喷雾。

（7）注意事项：不得与碱性农药混用或混放，应放在阴凉干燥处。对蜜蜂的杀伤力大，不宜在花期使用。

9. 异丙威

（1）通用名称：异丙威，isoprocarb。

（2）化学名称：2-异丙基苯基-*N*-甲基氨基甲酸酯。

（3）毒性：中等毒。

（4）作用特点：具有胃毒、触杀和熏蒸作用。可防治观赏植物上的各种蚜虫、飞虱、叶蝉等及兼治蓟马和蚂蝗，对有机磷类产生抗性的蚜虫有效。对天敌蜘蛛类安全。

（5）制剂：10% 可湿粉剂，20% 乳油，8% 增效乳油，2%、4%、10% 粉剂，10% 烟剂，30% 悬浮剂。

（6）用法：

1）防治保护地内蚜虫，每个标准大棚或温室可用10%烟剂300～400 g放烟。

2）防治菊花蚜虫，可用10%粉剂20～30 kg/hm²处理土壤。

3）防治柑橘潜叶蛾，可在柑橘放梢时用20%乳油500～800倍液喷雾。

4）防治飞虱、叶蝉，可在若虫高峰期，用2%粉剂按30～37.5 kg/hm²直接喷雾或混细土200 kg均匀撒施，或用20%乳油按2.25～3 L/hm²喷雾。

（7）注意事项：对薯类作物有药害，不宜在薯类作物上使用。施用后10天内不可用敌稗。

10. 克百威

（1）通用名称：克百威，carbofuran。

（2）化学名称：2，3-二氢-2，2-二甲基苯丙呋喃-7-基-N-甲基氨基甲酸酯。

（3）毒性：高毒。

（4）作用特点：具有强内吸和触杀作用及一定的胃毒作用，对多种刺吸式口器和咀嚼式口器害虫有效。该药对鱼虾高毒。

（5）制剂：3%颗粒剂，35%种子处理剂，9%、10%、15%悬浮种衣剂。

（6）用法：

1）防治象甲类园林害虫，可用3%颗粒剂于11月底和4月初幼虫发生的高峰期施于植株根部，用量依苗木大小而定，盆栽花木一般为3～100 g不等。

2）防治蚜虫、地老虎，可亩用3%颗粒剂1.5 kg施于播种沟内，或拌和棉籽泥，于观赏棉点播后撒施于棉籽上。

3）防治蛴螬，可亩用3%颗粒剂2.5～3 kg撒施于地面再锄入土内。

4）防治其他作物害虫或线虫，一般亩用3%颗粒剂1.5～

2 kg（害虫）或 8~10 kg（线虫）施于播种沟内覆土。

5）可用 15%悬浮种衣剂包衣种子或拌种。

11. 丙硫克百威

（1）通用名称：丙硫克百威，benfuracarb。

（2）化学名称：2，3-二氢-2，2-二甲基苯并呋喃-7-基
［（N-乙氧基甲酰乙基 N-异丙基）氨基硫］N-甲基氨基甲酸酯。

（3）毒性：中等毒。

（4）作用特点：丙硫克百威是克百威的亚磺酰基衍生物，
在植物体内可代谢为克百威、3-羟基克百威等化合物，属内吸广
谱性杀虫剂，具有触杀、胃毒作用。可用作土壤和叶面杀虫剂，
防治多种植物上的多种刺吸式口器或咀嚼式口器害虫。

（5）制剂：20%乳油，5%颗粒剂。

（6）用法：

1）防治苹果树蚜虫类包括苹果绵蚜、苹果瘤蚜、苹果黄蚜
等，可用 20%乳油 2000~3000 倍液喷雾。

2）防治烟蚜、桃蚜，可用 20%乳油 20~30 mL 对水 20~
40 kg喷雾。

3）防治各种介壳虫，可在 1 龄、2 龄若虫期用 20%乳油
300~400倍液喷雾。

4）防治柑橘蚜虫、桃小食心虫，可用 20%乳油 300~400 倍
液喷雾。

5）防治金针虫、跳甲、根蛆等，可用 5%颗粒剂按 20~30
kg/hm² 施于地下或开沟覆土。

12. 丁硫克百威

（1）通用名称：丁硫克百威，carbosulfan。

（2）化学名称：2，3-二氢-2，2-二甲基苯并呋喃-7-基
（二丁基氨基硫）-N-甲基氨基甲酸酯。

（3）毒性：中等毒。

（4）作用特点：广谱，具有内吸、胃毒作用，对害虫成虫、幼虫都有效，在生物体内代谢为克百威。可防治蚜虫、金针虫、螨、苹果蠹蛾、茶小绿叶蝉、梨小食心虫、介壳虫等。用于土壤处理，可防治地下害虫（倍足亚纲、叩甲科、综合纲）和叶面害虫（蚜虫、马铃薯甲虫）。对蜜蜂有毒，对一些螟虫和卷叶蛾防效不好。

（5）制剂：20%乳油，5%、10%高渗乳油，35%种子处理剂。

（6）用法：

1）防治苹果树蚜虫（包括苹果黄蚜、苹果绵蚜、苹果瘤蚜）和梨树的二叉蚜、黄粉蚜，可用20%乳油2000～3000倍液喷雾，兼治苹果金纹细蛾。

2）防治柑橘锈壁虱，可在4月上旬至下旬用20%乳油1500～2000倍液喷雾；防治柑橘潜叶蛾，可在夏秋新梢期用20%乳油1000～1500倍液喷雾，兼治木虱、介壳虫，对红蜘蛛也有一定的防效。

3）防治菜青虫、蚜虫，可用20%乳油1000～1500倍液喷雾；防治美洲斑潜蝇，可于卵孵盛期用20%乳油1000～1500倍液喷雾；防治温室白粉虱，可用20%乳油1000倍液喷雾。

4）防治飞虱和叶蝉，可在2、3龄若虫盛发期，亩用20%乳油150～200 mL对水喷雾。

13. 甲萘威

（1）通用名称：甲萘威，carbaryl。

（2）化学名称：1-萘基-N-甲基氨基甲酸酯。

（3）毒性：中等毒。

（4）作用特点：高效、低毒、低残留、广谱，具有触杀、胃毒及弱内吸作用，对棉铃虫有一定的杀卵作用，对叶蝉、飞虱等防效好。可防治150种以上植物的鳞翅目、鞘翅目和其他咀嚼类及刺吸类害虫，但对螨类和大多数介壳虫毒力很小。可防治草皮中的蚯蚓。该药无刺激性、无气味，不污染环境，性质稳定，残效期长，很适合环保用药。

（5）制剂：25%、50%、85%可湿性粉剂，1.5%、2%、5%、10%粉剂，5%和20%饵剂（糖蜜分散剂、油分散剂、水分散剂），5%、6%、10%颗粒剂，13%、15%、24%乳油，45%雾剂等。

（6）用法：一般亩用有效成分50~70 g，防治蚜虫、蓟马可用有效成分20~40 g，防治介壳虫类可用50%可湿性粉剂400倍液。

1）防治林果害虫如食心虫、尺蠖、刺蛾、蚜虫、柑橘潜叶蛾、枣龟蜡蚧等，可用50%可湿性粉剂800~1500倍液喷雾。

2）防治棉蚜、蓟马、小造桥虫、叶蝉，可用50%可湿性粉剂800~1200倍液喷雾；防治棉铃虫、红铃虫、金刚钻、斜纹夜蛾等，可用50%可湿性粉剂400倍液喷雾，或亩喷5%粉剂1.5~2 kg，持效期4~7天。

3）防治飞虱，可用50%可湿性粉剂500~1000倍液喷雾。

14. 抗蚜威

（1）通用名称：抗蚜威，pirimicarb。

（2）化学名称：2-N, N-二甲基氨基-5, 6-二甲基嘧啶-4-基-N, N-二甲基氨基甲酸酯。

（3）毒性：中等毒。

（4）作用特点：为选择性的具有触杀、熏蒸、渗透叶面的作用的杀蚜虫剂，是胆碱酯酶抑制剂。在20 ℃以上熏蒸作用较强，15 ℃以下无熏蒸作用。对瓢虫、食蚜蝇、蚜茧蜂等蚜虫天敌无不良影响，对蜜蜂安全，可用于观赏植物，有速效性，但持效期不长。

（5）制剂：20%、25%、50%可湿性粉剂，25%高渗可湿性粉剂，25%、50%水分散粒剂，5%可溶液剂，10%烟剂，50%微粒剂，5%颗粒剂，乳油，浓雾剂，气雾剂等。

（6）用法：

1）在林木上一般可用50%可湿性粉剂1500~2000倍液喷雾，对叶面蜡质较厚的可在药液中添加渗透剂以提高杀蚜效果。

2）对大田作物，一般可亩用50%可湿性粉剂10~20 g对水50 L喷雾。

3）防治各类树木蚜虫，可在盛发期用25%水分散粒剂1000倍液或50%可湿性粉剂2000倍液喷雾；应现配现用，可与多种杀虫剂和杀菌剂混用。

4）防治苗床蚜虫，可亩用50%可湿性粉剂10~18 g（有效成分5~9 g）对水30~60 kg喷雾。

15. 唑蚜威

（1）通用名称：唑蚜威，triazamate。

（2）化学名称：（3-特丁基-1-N，N-二甲基氨基甲酰-1H-1，2，4-三唑-5-基硫）乙酸乙酯。

（3）毒性：中等毒。

（4）作用特点：属三唑类高选择性双向内吸性杀蚜剂，具有触杀作用，对各种蚜虫均起作用。用常规防治蚜虫剂量对双翅目和鳞翅目害虫无效。可经土壤施药或叶面施药防治为害茎叶或根部的蚜虫。对有益昆虫和蜜蜂安全。该药速效性较好，持效期10~15天。

（5）制剂：25%可湿性粉剂，24%、48%乳油。

（6）用法：

1）可根施或叶面喷施防治植物多种害虫。用药量为0.6~0.9 g（有效成分）/100 m²，防治伏蚜需1.8~2.3 g（有效成分）/100 m²，防治抗性蚜及棉蚜需0.9~1.5 g（有效成分）/100 m²。

2）防治松大蚜，可用25%可湿性粉剂或24%乳油1000~

3000 倍液喷雾。

16. 硫双威

（1）通用名称：硫双威，thiodicarb。

（2）化学名称：3，7，9，13-四甲基-5，11-二氧杂-2，8，14-三硫杂-4，7，9，13-四氮杂十五烷-3，12-二烯-6，10-二酮。

（3）毒性：中等毒。

（4）作用特点：属氨基甲酰肟类杀虫剂。由两个灭多威缩合而成，活性与灭多威相近，毒性较灭多威低。具有胃毒作用及杀卵、杀成虫作用，无触杀作用。可防治鳞翅目及部分鞘翅目、双翅目害虫，对鳞翅目的卵和成虫也有较高的活性。对蚜虫、螨类、叶蝉、飞虱、蓟马等无效。

（5）制剂：25%、75%可湿性粉剂，35%、37.5%悬浮剂。

（6）用法：

1）防治苹果蠹蛾、梨小食心虫、苹果小卷叶蛾、果树黄卷叶蛾、柑橘凤蝶等，可用 75% 可湿性粉剂按 1.5~3.0 kg/hm² 对水常量喷雾。

2）防治葡萄果蠹蛾、葡萄缀穗，可用 75% 可湿性粉剂按 0.4~0.6 kg/hm² 对水喷雾。

3）防治茶小卷叶蛾，可用 75% 可湿性粉剂按 0.38~0.75 kg/hm² 对水喷雾。

4）防治菜青虫、烟青虫、小菜蛾、甜菜夜蛾和斜纹夜蛾，可亩用 75% 可湿性粉剂 40~60 g 加水 50 L 喷雾。

（7）注意事项：该药不能与碱性（pH 值大于 8.5）和强酸性（pH 值小于 3.0）农药混用，也不能与代森锌、代森锰锌混用。

17. 棉铃威

（1）通用名称：棉铃威，alanycarb。

（2）化学名：（Z）-N-苄基-N-｛［甲基（1-甲硫基亚乙基氨基氧甲酰基）氨基］硫｝-β-丙氨酸乙酯。

（3）毒性：中等毒。

（4）作用特点：为灭多威衍生物，具有触杀、胃毒作用，杀虫谱广，对鳞翅目类较有效，对鞘翅目、半翅目和缨翅目害虫亦有效。可防治多种害虫。

（5）制剂：50%可湿性粉剂，30%、40%乳油，3%颗粒剂。

（6）用法：

1）防治棉铃虫、大豆毒蛾、卷叶蛾、小地老虎、羽叶甘蓝夜蛾，可按 300~600 g（有效成分）/hm^2 处理土壤。

2）用于土壤处理时按 0.9~9.0 kg/hm^2，用于种子处理时按每千克种子 0.4~1.5 kg。

3）防治蚜虫，可按 300~600 g（有效成分）/hm^2 喷雾；防治葡萄缀穗蛾，可按 400~800 g/hm^2 喷雾。

4）防治仁果类蚜虫和烟青虫，可按 300~600 g（有效成分）/hm^2 喷雾。

18. 灭蚜松

（1）通用名称：灭蚜硫磷，menazon。

（2）化学名称：O，O-二甲基-S-（4，6-二氨基-1，3，5-三嗪-2-基-甲基）二硫代磷酸酯。

（3）毒性：低毒。

（4）作用特点：分子结构中含三唑基团，具有双向内吸性兼具触杀作用，对抗性蚜虫有良好的防效。可防治多种植物蚜虫，同时有减轻蚜传植物病毒病为害的作用。可用于土壤处理或种子处理，保护植物幼苗。

（5）制剂：50%、70%可湿性粉剂，50%乳油，40%悬浮剂。

（6）用法：

1）推荐用药量为 0.6~0.9 g(有效成分)/100 m^2，防治抗性蚜虫及棉蚜需 0.9~1.5 g/100 m²，防治伏蚜需 1.8~2.3 g/100 m²，药剂持效期长达 10~15 天。

2）防治蚜虫、螨类、蓟马等，可用 50%可湿性粉剂 1000~1500 倍液喷雾。

3）防治麦类蚜虫，可用 70%可湿性粉剂 1000 倍液做土壤浸湿或浸根。

（7）注意事项：该药速效性差，防治蚜虫时与敌敌畏、乐果等混用更为理想。

19. 茚虫威

（1）通用名称：茚虫威，indoxacarb。

（2）化学名称：7-氯-2，3，4a，5-四氢-2-［甲氧基羰基(4-三氟甲氧基苯基）氨基甲酰基］茚并［1，2-e］［1，3，4-］噁二嗪-4a-羧酸甲酯。

（3）毒性：低毒。

（4）作用特点：具有触杀、胃毒作用，主要是通过阻断害虫神经细胞内的钠离子通道，使神经细胞丧失功能，害虫麻痹、协调差而最终死亡。可防治蛾类抗性害虫，与其他类杀虫剂无交互抗性，对天敌昆虫安全。

（5）制剂：95%原药，15%悬浮剂（安打），30%悬浮剂（全垒打），30%水分散粒剂，15%乳油。

（6）用法：15%悬浮剂（安打）用 3000 倍液，30%悬浮剂（全垒打）用 6000 倍液。

1）防治菜青虫，可亩用 30%水分散粒剂 4.4~8.8 g 或亩用 15%悬浮剂 8.8~17.6 mL 对水 50 kg 喷雾。

2）防治小菜蛾和甜菜夜蛾等，可亩用 30%水分散粒剂 4.4~8.8 g 或亩用 15%悬浮剂 8.8~17.6 mL 对水 50 kg 喷雾，或亩用 15%乳油 10~18 mL 喷雾。

3）防治棉铃虫，可亩用 30%水分散粒剂 6.6~8.8 g 对水 50 kg

喷雾。

20. 杀线威

（1）通用名称：杀线威，oxamyl。

（2）化学名称：O-甲基氨基甲酰基-1-二甲氨基甲酰-1-甲硫基甲醛肟。

（3）毒性：高毒。

（4）作用特点：为广谱杀线虫剂，具有杀伤力强、见效快、降解快、残留量低、使用安全、不杀伤天敌、对环境无害等特点。可用于叶面处理，也可用于土壤处理，可与苯菌灵、多菌灵、克菌丹等杀菌剂混配。

（5）制剂：10%水剂。

（6）用法：

1）防治根瘤线虫，可用10%水剂按 2.88~3.6 L/hm² 药量的350倍液种植灌根或叶面喷雾。防治锈螨，可用10%水剂按 2.4~7.2 L/hm² 药量的350倍液每3周叶面喷雾1次，防治潜叶蛾则可在新芽萌发时按此剂量每7天施药1次。

2）防治郁金香等球根类根螨，可用10%水剂按24 L/hm² 药量的450倍液在害螨发生时施药，每7天1次，连续2次。

3）防治斑潜蝇，可用10%水剂按 2.4~4.8 L/hm² 药量的200倍液，在发生时每隔7~10天喷药1次。

（7）注意事项：该药为口服及呼吸剧毒，使用时切勿吸入或与眼睛、皮肤接触，以免中毒。

21. 噁虫威

（1）通用名称：噁虫威，bendiocarb。

（2）化学名称：2，3-（异亚丙基二氧）苯基-N-甲基氨基甲酸酯。

（3）毒性：中等毒。

（4）作用特点：具有触杀、胃毒及一定的内吸作用，可用于喷雾防治植物多种害虫，也可防治地下害虫。主要用于防治蟑螂、蟋蟀、蚂蚁、臭虫等卫生害虫。

（5）制剂：20%可湿性粉剂。

（6）用法：防治蓟马，可在若虫盛孵期，亩用制剂 40~80 g 对水 75 kg 喷雾，持效期 7~10 天。

第七章　拟除虫菊酯类杀虫剂

拟除虫菊酯类杀虫剂是模拟天然除虫菊素而合成的一类杀虫剂。一些品种如丙烯菊酯、胺菊酯及醚菊酯等对光不够稳定。根据是否含有醚及肟官能团可将其分为拟除虫菊酯类、拟除虫菊醚类及拟除虫菊肟类。根据是否含有菊酸与苯氧基苄醇又可分为：①菊酸+苯氧基苄醇，如溴氰菊酯、氯氰菊酯、氟氯氰菊酯、氯氟氰菊酯等；②菊酸+非苯氧基苄醇类，如氯吡氰菊酯、甲醚菊酯、七氟菊酯等；③非菊酸+苯氧基苄醇类，如氰戊菊酯、氟氰菊酯、氟胺氰菊酯等；④醚类或肟醚类（非酯类）：非菊酯类，但保持菊酯类特性，如醚菊酯、肟醚菊酯等。

一、拟除虫菊酯类杀虫剂的作用机制

菊酯类农药化学分子结构中均含有酯化学键，其毒理机制是作用于神经突触和神经纤维，引起膜电位的异常，主要作用于昆虫神经轴突膜上的 Na^+ 通道，但由于化学结构、立体异构及不同异构体的组成的不同，其生物活性不同，对害虫的毒力差异较大。

作用机制主要有：①在神经轴突膜上存在一类拟除虫菊酯受体，它与该类杀虫剂结合，改变了膜的三维结构及通透性，使 Na^+ 通道延迟关闭，负后电位延长并加强，导致产生重复后放。

②抑制细胞膜外 Ca^{2+}-ATP 酶，Ca^{2+} 浓度降低，致使阈值电位降低，更易引起重复后放。③可能刺激存在于神经-肌肉连接点的 γ-氨基丁酸（GABA）的释放，使 K^+ 外流，Cl^- 内流，造成膜超极化，难于产生动作电位。GABA 是抑制性突触的神经递质，拟除虫菊酯抑制了 Ca^{2+}-Mg^{2+}-ATP 酶的活性，造成细胞内 Ca^{2+} 浓度上升，启动前膜释放神经递质 GABA，同样影响了 Na^+、K^+ 的通透性，干扰了兴奋传导。

包括胺烯菊酯、丙烯菊酯、苄呋菊酯、苯醚菊酯及二氯苯醚菊酯等的拟除虫菊酯类杀虫剂，对各种类型的神经元产生广泛的重复放电现象（周缘神经系统最敏感），低温下（低于 26 ℃）重复放电的活性增加，原因是 Na^+ 及 K^+ 通道延缓关闭。中毒昆虫出现高度兴奋及不协调运动。

包括溴氰菊酯、氯氰菊酯、联苯菊酯、杀灭菊酯及其他含有氰基（—CN）的除虫菊酯的作用完全不同于前者，它们是通过谷氨酸及 GABA 对突触产生作用，不产生重复放电，而是使轴突及运动神经元更易去极化。中毒症状为接触药剂后很快产生痉挛、麻痹，最后中毒死亡，不表现高度兴奋及不协调运动。

二、拟除虫菊酯类杀虫剂的作用特点

（1）杀虫活性：菊酯类农药的杀虫活性高于有机磷酸酯类和氨基甲酸酯类，杀虫效力比一般常用杀虫剂高出 1~2 个数量级，其击倒活性较强，并且脂溶性高，耐雨水冲刷，施药后易穿透害虫体壁而起作用药量较少。

由异构体分离或催化而成的品种杀虫活性有差异。①氯氰菊酯、顺式氯氰菊酯、高效氯氰菊酯（或高效顺反氯氰菊酯）三个品种作用相同，但顺式氯氰菊酯与高效氯氰菊酯要比氯氰菊酯杀虫效力高 1 倍（三碳环上的两个氢原子在同侧称为顺式，在异侧称为反式）。②氟氯氰菊酯、高效氟氯氰菊酯（也叫顺式氟氯氰菊酯）两者作用相同，但高效氟氯氰菊酯要比氟氯氰菊酯杀虫效力高1倍，而氟氯氰菊酯与高效氯氟氰菊酯杀虫效力相当。③氯氟氰菊酯与高效氯氟氰菊酯作用相同，但高效氯氟氰菊酯要比氯氟氰菊酯杀虫效力高；氰戊菊酯与顺式氰戊菊酯作用相同，但顺式氰戊菊酯的杀虫效力约为氰戊菊酯的4倍。

增效剂是克服害虫产生抗药及提高杀灭效果的重要措施之一。菊酯类常用增效剂主要是氧化胡椒基丁醚、增效胺等，试验表明合理使用增效剂能提高药效4~21倍。

（2）作用方式：该类药剂杀虫谱广，触杀作用强于胃毒作用，并兼有杀卵、拒食、驱避作用，无内吸作用，多数无熏蒸作用，一些品种具有一定渗透作用。一般含氰基的杀虫活性高，对高等动物毒性强，刺激性气味较浓，在阳光下较稳定，如氯氰菊酯等。而不含氰基结构的菊酯类药剂对高等动物毒性较低，刺激性气味相对较小，活性也较低，但击倒速度较快，在阳光下易分解，在同等条件下使用害虫抗性发展相对较慢，如氯菊酯和氨菊酯。该类药剂对鸟类低毒，对蜜蜂有一定的忌避作用，多数品种对鱼、虾、贝、甲壳类水生生物的毒性高，很少用于水田（醚菊酯除外）。

熏蒸作用表现在15~35 ℃范围内，温度较低时对昆虫的毒力较高。例如丙烯菊酯对蜚蠊在较高浓度时对动作电位的抑制随温度的下降而增大，这也与离子的透过性有关。中毒后有复苏性。

（3）防治对象：该类药剂对包括刺吸式和咀嚼式口器的鳞翅目、鞘翅目、同翅目、半翅目、双翅目害虫均有良好防治效果，但多数品种对螨毒力较差，目前能兼治螨类的品种有氟丙菊酯、甲氰菊酯、高效氯氟氰菊酯、氟氯氰菊酯、高效氟氯氰菊酯、氟胺氰菊酯、甲氰菊酯、溴氟菊酯等，但仍不能当作专用杀螨剂来使用，个别品种如溴氰菊酯还会刺激螨类繁殖。能作为杀螨剂使用的有氟丙菊酯、溴氟菊酯。大多数菊酯类对水生动物杀伤力强，不能用于水生生物害虫的防治，防治水生生物害虫可以用乙氰菊酯、氟硅菊酯、醚菊酯、醚肟菊酯等。

（4）对环境影响：该类药剂低残留，对食品和环境污染轻；易被土壤胶粒和有机质吸附，也易被土壤微生物分解；对土壤微生物区系无不良影响；药剂不会渗漏入地下水；无内吸传导性，对植物表皮渗透性较弱，施用后药剂绝大部分在农产品的表面；在动物体内易代谢，无累积作用，也不会通过生物浓缩富集，对环境和生态系统影响较小。

（5）施药注意事项：

1）由于拟除虫菊酯类杀虫剂脂溶性强，多数以触杀作用为主，一般无熏蒸和内吸作用，因此喷药时要均匀。中毒后昆虫迅速麻痹、死亡，但也可能有部分昆虫会复苏。

2）杀虫速度快，但单独或连续使用易产生抗性，可与有机磷类、氨基甲酸酯类、环戊二烯类及一些生物制剂农药混用或轮用，某些菊酯类药剂间也可混用，以利于克服和延缓害虫抗药性的产生。对必须使用拟除虫菊酯的害虫，也只能在害虫的关键世代使用，其他世代尽量选用别的杀虫剂。一般在一个成长季节仅使用拟除虫菊酯类杀虫剂1~2次。

3）多数不含氟的菊酯类杀虫剂不具有杀螨活性，甲氰菊酯具有杀螨活性。

4）不能和碱性药剂混用。

5）拟除虫菊酯类杀虫剂一般对水生生物毒性较高，使用时注意不要污染水源。

（6）耐药性：该类药剂易引起害虫产生耐药性。一方面由于化学结构的差异，各品种间产生耐药性的速度和水平差异较大，特别是仅含高效立体异构体的品种如溴氰菊酯、顺式氰戊菊酯、高效氯氰菊酯等易产生耐药性；另一方面该类药剂对天敌无选择作用。但天然除虫菊素及人工合成的光敏型拟除虫菊酯则很少产生耐药性。不同品种间存在交互抗性。迁飞性害虫如草地螟、黏虫等，未见产生抗药性。

【主要品种】

1. 三氟氯氰菊酯

（1）通用名称：高效氯氟氰菊酯，lambda-cyhalothrin。

（2）化学名称：为混合物（1∶1），含（R）α-氰基-3-苯氧苄基（Z）-（1S，3S）-3-（2-氯-3，3，3-三氟丙烯基）-2，2-二甲基环丙烷羧酸酯与（S）-α-氰基-3-苯氧基苄基（Z）-（1R，3R）-3-（2-氯-3，3，3-三氯丙烯基）-2，2-二甲基环丙烷羧酸酯。

（3）毒性：中等毒。

（4）作用特点：为速效的杀虫、杀螨剂，以触杀和胃毒作用为主，无内吸作用。其化学结构式中含三个氟原子，因而其杀虫谱较广、活性较高。具有触杀、胃毒作用，无内吸作用，对刺吸式害虫及叶螨、锈螨、瘿螨、跗线螨等害螨有一定的防效，宜在害螨初期发生时使用。在虫、螨并发时可以兼治。该药是目前对棉铃虫药效最好的一种，可防治鳞翅目、双翅目、鞘翅目、缨翅目、半翅目、直翅目类等的三十余种主要害虫，可替换辛硫磷、毒死蜱等药剂。该药易产生交互抗性。

（5）制剂：2.5%乳油或可湿性粉剂，2.5%水乳剂，2.5%微胶囊剂，0.6%增效乳油，10%可湿性粉剂，5%微乳剂（瑞功或锐豹），2.5%微乳剂（百劫），5%悬浮剂，20%微囊悬浮剂，100 g/L微囊悬浮剂。

（6）用法：一般亩用有效成分 0.8～2 g，或用浓度 6～10 mg/L药液喷雾。

1）防治苹果蠹蛾、小卷叶蛾、袋蛾和梨小食心虫、桃小食心虫、桃蛀螟等，可用 2.5%乳油 2000~3000 倍液喷雾；防治荔枝树椿象，可用 2.5%乳油按 6.25~12.5 mg/ kg 喷雾。

2) 防治果树上的叶螨、锈螨，使用低浓度药液喷雾只能抑制数量不急剧增加，可用 2.5%乳油 1500~2000 倍液喷雾，对成螨、若螨的药效期为 7 天，但对卵无效，应与其他杀螨剂混用。

3) 防治温室白粉虱，可用 2.5%乳油 1000~1500 倍液喷雾。

4) 防治柑橘潜叶蛾，可在新梢初放期或卵孵盛期，用 2.5%乳油 2000~4000 倍液喷雾，兼治橘蚜和其他食叶害虫，间隔 10 天喷 1 次。防治介壳虫，可在 1~2 龄若虫期用 2.5%乳油 1000~2000 倍液喷雾。

5) 防治茶尺蠖、茶毛虫、刺蛾、茶细蛾、茶蚜等，可用 2.5%乳油 4000~6000 倍液喷雾；防治茶小绿叶蝉，可在若虫期用 2.5%乳油 3000~4000 倍液喷雾；防治茶橙瘿螨、叶瘿螨，可在螨初发期用 2.5%乳油 1000~1500 倍液喷雾。

6) 防治棉蚜可亩用 2.5%乳油 10~20 mL，伏蚜可用 25~35 mL，棉铃虫、红铃虫、玉米螟、金刚钻等可用 40~60 mL；但对拟除虫菊酯类已产生抗性的防治效果不好。

7) 防治植物病毒传播媒介，一般按 6.25~30 g（有效成分）/hm² 对水喷雾；防治地老虎，可用 20%微囊悬浮剂按 15~27 g/hm² 喷雾；防治红铃虫、棉铃虫，可在第二、三代卵盛期用 2.5%乳油 1000~2000 倍液喷雾，兼治红蜘蛛、造桥虫、棉盲蝽；防治禾本科植物蚜虫，可用 5%悬浮剂按 4.5~7.5 g/hm² 喷雾。

（7）注意事项：此药为杀虫兼有抑制害螨作用，因此不要作为杀螨专用剂用于防治害螨，长期使用易对其产生抗性。

2. 精高效氯氟氰菊酯

（1）通用名称：精高效氯氟氰菊酯，gamma-cyhalothrin。

（2）化学名称：（S）-α-氰基-3-苯氧基苄基（Z）-（1R，3R）-3-（2-氯-3，3，3-三氯丙烯基）-2，2-二甲基环丙烷羧酸酯。

（3）毒性：中等毒。

（4）作用特点：其生物活性为高效氯氟氰菊酯的 1 倍，可防治大多数作物上的鳞翅目害虫（小菜蛾和甜菜夜蛾除外）蚜虫、跳甲、果蝇等害虫。

（5）制剂：98%原药，1.5%微囊悬浮剂。

（6）用法：

1）防治桃小食心虫，可用 1.5%微囊悬浮剂按 10~15 mg/kg 喷雾。

2）防治菜青虫，可用 1.5%微囊悬浮剂按 5.625~7.875 g/hm² 喷雾。

3. 七氟菊酯

（1）通用名称：七氟菊酯，tefluthrin。

（2）化学名称：2，3，5，6-四氟-4-甲基苄基（Z）-（1R，3R；1S，3S）-3-（2-氯-3，3，3-三氟丙-1-烯基）-2，2-二甲基环丙烷羧酸酯。

（3）毒性：低毒，但对鱼和其他水生无脊椎动物高毒，对蚯蚓低毒。

（4）作用特点：是第一个可用作土壤杀虫剂的拟除虫菊酯类药剂，对鞘翅目、鳞翅目和双翅目昆虫高效，可以颗粒剂、土壤喷洒、种子处理的方式施用。该药具有有效的蒸气压，有助于其在土壤中移动和对靶标生物的渗透，也可防治有一部分土壤生活期的叶面虫。该药用于防治甲壳类害虫，优于特丁硫磷、克百威、毒死蜱。

（5）制剂：1.5%、3%颗粒剂，10%乳油，10%胶悬剂。

（6）用法：

1）防治夜蛾亚科如小地老虎，可用 3%颗粒剂按 56~84 g（有效成分）/hm² 撒施。

2）防治金针虫、跳甲科虫及其他甲虫，可按 50～75 g（有效成分）/hm² 的量施于播种沟内。

3）防治草地甲虫，可用 3%颗粒剂按 150 g（有效成分）/hm² 撒施于草地表面，对防治草地金黄色龟子 1 龄和 2 龄幼虫有良好的效果。

4）防治种蝇、麦秆蝇，可按每千克种子 0.2 g（有效成分）的剂量处理种子。

4. 甲氰菊酯

（1）通用名称：甲氰菊酯，fenpropathrin。

（2）化学名称：（RS）-α-氰基-3-苯氧基苄基-2，2，3，3-四甲基环丙烷羧酸酯。

（3）毒性：中等毒。

（4）作用特点：具有触杀、胃毒、驱避作用，无内吸、熏蒸作用。能杀幼虫、成虫和卵，对多种螨类有效，但不能杀锈壁虱。田间持效期中等，在低温下药效更好。可防治鳞翅目、同翅目、半翅目害虫及多种害螨，尤其在害虫、害螨并发时施用可虫螨兼治。

（5）制剂：10%、20%、30%乳油，9%、10%高渗乳油，10%增效乳油，5%可湿性粉剂，2.5%、10%悬浮剂。

（6）用法：

1）防治菊花、月季、玫瑰等花卉蚜虫及红蜘蛛，可在虫螨发生初期用 20%乳油 3000～6000 倍液喷雾。

2）防治花卉刺蛾的幼虫、介壳虫、榆兰金花虫、毒蛾，可在害虫发生期用 20%乳油 2000～8000 倍液均匀喷雾。防治大造桥虫、雀纹天蛾，可用 20%乳油 1500 倍液喷雾。

3）防治茶尺蠖、茶毛虫、茶小绿叶蝉、茶细蛾、刺蛾，可用 20%乳油 4000～5000 倍液喷雾。

4）防治苹果红蜘蛛、山楂红蜘蛛、柑橘红蜘蛛、桃小食心虫、荔枝椿象等，可用20%乳油2000~3000倍液喷雾。

5）防治柑橘潜叶蝇，可用20%乳油4000~6000倍液喷雾，兼治蚜虫、卷叶虫等。防治柑橘全爪螨，可用20%乳油1000~1500倍液喷雾。

6）防治荔枝、龙眼椿象等，可喷20%乳油3000~4000倍液喷雾。

7）防治温室白粉虱、菜青虫、红蜘蛛、小菜蛾、甜菜夜蛾、斜纹夜蛾等，可亩用20%乳油30~40 mL对水喷雾。防治菜蚜，可用20%乳油3000~5000倍液喷雾。已对拟除虫菊酯类产生抗性的小菜蛾、甜菜夜蛾、斜纹夜蛾，不宜用本剂防治。

8）防治棉铃虫、红铃虫等，可用20%乳油1000~2000倍液或按120~150 g（有效成分）/hm² 喷雾。

（7）注意事项：

1）该药在低温条件下药效较高、残效期较长，在早春及秋冬施药效果好。

2）该药具有杀螨作用，但不能作为专用杀螨剂使用，最好是虫螨兼治时使用。

3）一个作物生长季节施药次数不要超过2次，可与有机磷等农药混用或轮用。

4）该药对鱼、蚕、蜜蜂高毒，施药时要注意避免在桑园、养蜂区施药，避免药液污染河塘等。

5. 四氟苯菊酯

（1）通用名称：四氟苯菊酯，transfluthrin。

（2）化学名称：（2，3，5，6）-四氟苄基（1R，3S）-3-（2，2-二氯乙烯基）-2，2-二甲基环丙烷羧酸酯。

（3）毒性：低毒。

（4）作用特点：对双翅目昆虫如蚊蝇有快速的击倒作用，对蟑螂、臭虫等爬行害虫亦有很好的持效性。具杀螨作用。主要用于卫生害虫和粮储害虫。

（5）制剂：0.04%气雾剂，0.02%~0.03%蚊香。

（6）用法：防治蚊、蝇、蟑螂、臭虫等卫生害虫，可用0.04%气雾剂喷雾，或用0.02%~0.03%蚊香熏蒸。

6. 四溴菊酯

（1）通用名称：四溴菊酯，tralomethrin。

（2）化学名称：(S)-α-氰基-3-苯氧基苄基（$1R$，$3R$）-3-[(RS)-1，2，2，2-四溴乙基]-2，2-二甲基环丙烷羧酸酯。

（3）毒性：中等毒，对鱼类和蜜蜂有毒。

（4）作用特点：具有触杀和胃毒作用，药效高于溴氰菊酯。可与氨基甲酸酯类、有机磷酸酯类等的复配制剂交替轮换使用。如果在害虫为害之前使用，可以保护大多数植物不受半翅目害虫为害；土表喷雾，可防治地老虎和切根虫等。

（5）制剂：10.8%乳油（凯撒）、1.5%乳油，1.5%高渗乳油。

（6）用法：防治棉铃虫用1.5%高渗乳油50~60 mL、防治菜青虫用1.5%乳油20~40 mL，对水喷雾。

7. 乙氰菊酯

（1）通用名称：乙氰菊酯，cycloprothrin。

（2）化学名称：(RS)-α-氰基-3-苯氧基苄基（RS）-2，2-二氯-1-（4-乙氧基苯基）环丙烷羧酸酯。

（3）毒性：低毒，但对蜜蜂和蚕有毒。

（4）作用特点：以触杀作用为主，具有驱避和拒食作用及一定的胃毒作用，无内吸熏蒸作用。杀虫谱广，可用于植物多种害虫的防治，对植物安全。

（5）制剂：10%乳油，2%颗粒剂。

（6）用法：防治草坪害虫，可亩用2%颗粒剂0.5~1 kg拌少量干沙子撒施，或亩用10%乳油100~133 mL对水适量喷洒。

8. 氯氰菊酯

（1）通用名称：氯氰菊酯，cypermethrin。

（2）化学名称：（*RS*）-α-氰基-3-苯氧苄基（*SR*）-3-（2，2-二氯乙烯基）-2，2-二甲基环丙烷羧酸酯。

（3）毒性：中等毒。

（4）作用特点：具有拟除虫菊酯类杀虫剂的典型特征，且对某些害虫的卵具有杀伤作用。可用于防治对有机磷产生抗性的害虫，但对螨类和盲蝽效果差。可防治多种植物上的鳞翅目、鞘翅目和双翅目害虫，也可用于防治居室内的蜚蠊、蚊蝇等传病昆虫。

（5）制剂：5%、10%、20%、25%乳油，2.5%、5%高渗乳油，2.5%、5%增效乳油，5%微乳剂。

（6）用法：一般亩用10%乳油40~60 mL，对蚜虫、蓟马、尺蠖等亩用15~30 mL，防治林、果、茶桑的害虫用10%乳油2000~3000倍液喷雾。

1）防治月季、菊花等花卉上的蚜虫，可用10%乳油5000~7000倍液喷雾；防治花卉上的金龟子，在成虫为害时用10%乳油5000倍液喷雾。

2）防治柑橘潜叶蛾、桃小食心虫、苹果小食心虫、梨小食心虫及枣树害虫（枣步曲、食芽象甲、枣瘿蚊），可用10%乳油2000~3000倍液雾；防治桃蛀螟、山楂粉蝶可用10%乳油1500~3000倍液喷雾；防治梨木虱，可用5%高渗乳油1000~1500倍液喷雾；防治荔枝椿象，可用10%乳油2000~4000倍液喷雾。

3）防治茶小绿叶蝉、茶黄蓟马，在若虫发生高峰前期用10%乳油2000~3000倍液喷雾；防治茶尺蠖、茶小卷叶蛾、茶毛虫、丽绿刺蛾，在3龄前幼虫期用10%乳油3000~4000倍液喷雾。注意该药对茶蓑蛾防治效果不好。

4）防治烟青虫、小地老虎，可用 5%增效乳油 7.5～10 mL 对水喷雾。

5）防治大豆食心虫、豆荚螟、豆天蛾、造桥虫、叶甲、跳甲类害虫，可亩用 10%乳油 35～40 mL 对水 50～70 kg 喷雾；防治棉铃虫、叶蝉类害虫，可用 10%乳油 1000～1500 倍液喷雾。

6）防治室外空间蚊、蝇、蟑螂等卫生害虫，可在飞行高峰的清晨或傍晚，可用 10%乳油 50～100 mL 对水 10 L 喷雾。对爬行害虫，每平方米用 10%乳油 50 mL 对水 10 L，喷洒在害虫经常出没的地方。

（7）注意事项：对于钻蛀性害虫，应在害虫钻蛀前施药；在已对菊酯类农药产生抗性的地区，对小菜蛾防效不好。该药对鱼类等水生生物及蜜蜂、家蚕等谨慎使用。

9. 高效氯氰菊酯

（1）通用名称：高效氯氰菊酯，beta-cypermethrin。

（2）化学名称：（S）-α-氰基-（3-苯氧基）-苄基（1R，3R）-3-（2，2-二氯乙烯基）-2，2-二甲基环丙烷羧酸酯。

（3）毒性：中等毒。该药对鱼、蚕高毒，对蜜蜂、蚯蚓有毒。

（4）作用特点：高效氯氰菊酯是氯氰菊酯的高效异构体，杀虫效力比氯氰菊酯高 1 倍，对人畜毒性却只有氯氰菊酯的 $1/3～1/2$。具有触杀、胃毒作用及杀卵活性，可用于多种农作物害虫及卫生害虫，防治鳞翅目、半翅目、双翅目、同翅目、鞘翅目等害虫，如介壳虫、天幕毛虫、舞毒蛾、蠹蛾、尺蠖、潜蝇、跳甲、地老虎、草地夜蛾、蚜虫、棉铃虫、蓟马、椿象、羽叶甘蓝夜蛾等多种害虫。在林业及园林上，可用于天牛成虫、金龟子等鞘翅目成虫。

（5）制剂：2.5%、4.5%、10%乳油，2.5%高渗乳油，2.5%、4.5%、5%水乳剂，2.5%高渗水乳剂，4.5%、5%微乳剂，4.5%可湿

性粉剂，1.5%、5%悬浮剂，1%粉剂，5%片剂，2%烟剂，8%触破式微胶囊剂（绿色威雷）。

（6）用法：一般亩用有效成分 1~2.5 g，即 4.5%乳油 20~50 mL。

1）防治松墨天牛，可在松墨天牛成虫补充营养期，用绿色威雷与 25%氯氰菊酯微胶囊剂、25%1605+5%氯氰菊酯微胶囊剂混合，用飞机对松林喷雾。

2）防治茶树茶尺蠖、茶毛虫，一般用 4.5%乳油 2000~3000倍液喷雾；防治小绿叶蝉，可用 4.5%乳油 1500~2500 倍液喷雾。

3）防治桃小食心虫、梨小食心虫、苹果小食心虫，可于卵孵盛期用 4.5%乳油 1000~2000 倍液喷雾。

4）防治桃小食心虫，在其越冬代出土前，用 1000~1500 倍液喷土表，与辛硫磷混用防效更佳。防治梨木虱，可于越冬代或1~3 龄若虫期，用 2.5%高渗乳油 800~1500 倍液喷雾。

5）防治果树蚜虫、卷叶虫、柑橘潜叶蛾、荔枝蒂蛀虫、荔枝椿象、梨椿象，可用 4.5%乳油 1000~1500 倍液喷雾。

6）防治松毛虫、杨树舟蛾、美国白蛾，在 2~3 龄幼虫发生期用 4.5%乳油 4000~8000 倍液喷雾，飞机喷雾每公顷用量 60~150 mL。

7）防治成蚊及家蝇成虫，每平方米用 4.5%可湿性粉剂 0.2~0.4 g 的 250 倍液滞留喷洒；防治蟑螂，在蟑螂栖息地和活动场所每平方米用 4.5%可湿性粉剂 0.9 g 的 250~300 倍液滞留喷洒；防治蚂蚁，每平方米用 4.5%可湿性粉剂 1.1~2.2 g 的 250~300倍液滞留喷洒。

（7）注意事项：不推荐防治螨类，初期效果好，但时间久后会再猖獗。

10. 顺式氯氰菊酯

（1）通用名称：顺式氯氰菊酯，alpha-cypermethrin。

（2）化学名称：（R）-α-氰基-3-苯基苄基（1S，3S）-3-（2，2-二氯乙烯基）-2，2-二甲基环丙烷羧酸酯。

（3）毒性：中等毒，对鱼、蜜蜂高毒。

（4）作用特点：为仅含两种高效顺式异构体1∶1的混合物，杀虫活性为氯氰菊酯的1~3倍。其应用范围、防治对象、使用特点、作用机制与氯氰菊酯相同。

（5）制剂：3%、5%、10%乳油，5%可湿性粉剂（卫生害虫用），1.5%、5%悬浮剂（卫生害虫用）。

（6）用法：

1）防治花卉蚜虫，可用5%乳油3500~5000倍液喷雾。

2）防治桃小食心虫、梨小食心虫，可用5%乳油3000倍液喷雾，兼治其他食叶害虫。

3）防治桃蚜，可用5%乳油1000倍液喷雾。

4）防治柑橘潜叶蛾，可于新梢5天左右用5%乳油5000~10 000倍液喷雾。

5）防治柑橘红蜡蚧，可于若虫盛发期用5%乳油1000倍液喷雾。

6）防治荔枝椿象、荔枝蒂蛀虫，可用5%乳油2000~3000倍液喷雾。

（7）注意事项：同高效氯氰菊酯。

11. Z-氯氰菊酯

（1）通用名称：Zeta-氯氰菊酯，zeta-cypermethrin。

（2）化学名称：（S）-氰基-（3-苯氧基苄基）甲基（±）顺反-3-（2，2-二氯乙烯基）-2，2-二甲基环丙烷羧酸酯。

（3）毒性：中等毒。

（4）作用特点：是Zeta-氯氰菊酯的简写，它含有四种异构体，且均互为对映体，其中顺式与反式的比例为（45∶55）~（55∶45），其生物性能与氯氰菊酯相似。

（5）制剂：18.1%乳油，18%水乳剂。

（6）用法：

1）防治蚜虫，可亩用18.1%乳油20~40 mL对水喷雾。

2）防治蟑螂、囊虫、蚂蚁、蜘蛛、臭虫、书虱、衣鱼、苍蝇、蚊子、跳蚤、黄蜂等，可用18%水乳剂200~300倍液喷雾。

12. 溴氰菊酯

（1）通用名称：溴氰菊酯，deltamethrin。

（2）化学名称：（S）-α-氰基苯氧基苄基（$1R$，$3R$）-3-（2，2-二溴乙烯基）-2，2-二甲基环丙烷羧酸酯。

（3）毒性：中等毒。

（4）作用特点：具有触杀、胃毒作用，且触杀作用大于胃毒作用；对某些害虫的成虫具有也有一定的驱避作用；在低浓度时对幼虫表现一定的拒食作用，但无内吸及熏蒸作用。可防治植物多种害虫，对鳞翅目幼虫及蚜虫杀伤力大，对螨、蚧效果差，对植物安全。

（5）制剂：2.5%乳油，0.65%高渗乳油，0.5%、0.6%、2%、2.5%增效乳油，25%水分散片剂，2.5%悬浮剂，0.006%粉剂，2.5%、5%可湿性粉剂，0.042%微粒剂（谷虫净）。

（6）用法：一般亩用有效成分0.5~1 g，即2.5%制剂20~40 mL或20~40 g。

1）防治行道树、观赏树木和用材上的各种刺蛾，可用2.5%乳油5000~6000倍液喷雾。

2）防治苹果蠹蛾、袋蛾、避债蛾，可用2.5%乳油2000~2500倍液喷雾。

3）防治马尾松毛虫可亩用2.5%乳油5~10 mL，防治赤星毛虫可亩用2.5%乳油10~20 mL，对水低容量喷雾或飞机喷雾。

4）防治花卉蚜虫，可用2.5%乳油6000~8000倍液喷雾；防治食叶害虫，可用2.5%乳油3000~5000倍液喷雾；防治舟形毛虫、刺蛾、国槐尺蠖第 4 代幼虫、杨树枯叶蛾幼虫、天蛾类幼虫等，可于 8~10 月喷施 2.5%乳油 1000~1500 倍液。

5）防治桃小食心虫、梨小食心虫、桃蛀螟，可在产卵盛期、幼虫蛀果前用 2.5%乳油 1500~2500 倍液喷雾，连喷 2~3 次，兼治蚜虫、梨星毛虫、卷叶蛾等。

6）防治柑橘潜叶蛾，在新梢长 3~4 cm 或田间 50%左右初芽抽出时，用 2.5%乳油 1500~2500 倍液喷雾，间隔 7~8 天再喷 1 次。

7）防治茶尺蠖、茶毛虫、刺蛾，可在幼虫 2~3 龄盛期用 2.5%乳油 3000~5000 倍液喷雾；防治小绿叶蝉，可在成虫、若虫发生初盛期用 2.5%乳油 1500~2500 倍液喷雾。

8）防治竹笋夜蛾，可在 4 月上旬至 5 月初幼虫为害时期，用 2.5%乳油 2000~3000 倍液每周喷 1 次，连续喷 2~3 次。

9）防治松墨天牛，可在松墨天牛成虫补充营养期，用 2.5%乳油 2000 倍液+4%聚乙烯醇 10 倍液+12%倍硫磷 150 倍液于林间喷雾（喷洒于地面树干、冠部）。

10）防治卫生害虫如蚊、蝇、蟑螂，可用 2.5%可湿性粉剂 100 倍液喷雾或每平方米用药液 20~50 mL（有效成分 5~12.5 mL）涂刷；防治孑孓，可用 2.5%可湿性粉剂 20 000 倍液喷雾。

（7）注意事项：施用时要均匀周到，对于钻蛀性害虫应掌握在幼虫蛀入植物之前施药。该药不能在桑园、鱼塘、河流、养蜂场等处周围使用，以免对蚕、蜂、水生生物等有益生物产生毒害。最好不要用于防治棉铃虫、棉蚜等抗性发展快的昆虫。

13. 氰戊菊酯

（1）通用名称：氰戊菊酯，fenvalerate。

（2）化学名称：（RS）-α-氰基-3-苯氧基苄基（RS）-2-（4-氯苯基）-3-甲基丁酸酯。

（3）毒性：属中等毒，对鱼、虾、蜜蜂、蚕等高毒。

（4）作用特点：具有触杀、胃毒和杀卵作用，在致死浓度下有忌避作用，但无熏蒸作用和内吸作用。杀虫速度快，属负温度系数的农药，可用于防治鳞翅目害虫幼虫，对同翅目、直翅目、半翅目等害虫也有较好的效果。对螨类、蚧类、盲蝽的防效差。

（5）制剂：20%、25%、40%乳油，20%、30%水乳剂，5%、10%高渗乳油，5%、8%增效乳油，0.9%粉剂。

（6）用法：

1）防治花卉上的蚜虫，可用20%乳油5000倍液喷雾；防治各种食叶害虫，可用20%乳油3000~4000倍液喷雾。

2）防治果林上的蚜虫、毛虫、尺蠖、刺蛾、潜叶蛾、卷叶蛾、梨网蝽、木虱、桃蛀螟、苹果蠹蛾、食心虫等，可用20%乳油1500~2000倍液喷雾。

3）防治马尾松毛虫、赤松毛虫和行道树、观赏树上的各种刺蛾、避债蛾，柑橘潜叶蛾、橘蚜、介壳虫等，可用20%乳油2000~3000倍液喷雾；防治杉梢小卷蛾，可用20%乳油8000~10 000倍液喷雾防治幼龄幼虫。

（7）注意事项：该药对螨无效。蚜虫、棉铃虫等害虫对此药易产生抗性，使用时尽可能轮用或混用。可与乐果、马拉硫磷、代森锰锌、克菌丹等非碱性农药混用。

14. 顺式氰戊菊酯

（1）通用名称：S-氰戊菊酯，esfenvalerate。

（2）化学名称：（S）-α-氰基-3-苯氧基苄基（S）-2-（4-氯苯基）-3-甲基丁酸酯。

（3）毒性：中等毒。

（4）作用特点：与氰戊菊酯具有相同的药效特点、作用机制、防治对象，但杀虫活性要比氰戊菊酯高出约4倍。对害虫具有触杀和胃毒作用，无内吸性，对害虫天敌无选择性。对螨类效果差，害虫易产生抗药性。

（5）剂型：5%乳油。

（6）用法：5%乳油与氰戊菊酯20%乳油的防治对象、使用剂量、使用方法完全相同。

（7）注意事项：同氰戊菊酯。

15. 氟氰戊菊酯

（1）通用名称：氟氰戊菊酯，flucythrinate。

（2）化学名称：（RS）$-\alpha-$氰基$-3-$苯氧基苄基$-$（S）$-2-$（$4-$二氟甲氧基苯基）$-3-$甲基丁酸酯。

（3）毒性：中等毒，对鱼类、蜜蜂剧毒。

（4）作用特点：具有触杀、胃毒作用，也有杀卵作用，无熏蒸和内吸作用，在致死浓度下有忌避作用，药效迅速。可与一般的杀虫、杀菌剂混用，属负温度系数农药，可防治鳞翅目、同翅目、双翅目、鞘翅目害虫，对叶螨也有一定的抑制作用。

（5）制剂：10%、30%乳油。

（6）用法：

1）防治蚜虫一般亩用10%乳油10～20 mL，其他害虫可亩用10%乳油30～50 mL；防治林、果、茶等害虫，可用10%乳油3000～4000倍液喷雾。

2）防治柑橘潜叶蛾，可在开始放梢后3～5天用30%乳油10 000倍液喷雾；防治茶小绿叶蝉，可于成、若虫发生期用30%乳油7500～10 000倍液喷雾。

3）防治桃小食心虫，可于卵孵化盛期、卵果率达0.5%～1%时，用30%乳油6000～10 000倍液喷雾。

（7）注意事项：不宜作为专门的杀螨剂使用，且防治害螨的使用剂量要比防治虫害的提高1～2倍。中毒后可用巴比妥酸盐注射。

16. 氟丙菊酯

（1）通用名称：氟丙菊酯，acrinathrin。

（2）化学名称：（S）-α-氰基-3-苯氧基苄基（Z）-（1R，3R）-3-〔2-（2，2，2-三氟-1-三氟甲基乙氧基甲酰）乙烯基〕-2，2-二甲基环丙烷羧酸酯。

（3）毒性：低毒。

（4）作用特点：属杀虫杀螨剂，对多种植食性害螨有良好的触杀及胃毒作用，对橘全爪螨、短须螨、二点叶螨、苹果叶螨等的幼、若螨及成螨均有良好的防效。同时，对刺吸式口器的害虫及鳞翅目害虫也有杀虫活性。

（5）制剂：2%乳油。

（6）用法：

1）防治茶短须螨、咖啡小爪螨，可用 2%乳油 2000～4000倍液喷雾，持效期达 14～20 天。

2）防治茶小绿叶蝉，可用 2%乳油 1330～2000 倍液喷雾；防治苹果红蜘蛛、山楂红蜘蛛，可用 2%乳油 1000～2000 倍液喷雾，持效期达 30 天；当叶螨与食心虫混合发生时，可用 2%乳油 1000～1500 倍液喷雾，兼治苹果黄蚜。

3）防治柑橘全爪螨，可用 2%乳油 800～1500 倍液喷雾，兼治潜叶蛾、橘蚜。

4）用 2%乳油 1500 倍液替代甲氰菊酯，虫螨兼治。

（7）注意事项：同溴氰菊酯。

17. 氟胺氰菊酯

（1）通用名称：氟胺氰菊酯，tau-fluvalinate。

（2）化学名称：（RS）-α-氰基-3-苯氧基苄基-N-（2-氯-4-三氟甲基苯基）-D-氨基异戊酸酯。

（3）毒性：中等毒，对鱼和蚕高毒。

（4）作用特点：除具有一般拟除虫菊酯类的杀虫特点，本品还具有杀螨及螨卵作用，对为害蜜蜂的蜂螨也有良好的作用，有拒食和驱避活性。主要用于多种植物防治鳞翅目、半翅目、双翅目等多种害虫及害螨和蜂螨，但对介壳虫、象甲的防效差。

（5）制剂：10%乳油。

（6）用法：一般亩用有效成分 2.5~5 g，即 10%乳油 25~50 mL。

1）防治桃小食心虫，可于卵孵化盛期用 10%乳油 1000~1300 倍液喷雾。

2）防治山楂红蜘蛛，可用 10%乳油 800~1200 倍液喷雾；防治柑橘全爪螨和潜叶蛾，可用 10%乳油 1000~2000 倍液喷雾。

18. 氟氯氰菊酯

（1）通用名称：氟氯氰菊酯，cyfluthrin。

（2）化学名称：（*RS*）-α-氰基-4-氟-3-苯氧基苄基（1*RS*，3*RS*；1*RS*，3*SR*）-3-（2，2-二氯乙烯基）-2，2-二甲基环丙烷羧酸酯。

（3）毒性：对人畜低毒，对蜜蜂高毒。

（4）作用特点：以触杀和胃毒作用为主，无内吸熏蒸作用。具有一定的杀卵活性，并对某些成虫有拒避作用。对多种鳞翅目幼虫有很好的效果，也可用于防治某些地下害虫，对螨类等也有一定抑制作用，在一般情况下不宜引起螨类的再猖獗，但其对螨类的作用小于甲氰菊酯、联苯菊酯和高效氯氟氰菊酯。

（5）制剂：5%、5.7%、10%、20%乳油，0.05%颗粒剂，8%超低容量喷雾剂。

（6）用法：

1）防治苹果蠹蛾、袋蛾、柑橘潜叶蛾，可用 5.7%乳油 2500~3000 倍液喷雾。

2）防治梨小食心虫、桃小食心虫，可在卵孵化盛期、幼虫蛀果之前或卵果率在 1%左右时，用 5.7%乳油 1500~2500 倍液喷雾。

3）防治茶尺蠖、茶毛虫，可在 2~3 龄幼虫盛发期用 5.7%

乳油 3000~5000 倍液喷雾，兼治茶蚜、刺蛾等。

4）防治旱地植物蚜虫、黏虫、地老虎、斜纹夜蛾等，可亩用 5.7% 乳油 20~40 mL 对水喷雾。

19. 高效氟氯氰菊酯

（1）通用名称：高效氟氯氰菊酯，beta-cyfluthrin。

（2）化学名称：为混合物，含（S）-α-氰基-4-氟-3-苯氧苄基-（1R, 3R）-3-（2, 2-二氯乙烯基）-2, 2-二甲基环丙烷羧酸酯和（R）-α-氰基-4-氟-3-苯氧苄基-（1S, 3S）-3-（2, 2-二氯乙烯基）-2, 2-二甲基环丙烷羧酸酯。

（3）毒性：低毒，但对鱼剧毒，对蜜蜂高毒。

（4）作用特点：为氟氯氰菊酯的高效异构体，对害虫的杀虫机制、杀虫特点和防治对象与氟氯氰菊酯相同。可防治咀嚼式口器害虫如鳞翅目幼虫、鞘翅目的部分甲虫和刺吸式害虫如梨木虱等，可防治观赏植物的多种害虫。

（5）制剂：2.5% 乳油，2.5% 悬浮剂。

（6）用法：在田间使用，一般亩用制剂量或稀释倍数与 5.7% 氟氯氰菊酯乳油相同，防虫效果相似或略高。

1）防治桃小食心虫，可于初孵幼虫蛀果前用 2.5% 乳油 2000 倍液喷雾。

2）防治金纹细蛾（俗称潜叶蛾），可在成虫盛期或卵盛期用 2.5% 乳油 1500~2000 倍液或每 100 L 水加 2.5% 乳油 50~66.7 mL（有效浓度 12.5~16.7 mg/L）喷雾。

（7）注意事项：施药应选早晚风小、气温低时进行，晴天上午 8 时至下午 5 时、空气相对湿度低于 65%、气温高于 28 ℃ 时应停止施药。

20. 氟硅菊酯

（1）通用名称：氟硅菊酯，silafluofen。

（2）化学名称：（4-乙氧基苯基）〔3-（4-氟-3-苯氧基苯

基）丙基］（二甲基）硅烷。

（3）毒性：低毒，但对蜜蜂高毒。

（4）作用特点：为含硅杀虫剂，作用机制同其他菊酯类农药。其活性高，具有触杀、胃毒作用，对白蚁有良好的驱避作用。

（5）剂型：5%水乳剂，80%乳油。

（6）用法：防治白蚁，可用5%水乳剂加入50～100倍的水充分搅拌后，按每亩3 kg药液喷洒于土壤表面；若采用土壤带状喷洒处理，则每亩用5 kg药液。

21. 联苯菊酯

（1）通用名称：联苯菊酯，biflenthrin。

（2）化学名称：2-甲基联苯基-3-基甲基-（Z）-（1RS，3RS）-3-（2-氯-3，3，3-三氟丙-1-烯基）-2，2-二甲基环丙烷羧酸酯。

（3）毒性：中等毒，对鸟类毒性较低。

（4）作用特点：具有触杀和胃毒作用，无内吸和熏蒸作用，在土壤中不移动，对环境较为安全，残效期长。一般用其他拟除虫菊酯能防治的害虫用联苯菊酯防治都有效，可用于防治鳞翅目幼虫、粉虱、蚜虫、潜叶蛾、叶蝉、叶螨等，对多种叶螨有效。

（5）制剂：2.5%、4%、5%和10%乳油。

（6）用法：

1）防治苹果红蜘蛛、山楂叶螨，可用10%乳油3000～4000倍液喷雾。

2）防治桃小食心虫，可用10%乳油4000～5000倍液喷雾，兼治叶螨及桃树蚜虫类。

3）防治柑橘潜叶蛾、蚜虫、蓟马，可用10%乳油5000～6000倍液喷雾；防治柑橘全爪螨，可用10%乳油2000～3000倍液喷雾。

4）防治茶尺蠖、茶毛虫、茶黑毒蛾、茶刺蛾，可用10%乳油4000~10 000倍液喷雾。防治茶小绿叶蝉、丽纹象甲，可于发生期、100叶有虫5~6头时，用10%乳油3300~5000倍液喷雾，此剂量也可在第一代卵孵化盛期和末期防治黑刺粉虱。

5）防治茶叶瘿螨，可于成虫和若虫螨发生期、每叶4~8头螨时施药，用10%乳油3300~5000倍液喷雾；此剂量同样适用于短须螨，但效果不够稳定。

6）防治小菜蛾、斜纹夜蛾、甜菜夜蛾、菜青虫等，可亩用10%乳油15~30 mL对水40~60 kg喷雾。

7）防治温室白粉虱，可于白粉虱发生初期，亩用10%乳油20~25 mL对水40~60 kg喷雾。

8）防治大造桥虫、雀纹天蛾，可用10%乳油1000倍液喷雾。

（7）注意事项：该药剂在低温条件下更能发挥药效，宜在春、秋两季使用。对鱼类水生生物和蚕高毒，施药时要注意。

22. 溴灭菊酯

（1）通用名称：溴灭菊酯，brofenvalerate。

（2）化学名称：（RS）-α-氰基-3-（4-溴苯氧基）苄基（RS）-2-（4-氯苯基）-3-甲基丁酸酯。

（3）毒性：低毒。

（4）作用特点：具有一般拟除虫菊酯类农药的特点，可兼治螨类。对鳞翅目、半翅目等害虫有效，具有速效、广谱的特点。

（5）制剂：20%乳油。

（6）用法：

1）防治柑橘蚜虫、潜叶蛾，可喷施20%乳油1000~2000倍液。

2）防治苹果树蚜虫，可用20%乳油4000倍液喷雾；防治苹果红蜘蛛，可用20%乳油2000倍液喷雾。

（7）注意事项：该药不可在蚕区使用。

23. 溴氟菊酯

（1）通用名称：溴氟菊酯，brofluthrinate。

（2）化学名称：（*RS*）-α-氰基-3-（4-溴苯氧基）苄基（*R*，*S*）-2-（4-二氟甲氧基苯基）-3-甲基丁酸酯。

（3）毒性：低毒，对鱼类、家蚕有较高毒性。

（4）作用特点：具有高效、广谱、杀卵、持效期长、使用安全等特点，对害虫的毒力与溴氰菊酯相当，杀虫谱与溴氰菊酯相似。可防治鳞翅目、同翅目害虫及害螨，并对蜜蜂害螨有效，对蜜蜂低毒。

（5）剂型：10%乳油。

（6）用法：

1）防治山楂红蜘蛛、柑橘红蜘蛛、桃小食心虫、茶小绿叶蝉等，可用10%乳油1000~2000倍液喷雾。

2）防治柑橘潜叶蛾，可在嫩梢抽发时用10%乳油3000~4000倍液喷雾，兼治柑橘红蜘蛛。

24. 醚菊酯

（1）通用名称：醚菊酯，etofenprox。

（2）化学名称：2-（4-乙氧基苯基）-2-甲基-丙基-3-苯氧基苄基醚。

（3）毒性：低毒，对鸟类低毒，对蜜蜂和家蚕有毒。

（4）作用特点：本品是醚类化合物，而不是酯，具有触杀、胃毒作用及广谱性，作用于轴突抑制神经功能。可防治多种害虫，但对螨无效。

（5）制剂：20%乳油，10%悬浮剂，4%油剂，5%、20%可湿性粉剂。

（6）用法：

1）防治梨小食心虫、桃小食心虫、苹果蠹蛾，可用10%悬浮剂 800～1000 倍液喷雾，兼治蚜虫、卷叶虫等；防治柑橘潜叶蛾，可用 10% 悬浮剂 1000～1500 倍液喷雾，兼治橘蚜；防治舟形毛虫，可于 8～10 月幼虫孵化为害期喷洒 10% 悬浮剂 1500～2000 倍液。

2）防治荔枝红头蠹蟥、腰果蛀果蟥等，可用 10% 悬浮剂 800 倍液喷雾；防治杧果扁喙叶蝉，可在若虫、成虫盛发期用 10% 悬浮剂 800～1000 倍液喷雾。

3）防治茶尺蠖、茶毛虫、茶刺蛾，可用 10% 悬浮剂 1500～2000 倍液喷雾；防治刺蛾，可于 8～10 月喷施 10% 悬浮剂 1000～2000 倍液。

4）防治温室白飞虱和多种蚜虫，可用 10% 悬浮剂 2000～2500 倍液喷雾（对已产生抗性的蚜虫不宜使用）。

25. 氯氟氰菊酯

（1）通用名称：氯氟氰菊酯，cyhalothrin。

（2）化学名称：（RS）-α-氰基-3-苯氧基苄基（Z）-（1RS，3RS）-（2-氯-3，3，3-三氟丙烯基）-2,2-二甲基环丙烷羧酸酯。

（3）毒性：中等毒。

（4）作用特点：无内吸传导作用，对鳞翅目中的蛀果蛾、卷叶蛾、潜叶蛾、毛虫、尺蠖、菜粉蝶、小菜蛾、羽叶甘蓝夜蛾、切根虫、斑蟥、烟青虫、金斑蛾，同翅目中的蚜虫、叶蝉，膜翅目中的叶蜂及蓟马等害虫均有效。

（5）制剂：5% 乳油，5% 可湿性粉剂。

（6）用法：防治害虫，可用 5% 可湿性粉剂 2000～3000 倍液或 5% 乳油 2000 倍液喷雾。防治苹果、梨、桃子、柿子等果树害虫，可在采收前 7 天使用。

26. 戊菊酯

（1）通用名称：戊菊酯，valerate。

（2）化学名称：3-苯氧基苄基（RS）-2-（4-氯苯基）-3-甲基丁酸酯。

（3）毒性：低毒。

（4）作用特点：不含氰基，具有触杀和胃毒作用，杀虫谱广，无熏蒸和内吸作用，但比其他类菊酯类杀虫剂活性低，单位面积使用的剂量高，适用于卫生害虫的防治。

（5）制剂：20％、40％乳油，喷射剂，气雾剂。

（6）用法：

1）防治花卉上的蚜虫，可用20％乳油2500～3000倍液喷雾；防治柑橘潜叶蛾，可于新梢放梢初期用20％乳油2000～3500倍液喷雾。

2）防治茶树害虫如茶尺蠖、茶细蛾、茶毛虫等，可于2～3龄幼虫发生期用20％乳油有效浓度60～100 g/kg对水喷雾，兼治其他叶面害虫。

3）防治棉铃虫，可于卵孵盛期用20％乳油1500～3750 mL对水喷雾。

（7）注意事项：该药不能在鱼塘、桑园、养蜂场所使用，以免污染。

27. 氯菊酯

（1）通用名称：氯菊酯，permethrin。

（2）化学名称：3-苯氧基苄基（*RS*）-3-（2，2-二氯乙烯基）-2，2-二甲基环丙烷羧酸酯。

（3）毒性：低毒，对鸟毒性低，对鱼、虾、蜜蜂、家蚕等毒性高。

（4）作用特点：不含氰基，具有触杀和胃毒作用，无内吸和熏蒸作用。在阳光下易分解，可用于防治果树、蔬菜、茶叶、观赏棉等上的多种害虫。适于卫生害虫的防治。

（5）制剂：0.04％粉剂，10％乳油。

（6）用法：

1）防治果树蚜虫、潜叶蛾、食心虫等，可喷10％乳油

1000~2000 倍液；防治茶树茶尺蠖、茶细蛾、茶刺蛾、小绿叶蝉、茶蚜等，可亩用 10% 乳油 20~40 mL 对水 50~75 kg 于 2~3 龄幼虫盛发期喷雾，或以 10% 乳油 2500~5000 倍液喷雾，兼治绿叶蝉、蚜虫。

2）防治白蚁，可用 10% 乳油 800~1000 倍液灌注蚁穴；防治蚊子，可在蚊子活动场所用 10% 乳油按 0.01~0.03 mL/m³ 喷雾；防治幼蚊，可将 10% 乳油对水成浓度 1 mg/L，在幼蚊滋生的水坑内喷洒，可有效杀灭孑孓。于家蝇栖息场所，用 10% 乳油按 0.01~0.03 mL/m³ 喷洒，可有效杀灭苍蝇。

3）防治柑橘潜叶蛾，可于放梢初期用 10% 乳油 1250~2500 倍液喷雾，兼治多种其他柑橘害虫，对柑橘害螨无效。防治桃小食心虫，可于卵孵盛期、卵果率达 1% 时用 10% 乳油 1000~2000 倍液喷雾，同样剂量、同样时期，还可以防治梨小食心虫，兼治卷叶蛾、蚜虫等果树害虫，但对叶螨无效。

28. 硫肟醚

（1）通用名称：硫肟醚，sulfoxime。

（2）化学名称：1-（2-甲硫基）-对氯苯基丙酮肟-O-（3-苯氧基苄基）醚。

（3）毒性：低毒。

（4）作用特点：为非羧酸酯肟醚类拟除虫菊酯类杀虫剂，具有高效、广谱、对植物安全无药害的特点。对多种害虫如蚜虫、飞虱、叶蝉、棉铃虫等的防效优于有机磷和氨基甲酸酯类杀虫剂，与醚菊酯、氰戊菊酯药效相当，低于联苯菊酯。

（5）制剂：10% 悬浮剂，10% 水乳剂，10% 乳油，10% 硫肟醚-溴虫氰水乳剂。

（6）用法：防治桃剑纹夜蛾或斜纹夜蛾，可用 10% 水乳剂 1000~1500 倍液喷雾。

第八章　有机氮类杀虫剂

一、硫代氨基甲酰类杀虫剂

（1）该类药剂为动物源杀虫剂，在化学结构中具有双硫键，含—S—CO—NH$_2$结构。主要包括链状结构及环状结构两种类型，前者如杀螟丹、杀虫双等，后者如杀虫环、多噻烷等。

（2）该类药剂水溶性较好，易被植物吸收。具有广谱内吸、强触杀及胃毒作用，有一定的熏蒸作用（温度越高，熏蒸作用越明显），一些品种有拒食作用。对成虫、幼虫、卵都有杀伤力。对多种植物上的叶螨、食叶害虫、钻蛀性害虫及刺吸式害虫均有良好防效。

（3）该类药剂作用于神经节胆碱能突触，阻遏突触传导，导致昆虫死亡。能够抑制 α-金环蛇毒素与烟碱受体的结合，通过竞争性地占据乙酰胆碱受体上的激动剂位点，从而抑制神经兴奋的传递。此抑制作用是可逆的，即中毒昆虫有复苏现象。

（4）该类药剂与有机磷、氨基甲酸酯、拟除虫菊酯无交互抗性。

（5）该类药剂属于中、低毒品种，进入动物体后转化为沙蚕毒素，各品种间毒性的差异主要取决于转化的速度。

（6）该类药剂选择性强，如杀螟丹或杀虫双对螟虫类稻纵卷叶虫、蓟马等有很好的杀虫效果，但对稻瘿蚊效果很差。对家蚕均有很强的毒力。

（7）该类药剂的某些品种对某一些植物有不良影响，如羽叶甘蓝等十字花科植物的幼苗对杀螟丹、杀虫双敏感，在夏季高温或植物生长较弱时更敏感；豆类、观赏棉等对杀虫双、杀虫环特别敏感，易受药害。

（8）该类药剂对人、畜、鸟类、鱼类及水生动物的毒性均在低毒和中毒范围内，使用安全，对环境影响小，施用后在自然界易分解，不存在残留毒性。但该类药剂对家蚕有很强的毒杀能力，且残效期长，严禁使用该类药剂防治桑树害虫，在距桑园100 m以内不得采用喷雾法，严禁采用机动弥雾机或手动小孔径喷雾器进行低容量喷雾，以防雾滴漂移或药剂蒸气污染桑叶。使用时宜选用颗粒剂、大粒剂撒施；若需用水剂，也宜采用毒土撒施法。

该类药剂为接触性杀虫剂，但渗透作用强，可防治潜叶蛾、潜叶蝇类，可替代乙基对硫磷用于食心虫蛀果为害的早期。

【主要品种】

1. 杀虫双

（1）通用名称：杀虫双，bisultap thiosultapdisodium。

（2）化学名称：1，3-双硫代磺酸钠基-2-二甲胺基丙烷。

（3）毒性：中等毒，对鱼类毒性较低，对家蚕的毒性大。

（4）作用特点：进入虫体后转化为沙蚕毒素使害虫中毒。该药广谱，具有强内吸、胃毒、触杀作用，并兼有一定的熏蒸杀虫和杀卵作用。

（5）制剂：18%、20%、25%水剂，3%、4%、5%颗粒剂，3.6%大颗粒剂，3.6%泡腾颗粒剂，45%、50%可湿性粉剂。

（6）用法：

1）防治花果类害虫如棉铃虫、烟青虫、豆野螟、瘿蚊、小灰蝶、蛀蒂虫及实蝇等，可用25%杀虫双水剂500倍液混合90%

结晶敌百虫 800 倍液喷雾。注意菊酯类及高效剧毒的有机磷类杀虫剂药效虽高，但对天敌杀伤严重，不宜使用。

2）防治柑橘潜叶蛾、梨星毛虫、桃蚜、梨叉蚜，可用 18% 水剂 500～700 倍液喷雾；防治达摩凤蝶，可在卵孵化盛期用 25% 水剂 600 倍液喷雾；防治柑橘矢尖蚧、黑刺粉虱、梨星毛虫等，可用 25% 水剂 500～700 倍液喷雾；防治黄条跳甲时，要在幼苗开始被害时用 25% 水剂 200～250 mL 对水喷雾。

3）防治茶尺蠖、茶细蛾和小绿叶蝉，可用 18% 水剂 500 倍液喷雾。

（7）注意事项：用杀虫双水剂喷雾时，加入药液量 0.1% 的洗衣粉，可提高药效。十字花科类植物对杀虫双较为敏感，尤以夏季高温时易产生药害。

2. 杀虫环

（1）通用名称：杀虫环，thiocyclam。

（2）化学名称：N，N-二甲基-1，2，3-三硫杂环己烷-5-胺盐酸盐。

（3）毒性：中等毒，对鱼、蚕类毒性大。

（4）作用特点：具有触杀、胃毒及一定的内吸和熏蒸作用，且能杀卵，对害虫的毒效较迟缓，中毒轻者有时能复活。在植物体中消失较快，残效期较短。对鳞翅目、鞘翅目、同翅目害虫较有效。

（5）制剂：50% 可溶粉剂。

（6）用法：

1）防治桃蚜、苹果蚜、苹果叶螨、梨星毛虫等，可用 50% 可溶粉剂 2000 倍液喷雾。

2）防治柑橘潜叶蛾，可在新梢萌发后用 50% 可溶粉剂 1500～2000 倍液喷雾。

3. 杀虫单

（1）通用名称：杀虫单，thiosultapmonosodium。

（2）化学名称：1-硫代磺酸钠基-2-*N*，*N*-二甲氨基-3-硫代磺酸基丙烷。

（3）毒性：中等毒，对鱼低毒。

（4）作用特点：与杀虫双特点相似，进入昆虫体内迅速转化为沙蚕毒素或二氢沙蚕毒素。对鳞翅目害虫的幼虫有较好的防治效果。

（5）剂型：20%微乳剂，3.6%颗粒剂，50%晶体，80%可溶粉剂，90%可溶性原粉。

（6）用法：

1）防治园林树木紫薇毡蚧，可在春季第一代若虫始见时，用90%可溶粉剂1000倍液涂刷枝干，同时在树根周围开环状沟，每株灌上述药液10 kg，再覆土。

2）防治茶树叶蝉若虫，可于发生高峰前，亩用90%可溶粉剂50~75 g对水50~75 kg（1000倍液）丛面喷雾。

3）防治柑橘潜叶蛾，可在夏、秋梢萌发后用80%可溶粉剂2000倍液喷雾。

4）防治葡萄钻心虫，可在葡萄开花前用80%可溶粉剂2000倍液喷雾。

（7）注意事项：同杀虫双。

4. 杀虫双胺

（1）通用名称：杀虫双胺，profuriteaminium。

（2）化学名称：2-二甲氨基-1，3-双硫代磺酸胺。

（3）毒性：低毒。

（4）作用特点：与杀虫双的化学结构基本骨架相同，不同之处是杀虫双为钠盐，而杀虫双胺为铵盐，该药进入虫体后均转化为沙蚕毒素。其生物活性、杀虫谱、适应植物、使用方法同杀虫双。

（5）制剂：18%水剂，50%、78%可溶粉剂。

（6）用法：

1）防治柑橘潜叶蛾、达摩凤蝶，可用18%水剂600~800倍液喷雾，以傍晚喷药效果较好。

2）防治蚜虫等，可亩用18%水剂100~150 mL对水50 kg喷雾。

3）防治卷叶螟、蓟马等，可亩用18%水剂150~200 mL，或50%可溶粉剂60~90 g，或78%可溶粉剂40~60 g，对水喷雾。

（7）注意事项：该药对家蚕高毒，对马铃薯、豆类、高粱、观赏棉会产生药害，在夏季高湿条件下对羽叶甘蓝等十字花科类的幼苗也不够安全。

5. 杀虫单铵

（1）通用名称：杀虫单铵，monosuhapamine。

（2）化学名称：2-N，N-二甲氨基-1-硫代酸铵基-3-硫代硫酸基丙烷。

（3）毒性：低毒。

（4）作用特点：与杀虫双的基本骨架相同，为单铵盐。性能、生物活性、杀虫谱、应用范围、使用方法等与杀虫双胺、杀虫双相似。

（5）制剂：60%可溶粉剂。

（6）用法：防治螟虫，可亩用60%可溶粉剂50~70 g对水50 kg喷雾。

6. 杀螟丹

（1）通用名称：杀螟丹，cartap。

（2）化学名称：1，3-二（氨基甲酰硫）-2-二甲氨基丙烷。

（3）毒性：中等毒，对家蚕毒性较高。

（4）作用特点：除具有强胃毒作用外，还具有内吸、触杀和一定的拒食、杀卵作用，对害虫击倒较快（常有复苏现象），有较长的残效期。杀虫谱广，能防治鳞翅目、鞘翅目、半翅目、双翅目等多种害虫和线虫。对捕食性螨类影响小。

（5）制剂：50%、98%、95%可溶粉剂。

（6）用法：

1）防治苹果卷叶蛾、梨星毛虫、梨小食心虫、桃小食心虫、柑橘潜叶蝇等，可用50%可溶粉剂1000倍液喷雾。

2）防治茶尺蠖、花细蛾、茶小绿叶蝉等，可用50%可溶粉剂1000～1500倍液喷雾。

3）防治菜青虫、小菜蛾、黄条跳甲、二十八星瓢虫等，亩用50%可溶粉剂50～100 g对水喷雾。

4）防治蝼蛄，可用50%可溶粉剂拌麦麸（1∶50）制成毒饵使用。

5）防治飞虱、叶蝉、卷叶螟、蓟马、瘿蚊，可亩用50%可溶粉剂80～100 g对水喷雾。

7. 多噻烷

（1）通用名称：多噻烷，polythialan。

（2）化学名称：7-二甲基氨基-1，2，3，4，5-五硫杂环辛烷。

（3）毒性：中等毒。

（4）作用特点：为杀虫环的同系物，具有胃毒、触杀和内吸传导作用，还具有杀卵及一定的熏蒸作用，杀虫谱广。其杀虫机制同杀虫环、杀虫双、杀螟丹很相似，对农田蜘蛛等天敌杀伤力较小。

（5）制剂：30%乳油。

（6）用法：防治菜青虫、叶蝉、黄曲跳甲等，可亩用30%乳油167 mL稀释1000倍喷雾。

二、脒类杀虫剂

脒类杀虫剂详见第十七章中"单甲脒"和"双甲脒"。

该类杀虫剂结构中含 $\diagdown$N—CH＝N—，仍在使用的仅有双甲脒。该类杀虫剂的作用机制一是对轴突膜局部的麻醉作用，二是对章鱼胺受体的激活作用。双甲脒还可抑制单胺氧化酶的活性，用于抗性害虫的治理。

三、脲类、硫脲类杀虫剂

含有脲基（ $H_2N-\overset{\overset{\displaystyle O}{\|}}{C}-NH-$ ）的杀虫剂有除虫脲、灭幼脲、氟啶脲、氟苯脲、杀铃脲，含有硫脲基（ $H_2N-\overset{\overset{\displaystyle S}{\|}}{C}-NH-$ ）的杀虫剂有灭虫隆等。详见第十章"几丁质合成抑制剂"部分。

【主要品种】

1. 氰氟虫腙

（1）通用名称：氰氟虫腙，metaflumizone。

（2）化学名称（IUPAC）：（$E+Z$）-2-［2-（4-氰基苯）-1-（3-三氟甲基苯）亚乙基］-N-（4-三氟甲氧基苯）联氨羰草酰胺。

（3）毒性：低毒，对鸟类、蜜蜂的急性毒性低。

（4）作用特点：是缩氨基脲类杀虫剂，具有胃毒作用及一定的渗透作用，触杀作用较小，无内吸及熏蒸作用，但具有良好的耐雨水冲刷性。它是通过阻断害虫神经元轴突膜上的 Na$^+$ 通道，使 Na$^+$ 不能通过轴突膜，进而抑制神经冲动使虫体过度地放松，麻痹，停止取食死亡。对植物安全，和现有的杀虫剂无交互抗性。

氰氟虫腙可防治咀嚼式口器害虫如鳞翅目和鞘翅目幼虫（也包括鞘翅目的成虫），但对鳞翅目和鞘翅目的卵及鳞翅目的成虫无效，对刺吸口器害虫如蚜虫或蓟马等无效，对有益生物包括传粉昆虫和节肢类昆虫比较安全，适合用于病虫害综合防治和虫害的抗性治理。

（5）制剂：原药（96.1%，其中 E-异构体88.7%，Z-异构体7.4%），240 g/L悬浮剂。

（6）用法：用药量为240 g（有效成分）/hm^2 时，每个生长季节最多使用2次。防治小地老虎，可按220～260 g（有效成分）/hm^2 用药，有良好的防效。

2. 灭虫隆

（1）通用名称：灭虫脲，chloromethiuron。

（2）化学名称：3-（4-氯-2-甲基苯基）-1，1-二甲基硫脲。

（3）毒性：低毒。

（4）作用特点：是一种高效、低毒、广谱的硫脲类杀虫剂。主要用于防治家畜身上的扁虱，对蜱螨、二化螟、棉铃虫、红铃虫也有很好的防治效果。

第九章　有机氯类杀虫剂

有机氯类杀虫剂是一类含有氯元素的有机合成杀虫剂，化学性质稳定，在水中溶解度很低，在脂肪中溶解度极高，在环境中不易分解，残留期长，并易通过生物富集作用在动物体内形成积累。具触杀和胃毒作用，通过抑制昆虫神经轴突传导 GABA 受体-氯离子通道复合体而起作用，能杀灭多种害虫（包括地下害虫）。

【主要品种】

1. 硫丹

（1）通用名称：硫丹，endosulfan。

（2）化学名称：（1，4，5，6，7，7-六氯-8，9，10-三降冰片-5-烯-2，3-亚基双亚甲基）亚硫酸酯。

（3）毒性：中等毒，对鱼高毒。

（4）作用特点：为广谱性杀虫、杀螨剂，具有触杀、胃毒作用，无内吸性。在气温高于 20 ℃时，有熏蒸作用。能渗入植物组织，但不能在植株体内传导，可抑制单胺氧化酶和提高肌酸肌酶的活性。可防治多种咀嚼式和刺吸式口器害虫。在有机体内能迅速降解为环状硫酸酯和环状二醇。

（5）制剂：96%原药，20%、35%乳油。

（6）用法：

1）防治苹果、梨、桃等果树上的食心虫、蚜虫，以及卷叶蛾类、苹果蠹蛾、盲蝽、木虱等，可用35%乳油500~1000倍液喷雾。

2）防治茶树上的茶尺蠖、茶毛虫、小绿叶蝉、蚜虫、粉虱、象甲等，可亩用35%乳油80~110 mL对水喷雾。

3）防治棉铃虫、棉蚜、蓟马，可亩用35%乳油100~160 mL对水喷雾。

4）防治地老虎，可用35%乳油350倍液灌根。

5）防治蛀茎虫、蚜虫、甲虫、叶蝉类，可用35%乳油1500~2250 mL/hm²，即稀释1000倍左右喷雾。

2. 三氯杀虫酯

（1）通用名称：三氯杀虫酯，plifenate。

（2）化学名称：2，2，2-三氯-1-（3，4-二氯苯基）乙基乙酸酯。

（3）毒性：微毒。

（4）作用特点：具有触杀和熏蒸作用，对人畜安全，主要用于防治卫生害虫，杀灭蚊蝇效力高。

（5）制剂：原粉，25%母粉，20%乳油。

（6）用法：

1）室内喷雾防治蚊蝇，取20%乳油10 mL，加水190 mL，稀释成1%的溶液，按0.4 mL/m³喷雾。

2）防治水坑中蚊虫，水中含农药有效成分达1 mg/L，24小时即可杀死全部蚊幼虫。

3）防治家蝇，可将20%乳油在墙上按5 mL/m²滞留喷洒，持效期可达1个月以上。

4）25%母粉主要用于制造蚊香。

5）该药还可制成喷雾剂、烟雾剂、电热熏蒸片、气雾剂、喷洒剂等，使用方便，效果良好。

第十章　特异性杀虫剂

特异性杀虫剂是通过抑制昆虫生理发育，如抑制蜕皮、抑制新表皮形成、抑制取食等使害虫的发育、行为、习性、繁殖等受到阻碍或抑制，最后导致害虫死亡的一类药剂。该类药剂毒性低、污染小，对人畜安全，选择性高，对天敌和有益生物影响小，不易产生抗药性。其化学结构类别多且作用性质差异大，只局限于昆虫某一特定的发育阶段，且作用缓慢。特异性杀虫剂可分为昆虫化学不育剂、保幼激素类似物（JHA）、蜕皮激素类似物（MHA）、几丁质合成抑制剂。该类药防治草坪害虫较为理想。另外，昆虫可通过一些微量挥发性高分子化合物为同种其他个体传达特定信息，包括种内和种间信息。这些物质包括性、聚集、报警、追踪、标记等信息素，同样具有毒性低、污染小、对人畜安全等优点。可利用昆虫信息素通过诱捕、迷向、干扰、忌避或配合其他杀虫剂来防治害虫。

一、昆虫化学不育剂

昆虫化学不育剂是通过化学物质作用于害虫生殖系统，导致有性繁殖昆虫的雄性或雌性，或雌雄二性不育，以达到控制害虫种群数量的目的。烃化剂置换害虫体内生理活性物质中的活性氢原子，并产生电离辐射作用。非烃化不育剂是安全的化学不育剂，但对昆虫缺乏选择性。

【主要品种】

1. 替派

（1）通用名称：替派，tepe。

（2）化学名称：三-（1-吖丙啶基）氧化膦。

（3）毒性：高毒。

（4）作用特点：具有胃毒、触杀作用，随食物进入昆虫体内或与表皮接触，或接触替派气体，均可引致不育。对蚊、蝇等有绝育作用。对成虫有致死作用。

（5）剂型：85%液剂。

（6）用法：可在家蝇的食饵里混入0.5%～1%浓度的替派，使雄蝇取食后产生不育。

2. 噻替派

（1）通用名称：噻替派，thiotepa。

（2）化学名称：三亚乙基硫代磷酰胺。

（3）毒性：高毒。

（4）作用特点：为乙烯亚胺类烷化剂，为替派同类化合物，在害虫体内很快分解为替派。可用0.1%噻替派加糖浆饲养黏虫，使雌虫减少产卵，且使卵不孵化；也可用0.1%噻替派液喷施柑橘红蜘蛛或三化螟，使其不育。

3. 六磷胺

（1）通用名称：六甲基磷酰三胺。

（2）化学名称：N,N,N-六甲基磷酰三胺。

（3）作用特点：为非烃化不育剂，对昆虫缺乏选择性。

（4）用法：用含0.5%六磷胺防治柑橘凤蝶，其幼虫食后，成虫卵巢受到破坏，导致发生不育症。

二、保幼激素类似物

保幼激素类似物在化学结构上已不同于天然保幼激素，比天然保幼激素具有更高的活性及明显的选择性，对害虫天敌安全，对高等动物低毒。它可以直接通过害虫表皮或蚕食后使害虫致死，有些保育激素类似物可以直接使雌虫不育。

保幼激素类杀虫剂［包括保幼激素（JH）和保幼激素类化物（JHA）］主要作用于幼胞核染色体 DNA 基因位点上，生物活性高，选择性强，可调节昆虫形态变化、生殖作用，干扰卵黄形成、多型现象和社会昆虫的分级发育等方面。但 JHA 只在末龄幼虫期及蛹期起作用（实际上田间种群个体不可能发育非常一致），且对昆虫的作用速度较慢。

【主要品种】

1. 保幼炔

（1）通用名称：保幼炔，farmoplant。

（2）化学名称：1-［5-氯（4-戊炔基）氧］-4-苯氧基苯。

（3）作用特点：可防治家蝇、蚊子、同翅目及双翅目害虫，尤其是对大黄粉虫、杂拟谷盗、普通红螨、火蚁等特别有效。对温血动物无任何毒性或诱变作用。

（4）制剂：0.1%～5%保幼炔饵剂。

2. 烯虫酯

（1）通用名称：烯虫酯，methoprene。

（2）化学名称：$(E, E) - (RS) -11-$甲氧基$-3，7，11-$三甲基十二碳$-2，4-$二烯酸异丙酯。

（3）毒性：低毒。

（4）作用特点：能破坏虫体内正常的激素平衡，使成虫不育或卵不能孵化。该药对双翅目害虫防效更好，主要用于防治蚊科、蚤目害虫和烟草甲虫、烟草粉螟及蚁类等。

（5）制剂：60%乳油，4.1%可溶粉剂。

（6）用法：防治烟草甲虫、烟草粉螟，可用4.1%可溶粉剂4100～5460倍液直接喷洒到烟叶上。

3. 吡丙醚

（1）通用名称：吡丙醚，pyriproxyfen。

（2）化学名称：4-苯氧基苯基（*RS*）-［2-（2-吡啶基氧）丙基］醚。

（3）毒性：低毒。

（4）作用特点：属苯醚类化合物，具有抑制蚊蝇幼虫化蛹和羽化作用，蚊蝇幼虫接触该药剂，会在蛹期死亡。可防治同翅目、缨翅目、双翅目、鳞翅目害虫，用量少，持效期达1个月左右，无异味，对植物与环境安全。

（5）制剂：0.5%颗粒剂（灭幼宝），10%乳油（可汗）。

（6）用法：防治蚊子幼虫，每立方米用0.5%颗粒剂20 g直接投入水中；防治家蝇幼虫，每立方米用0.5%颗粒剂20～40 g撒于家蝇滋生地表面。

（7）注意事项：应避光阴凉处存放，远离火源。

4. 苯氧威　　该药剂内容详见第六章中"苯醚威"。该药剂具有保幼激素类似物的活性，能抑制卵的发育、幼虫的蜕皮和成虫的羽化，可有效地防治果树上的木虱、蚧和多种鳞翅目害虫。

5. 哒幼酮

（1）通用名称：哒幼酮，dayoutong。

（2）化学名称：4-氯-5-（6-氯吡啶-3-基甲氧基）-2-（3，4-二氯苯基）哒嗪-3（2*H*）-酮。

（3）作用特点：为哒嗪酮类似物，有抑制胚胎发育、促进色素合成、防止和终止若虫滞育、刺激卵巢发育产生甜翅型等生理作用，可选择性抑制叶蝉和飞虱的变态。可用于防治黑尾叶蝉和褐飞虱。

（4）用法：以浓度 50 mg（有效成分）/L 的水溶液喷雾，防治黑尾叶蝉、稻飞虱等害虫，持效期达 40 天。

三、蜕皮激素

蜕皮激素是由昆虫前胸腺分泌的起调节昆虫蜕皮过程的昆虫激素，和保幼激素协同作用，共同控制昆虫的生长与变态。可分为动物源和植物源蜕皮激素。模拟昆虫蜕皮激素的酰基肼类化合物是非甾族类化合物，具有和蜕皮激素相似的作用方式，在害虫胚胎发育、幼虫生长和成虫繁殖等各个阶段均作用于昆虫蜕皮激素受体，导致昆虫致死性蜕皮。对鳞翅目、双翅目及鞘翅目害虫等具有很高的选择毒性，对益虫等非靶标生物和环境安全。

作用机制：昆虫通过分泌蜕皮激素（主要为 20-羟基蜕皮酮，20E）和保幼激素来调控以蜕皮为特征的生长发育和变态，同时也参与调控成虫的性成熟。蜕皮激素与其分子靶标由蜕皮酮受体和超螺旋基因产物结合形成蜕皮酮-受体复合物，随后激活基因，出现蜕皮反应。其中任一种或几种的平衡受到外源激素或合成类似物的干扰，都会导致靶标昆虫生长发育不良。酰基肼类化合物与 20E 作用相似。随着 20E 滴度的增加，全变态幼虫成虫器官芽外突，逐渐变为翅、足和其他成虫器官。酰基肼与蜕皮激素受体结合具专一性，即杀虫活性的选择性。酰基肼类竞争性地与蜕皮激素受体（EcR）与超气门蛋白（USP）的 EcR/USP 受体复合体结合诱导产生致死性蜕皮。

作用特点：模拟 20β-羟基蜕皮激素，使昆虫在不该蜕皮时蜕皮脱水，停止取食并蜕去外骨骼，但昆虫头部和足部不能完全蜕皮，这与苯甲酰脲类等杀虫剂的作用正相反。蜕皮激素具有胃毒、触杀和内吸作用，药效迟缓，持效期长。对哺乳动物低毒，对鳞翅目幼虫有选择性。中毒症状类似蜕皮酮过剩的症状。

【主要品种】

1. 抑食肼

（1）通用名称：抑食肼，yishijing。

（2）化学名称：N-苯甲酰基-N'-特丁基苯甲酰肼。

（3）毒性：大鼠经口具中等毒，经皮具微毒。对兔眼睛和皮肤无刺激作用。

（4）作用特点：为非甾类化合物，具有胃毒、触杀、较强的内吸性及具蜕皮激素活性，对鳞翅目、鞘翅目、双翅目幼虫具有抑制进食、加速蜕皮和减少产卵的作用，可通过根系内吸杀虫。该药对鳞翅目、鞘翅目和双翅目害虫有高效。

（5）制剂：20%、25%可湿性粉剂，5%颗粒剂，悬浮剂（20%，239.7 g/L）。

（6）用法：

1）防治二化螟、苹果囊蛾、舞毒蛾、卷叶蛾、菜青虫、黏虫等，可用20%可湿性粉剂750~1500倍液喷雾。

2）防治菜青虫、斜纹夜蛾，可用20%可湿性粉剂1000~1500倍浓喷雾。

3）防治果树食叶性的卷叶蛾、毒蛾、尺蠖、甲虫及荔枝细蛾、双线盗毒蛾等，在初孵幼虫期，用20%可湿性粉剂4000~5000倍液喷雾。

4）防治稻纵卷叶螟和黏虫等，可用20%悬浮剂1000~1200倍液喷雾。

（7）注意事项：该药速效性差、持效期长，宜在害虫发生初期施用。

2. 虫酰肼

（1）通用名称：虫酰肼，tebufenozide。

（2）化学名称：N-特丁基-N'-（4-乙基苯甲酰基）-3，5-

二甲基苯酰肼。

（3）毒性：微毒，但对鱼、蚕高毒。

（4）作用特点：属双酰肼类化合物，杀虫特点与用途同抑食肼，但活性高于抑食肼。对低龄和高龄的幼虫均有效。可用于防治苹果卷叶蛾、美国白蛾、松毛虫、天幕毛虫、云杉毛虫、舞毒蛾、甜菜夜蛾、羽叶甘蓝夜蛾、尺蠖、菜青虫、玉米螟、黏虫等鳞翅目害虫。

（5）制剂：20%、24%悬浮剂。

（6）用法：

1）防治苹果卷叶蛾，可用 20%悬浮剂 2000～5000 倍液喷雾；防治松毛虫，可用24%悬浮剂 2000～4000 倍液喷雾。

2）防治甜菜夜蛾，可在孵盛期亩用 20%悬浮剂 67～100 g 对水 30～40 kg 喷雾。

3）防治抗药性极强的甜菜夜蛾，可用 20%悬浮剂 1000 倍液喷雾。

4）防治斜纹夜蛾、苹果卷叶螟，可用 20%悬浮剂 1000～2000 倍液喷雾。

（7）注意事项：在虫卵孵化时喷药效果最佳。

3. 呋喃虫酰肼

（1）通用名称：呋喃虫酰肼，furan tebufenozide。

（2）化学名称：1-（2，7-二甲基-2，3-二氢苯并呋喃-6-酰基）-2-（3，5-二甲基苯-1-酰基）-2-特丁基肼。

（3）毒性：微毒，但对家蚕高毒。

（4）作用特点：为含苯丙呋喃环的 N-特丁基双酰肼类化合物，具有蜕皮激素调控作用，主要干扰昆虫的正常生长发育，使害虫蜕皮而死。对鳞翅目幼虫有较好防效。作用方式以胃毒为主，触杀作用为次，未发现内吸和拒食作用。其速效性一般。

（5）制剂：10%悬浮剂（福先）。

（6）用法：防治十字花科类植物上的夜蛾，可用 10% 悬浮剂 500~800 倍液于夜蛾幼虫高峰期（3 龄以前）喷雾。

4. 甲氧虫酰肼

（1）通用名称：甲氧虫酰肼，methoxyfenozide。

（2）化学名称：N-叔丁基-N'-（3-甲氧基-2-甲基苯甲酰基）-3，5-二甲苯甲酰肼。

（3）毒性：低毒。

（4）作用特点：其分子结构比虫酰肼在苯环上多一个甲氧基。性能基本同虫酰肼，其生物活性比虫酰肼更高且有较好的根内吸性，特别是在单子叶植物上表现更为突出。防治鳞翅目幼虫效果较好。

（5）制剂：24% 悬浮剂（美满）。

（6）用法：

1）防治羽叶甘蓝甜菜夜蛾可亩用 24% 悬浮剂 10~20 mL，棉铃虫亩用 56~83 mL，对水喷雾。

2）防治苹果金纹细蛾，可用 24% 悬浮剂 2400~3000 倍液，间隔 7~10 天喷 1 次。

（7）注意事项：傍晚施药效果较好。在防治高龄幼虫时，应适当增加药量。该药对草坪害虫、低龄夜蛾幼虫及具有抗性的斜纹夜蛾、卷叶蛾有效。

四、几丁质合成抑制剂

几丁质合成抑制剂包括苯甲酰脲类、噻嗪酮类及三嗪（嘧啶）胺类，该类化合物具有杀虫活性强、低毒、对益虫影响小和不污染环境等特点。几丁质合成抑制剂能够抑制昆虫几丁质合成酶的活性，阻碍几丁质合成，即阻碍新表皮的形成，使昆虫的蜕皮、化蛹受阻，且能干扰有些昆虫 DNA 的合成，导致绝育。用该类农药处理过的害虫，活动减弱，身体逐渐缩小及体表出现黑斑或变黑，不能蜕皮或部分蜕皮死亡；老熟幼虫不能蜕皮化蛹，或成半幼虫半蛹状态，即使能蜕皮化蛹，羽化后也是畸形成虫。

（一）苯甲酰脲类

一般由脲桥相连的两个取代苯环组成，苯环取代基通常是卤素（如氯、氟）、甲基、甲氧基、三氟甲基和五氟乙氧基等。按化学结构可将苯甲酰脲类杀虫剂分为苯甲酰基取代苯基脲类、苯甲酰基吡啶氧基苯基脲类、苯甲酰基烷基（烯）氧基苯基脲类、苯甲酰基氧基苯基脲类、苯甲酰基取代氨基苯脲类、苯甲酰基杂环（或取代杂环）苯脲类和苯甲酰基苯基脲类似物硫脲异硫脲类衍生物七大类。其中氟啶脲是目前我国替代高毒农药的主要品种之一。

【主要品种】

1. 除虫脲

（1）通用名称：除虫脲，diflubenzuron。

（2）化学名称：1-（4-氯苯基）-3-（2，6-二氟苯甲基）脲。

（3）毒性：低毒。

（4）作用特点：具有胃毒、触杀作用，无内吸性。通过抑制昆虫几丁质合成酶的形成，抑制几丁质合成而干扰角质层的形成，使幼虫在蜕皮时不能形成新表皮，虫体呈畸形而死亡。对害虫各生长发育阶段都敏感，对鳞翅目和双翅目等多种害虫均有效，但对蚜虫、叶蝉和飞虱等刺吸式口器害虫无效。

（5）制剂：5%、20%、25%悬浮剂，5%、25%可湿性粉剂。

（6）用法：

1）防治侧柏毒蛾、杨毒蛾、美国白蛾、天幕毛虫、松毛虫、茶毛虫、茶尺蠖、苹果金纹细蛾、枣尺蠖、枣步甲、柑橘潜叶蛾、锈壁虱、木虱等，可用20%悬浮剂1500～2000倍液喷雾；

防治苹果小卷叶蛾、柑橘卷叶蛾、梨星毛虫、舟形毛虫、刺蛾、毒蛾等，可用 25% 悬浮剂 1000~2000 倍液喷雾。在 8~10 月幼虫孵化期，也可喷施 20% 悬浮剂 5000~6000 倍液。

2）防治甜菜夜蛾和斜纹夜蛾，可用 20% 悬浮剂 1500~2000 倍液喷雾，或用 5% 悬浮剂 1000~1500 倍液喷雾。

3）防治黏虫，可在 2 龄幼虫盛发期，亩用 25% 悬浮剂 100~150 mL 对水喷雾；防治黏虫或草地螟，可亩用 20% 悬浮剂 15~20 mL 对水喷雾。

4）防治黏虫、铁甲虫、柑橘木虱等，可用 20% 悬浮剂 1000~2000 倍液喷雾。

5）防治造桥虫、棉大卷叶蛾、灯蛾等，可在 2 龄幼虫盛发期亩用 25% 悬浮剂 75~100 mL 对水喷雾。

6）防治国槐尺蠖、桑褐翅尺蛾，可用 20% 悬浮剂 6000 倍液喷雾。

（7）注意事项：施用该药时应在低龄幼虫期或卵期。

2. 杀铃脲

（1）通用名称：杀铃脲，triflumuron。

（2）化学名称：1-（4-三氟甲氧基苯基）-3-（2-氯苯甲酰基）脲。

（3）毒性：低毒。

（4）作用特点：具有胃毒作用、杀卵作用，兼有一定的触杀作用，但无内吸作用。其杀虫谱广、活性高、用量少、低毒低残留，持效期长，可保护天敌。通过抑制几丁质合成酶的形成，干扰几丁质在表皮的沉积，致昆虫不能正常蜕皮而死亡。该药毒力比灭幼脲 3 号高 10~15 倍，可防治多种害虫，对鳞翅目害虫较有效，如螟虫、潜叶蛾、卷叶蛾、食心虫、美国白蛾、毒蛾、青刺蛾、松毛虫、天幕毛虫等。

（5）制剂：5%、20% 悬浮剂，5% 乳油。

（6）用法：

1）防治苹果金纹细蛾，可用 5% 乳油 1000~1500 倍液或 20% 悬浮剂 4000~5000 倍液喷雾。

2）防治菜青虫，可亩用 5% 乳油 30~50 mL 对水喷雾。

3）防治小菜蛾，可亩用 5% 乳油 50~70 mL 加水 40~60 kg 喷雾。

4）防治棉铃虫，可用 20% 悬浮剂 2000~3000 倍液常规喷雾。

（7）注意事项：可与菊酯农药混合使用。

3. 灭幼脲

（1）通用名称：灭幼脲，chlorbenzuron。

（2）化学名称：1-（4-氯苯基）-3-（2-氯苯甲酰基）脲。

（3）毒性：低毒，对鸟类、鱼类、蜜蜂无毒。

（4）作用特点：有选择性，通过抑制害虫表皮几丁质合成，使害虫不能蜕皮而死亡。主要是胃毒作用，触杀作用次之，耐雨水冲刷。对鳞翅目幼虫表现为很好的杀虫活性，对蚜虫、叶蝉和飞虱等刺吸式口器害虫无效，对膜翅目昆虫及鸟类无害，但对赤眼蜂有影响。可防治桃树潜叶蛾、茶尺蠖、菜青虫、甘蓝夜蛾、毒蛾类、夜蛾类等鳞翅目害虫，可杀死地蛆、厕所蝇蛆及蚊子幼虫。

（5）制剂：20%、25% 悬浮剂，25% 可湿性粉剂。

（6）用法：

1）防治黏虫、螟虫、甘蓝夜蛾、茶尺蠖的用量为每亩有效成分 8~10 g，防治松毛虫的用量为每亩有效成分 10~20 g，防治小菜蛾的用量为每亩有效成分 3~5 g。

2）防治松毛虫、苹果小卷叶蛾、柑橘卷叶蛾、梨星毛虫、舟形毛虫、金纹细蛾、刺蛾、天幕毛虫、美国白蛾、舞毒蛾等低龄幼虫，可用 25% 悬浮剂 1000~2000 倍液于成虫产卵前喷雾

（喷到叶背）；防治桃蛀果蛾，可用25%悬浮剂1000倍液于成虫产卵初期和幼虫蛀果前喷雾；防治大袋蛾、枣尺蠖和黄刺蛾等害虫时，可用25%可湿性粉剂2000~2500倍液喷雾。

3）防治花果类害虫如小灰蝶、蛀蒂虫、棉铃虫、烟青虫、豆野螟、瘿蚊及实蝇等，可用25%可湿性粉剂1000~2000倍液喷雾；若混合异源植物次生物质、桉叶乙醇提取物、印楝乳油等，对产卵有驱避作用。

4）防治潜叶蛾等，可用25%可湿性粉剂800~1000倍液喷雾，效果很好。

5）防治桉树大毛虫，在初龄幼虫期用25%悬浮剂3000倍液喷雾。

（7）注意事项：忌与速效性杀虫剂混配，不能与碱性物质混用，不宜在桑园附近使用。

4. 氟铃脲

（1）通用名称：氟铃脲，hexaflumuron。

（2）化学名称：1-［3，5-二氯-4-（1，1，2，2-四氟乙氧基）苯基］-3-（2，6-二氟苯甲酰基）脲。

（3）毒性：微毒，对鱼类和水生生物毒性较高。

（4）作用特点：具备酰基脲类杀虫剂的特点，杀虫和接触杀卵活性强且速效，可杀灭成虫、幼虫。对棉铃虫属害虫及夜蛾科如毒蛾、天幕毛虫、谷实夜蛾、甜菜夜蛾等较有效，也可防治鞘翅目、双翅目、同翅目和鳞翅目害虫，对蚜虫、螨、叶蝉等无效。单、混用均可。

（5）制剂：5%、10%乳油，20%悬浮剂。

（6）用法：

1）防治林业松毛虫、棕尾毒蛾、卷叶蛾、刺蛾、桃蛀螟、金纹细蛾等鳞翅目害虫，可在孵化盛期或低龄幼虫期，喷5%乳油1000~2000倍液或20%悬浮剂8000~10 000倍液。

2）防治苹果金纹细蛾、蠹蛾、柑橘潜叶蛾等，可用5%乳油1500~2000倍液喷雾。

3）防治小菜蛾、甜菜夜蛾、斜纹夜蛾、小地老虎等，可亩用5%乳油40~70 mL对水喷雾。

（7）注意事项：防治叶面害虫宜在低龄幼虫（1~2龄）盛发期施药，防治钻蛀害虫宜在卵孵化盛期施药。该药不宜在鱼塘、桑园等地及其附近使用。

5. 氟苯脲

（1）通用名称：氟苯脲，teflubenzuron。

（2）化学名称：1-（3，5-二氯-2，4-二氟苯基）-3-（2，6-二氟苯甲酰基）脲。

（3）毒性：低毒。对鱼类、鸟类低毒，对蜜蜂无毒。

（4）作用特点：对鳞翅目害虫卵孵化、幼虫蜕皮和成虫羽化作用强，对蚜虫、飞虱和叶蝉等刺吸式口器害虫无效。无渗透作用，残效期较长，速效性差，对植物无药害，对害虫的天敌及捕食螨安全。

（5）制剂：5%乳油。

（6）用法：

1）防治柑橘潜叶蛾，可在放梢初期、卵孵化盛期，用5%乳油1000~1500倍液喷雾（在卵孵化盛期不可防治桃小食心虫）。

2）防治花毛虫、茶尺蠖，可用5%乳油1500~3000倍液喷雾。

3）防治温室白粉虱，可用5%乳油1000倍液喷雾。

4）防治小菜蛾、甜菜夜蛾、斜纹夜蛾、粉虱、棉铃虫、红铃虫、稻苞虫、稻纵卷叶螟、柑橘潜叶蛾和桃小食心虫，可用5%乳油1500~2000倍液喷雾。

（7）注意事项：对叶面活动害虫宜在低龄幼虫期施药，对钻蛀性害虫宜在卵孵期施药。该药对水栖生物（特别是甲壳类）有毒。

6. 氟啶脲

（1）通用名称：氟啶脲，chlorfluazuron。

（2）化学名称：1－［3，5－二氯－4－（3－氯－5－三氟甲基－2－吡啶氧基）苯基］－3－（2，6－二氟苯甲酰基）脲。

（3）毒性：低毒。

（4）作用特点：具有胃毒兼触杀作用，无内吸及熏蒸作用。对鳞翅目、直翅目、鞘翅目、膜翅目、双翅目等害虫有高活性，但对蚜虫、叶蝉、飞虱等刺吸式口器类害虫无效，对红蜘蛛基本无效。

（5）制剂：5%乳油。

（6）用法：

1）防治大袋蛾，可在幼虫处于 2 龄时按 3.89 g（有效含量）/mL 喷雾；防治苹果桃小食心虫，可于产卵初期、初孵化幼虫未入侵果实前用 5%乳油 1000～2000 倍液喷雾，间隔 5～7 天施 1 次，共施 3～6 次；防治梨星毛虫、卷叶虫、毒蛾等，可用 5%乳油 1000～2000 倍液喷雾。

2）防治茶尺蠖、茶毛虫，可于卵始盛期用 5%乳油按 1125～1800 mL/hm² 对水 1125～2250 L 均匀喷雾。

3）防治柑橘潜叶蛾，可在成虫盛发期内放梢时、新梢长 1～3 cm、新叶被害率达 5%时，用 5%乳油 1000～2000 倍液喷雾。

4）防治斜纹夜蛾、银纹夜蛾、地老虎、二十八星瓢虫等，于幼虫初孵期用 5%乳油 450～900 mL/hm² 对水均匀喷雾。

5）防治小菜蛾、菜青虫、豆野螟、棉铃虫、红铃虫、柑橘潜叶蛾和桃小食心虫等害虫，可用 5%乳油 1000～2000 倍液喷雾，药效可维持 10～15 天；防治卷叶螟、造桥虫，可在 1、2 龄期用 5%乳油 2000～4000 倍液喷雾。

7. 丁醚脲

（1）通用名称：丁醚脲，diafenthiuron。

（2）化学名称：1-特丁基-3-（2，6-二异丙基-4-苯氧基苯基）硫脲。

（3）毒性：低毒杀虫杀螨剂，对鱼高毒。

（4）作用特点：是硫脲类杀虫杀螨剂，具有内吸和熏蒸作用，在紫外光下转变成具杀虫活性的物质，可与大多数杀虫杀菌剂混用。可防治观赏植物、果树等多种植物上的螨类、粉虱、小菜蛾、菜青虫、蚜虫、叶蝉、潜叶蛾、介壳虫等害虫、害螨，对成螨、幼螨、若螨均有效。

（5）制剂：50%可湿性粉剂，25%乳油。

（6）用法：防治苹果和柑橘害螨，可用50%可湿性粉剂1000~2000倍液或25%乳油1000~1500倍液喷雾；防治棉蚜、棉红蜘蛛、棉叶蝉，可亩用50%可湿性粉剂40~52 g对水50 kg喷雾。

8. 氟虫脲

（1）通用名称：氟虫脲，flufenoxuron。

（2）化学名称：1-［2-氟-4-（2-氟-4-三氟甲基苯氧基）苯基］-3-（2，6-二氟苯甲酰基）脲。

（3）毒性：低毒，对蚕有毒。

（4）作用特点：属于酰基脲类杀虫杀螨剂，具有触杀、胃毒作用，无内吸及熏蒸作用。通过抑制昆虫表皮几丁质的合成，使昆虫不能正常蜕皮或变态而死亡。成虫接触药后，产的卵即使孵化，幼虫也会很快死亡。与有机磷、菊酯类、氨基甲酸酯类杀虫剂无交互抗性，可防治鳞翅目、鞘翅目、双翅目、半翅目害虫和植食性螨类，对未成熟阶段的螨和害虫有高活性。对小菜蛾、夜蛾类、棉铃虫、螨类等抗性害虫、害螨均有较好防效，可杀幼、若螨及螨卵。具速效性并耐雨淋，持效长。可用于柑橘、葡萄上防治植食性害螨和其他害虫，对捕食螨和害虫天敌安全。在虫螨并发时施药，有良好的兼治效果。该药对害虫的毒杀速度慢，但药效长。

（5）制剂：5%可分散液剂（卡死克），10%无漂移颗粒剂，5%、10%乳油。

（6）用法：该药可以防治所有能用除虫脲防治的害虫，大田作物一般亩用5%乳油50~75 mL对水喷雾。

1）防治苹果叶螨，最好在苹果开花前、越冬代和第一代若螨集中发生期喷药，可用5%乳油1000~1500倍液喷雾，夏季用500~1000倍液喷雾；对苹果小卷叶蛾、桃小食心虫、柑橘潜叶蛾等，可用5%乳油1000~2000倍液喷雾。

2）防治柑橘红蜘蛛可于卵盛发期至孵化盛期施药，防治柑橘木虱可于若虫盛发初期施药，用5%乳油500~1000倍液喷雾。

3）防治茶尺蠖、茶毛虫、茶黑毒蛾和茶橙瘿螨，可用5%乳油1000~1500倍液喷雾。

4）防治造桥虫、卷叶螟、灯蛾、刺蛾等，可在1~2龄幼虫盛发期，亩用5%乳油30~50 mL对水喷雾。

5）防治小菜蛾、甜菜夜蛾、菜青虫等抗性害虫，一般使用5%分散性液剂1000~2000倍液喷雾。

6）防治斜纹夜蛾、羽叶甘蓝夜蛾等，可在2龄幼虫盛发期，小菜蛾在1~2龄盛发期，亩用5%乳油50~60 mL对水喷雾。

（7）注意事项：施药时间应比一般杀虫剂提前2~3天，宜在害虫1~3龄幼虫盛发期施药。对钻蛀性害虫，宜在卵孵化盛期、幼虫蛀入植物之前施药。对害螨，宜在幼若螨盛发期施药。该药不能与碱性物质混用（如波尔多液），不能在桑园及蚕场使用。

9. 虱螨脲

（1）通用名称：虱螨脲，lufenuron。

（2）化学名称：（*RS*）-1-［2，5-二氯-4-（1，1，2，3，3，3-六氟丙氧基）苯基］-3-（2，6-二氟苯甲酰基）脲。

（3）毒性：低毒，对蜜蜂和大黄蜂低毒，对鱼类剧毒。

（4）作用特点：通过作用于昆虫幼虫、阻止蜕皮过程而杀死害虫，有杀卵功能，持效期长，耐雨水冲刷，适于防治对合成除虫菊酯和有机磷农药产生抗性的害虫。对鳞翅目害虫有良好的防效，对食叶毛虫、蓟马、锈螨、白粉虱较有效，可用于综合虫害治理。蜜蜂采蜜时可以使用。比有机磷、氨基甲酸酯类农药相对更安全，可作为良好的混配剂使用。

（5）制剂：5%、50%乳油，5%、10%、19%悬浮剂，2%微乳剂。

（6）用法：

1）防治卷叶虫、潜夜蝇、苹果锈螨、苹果蠹蛾等，可用 5 g（有效成分）对水 100 kg 喷雾。

2）防治番茄夜蛾、甜菜夜蛾、花蓟马、蛀茎虫、锈螨、蛀果虫、小菜蛾等，可用 3~4 g（有效成分）对水 100 kg 喷雾，或用 5%乳油 1000~1500 倍液喷雾。

（7）注意事项：与其他农药交替用药。

（二）噻嗪酮类（噻二嗪类）

噻嗪酮类杀虫剂可抑制昆虫表皮的几丁质合成，使昆虫不能蜕皮或不能化蛹而死亡。对一些昆虫，还可干扰昆虫体内的 DNA 合成而致绝育。低毒缓效，对有益生物如鸟、鱼、虾、青蛙、蜜蜂、瓢虫、步甲、蜘蛛、草蛉、赤眼蜂、蚂蚁、寄生蜂等无不良影响。其中毒症状首先是虫体活动减少，继而身体逐渐缩小及体表出现黑斑或整个虫体变黑，至蜕皮时出现不蜕皮立即死亡、蜕皮进行一半死亡，或老熟幼虫不能蜕皮化蛹或呈半幼虫半蛹的畸形状态，或虽能蜕皮化蛹但为不正常畸形蛹，或虽能正常化蛹但羽化后成为畸形成虫。

【主要品种】

噻嗪酮

（1）通用名称：噻嗪酮，buprofezin。

（2）化学名称：2-特丁亚氨基-3-异丙基-5-苯基-3，4，5，6-四氢-2H-1，3，5-噻二嗪-4-酮。

（3）毒性：低毒。

（4）作用特点：杀虫机制与苯基酰脲类杀虫剂相同，对成虫无直接杀伤力，但可缩短其寿命，减少产卵量，并且产出的多是不育卵。该药只对同翅目的飞虱科、叶蝉科、粉虱科中的飞虱、叶蝉、粉虱及介壳虫有高效，而对鳞翅目的菜青虫、小菜蛾等无效。该药具有强触杀、胃毒作用及一定的内吸渗透能力，无熏蒸作用，能被叶片吸收，但不能被根系吸收传导。

（5）制剂：5%、10%、20%、25%、50%、65%可湿性粉剂，25%悬浮剂，5%乳油，8%展膜油剂，1%、1.5%粉剂，2%颗粒剂，10%乳剂，40%胶悬剂。

（6）用法：

1）防治介壳虫、叶蝉和飞虱，可用25%可湿性粉剂1500~2000倍液喷雾，15天后再喷1次。

2）防治温室白粉虱，可在2~3龄若虫盛发期，用25%可湿性粉剂1500~2000倍液喷雾。

3）防治柑橘锈壁虱、全爪螨，可用25%可湿性粉剂1500~2000倍液喷雾。

4）防治茶小绿叶蝉，可在若虫高峰期或春茶采摘后，用25%可湿性粉剂800~1200倍液喷雾。

（7）注意事项：对飞虱类较有效。不能用作土壤处理剂。药液不宜接触白菜、萝卜，否则会出现药害。应密封后存于阴凉、干燥处，避免阳光直接照射。

（三）三嗪（嘧啶）胺类

三嗪胺类杀虫剂可直接或间接影响昆虫蜕皮酶的代谢作用，干扰昆虫蜕皮而致死亡，具有内吸、触杀、胃毒作用，可使双翅目幼虫和蛹在形态上发生畸变，成虫羽化受到抑制。

【主要品种】

灭蝇胺

（1）通用名称：灭蝇胺，cyromazine。

（2）化学名称：N-环丙基-2，4，6-三胺基-1，3，5-三嗪。

（3）毒性：低毒，对蜜蜂无毒。

（4）作用特点：杀虫机制同苯甲酰脲类，可致双翅目幼虫与蛹畸变，成虫羽化不全或受抑制。可防治各种蝇类，特别是各种斑潜蝇，如花卉潜叶蝇、蚊类幼虫。

（5）制剂：30%、50%、70%、75%可湿性粉剂，20%、50%可溶粉剂，10%悬浮剂。

（6）用法：

1）防治植物斑潜蝇类害虫，可用75%可湿性粉剂3000倍液喷雾或用1000倍液灌根。

2）防治花卉美洲斑潜蝇，可用75%可湿性粉剂按150～225 g（有效成分）/hm² 对水喷雾。

3）防治花卉潜叶蝇，可用10%悬浮剂1500倍液喷叶面，或用2%颗粒剂每亩2 kg处理土壤，持效期可达80天，但对成虫效果很差。此外，还可用于防治畜牧业蝇蛆。

4）20%可溶粉剂一般使用600～800倍液。

五、昆虫信息素

昆虫信息素是昆虫分泌并排出体外，能为同种其他个体传达特定信息的微量挥发性高分子化合物。它包括种内的外激素和种间的他感作用物质，前者包括性外激素、标迹外激素、报警外激素和群集外激素，后者包括利他素、利己素、协同素（或信号素）等。

昆虫信息素的特点如下：①多数为几种类似化合物的混合物，各组分间有严格的比例（人为改变各组分间比例会使其失去活性）。通常一种信息素只对一种昆虫起作用。②绝大多数易挥发，生物活性高。③因含双键、醛、酮、羟基、环氧基、酯基等，易被氧化和生物降解。④毒性很低，无直接杀虫作用，不污染环境，可通过诱捕、迷向等间接方法防治害虫。

可用性诱剂通过诱捕器作为虫情监测工具，并利用黏着板、黏着带和水盘诱杀求偶交配的雄虫，或利用性信息素散发器散发性信息素干扰害虫交配，或引诱害虫接触不育剂、病毒、细菌等并传染给其他昆虫。注意：①在近缘种之间的性信息素中存在相同或者相近的成分，或者成分相同、比例不同。有些性诱剂可以组合成复合性诱剂使用，但有些性诱剂组合到一起后诱虫效果下降或者完全无效。②诱捕效果与温湿度、光周期、主要成分比例与纯度，以及扩散速度和作用距离、诱芯的高度与持效性、诱捕器类型、诱盆数量有关。以黏性诱捕器和水盆型诱捕器较好，一般在害虫发生早期在大于害虫的移动范围使用。③性诱剂需在$-15 \sim 5$ ℃保存。毛细管型只有在使用时剪开封口。

【主要品种】

1. 舞毒蛾性信息素　　人工合成的舞毒蛾性信息素和从舞毒蛾雌虫腹部提取分离的性信息素完全相同，具有相同的分子结构（包括立体结构）、同样的生物活性及引诱雄虫的能力。

2. 诱虫烯

（1）通用名称：诱虫烯，muscalure。

（2）化学名称：（Z）-二十三碳-9-烯。

（3）毒性：微毒。

（4）作用特点：能诱集同种其他个体聚集取食，可与杀虫剂配合使用。

（5）制剂：90%原药。

（6）用法：仅作为杀虫剂中的引诱剂，按 3000～5000 倍液现混现用。

3. 瓜实蝇性诱剂

（1）通用名称：瓜实蝇性诱剂。

（2）化学名称：6-乙酰氧基苯基丁基-2-酮，或 4-对-乙酰基氧基苯基-2-丁酮。

（3）作用特点：在所有类型中药效最持久，能引诱寡毛实蝇属的 88 种实蝇。

4. 茶尺蠖性诱剂诱捕器

（1）作用特点：把仿生茶尺蠖性诱剂化合物添加到诱捕器的诱芯中，通过诱芯缓释将茶尺蠖成虫引诱至诱捕器上捕杀，减少田间虫口基数。

（2）用法：将诱捕器按 1～2 套/亩悬挂至高于茶树顶部 5～10 cm 处，每 20～30 天更换一次诱芯，在诱虫板粘满虫时需更换诱虫板。

（3）注意事项：安装不同种类害虫诱芯时，操作前需洗手。诱捕器安装的位置、高度及气流情况会影响使用效果。需要在 -15～-5 ℃冰箱中冷藏。

5. 苹果蠹蛾性诱剂诱捕器

（1）作用特点：把合成的仿生苹果蠹蛾性诱剂化合物添加到诱芯中，安装到诱捕器上，通过诱芯缓释将苹果蠹蛾成虫引诱至诱捕器上将其捕杀，从而减少虫口基数。

（2）用法：将诱捕器安装在离地高 1.5～2 m 处；诱虫板粘满虫时需更换，4～6 周换一次诱芯。

（3）注意事项：同茶尺蠖性诱剂诱捕器。

第十一章 新烟碱类杀虫剂

新烟碱类杀虫剂包括氯代烟碱、硫代烟碱、呋喃型烟碱，主要结构为氯代吡啶、氯代噻唑、四氢呋喃环，其结构中的药效基团有硝基烯胺、硝基胍、氰基脒。其中，硝基烯胺类（烯啶虫胺）当苯环上无取代基时杀虫活性最高。

该类药剂主要通过选择性控制昆虫神经系统突触后膜的烟酸乙酰胆碱酯酶受体，阻断昆虫中枢神经系统的正常传导，干扰害虫运动神经系统的正常的刺激传导，使害虫麻痹致死。具有以硝基部分为活性基和6-氯-3-吡啶为杂环基的杀虫剂的杀虫活性最好，具有良好的胃毒、触杀和内吸作用，对刺吸式的蚜虫、叶蝉害虫及鞘翅目害虫有良好防效，可有效防治同翅目、鞘翅目、双翅目和鳞翅目等害虫，如防治土壤害虫等。对哺乳动物毒性较低，可用于防治白蚁及猫、狗身上的跳蚤等，是取代高毒有机磷、有机氯类杀虫剂的最佳品种。

该类药剂与常规杀虫剂无交互抗性，但作用位点单一，易导致害虫产生抗药性，在同一植物上严禁使用两次。一旦发现抗药性，应及时更换其他型杀虫剂。

【主要品种】

1. 吡虫啉

（1）通用名称：吡虫啉，imidacloprid。

（2）化学名称：1-（6-氯-3-吡啶基甲基）-*N*-硝基亚咪唑

烷-2-基胺。

（3）毒性：低毒，对鸟类有拒食作用且毒性较高，可影响鸟类繁殖。对倍足亚纲和蜘蛛安全，对寄生阶段的有益昆虫安全。

（4）作用特点：通过与突触后烟碱型的乙酰胆碱受体结合，取代乙酰胆碱受体上的一个特殊配体α-金环蛇毒素（α-bungarotoxin），导致胆碱能运动神经膜去极化，且不可逆。具有胃毒、触杀、根部内吸活性，速效、持效、选择性强，对绝大多数的刺吸式口器害虫较有效，对同翅目、鞘翅目、双翅目和鳞翅目害虫有效，只对极少数咀嚼式口器害虫有效，对线虫和红蜘蛛无效。对天敌安全。与传统杀虫剂无交互抗性。适于种子处理和以颗粒剂施用。该药剂属于典型的木质部输导品种。

（5）制剂：2.5%、5%、10%、20%、25%、50%可湿性粉剂，5%、10%、20%可溶液剂，2%、2.5%、5%高渗可湿性粉剂，6%、10%、12.5%、20%可溶粉剂，20%浓可溶剂（康福多），2.5%、4%、5%、10%、20%乳油，2%、2.5%、3%、5%高渗乳油，30%微乳剂，2.5%片剂，5%泡腾片剂，60%悬浮种衣剂，70%湿拌种剂，70%水分散粒剂，2.15%胶饵（拜灭士杀蟑）和0.5%饵剂（拜克蝇）等。

（6）用法：

1）防治松树松突圆蚧、湿地松粉蚧等，可用10%乳油1000倍液喷洒苗木。

2）防治锈线菊蚜、苹果瘤蚜、桃蚜、橘蚜、梨木虱和卷叶蛾等，可用10%可湿性粉剂4000~8000倍液，或5%乳油2000~3000倍液，或20%浓可溶剂6000~10 000倍液，喷雾。

3）防治柑橘潜叶蛾，可用3%高渗乳油1500~2000倍液或20%浓可溶剂1000~2000倍液喷雾。

4）防治梨木虱，可在春季越冬成虫出蛰而又未大量产卵和第一代若虫孵化期，用 3%高渗乳油 1500~2000 倍液喷雾。

5）防治茶树叶蝉、蓟马，可在若虫发生高峰期，亩用 10% 可湿性粉剂 15~20 g 对水 50~75 kg 喷雾。

6）防治黑刺粉虱，可在卵孵化盛末期，亩用 10%可湿性粉剂 20~25 g 对水 75 kg 喷雾；防治温室白粉虱，可在若虫虫口上升期，亩用 20%浓可溶剂 15~30 mL 或 10%可湿性粉剂 30~50 g 对水 40~60 kg 喷雾。

7）防治温室或露地白粉虱，在若虫虫口上升期亩用 20%浓可溶剂 15~30 mL 对水喷雾。

8）防治斑潜蝇，可在发生较整齐的一代幼虫期，用 10%可湿性粉剂 2000~3000 倍液或 20%浓可溶剂 4000~5000 倍液喷雾。

（7）注意事项：

1）对螨类和线虫无效，虫、螨同时发生时要加入杀螨剂。

2）该药悬浮剂处理种子，可有效防治蝼蛄、蛴螬、地老虎等地下害虫。同翅目昆虫烟粉虱、根叶粉虱、灰飞虱、桃蚜、烟蚜等的田间种群，已经对吡虫啉产生了不同程度的抗药性。

3）吡虫啉对蜜蜂有毒，应避免在植物花期使用。

4）不宜在强阳光下喷雾。

2. 啶虫脒

（1）通用名称：啶虫脒，acetamiprid。

（2）化学名称：（E）-N1-［（6-氯吡啶-3-基）甲基］-N2-腈基-N′-甲基乙酰胺。

（3）毒性：中等毒，对鱼低毒，对蜜蜂影响小。

（4）作用特点：属吡啶类杀虫剂，具有触杀、胃毒、内吸渗透作用及杀卵、杀幼虫活性。杀虫机制同吡虫啉。与有机磷、氨基甲酸酯和菊酯类等常规农药无交互抗性。可防治同翅目害虫如蚜虫、叶蝉、粉虱和蚧等，半翅目害虫如梨网蝽等，鳞翅目害虫如菜蛾、小食心虫等，鞘翅目害虫如天牛，缨翅目如蓟马等。

对甲虫目害虫也有明显的防效。可用于茎叶或土壤处理。

（5）制剂：3%、5%乳油，1.8%、2%高渗乳油，3%微乳剂，3%、5%、20%可湿性粉剂，20%、21%可溶粉剂。

（6）用法：

1）防治林木、果树等植物上的蚜虫，一般亩用3%乳油40~60 mL对水喷雾。

2）防治柑橘、苹果等果树蚜虫、叶蝉、粉虱、木虱、潜叶蛾等，可在初盛发期喷洒3%乳油2000~2500倍液。

3. 噻虫嗪

（1）通用名称：噻虫嗪，thiamethoxam。

（2）化学名称：（*EZ*）-3-（2-氯-1，3-噻唑基-5-甲基）-5-甲基-1，3，5-噁二嗪-4-基叉（硝基）胺。

（3）毒性：低毒，对水生生物、鸟禽、土壤微生物基本无毒，对蜜蜂高毒。

（4）作用特点：属硫代烟碱类（亚甲基硝基胺类）化合物，作用机制同吡虫啉，具有胃毒、触杀、强内吸传导性和渗透性，可被植物快速吸收并沿木质部向顶端传导，用于防治刺吸式口器害虫如蚜虫、飞虱、叶蝉、粉虱等，防治鳞翅目、鞘翅目、双翅目、缨翅目害虫如金龟子幼虫、马铃薯甲虫、线虫、地面甲虫、潜叶蛾等。

（5）制剂：25%可湿性粉剂，25%水分散粒剂，25%悬浮剂，70%水悬剂，70%种子处理可分散性粒剂，75%干种衣剂，悬浮种衣剂fs350、fs600，杀菌剂复配剂型。

（6）用法：

1）可替代氧乐果和甲胺磷用于涂干处理，使用25%可湿性粉剂150倍液。

2）防治温室白粉虱，可亩用25%水分散粒剂7500倍液喷雾。

3）防治瓜类白粉虱，可用25%悬浮剂2500~5000倍液喷雾。

4）防治苹果蚜虫，可用25%悬浮剂5000~10000倍液喷雾。

5）防治梨木虱，可用25%悬浮剂10000倍液（每100 kg水加25%悬浮剂10 mL）喷雾，或每亩果园用25%悬浮剂15 mL对水70~80 kg喷雾。

6）防治柑橘潜叶蛾，可用25%悬浮剂3000~4000倍液喷雾。

7）拌种使用剂量为每千克种子175~315 g（有效成分）时，可有效地控制早期或中期的叶面害虫如蚜虫、飞虱等。

（7）注意事项：该药是防治温室白粉虱的首选药剂。其击倒性不如吡虫啉，但其内吸性优于吡虫啉，持效期较吡虫啉长。

4. 噻虫胺

（1）通用名称：噻虫胺，clothianidin。

（2）化学名称：(E)-1-（2-氯-1，3-噻唑-5-基甲基）-3-甲基-2-硝基胍。

（3）毒性：微毒，对蜜蜂接触高毒，经口剧毒；对家蚕剧毒。

（4）作用特点：与烟碱受体类似，具有触杀、胃毒和内吸活性及高选择性，适用于叶面喷雾、土壤处理。主要用于果树及其他植物上防治蚜虫、叶蝉、蓟马、飞虱等半翅目、鞘翅目、双翅目和某些鳞翅目类害虫，与常规农药无交互抗性，可替代高毒有机磷农药。可用于果树、茶叶、草皮和观赏植物。

（5）制剂：35%、50%水分散粒剂。

（6）用法：防治烟粉虱等，可按45~60 g（有效成分）/hm²用药量对水喷雾。

5. 烯啶虫胺

（1）通用名称：烯啶虫胺，nitenpyram。

（2）化学名称：（*E*）–*N*–（6–氯–3–吡啶基甲基）–*N*–乙基–*N*′–甲基–2–硝基亚乙烯基二胺。

（3）毒性：低毒。

（4）作用特点：为烟酰亚胺类杀虫剂，具有内吸和渗透作用及广谱、低毒、高效、残效期长等特点。可防治蚜虫、叶蝉、蓟马、半翅目害虫与同翅目害虫，也可防治刺吸式口器害虫如白粉虱、蚜虫、梨木虱、叶蝉、蓟马。

（5）剂型：10%可溶液剂。

（6）用法：

1）防治茶树小绿叶蝉、茶黑刺粉虱，可用10%可溶液剂稀释2000～3000倍喷雾。

2）防治烟粉虱、白粉虱、蓟马及果树上的蚜虫、椿象，可用10%可溶液剂4000～5000倍液喷雾，温室内使用时注意要将周围的墙壁及棚膜都要喷上药液。防治蚜虫，可用10%可溶液剂3000～4000倍液喷雾。

3）在飞虱暴发期，可用10%可溶液剂2000～3000倍液喷雾，持效期可达15天左右。

（7）注意事项：该药可替代啶虫脒、吡虫啉。

6. 氯噻啉

（1）通用名称：氯噻啉，imidaclothiz。

（2）化学名称：1–（5–氯–2–噻唑基甲基）–*N*–硝基亚咪唑烷–2–基胺。

（3）毒性：低毒，对鸟中等毒，对蜜蜂、家蚕为高毒。

（4）作用特点：为噻唑杂环类高效（是啶虫脒、吡虫啉活性的20倍）、低毒、广谱杀虫剂，具有强内吸、触杀和胃毒作用，与烟碱的作用机制相同。不受温度高低限制，对飞虱、白粉虱、柑橘蚜虫、茶树小绿叶蝉等较有效。

（5）制剂：10%可湿性粉，40%水分散粒剂。

（6）用法：

1）防治柑橘蚜虫，可用 10% 可湿性粉剂 3000～5000 倍液喷雾。

2）防治茶树小绿叶蝉，可亩用 10% 可湿性粉剂 20～30 g 对水喷雾。

3）防治白粉虱，可亩用 10% 可湿性粉剂 15～30 g 对水喷雾。

（7）注意事项：防治白粉虱、飞虱，最好在低龄若虫高峰期施药。

7. 噻虫啉

（1）通用名称：噻虫啉，thiacloprid。

（2）化学名称：{3-［（6-氯-3-吡啶基）甲基］-1，3-噻唑啉-2-亚基} 氰胺。

（3）毒性：低毒。

（4）作用特点：为氯代烟碱类广谱杀虫剂，具有强内吸、触杀和胃毒作用，与拟除虫菊酯类、有机磷类和氨基甲酸酯类无交互抗性。对鞘翅目、鳞翅目、半翅目、同翅目和直翅目等害虫较有效，是防治刺吸式和咀嚼式口器害虫的高效药剂，可防治松褐天牛及其他多种天牛，抑制松材线虫病的发生。可用于抗性治理。

（5）制剂：48% 悬浮剂，36% 水分散粒剂（干悬浮剂），1% 微胶囊粉剂，2% 胶囊悬浮剂，48% 噻虫啉缓释片剂。

（6）用法：叶面喷施，推荐用量为 48～180 g（有效成分）/hm²。

1）防治马铃薯甲虫，亩用 48% 悬浮剂 7～13 mL 加水 25～50 kg 喷雾。

2）防治白粉虱，可用 48% 悬浮剂 5000 倍液喷雾。

3）防治松褐天牛，可用 48% 悬浮剂 800 倍液喷雾，对虫期交叉的松毛虫、杨树舟蛾、松突圆蚧类害虫、美国白蛾及各类尺蠖，也可起到防治作用。

（7）注意事项：噻虫啉对松褐天牛高活性，而且药剂无臭味或刺激性，对施药操作人员和施药区居民安全。

8. 呋虫胺

（1）通用名称：呋虫胺，dinotefuran。

（2）化学名称：1-甲基-2-硝基-3-（四氢-3-呋喃甲基）胍；（EZ）-（RS）-1-甲基-2-硝基-3-（四氢-3-呋喃甲基）胍；N-甲基-N′-硝基-N″-［（四氢-3-呋喃）甲基］胍。

（3）毒性：低毒。

（4）作用特点：分子结构中四氢呋喃基取代了其他烟碱类杀虫剂分子中的氯代吡啶基、氯代噻唑基。具有触杀、胃毒、渗透和根部内吸作用，速效、持效且广谱，对刺吸口器害虫及各种半翅目、鳞翅目、甲虫目、双翅目、直翅目、膜翅目等各种害虫有效。

（5）制剂：20%水分散粒剂，1%颗粒剂，20%水溶性粒剂，0.5%粉粒剂，育苗箱专用2%颗粒剂。

（6）用法：

1）防治蚜虫、红蚧类吮吸性害虫和食心虫类、金纹细蛾等鳞翅目害虫，可于虫害发生时用20%水溶性粒剂对水喷洒。

2）防治寄生害虫和移栽前飞入的害虫，可在苗木移栽时或种子播种时，用1%颗粒剂与穴土或播种沟土混合处理。

9. 烯啶噻啉

（1）通用名称：烯啶噻啉，allyl pyridine imidaclothiz。

（2）化学名称：烯丙基吡啶氯噻啉。

（3）毒性：中等毒，对鸟类低毒，对蜜蜂、家蚕高毒。

（4）作用特点：具有触杀、熏蒸、胃毒、驱避作用，可防治同翅目、刺吸式口器害虫如蚜虫、蓟马、跳甲、稻飞虱、白粉虱等，对蓟马、绿叶蝉、白粉虱较有效。

（5）制剂：24.5%乳油，50%悬浮剂。

（6）用法：防治白粉虱，可用 24.5%乳油 2500～3000 倍液喷雾，重点喷施于叶片反面和嫩叶上。

（7）注意事项：不可与碱性农药或物质混用。

10. 哌虫啶

（1）通用名称：哌虫啶，paichongding。

（2）化学名称：1－［（6-氯吡啶-3-基）甲基］－5-丙氧基-7-甲基-8-硝基-1，2，3，5，6，7-六氢咪唑［1，2-*a*］吡啶。

（3）毒性：微毒。

（4）作用特点：高效、广谱、低毒、强内吸传导。可防治飞虱、粉虱、蚜虫、叶蝉、蓟马、椿象等刺吸式口器害虫，也可防治鞘翅目、双翅目和鳞翅目害虫。对各种刺吸式害虫高效，较吡蚜酮、啶虫脒和吡虫啉等有效。

（5）制剂：95%原药、10%悬浮剂、30%水分散粒剂。

（6）用法：

1）防治温室白粉虱，可于虫口始盛期亩用 30%水分散粒剂对水 50 kg 喷雾。

2）防治十字花科类蚜虫及梨木虱等，可用 10%悬浮剂 2000～3000 倍液喷雾。

11. 氟啶虫酰胺

（1）通用名称：氟啶虫酰胺，flonicamid，flunicotamid。

（2）化学名称：*N*-氰甲基-4-（三氟甲基）烟酰胺。

（3）毒性：中等毒。

（4）作用特点：在吡啶环上引入了烟酰胺的结构，具有触杀、胃毒、渗透及昆虫生长调节剂作用，也具有快速拒食作用。可从根部向茎部、叶部渗透，但由叶部向茎、根部渗透作用相对较弱。通过阻碍害虫吮吸起杀虫作用，对各种刺吸式口器害虫如蚜虫、粉虱、叶蝉等有效。持效性较好（14天左右），用药后2~3天才可看到蚜虫死亡。

（5）制剂：96%原药，10%、50%水分散粒剂。

（6）用法：防治苹果等果树蚜虫时，用10%水分散粒剂2500~5000倍液喷雾或以浓度20~40 mg/kg喷雾。

第十二章　其他类合成杀虫剂

一、邻苯二甲酰胺类和邻甲酰氨基苯甲酰胺类

该类杀虫剂通过干扰害虫肌肉细胞内的鱼尼丁受体，即通过阻止钙离子进入肌肉细胞，致使害虫细胞功能紊乱和肌肉瘫痪。在邻甲酰氨基苯甲酰胺类杀虫剂分子结构中以羧酸部分对生物活性影响较大，代表品种有氯虫苯甲酰胺和氟虫双酰胺，为广谱性杀虫剂，主要用于防治鳞翅目害虫的幼虫。

【主要品种】

1. 氯虫苯甲酰胺

（1）通用名称：氯虫苯甲酰胺，chlorantraniliprole。

（2）化学名：3-溴-N-［4-氯-2-甲基-6-［（甲氨基甲酰基）苯］-1-（3-氯吡啶-2-基）-1-氢-吡唑-5-甲酰胺。

（3）毒性：微毒。

（4）作用特点：胃毒兼具触杀、渗透作用，通过激活昆虫鱼尼丁（肌肉）受体使其过度释放细胞内的钙离子，致昆虫瘫痪死亡。广谱、高效。可防治主要甲虫和粉虱的幼虫及鳞翅目黏虫、天蛾、庭园网蝽、苹果蠹蛾、蔷薇斜条卷叶蛾、金纹细蛾、绢螟，对某些鞘翅目、双翅目、半翅目和等翅目害虫也有效，还可用于防治白蚁、臭虫及哺乳动物的寄生虫。

（5）制剂：200 g/L（20%）悬浮剂（康宽），35%水分散粒

剂（奥得腾），5%悬浮剂（普尊），350 g（有效成分）/kg 水分散粒剂（Altacor），200 g（有效成分）/kg 悬浮剂（Coragen），0.4 g（有效成分）/kg 粒剂（Ferterra），51.5 g（有效成分）/kg 悬浮剂（Prevathon），500 g（有效成分）/kg 种子处理剂（DermacorX-100），0.4%颗粒剂，18.5% E2Y45 悬浮剂。

（6）用法：大田使用时用药量一般为 30~50 g（有效成分）/hm²。

1）防治黄杨绢叶螟，每亩用20%悬浮剂10 mL，按3000倍液常规喷雾。

2）防治林木鳞翅目害虫及蛴螬等地下害虫，可用35%水分散粒剂于生长期对水常规喷雾。

（7）注意事项：该药单剂的作用点单一，对刺吸式害虫如蚜虫和飞虱等几乎无效。

2. 氟虫酰胺

（1）通用名称：氟虫双酰胺或氟虫酰胺，flubendiamide。

（2）化学名称：3-碘-N'-2-甲磺酰基-1，1-二甲基乙基-N-{4-［1，2，2，2-四氟-1-（三氟甲基）乙基］-邻甲苯基}邻苯二酰胺。

（3）毒性：中等毒。

（4）作用特点：具有邻苯二甲酰胺骨架化学结构，苯环上具有碘原子取代基、七氟异丙基苯甲酰胺基及含砜的烃基胺，作用于昆虫细胞鱼尼丁受体。具有胃毒、触杀作用及渗透作用。对鳞翅目害虫各龄幼虫活性高，但对成虫防效差，无杀卵作用。该药比氯虫苯甲酰胺渗透性强，但不能由木质部传导。

（5）制剂：95%原药，20%水分散粒剂，10%悬浮剂。

（6）用法：防治叶部害虫，可于害虫产卵盛期至幼虫3龄期，亩用20%水分散粒剂15~20 g对水50~60 kg喷雾。

（7）注意事项：桑树上禁止使用。

3. 氟啶虫胺腈

（1）通用名称：氟啶虫胺腈，sulfoxaflor。

（2）化学名称：{1-［6-（三氟甲基）吡啶-3-基］乙基}-λ^4-巯基氨腈。

（3）毒性：低毒。

（4）作用特点：为砜胺类（磺酰亚胺类）广谱高效杀虫剂，具有触杀、胃毒、内吸渗透性，是在磺酰亚胺结构中引入了亚砜基，作用于昆虫的神经系统的烟碱受体内独特的结合位点而发挥杀虫功能。可经叶、茎、根吸收而进入植物体内，主要针对取食树液的昆虫，适用于防治观赏棉盲蝽、蚜虫、粉虱、飞虱和介壳虫等。

（5）制剂：95%、95.5%原药，50%水分散粒剂（可立施），21.8%、22%悬浮剂（特福力）。

（6）用法：

1）防治盲蝽，可亩用50%水分散粒剂6.7~10 g对水45 kg喷雾，5~7天后再喷1次；防治烟粉虱，可亩用50%水分散粒剂10~13.3 g对水45 kg喷雾，5~7天后再喷1次；防治蚜虫，可亩用50%水分散粒剂2.6~3.3 g对水30~45 kg喷雾。

2）防治飞虱，可亩用22%悬浮剂21~28 mL对水喷雾；防治粉虱，可亩用22%悬浮剂17.4~21 mL对水45~60 kg喷雾，间隔7天再喷1次；防治柑橘矢尖蚧，可于矢尖蚧一代1~2龄若虫始盛期，用22%悬浮剂4000~5000倍液喷雾。

4. 溴氰虫酰胺

（1）通用名称：溴氰虫酰胺，cyantraniliprole。

（2）化学名称：3-溴-1-（3-氯-2-吡啶基）-N-{4-氰基-2-甲基-6-［（甲基氨基）羰基］苯基}-1H-吡唑-5-甲酰胺。

（3）毒性：低毒，对蜜蜂、鱼类等水生生物及家蚕有毒。

（4）作用特点：为第二代鱼尼丁受体抑制剂类邻氨基苯甲

酰胺类广谱杀虫剂，具有渗透、内吸传导性，对鳞翅目幼虫、半翅目、双翅目和鞘翅目等害虫较有效，如抗性棉铃虫、介壳虫、菜青虫等害虫，是第一个兼治咀嚼式、刺吸式、锉吸式和舐吸式口器害虫的多谱型杀虫剂。

（5）制剂：93%原药，10%悬浮剂（倍内威），20%悬浮剂，20%乳油（雷达）。

（6）用法：

1）防治小菜蛾、菜青虫、蚜虫、斜纹夜蛾、跳甲、美洲斑潜蝇、豆荚螟、瓜蚜、烟粉虱等，可在害虫低龄盛发期用21~60 g（有效成分）/hm² 对水喷雾。

2）防治美洲斑潜蝇，可亩用10%悬浮剂14~24 mL 对水喷雾；防治蓟马，可亩用10%悬浮剂18~24 mL 对水喷雾；防治蚜虫，可亩用10%悬浮剂30~40 mL 对水喷雾；防治黄条跳甲，可亩用10%悬浮剂24~28 mL 对水喷雾。

5. 氯氟氰虫酰胺

（1）通用名称：氯氟氰虫酰胺，cyhalodiamide。

（2）化学名称：3-氯-N1-（2-甲基-4-七氟异丙基苯基）-N2-（1-甲基-1-氰基乙基）邻苯二甲酰胺。

（3）毒性：微毒。

（4）作用特点：为邻苯二甲酰胺类新型杀虫剂，杀卵效果优于氯虫苯甲酰胺和氟虫双酰胺，并对刚卵孵化的幼虫生长有扰乱作用，成虫不能正常交尾。

（5）制剂：96%原药，5%乳油，20%悬浮剂。

（6）用法：防治小菜蛾、各种螟虫及林木卷叶蛾、食心虫、尺蠖等，可用5%乳油或20%悬浮剂按30 g（有效成分）/hm² 对水喷雾。

6. 四氯虫酰胺

（1）通用名称：四氯虫酰胺，SYP-9080。

（2）化学名称：3-溴-N-［2，4-二氯-6-（甲氨基甲酰胺）苯基］-1-（3，5-二氯-2-吡啶基）-1H-吡唑-5-甲酰胺。

（3）毒性：微毒。

（4）作用特点：为邻氨基苯甲酰胺类杀虫剂，通过与害虫体内鱼尼丁受体结合，打开钙离子通道，使储存在细胞内的钙离子持续释放到肌浆中，钙离子和肌浆中基质蛋白结合，引起肌肉持续收缩。对鳞翅目害虫较有效，可用于防治飞虱、介壳虫、菜青虫、跳甲等害虫。

（5）制剂：95%原药，10%悬浮剂。

（6）用法：防治卷叶螟，可亩用10%悬浮剂40 mL对水喷雾。

二、吡唑类杀虫剂

由于氟原子具有模拟效应、电子效应、阻碍效应和渗透效应等特殊性质，在农药中引入氟原子，其理化性质变化较小，但可使农药增添新的活性，且对环境影响小。在吡唑类杀虫剂的结构中，N-取代芳基具有杀虫活性，—S（O）CF$_3$具有增强杀虫剂在靶标的脂溶性及其他效应。

该类杀虫剂为中等毒性，具有触杀、胃毒、内吸作用方式，是通过γ-氨基丁酸调节的氯通道干扰氯离子的通路，破坏正常中枢神经系统的活性并在足够剂量下引起个体死亡。该类药剂与其他类杀虫剂无交互抗药性，且具有长效性、高活性及促进植物生长的功能，可用于防治半翅目、缨翅目、鞘翅目等害虫及对环戊二烯类、拟除虫菊酯类、氨基甲酸酯类等产生抗性的害虫。

该类杀虫剂的主要品种有丁烯氟虫腈。

【主要品种】

1. 丁烯氟虫腈

（1）通用名称：丁烯氟虫腈（暂定），rizazole。

（2）化学名称：5-甲代烯丙基氨基-3-氰基-1-（2，6-二氯-4-三氟甲基苯基）-4-三氟甲基亚磺酰基吡唑。

（3）毒性：低毒，对鱼、家蚕低毒，对蜜蜂高毒。

（4）作用特点：是 N-取代苯基吡唑类广谱杀虫剂，可阻碍昆虫 γ-氨基丁酸控制的氟化物代谢。对鳞翅目、蝇类和鞘翅目害虫有较高的杀虫活性，对菜青虫、小菜蛾、蝽虫、黏虫、褐飞虱、叶甲等多种害虫具有较高的活性。

（5）制剂：原药，5%悬浮剂（瑞金德），5%乳油。

（6）用法：

1）防治小菜蛾，可亩用5%乳油20～40 mL加水50～60 L，于小菜蛾低龄幼虫1～3龄高峰期喷雾。

2）防治蝽象，可亩用5%乳油30 mL对水喷雾。

3）防治飞虱类，可亩用5%悬浮剂30～50 mL对水50 kg喷雾。

（7）注意事项：蜜源植物花期禁用。

2. 唑虫酰胺

（1）通用名称：唑虫酰胺，tolfenpyrad。

（2）化学名称：4-氯-3-乙基-1-甲基-N-｛[4-（4-甲基苯氧基）苯基]-甲基｝-1H吡唑-5-羧酰胺。

（3）毒性：中等毒，对鱼剧毒，对鸟、蜜蜂、家蚕高毒。

（4）作用特点：为吡唑杂环类广谱杀虫杀螨剂，主要是阻止昆虫的氧化磷酸化作用。具有触杀、杀卵、抑食、抑制产卵及杀菌作用，速效性好，对各种鳞翅目、半翅目、甲虫目、膜翅目、双翅目害虫及螨类较有效，对鳞翅目幼虫小菜蛾、缨翅目害虫蓟马效果好。

（5）制剂：15%乳油。

（6）用法：

1）防治十字花科小菜蛾，可于害虫卵孵化盛期至低龄若虫发生期，亩用 15%乳油 30~50 g 喷雾。

2）防治蓟马，可于害虫卵孵化盛期至低龄若虫发生期，亩用 15%乳油 50~80 g 对水喷雾。

3）防治斜纹夜蛾、银纹夜蛾、地老虎、二十八星瓢虫等，可在幼虫孵化初期用 15%乳油 1000~1500 倍液喷雾。

（7）注意事项：施药时间应比有机磷类、菊酯类杀虫剂提早 3 天左右。防治为害叶片的害虫，应在低龄幼虫期喷药。防治钻蛀性的害虫，应在害虫产卵或卵孵化盛期喷药。

3. 乙虫腈

（1）通用名称：乙虫腈，ethiprole。

（2）化学名称：5-氨基-1-（2，6-二氯-对三氟甲基苯基）-4-乙基亚磺酰基吡唑-3-腈基。

（3）毒性：微毒，对鱼、家蚕中等毒，对鸟低毒，对蜜蜂接触和经口均为高毒。

（4）作用特点：为苯基吡唑类杀虫杀螨剂，属于第二代作用于 GABA 的杀虫剂，具有触杀作用，无内吸性。对多种咀嚼式和刺吸式害虫有效，与有机磷类、拟除虫菊酯类、氨基甲酸酯类杀虫剂无交互抗性。可防治蚜虫、叶蝉、飞虱、鳞翅目幼虫、蝇类和鞘翅目及某些粉虱，可用于种子处理和叶面喷雾。

（5）制剂：94%、95%、97%原药，9.7%、10%悬浮剂。

（6）用法：防治灰飞虱、褐飞虱，可用 10%悬浮剂按 60~75 g（有效成分）/hm² 喷雾。

（7）注意事项：蜜源植物花期禁用，养鱼稻田禁用。施药后田水不得直接排入水体，不得在河塘等水域清洗施药器具。

三、吡咯类或吡啶类杀虫剂

【主要品种】

1. 虫螨腈

（1）通用名称：虫螨腈，chlorfenapyr。

（2）化学名称：4-溴-2-（4-氯苯基）-1-乙氧基甲基-5-三氟甲基吡咯-3-腈。

（3）毒性：低毒，对鱼和蜜蜂高毒。

（4）作用特点：为芳基取代吡咯类杀虫、杀螨、杀线虫剂，具有渗透性、胃毒、触杀及一定的内吸作用。通过作用于昆虫体内细胞的线粒体上的多功能氧化酶起作用，主要抑制腺苷二磷酸（ADP）向腺苷三磷酸（ATP）的转化。虫螨腈亲脂性强，在进入虫体后将吡咯环的取代基"—CH$_2$OCH$_2$CH$_3$"氧化为"—H"，使其酸性增强发挥作用。可与其他杀虫剂混用，无交互抗性。对钻蛀、刺吸和咀嚼式害虫和害螨有效。可防治鳞翅目、同翅目、鞘翅目、半翅目、缨翅目、双翅目害虫，如蚜虫、梨木虱、粉虱、介壳虫、叶蝉、金龟子、天牛、梨网蝽、蓟马、斑潜蝇等，也可防治螨类等。杀虫性能比氯氰菊酯和氟氰菊酯更有效，杀螨活性比三氯杀螨砜和三环锡强。

（5）制剂：95%原药，10%悬浮剂（除尽），30%悬浮剂（专攻），100 g/L、240 g/L悬浮剂，5%、10%、20%微乳剂。

（6）用法：在低龄幼虫期或虫口密度较低时，亩用10%悬浮剂30 mL或30%悬浮剂15 mL，虫龄较高或虫口密度较大时亩用40~50 mL对水喷雾，间隔10天左右喷1次。

1）防治杨树白蛾，可用10%悬浮剂按30~60 mg（有效成分）/kg稀释1667~3300倍喷雾。

2）防治鳞翅目害虫、螨类害虫，可用240 g/L悬浮剂

15~20 mL对水 15 kg 喷雾。

3）防治朱砂叶螨，可亩用 240 g/L 悬浮剂 20~30 mL 喷雾。

4）防治金纹夜蛾，可用 240 g/L 悬浮剂 4000~6000 倍液喷雾。

（7）注意事项：该药无特殊解毒剂，应对症治疗；傍晚施药更有利药效发挥。

2. 吡蚜酮

（1）通用名称：吡蚜酮，pymetrozine。

（2）化学名称：（E）-4，5-二氢-6-甲基-4-（3-吡啶亚甲基氨基）-1，2，4-三嗪-3（$2H$）-酮。

（3）毒性：微毒，对鸟类、鱼及其他非靶标生物安全，具高选择性。

（4）作用特点：属吡啶杂环类或三嗪酮类化合物的非杀生性杀虫剂。具有强内吸传导性，能在韧皮部和木质部内双向输导。当刺吸式口器害虫如蚜虫或飞虱接触到吡蚜酮，口针被阻塞，不能取食致死。

（5）制剂：95%原药，25%、50%可湿性粉剂，25%悬浮剂，50%水分散粒剂。

（6）用法：

1）防治蚜虫、温室粉虱可亩用 50%水分散粒剂 5 g，防治飞虱、叶蝉可亩用 50%水分散粒剂 15~20 g，均对水 30 kg 进行常规喷雾或对水 10 kg 用弥雾机弥雾。

2）防治观赏菊花蚜虫，可用 50%水分散粒剂按 150~225 g（有效成分）/hm^2 喷雾。

3）防治果树桃蚜、苹果蚜，可用 25%可湿性粉剂 2500~5000 倍液喷雾。

四、季酮酸类杀虫剂

【主要品种】

1. 螺虫乙酯

（1）通用名称：螺虫乙酯，spirotetramat。

（2）化学名称：4-（乙氧基羰基氧基）-8-甲氧基-3-（2，5-二甲苯基）-1-氮杂螺［4，5］癸-3-烯-2-酮。

（3）毒性：低毒，对鱼中等毒。

（4）作用特点：为高效广谱季酮酸类化合物，具有双向内吸传导性及速效性、持效性。通过干扰昆虫的脂肪生物合成过程中的乙酰辅酶 A 羧化酶的活性，而抑制脂肪的合成，阻断害虫正常的能量代谢，最终导致幼虫死亡。可同时防治介壳虫、害螨、蚜虫、木虱等。该药适用于害虫综合治理。

（5）制剂：240 g/L 悬浮剂，22.4%悬浮剂（亩旺特）。

（6）用法：

1）防治柑橘介壳虫、红蜘蛛，可用 240 g/L 悬浮剂 4000～5000 倍液喷雾。

2）防治粉虱，可用 22.4%悬浮剂 4000 倍液喷雾。

（7）注意事项：使用时应禁止在河塘等水域中清洗施药器具。

2. 螺螨酯

（1）通用名称：螺螨酯，spirodiclofen。

（2）化学名称：3-（2，4-二氯苯基）-2-氧-1-氧杂螺［4，5］癸-3-烯-4-基-2，2-二甲基丁酸酯。

（3）毒性：低毒。

（4）作用特点：具环状酮-烯醇结构，属昆虫生长调节剂，具有触杀、胃毒作用，对卵有强触杀性，无内吸性。作用机制同螺虫乙酯。对螨的各个发育阶段都有效（包括卵）。与现有杀螨剂之间无交互抗性，可防治抗性害螨。对梨木虱、榆蛎盾蚧、粉虱类及叶蝉类等害虫较有效。宜在害螨开始发生时使用。可与大部分农药（强碱性农药与铜制剂除外）现混现用。与现有杀螨剂混用，可提高其速效性。

（5）制剂：34%乳油（扫螨净），24%悬浮剂（螨危、螨威、螨威多、螺螨酯、季螨酮）。

（6）用法：

1）在春季，当红蜘蛛、黄蜘蛛为害达到每叶虫卵数10粒或每叶若虫3~4头时，使用螨危4000~5000倍液喷雾，持效期50天左右。此后，若遇红蜘蛛、黄蜘蛛虫口再度上升可使用一次速效性杀螨剂（如哒螨灵、克螨特、阿维菌素等）即可。

2）在秋季9、10月红蜘蛛、黄蜘蛛虫口上升达到防治指标时，使用螨危4000~5000倍液再喷施1次，或根据螨害情况与其他药剂混用，即可控制到柑橘采收，直至冬季清园。

（7）注意事项：对成虫击倒性差，5天后发挥作用，但对卵和若虫高效，持效期可达60天。避开果树开花时用药。

3. 螺甲螨酯

（1）通用名称：螺甲螨酯，spiromesifen。

（2）化学名称：3-均三甲苯基-2-氧-1-氧杂螺［4，4］壬-3-烯-4-基-3，3-二甲基丁酸酯。

（3）毒性：低毒。

（4）作用特点：为螺环季酮酸类杀虫杀螨剂，具环状酮-烯醇结构，通过抑制乙酰辅酶A羧化酶，破坏脂质合成而致效。可有效防治粉虱和叶螨，对各种螨卵、若螨及雌螨非常有效。

（5）制剂：96%原药，240 g/L悬浮剂。

（6）用法：可用于观赏植物防治粉虱和叶螨，使用剂量为100~150 g（有效成分）/hm²；防治茶叶和苹果短须螨及红蜘蛛、荔枝瘿螨，用0.144 g（有效成分）/L剂量喷施2次可清除螨害。

（7）注意事项：与常用的杀螨剂如哒螨酮、唑螨酯、阿维菌素、噻螨酮、四螨嗪、三氯杀螨醇、有机磷酸酯类等杀螨剂无交互抗性。

五、其他类

【主要品种】

1. 藻酸丙二醇酯

（1）通用名称：藻酸丙二醇酯，propylene glycol alginate。

（2）化学名称：藻酸1，2-丙二醇聚合物。

（3）毒性：微毒。

（4）作用特点：原为食品添加剂中的增稠剂、稳定剂，是由海藻提取物经乳化过程制成的乳化悬浮液，具强黏性和物理触杀活性，可刺激植物生长。无胃毒和熏蒸作用，对虫卵无明显杀灭作用。当药液接触到虫体后，快速堵塞害虫的气孔。可杀虫、杀卵，可与其他杀虫剂、杀菌剂和叶面肥等混配使用。

（5）制剂：0.12%悬浮剂，0.12%可溶液剂。

（6）用法：防治多种害虫，可用0.12%悬浮剂加水稀释600倍，搅匀后喷雾。防治春尺蠖，可用0.12%可溶液剂按150~400 g（有效成分）/hm²喷雾。

（7）注意事项：喷药时加入有机硅助剂等，可提高物理触杀效果；避开植物6叶期使用。

2. 啶虫丙醚

（1）通用名称：啶虫丙醚 pyridalyl。

（2）化学名称：2-［3-［2，6-二氯-4-［（3，3-二氯-2-丙烯-1-基）氧基］苯氧基］丙氧基］-5-（三氟甲基）吡啶。

（3）毒性：低毒，对鱼高毒，对家蚕中等毒。对天敌及有益生物影响较小。

（4）作用特点：为二氯丙烯醚类高效、低毒杀虫剂，含香豆素或吡唑酰胺基团，其主要活性亚结构为1，1-二氯丙烯基，具有强触杀性及胃毒作用，可与多种药剂混配增效。可防治鳞翅目幼虫，如已产生抗性的小菜蛾、斜纹夜蛾、甜菜夜蛾和烟芽夜蛾等，但对其他节肢动物的影响小。

（5）制剂：10%乳油。

（6）用法：在害虫暴发初期，可用10%乳油按每亩推荐用60 mL，对水后均匀喷洒。防治小菜蛾，可于低龄幼虫期，亩用10%乳油50~70 mL对水50 kg喷雾，或在低龄幼虫期用10%乳油3000倍液喷雾。

3. 硅藻土

（1）通用名称：硅藻土，silicon dioxide。

（2）化学名称：二氧化硅水合物（$SiO_2 \cdot nH_2O$）。

（3）毒性：无毒。

（4）作用特点：主要成分是二氧化硅，有少量的 Al_2O_3、Fe_2O_3、CaO、MgO 和有机质。硅藻骨骼微粒硬度较大，其粉末微颗粒均带有尖刺，当昆虫爬过时黏附体表，可刺穿其外壳或柔软蜡壳结构，同时会吸收昆虫体外蜡质层，造成害虫逐渐脱水死亡。可杀灭飞蛾幼虫、杂拟谷盗、蚜虫、甲虫、跳蚤、虱子、臭虫、蚊子、苍蝇、蛞蝓和蜗牛等多种害虫。其药效迟缓，可和大多数的农药或肥料混合使用。

（5）制剂：85%硅藻土粉剂。

（6）用法：

1）防治蚜虫、鳞翅目幼虫、叶蝉和蓟马等软体害虫，可按每亩地7.5 kg均匀喷粉，或100~500倍液喷洒（随时搅拌桶内剩余溶液以防沉淀），或直接用50~200倍液涂抹（可酌量加入肥皂水)。

2) 可将硅藻土直接撒在植物上防治害虫,或与肥皂水一起混合喷洒,或在草坪上直接以喷粉的方式使用。在树干底部可将硅藻土喷在土壤上,也可将高浓度的硅藻土与肥皂水混合涂刷在树干上。

(7) 注意事项:宜在植物较潮湿时施用;混合水、肥皂液使用较有效;使用时要戴防尘面罩,避免吸入。

4. 甲磺虫腙

(1) 通用名称:甲磺虫腙,jiahuangchongzong。

(2) 化学名称:甲磺酸-4-〔(4-氯代苯基)-(丁酮腙叉)-甲基〕苯酯。

(3) 毒性:低毒,对鸟中等毒。

(4) 作用特点:甲磺虫腙对小菜蛾、甜菜夜蛾,特别是对黏虫、斜纹夜蛾表现出良好的杀虫活性。其杀虫活性与虫酰肼相当,但低于氟啶脲。

(5) 制剂:70%颗粒剂。

(6) 用法:防治斜纹夜蛾,可用 70%颗粒剂按 210~420 g(有效成分)/hm² 喷雾。

5. 松脂酸钠

(1) 通用名称:松脂酸钠,sodium pimaric acid。

(2) 化学名称:松脂酸钠。

(3) 毒性:低毒。

(4) 作用特点:具有良好的脂溶性、成膜性和乳化性能。以触杀为主,兼有黏着、窒息、腐蚀害虫表皮蜡质层的作用。可防治褐圆蚧、糠片蚧、黑点蚧和矢尖蚧等多种介壳虫,以及粉虱、蚜虫、红蜘蛛等多种害虫。

(5) 制剂:20%可溶粉剂,45%粉剂,30%乳剂。

(6) 用法:春季可用 30%乳剂 300~500 倍液或 20%可溶粉

剂 100~150 倍液清园。防治多种植物介壳虫、蚜虫及螨类，可用 30%水乳剂 300~600 倍液喷雾。

（7）注意事项：在花期、果期慎用。夏季宜在早晨或傍晚施药。不能与其他有机合成农药混用，亦不能与波尔多液混用。应避免对周围蜂群的影响。远离水产养殖区施药。

6. 氟蚁腙

（1）通用名称：氟蚁腙，hydramethylnon。

（2）化学名称：5，5-二甲基全氢亚嘧啶-2-基双（4-三氟甲基苯乙烯基）次甲基连氮。

（3）毒性：中等毒。

（4）作用特点：属脒腙类化合物，是一种昆虫细胞线粒体呼吸阻断剂，具有胃毒作用，能有效抑制蟑螂体内腺苷三磷酸的生成，同时由于大部分药剂以原形随粪便排出或分布在蟑螂体内各部，利用蟑螂有取食同类虫尸和粪便的习惯，可再次毒杀剩余蟑螂。用于防治蟑螂、白蚁和蚂蚁等。

（5）制剂：95%、98%原药，1%饵剂、饵粒，2%杀蟑胶饵、饵剂、饵膏，0.9%、2.15%杀蟑饵剂或胶饵，0.73%饵剂。

（6）用法：

1）防治卫生害虫蜚蠊，可用 2% 杀蟑饵剂、2% 饵膏、2.15%杀蟑饵剂投放。

2）防治卫生害虫德国小蠊，可用 0.73%饵剂按 0.25 g/m^2 投放。

3）防治卫生害虫美洲大蠊，可用 1%饵剂按 0.5 g/m^2 投放；防治蚂蚁，可用 1%饵粒、1%饵剂或 0.9%杀蟑饵剂投放；防治红火蚁，可用 0.73%饵剂投放。

7. 氟虫胺

（1）通用名称：氟虫胺，sulfluramid。

（2）化学名称：N-乙基全氟辛烷磺酰胺。

（3）毒性：低毒。

（4）作用特点：为慢性有机氟杀虫剂。可防治蚂蚁、蜚蠊、蟑螂等爬行害虫，可抑制白蚁的能量代谢，具有广谱、高效抗菌作用；也可用于多种细菌性感染。

（5）制剂：95%原药，0.05%、1%胶饵剂，0.08%饵片，1%饵粒。

（6）用法：防治蜚蠊，可用0.05%或1%胶饵剂投放；防治蚂蚁，可用0.08%饵片投放；防治室内蚂蚁或蜚蠊，可用1%饵粒投放。

8. 蒽油乳剂

（1）通用名称：蒽油，anthracene。

（2）毒性：中等毒。

（3）作用特点：蒽油主要组成物有蒽、菲、芴、苊、咔唑。制剂是由蒽油和一定比例的乳化剂配制而成，杀虫作用方式同机油乳剂，对害虫、害螨有触杀作用。

（4）制剂：50%蒽油乳剂。

（5）用法：防治苹果、梨、柑橘、枇杷、杨梅等果树上的介壳虫、害螨和蚜虫，可将制剂稀释成含油量3%～5%的药液喷雾。

9. 樟脑

（1）通用名称：樟脑，camphor。

（2）化学名称：1，7，7-三甲基-双环-［2，2，1］-2-庚酮或1，7，7-三甲基二环［2，2，1］庚烷-2-酮。

（3）作用特点：为环己烷单萜衍生物，结晶体呈粒状、针状或片状，无色或白色，具黏性。加少量乙醇、氯仿或乙醚后易研碎成细粉。在常温下易升华，有特殊香气，刺鼻。味初辛、后清凉。

（4）毒性：高毒。

（5）制剂：96%、98%原药，96%球剂、片剂、防蛀片剂，94%防蛀球剂、片剂、防蛀片剂。

（6）用法：防治卫生害虫黑皮蠹，可用94%防蛀球剂、片剂按 200 g/m³ 投放。

（7）注意事项：臭丸（卫生球）是由萘制造而成，萘是从原油或煤焦油中提取的一种白色、易挥发并有特殊气味的晶体稠环芳烃化合物。它升华出来的"臭"气有毒性，尤其伤害肝脏。因此，使用樟脑比使用臭丸更为安全。

10. 右旋樟脑

（1）通用名称：右旋樟脑，d-camphor。

（2）作用特点：为白色粉末状结晶或易破碎的块状，具挥发性，易燃，在常压、室温下会缓慢升化。在酸性、中性或碱性环境中稳定，对光热稳定，微溶于水，易溶于乙醇、乙醚等有机溶剂，极易溶于氯仿。

（3）制剂：96%防蛀片剂，96%原药，38%防蛀细粒剂。

（4）用法：防治卫生黑皮蠹，可用96%防蛀片剂按 200 g/m³ 投放，或用38%防蛀细粒剂按 500 g/m³ 投放。

11. 石硫合剂　石硫合剂是一种具杀菌、杀虫和杀螨作用的古老药剂，它具有兼治多种病虫害又不产生抗药性的优点。果树休眠期喷用浓度为 34.5%~57.5%（波美度 3~5°Bé），生长季节喷用浓度为 1.15%~5.75%（波美度 0.1~0.5°Bé）。

第十三章　微生物源杀虫剂

微生物杀虫剂即微生物活体杀虫剂，包括真菌、细菌、病毒、微孢子虫和线虫等。

该类杀虫剂具有以下特点：①防治对象专一，选择性高，能保护害虫天敌；②药效易受外界因素（温度、湿度、光照等）的影响，起效较缓慢；③不污染环境，对脊椎动物和人类无害；④昆虫病原繁殖体可在昆虫群落中自然传播而造成流行病；⑤害虫不易产生抗药性。

使用该类杀虫剂应注意：根据害虫发生的种类，有针对性地、科学合理地选择施治；由于要经过侵染寄生、积蓄繁殖、起效、胃毒等环节才起作用，因此要抓住于卵孵化盛期或幼虫低龄期用药；宜选择暖湿傍晚或阴天施药，不可与杀菌剂、碱性农药同期或复配使用；应现配现用，不宜久置，以免降低药效。

一、虫生真菌类杀虫剂

该类杀虫剂主要是接合菌和丝孢纲，如接合菌中的虫霉目各属，半知菌中的白僵菌属、绿僵菌属、拟青霉属、轮枝孢属、野村菌属、镰刀菌属等。因真菌病原体寄生，昆虫体表常覆盖明显的菌丝、子实体或各种颜色的分生孢子。

杀虫机制包括酶的作用和机械作用。如白僵菌分生孢子与虫体表面直接接触，或进入虫体后，在一定温度、湿度下孢子吸水膨胀长出芽管，芽管在其顶端形成能够分泌黏液的附着孢附着在表皮上，同时分泌表皮分解酶溶解与附着孢连接的表皮。附着孢伸出菌丝，侵入表皮，之后形成平板状菌丝，以机械压力逐渐侵入其内侧的表皮，最后达真皮。白僵菌入侵虫体中产生的芽生孢子和菌丝体弥漫于血淋巴中，妨碍昆虫血淋巴的循环，且其代谢产物如草酸钙类在血淋巴中大量积累，使血淋巴变混浊，改变血淋巴的理化性状，致使害虫新陈代谢机能紊乱而死亡。最后菌丝强烈吸收虫体水分使虫体变得僵硬形成僵病虫体。当外界湿度适宜，虫体内菌丝沿着气门和环节间膜处伸出体外，生成新菌丝继续侵入其他虫体。另外真菌分泌的毒素可促使害虫组织衰变，破坏细胞器的膜结构，干扰神经系统的正常功能，增加氧的消耗，干扰蜕皮或变态。

剂型主要有油剂、乳剂、颗粒剂、粉剂、可湿性粉剂、黏胶制剂等。

【主要品种】

1. 白僵菌

（1）通用名称：白僵菌。

（2）毒性：制剂低毒，但对柞蚕和家蚕有害。

（3）作用特点：属于丝孢纲丛梗孢目丛梗孢科白僵菌属，我国有 2 个种，即球孢白僵菌和布氏白僵菌。球孢白僵菌的寄主昆虫有鳞翅目、鞘翅目、膜翅目、同翅目、双翅目、半翅目、直翅目、等翅目、缨翅目、脉翅目、革翅目、蚤目、螳螂目、蜚蠊目和纺足目等及蛛行纲和多足纲等节肢动物中的蜱螨目，可防治松毛虫、松叶蜂、松尺蠖、松梢螟、松小蠹、天牛、女贞尺蛾、桃小食心虫、板栗象甲、茶毒蛾、稻苞虫、地老虎、金龟甲、蝼蛄、叩头虫、叶甲、蟥、蝗、叶蜂、叶蝉、蚊、蚁等害虫及害螨。布氏白僵菌（卵孢白僵菌）的寄主是鞘翅目、双翅目、鳞翅目、同翅目、直翅目和膜翅目等。对蚧螨较有效。

（4）制剂：菌粉（每克含孢子 50 亿～70 亿个或 80 亿个），高孢粉剂（每克含孢子量为 1000 亿个），每克含孢子 80 亿个的可湿性粉剂，每克含孢子 50 亿个的颗粒剂。

（5）用法：

1）防治地下害虫，可按每公顷用菌粉 55 kg 与细土 450 kg 混拌均匀制成菌土，在播种和中耕期在表土下 10 cm 内施用。防治大黑鳃金龟、暗黑鳃金龟、铜绿金龟和四纹丽金龟成虫和幼虫，可亩用布氏白僵菌或球孢白僵菌菌粉 3 kg。

2）防治松毛虫、茶毛虫、茶小象鼻虫、茶小绿叶蝉等茶树害虫及造桥虫等害虫，可把菌粉掺入一定比例的白陶土，粉碎成 20 亿孢子/g 的粉剂，用手动或机动喷粉器进行林间全面或局部喷粉；也可将白僵菌装入纱网袋中，每袋装 0.5 kg，按每亩挂 1 袋于林间树枝上让其自然扩散；也可用 100 亿～150 亿孢子/g 的原菌粉，加水稀释至 0.5 亿～2 亿孢子/mL 的菌液，再加 0.01% 的洗衣粉，用喷雾器喷雾；也可在林中配 5 亿孢子/mL 的菌液，在松毛虫发生地区，边走边采集松树上的幼虫，蘸上菌液后放回到松树上，任其自行扩散传播（每亩可按 20～100 条计算放虫量）；也可用 48% 毒死蜱乳油：白僵菌高孢粉：清水以 5：1：14 的比例配制成含量为 50 亿～100 亿孢子/mL 的乳剂，按每亩 150 mL 约 15 万亿孢子，用飞机超低容量喷雾。

3）防治天牛，可用白僵菌高孢粉（含孢子 1000 亿/g），用水稀释成 300～1000 倍液，再加入 0.1% 洗衣粉，用注射器或吸耳球注入天牛为害的树蛀孔内，每孔注入 10～15 mL；或用微型手压式喷粉器向蛀道内喷射高孢粉（1200 亿孢子/g）。

4）防治草坪害虫草螟，可用白僵菌粉（孢子量 110 亿个/g，发芽率 81%，细度 200 目），用电动喷粉机按每平方米草坪用 1～3 g 菌粉喷粉。

5）防治桃蛀果蛾、刺蛾、卷叶蛾、天牛等，在害虫开始和盛发期每亩喷洒 2 kg 菌粉加 48%毒死蜱乳油 0.15 kg 再加水 75 kg，喷树盘周围，后覆草。

6）防治桉树大毛虫，4 月间可在林间喷施白僵菌孢子粉，每亩用 80 亿孢子/g 粉剂 0.5 kg。

（6）注意事项：

1）宜在 24~28 ℃、相对湿度在 90%以上时使用。温度在 30 ℃以上孢子萌发率低，菌丝易老化；15 ℃以下孢子萌发率低，菌丝生长缓慢。最佳时间是在高温、高湿、雨后或早晚湿度大时施用。

2）菌液宜现配现用，配成后需在 24 小时内用完，否则孢子过早萌发而失去侵染力。

3）在害虫密度较高或虫龄较大时，可将白僵菌与杀虫剂混用喷雾。

4）使用时可加入少量洗衣粉，但不能与杀真菌剂混用。

5）在喷前先将菌粉用清水浸泡 2 小时，并不断搅拌，澄清并取上层清液对水配成所需使用浓度。

6）可与其他微生物杀虫剂混合使用，也可与细菌制剂、病毒及其他真菌制剂混合使用。

2. 绿僵菌

（1）通用名称：绿僵菌。

（2）毒性：低毒，但对柞蚕和家蚕有害。

（3）作用特点：有金龟绿僵菌和黄绿僵菌等变种。致病机制同白僵菌类似，可寄生 8 目 30 科 200 余种害虫。可防治金龟子、象甲、金针虫、蛾蝶幼虫、蟑、蚜虫、蛀虫、菜青虫、苹果桃小食心虫、飞蝗、羽叶甘蓝小菜蛾、蚊幼虫，以及蛴螬等地下害虫。

（4）制剂：绿僵菌油剂、粉剂（每克含孢量 23 亿~28 亿个或 50 亿个以上）、10%颗粒剂，20%杀蝗绿僵菌油悬浮剂。

（5）用法：

1）防治青杨天牛可用孢子悬浮液喷雾（2 亿孢子/mL）；防治云斑天牛可将绿僵菌和一些化学农药混合，如可用绿僵菌孢子液（2 亿孢子/mL）加 500 倍乐果注射为害虫孔（有增效作用）。

2）防治柑橘吉丁虫，可用小刀在吐沫处刻上几刀（达形成层），然后用排笔或小刷蘸取制好的菌液（2 亿孢子/mL）或菌药混合液（菌液 2 亿孢子/mL 加 200 倍杀螟硫磷）刷涂，并在成虫羽化前用绿僵菌液封闭虫孔。

3）防治桃小食心虫，可用绿僵菌 2~3 kg 与农药如 75%辛硫磷 0.5 kg 混合使用，或在桃小食心虫脱果期亩用菌粉 1.5 kg 施入地面，并根据卵孵化及幼虫脱果情况，用溴氰菊酯或辛硫磷等向树上喷洒 2 次。

4）防治蛴螬等地下害虫，可用绿僵菌 2 kg（1 g 含孢量 23 亿~28 亿个）拌湿细土 50 kg，中耕时均匀撒入土中，菌肥可用 2 kg 菌剂和 100 kg 有机肥混合拌匀，中耕穴施埋土。

5）防治东亚飞蝗可在蝗龄 3 龄前，亩用 20%杀蝗绿僵菌油悬浮剂 100 mL 喷洒在 150 g 饵剂上，拌匀后田间撒施。或每公顷用菌粉 450 g 加 4.5 g 植物油喷雾；杀蝗绿僵菌油悬浮剂对飞蝗、土蝗、稻蝗、竹蝗等多种蝗虫有效。

（6）注意事项：部分化学杀虫剂对绿僵菌分生孢子萌发有抑制作用，药浓度越高，抑制作用越强，但是适当的混用可提高杀虫效果。

3. 块状耳霉

（1）通用名称：耳霉菌。

（2）毒性：低毒。

（3）作用特点：机制同其他杀虫真菌。蚜虫染病后，持续传染，块状耳霉菌可防治各种蚜虫，专化性较强。

（4）制剂：200 万孢子/mL 耳霉菌悬浮剂。

（5）用法：在蚜虫发生初期用制剂 1500 ~ 2000 倍液喷雾，防治保护地内植物上的各类蚜虫，药效持效期较长。

（6）注意事项：不可与碱性农药、杀菌剂和除草剂混合使用。

4. 拟青霉

（1）通用名称：拟青霉。

（2）毒性：低毒。

（3）作用特点：杀虫机制同其他杀虫真菌，是多种重要昆虫病原真菌，其中常见的种类有粉红拟青霉、粉质拟青霉、玫瑰色拟青霉、蝉拟青霉、粉虱拟青霉等。

（4）制剂：2 亿活孢子/g 粉剂。

（5）用法：

1）防治松毛虫，可用粉色拟青霉制剂在松毛虫幼虫越冬前，将菌剂撒在树干基部 10 ~ 15 cm 范围内，使下树越冬幼虫沾染孢子后再钻入土内越冬，在温湿度条件适宜时便发病死亡（较大树用量 10 g，小树 5 g，撒菌后疏松土壤，使菌粉混入土中）。

2）防治温室白粉虱，可用玫瑰色拟青霉北京变种制剂，每 10 ~ 14 天向植株上部 5 ~ 7 片叶背喷孢子液（0.1 亿孢子/mL）1 次。

3）防治柞蚕饰腹寄蝇，可用玫瑰色拟青霉制剂，亩用 1 kg 菌剂撒施于距土面 3 ~ 5 cm 的土中。

4）防治稻飞虱，可用肉色拟青霉制剂，亩用 1 kg 菌剂喷粉。

5）防治菜青虫，可用蝉拟青霉制剂，每公顷用 6.9 亿孢子；也可用环链拟青霉和玫瑰色拟青霉防治菜青虫，同时加用 0.05% 吐温作增效剂，孢子稀释液浓度为 3 亿 ~ 5 亿孢子/g。

5. 蜡蚧轮枝菌

（1）中文学名：蜡蚧轮枝菌。

（2）毒性：制剂对人畜无毒。

（3）作用特点：是从蚜虫和白粉虱体中分离出来的病原真菌，寄主范围较广，可寄生蚧类、蚜虫、螨类、粉虱等刺吸式害虫，还可寄生某些鳞翅目害虫、线虫和蓟马等。杀虫机制同其他杀虫真菌。

（4）制剂：粉剂（每克含 50 亿活孢子）。

（5）用法：

1）防治蚜虫，可用水将粉剂稀释至每毫升含 0.1 亿孢子的孢子悬浮液喷雾。

2）防治温室白粉虱，可用水将粉剂稀释至每毫升含 0.3 亿孢子的孢子悬浮液喷雾。

3）防治湿地松粉蚧，可用水将粉剂稀释至每毫升含 0.1 亿~0.3 亿孢子悬浮液喷雾。

（6）注意事项：适合在 12 ~ 35 ℃的温度和湿度大时使用，可以和某些杀虫剂、杀菌剂和杀螨剂混合使用。

二、细菌类杀虫剂

该类杀虫剂以苏云金杆菌（Bt）为主，具有高效、环保、低毒、对天敌安全、无抗药性等优点，忌与杀菌剂（如多菌灵等）混用。喷过杀菌剂的喷雾器也要冲洗干净后再用。常用的有青虫菌（蜡螟亚种）和 140 杀虫菌（武汉亚种）、HD-1 菌（库斯塔基亚种）、1897 菌（以色列亚种），此外还有 Bt 乳剂等。

【主要品种】

1. 苏云金杆菌

（1）通用名称：苏云金杆菌。

（2）主要成分：β-外毒素。

（3）毒性：低毒，但对家蚕高毒。

（4）作用特点：Bt 属 G$^+$菌在生活过程中能形成菱形伴孢蛋白质晶体，并形成圆形或椭圆形芽孢。通过分泌内毒素和外毒素抑制 RNA 聚合酶活性而抑制 RNA 合成。具有胃毒作用，无内吸性，对直翅目、等翅目、鳞翅目、半翅目、膜翅目和双翅目等的 69 种昆虫、多种螨和线虫有毒杀作用，对钻蛀性害虫无效。

（5）制剂：100 亿活芽孢/mL 悬浮剂，100 亿活芽孢/g 可湿性粉剂，3.2% 可湿性粉剂，8000 IU/mg、16 000 IU/mg、32 000 IU/mg 可湿性粉剂，2000 IU/μL、4000 IU/μL、8000 IU/μL 悬浮剂，2000 IU/mL、7300 IU/mL 悬浮剂，2000 IU/mg 颗粒剂，15 000 IU/mg、16 000 IU/mg 水分散粒剂，Bt 乳剂（内含 0.2% 除虫菊酯类杀虫剂）。

（6）用法：

1）对鳞翅目害虫幼虫，可在卵孵化盛期到 1 龄幼虫期，用 100 亿活芽孢悬浮剂 100～150 mL 或 150 亿活芽孢可湿性粉剂 100 g 对水 50 kg 喷雾（与拟除虫菊酯类农药混用可增效）。

2）防治林业害虫如松毛虫、尺蠖、毒蛾、刺蛾、小卷叶蛾等鳞翅目害虫，一般用 100 亿活芽孢/mL 悬浮液 150～200 倍液或 8000 IU/mg 可湿性粉剂 100～200 倍液喷雾；防治刺蛾、国槐尺蠖第 4 代幼虫、杨树枯叶蛾幼虫、天蛾类幼虫等，可于 8～10 月喷施 Bt 乳剂 500 倍液；防治北方果树的食心虫、卷叶蛾、潜叶蛾等，可用 100 亿活芽孢/g 可湿性粉剂，或悬浮剂 200 倍液，或 8000 IU/mg 可湿性粉剂 100～200 倍液，喷雾。

3）防治茶毛虫、茶黑毒蛾、茶刺蛾可亩用 100 亿活芽孢/g 可湿性粉剂 100～150 g，防治茶尺蠖、茶小卷叶蛾可亩用 100～200 g，对水 50～75 kg 叶面喷雾。

（7）注意事项：

1）应避免在阳光下使用。不可与内吸杀虫剂和杀菌剂及某些化肥混用。

2）应充分考虑害虫龄期、习性和为害方式。一般应比常规化学药剂提前 2~3 天。

3）鳞翅目龄期越低越敏感；钻蛀性害虫应在其钻蛀前使用，卷叶害虫应在其卷叶之前使用。

2. 杀螟杆菌

（1）通用名称：蜡质芽孢杆菌。

（2）其他名称：蜡状芽孢杆菌。

（3）毒性：低毒，但对家蚕染毒力较强。

（4）作用特点：属蜡状芽孢杆菌，杀虫机制同 Bt。以胃毒作用为主，其产生的伴孢晶体能破坏胃肠，引起中毒，芽孢进入害虫血液内进行大量繁殖，导致败血症。对鳞翅目害虫较有效，但起效慢。对老熟幼虫、低龄幼虫防效好。20 ℃以上防效较好。

（5）制剂：粉剂（每克含孢子 100 亿以上）。

（6）用法：

1）防治菜青虫、灯蛾、刺蛾、绢叶螟等害虫，可亩用活孢子 100 亿以上的菌粉 50~100 g 对水喷雾。

2）可收集感染过杀螟杆菌并已发黑变烂的虫尸，装入纱布袋内，加水浸泡、揉搓粉碎、过滤，用滤液喷雾防治害虫。一般将 50~100 g 虫尸滤出液对水 50~100 kg 后喷雾。

（7）注意事项：为提高杀虫速度可与 90% 敌百虫等一般杀虫剂混合使用。其他注意事项同 Bt。

3. 青虫菌

（1）通用名称：青虫菌。

（2）毒性：低毒，对家蚕毒性大。

（3）作用特点：又名蜡螟杆菌二号，为 Bt 蜡螟变种，为好气性细菌杀虫剂，对害虫主要是胃毒作用。主要用于防治鳞翅目幼虫，如造桥虫、刺蛾、灯蛾、松毛虫、舟形毛虫等农林害虫。

（4）制剂：可湿性粉剂（每克含 100 亿活芽孢），加入 0.1% 氰戊菊酯的粉剂或悬浮剂。

（5）用法：

1）防治菜青虫、小菜蛾、黏虫、棉铃虫、灯蛾、刺蛾、瓜绢螟等，可用可湿性粉剂 1000～1500 倍液喷雾。

2）防治松毛虫，可用可湿性粉剂 300～500 倍液喷雾。

3）防治果树害虫如柑橘潜叶蛾、卷叶蛾、刺蛾、凤蝶、锈螨、香蕉卷叶蛾，以及梨树舟蛾、刺蛾、舞毒蛾等，可用可湿性粉剂 1000 倍液喷雾。

4）防治桃小食心虫，可在幼虫蛀果前用可湿性粉剂 500～1000 倍液喷雾。

4. 类产碱假单孢菌

（1）通用名称：类产碱假单孢菌。

（2）毒性：低毒。

（3）作用特点：类产碱假单孢菌杀虫蛋白，对蝗虫具有较强的杀伤力，对胃蛋白酶敏感，对胰蛋白酶不敏感，不具溶血性。对草地优势种蝗虫（竹蝗和稻蝗等）具有较强的感染致死作用。

（4）制剂：200 亿活菌/mL 类·苏悬乳剂。

（5）用法：防治草原蝗虫、草原毛虫、草地螟、黏虫等，可用制剂每亩按 15～30 mL 1000～1500 倍液喷雾。

5. 野油菜黄单孢菌夜盗蛾变种

（1）通用名称：野油菜黄单孢菌夜盗蛾变种。

（2）毒性：低毒，对鱼、家蚕高毒。

（3）作用特点：属革兰氏阴性菌，对鳞翅目害虫较有效，可防治菜青虫、小菜蛾、斜纹夜蛾、稻纵卷叶螟、杨刺蛾等夜蛾科害虫较有效。

（4）制剂：100亿/mL悬浮剂。

（5）用法：可将制剂稀释成浓度为 55.00×10^6 CFU/mL 的药液使用（CFU 非法定计量单位，表示菌落形成单位）。

三、昆虫病毒

病毒杀虫剂具有如下优点：①具有一般蛋白质大分子的特征，能与绝大多数的化学及生物农药混用。②可在害虫种群中传播感染，如成虫染毒致产下的卵不能正常孵化；新孵幼虫染毒，其下一代幼虫也会感染死亡。③源于自然进化，不产生抗性。④不同种类的病毒制剂，杀灭相应的害虫。对人、畜、鱼类安全。对天敌无害，对环境友好。

杆状病毒的生活史：在感染初期（0~24小时），以出芽型病毒（BV）为主，在感染后期以包涵体衍生型病毒（ODV）为主。常用的杆状病毒是一类双链 DNA 昆虫病毒，包括核型多角体病毒（NPV）、颗粒体病毒（GV）和非包涵体型杆状病毒（NOV）三个亚组。其中 NPV 和 GV 为鳞翅目害虫的特异性寄主，GV 对 NPV 有提速、增效、扩谱作用。NOV 是感染早期从感染细胞质膜芽生出的一种病毒颗粒，即芽生型病毒（BV），其感染性是 NPV 及 GV 的 1500 倍。

多数杆状病毒杀虫剂只寄生昆虫的一个科或一个属，对脊椎动物和所有植物均无病原性，对人畜安全，无抗性，无残留。可用作生物控制剂和杀虫增效剂，杀虫谱窄，药效迟缓，一般需7~14天。另外，蝗虫痘病毒是细胞内寄生物，在活体寄主内繁殖，在自然环境下可存活。

使用时应注意：①最佳用药时间为幼虫 1~3 龄期，虫体越大，见效时间越长。②宜在阴天或太阳下山后施药，而且不能与碱性农药混用。③配药时用二次稀释的方式，先制成母液，再加足够的水配制成喷雾液。

（一）核型多角体病毒（NPV）

核型多角体病毒多在寄主细胞的细胞核内生长发育，病毒粒子呈杆状，直径 40~70 nm，长 250~400 nm，具有特异性强、不易产生抗药性、安全、无害等特点，广泛用于防治以鳞翅目害虫为主的农林害虫。但受自然因素影响较大。

特点：NPV 是一类能在昆虫细胞核内增殖的、具有蛋白质包涵体的杆状病毒，通过在虫体内多次侵染而引起昆虫死亡，一次使用即可引起病害流行传播。其特异性强，只对特定种或同属的几种昆虫起作用，对非靶标昆虫和鱼类、鸟类、哺乳动物都无侵染性，对天敌昆虫安全。其速效性较差，但持效性强。对害虫种群有致弱作用，并可以延续多代。杀虫效果受包括靶标害虫虫龄、温度、酸碱度、紫外线强度等外部因素的影响。具体如下：①害虫虫龄越低，NPV 杀虫剂的防治效果越好。②温度影响害虫的取食量和生长发育。在适宜温度范围内，增殖速率随温度上升而增大。温度过高抑制增殖，温度偏低起效慢。③多角体蛋白不溶于水和有机溶剂，对蛋白酶和细菌有很强的抗性，但在强酸或碱性的环境下容易溶解，失去活性。一般 pH 值 6.0~8.0 的病毒液感染害虫时具有较高的稳定性，在较强的酸性或较强的碱性条件下，保存时间越长，活性丧失越大。④阳光中的紫外线能使病毒变性失活，从而影响 NPV 的致病力。

杀虫机制：昆虫幼虫感染 NPV 后，随着包涵体在虫体内被消化释放出病毒粒子，血淋巴由正常的清液渐变为乳白色，随后躯体软化，体内组织液化，体节肿胀，表皮脆弱易裂，破后流出白色或褐色浓稠液体，内含大量新形成的多角体。害虫幼虫表现为食欲减退，动作迟缓，体色变淡或呈油光；感染病毒垂死的幼虫常爬向植物高处，往往以尾足紧附枝叶倒挂在植物枝条上死亡，组织液化下坠，使躯体下端膨大，有时幼虫感染的病毒量不足以致死，有些幼虫仅在末龄时呈现出血淋巴稍变乳白色的感染特征，染病幼虫可在蛹期死亡。

田间应用须注意以下要点：①宜在害虫卵盛孵期或1、2龄时施药。②宜在阴天或者下午太阳落山后施药。同时，应尽量将药液喷洒在植物叶片的背面。③要注意均匀施药。④不得与碱性农药混用。⑤应采取二次稀释的方式，先制成母液，再加足水量配制成要求的浓度。

【主要品种】

1. 棉铃虫核型多角体病毒

（1）通用名称：棉铃虫核型多角体病毒（HaNPV）。

（2）毒性：低毒。

（3）作用特点：害虫通过取食感染病毒，病毒粒子侵入中肠上皮细胞进入算淋巴，在气管基膜、脂肪体等组织中繁殖，逐步侵染虫体全身细胞，致使虫体组织脓化而死。该病毒可通过感病害虫粪便及死虫再侵染周围健康虫体，导致害虫种群中大量个体死亡，也可由皮肤感染。具有胃毒作用。可防治松黄叶蜂、松叶蜂、襄蛾、舞毒蛾、毒蛾、天幕毛虫、斜纹夜蛾、苜蓿粉蝶、粉纹夜蛾等。

（4）制剂：10亿PIB/g、20亿PIB/g可湿性粉剂，20亿PIB/g悬浮剂，2亿PIB/mL、20亿PIB/mL悬浮剂。［注：PIB是多角体（polyhedral inclusion body）的英文缩写。］

（5）用法：

1）防治棉铃虫等，可亩用10亿PIB/g可湿性粉剂80～150 g，或20亿PIB/g悬浮剂50～60 mL，或2亿PIB/mL悬浮剂50～100 mL，对水喷雾。

2）防治茶尺蠖，可用20亿PIB/mL悬浮剂对水750～1500倍，在卵孵化盛期于清晨8时前或下午4时后喷雾防治，喷雾务必均匀周到。

（6）注意事项：对林木害虫，大树要加大喷药量；尽量选择阴天或晴天的早、晚时间喷药。喷后遇雨应补喷。宜现配现用，药液不宜久置，特别是与化学农药混用时药液不能过夜。不能与碱性或特酸性物质混用；与低剂量甲萘威混用，前期可补充在潜伏期病毒效果的不足，后期又能增强病毒的侵染力；与 Bt、大豆卵磷脂混用有增效作用；可与少量化学农药混用，如与灭多威、高效氯氟氰菊酯、乙酰甲胺磷、溴氰菊酯等混用；可与其他生物杀虫剂如青虫菌、苦楝叶、椿树叶及棉籽液等混用，也可与敌百虫、硫酸铜、硫酸亚铁等混用。

2. 油桐尺蠖核型多角体病毒

（1）通用名称：油桐尺蠖核型多角体病毒（BsNPV）。

（2）制剂：10 亿 PIB/g 悬浮剂。

（3）用法：每亩使用 10 亿 PIB/g 悬浮剂 50~200 mL 的800~1000 倍液常规喷雾。

（4）注意事项：在制剂中加入少量的硫酸铜、硫酸亚铁或尿素有一定的增效作用，以含硫酸铜的制剂杀虫效果最好。

3. 杨尺蠖核型多角体病毒

（1）通用名称：杨尺蠖核型多角体病毒（AciNPV）。

（2）制剂：50 亿 PIB/g 可湿性粉剂。

（3）用法：地面喷洒适宜剂量范围为亩用 200 亿~400 亿个包涵体，加水稀释一定倍数常规喷雾，若飞机超低容量喷雾病毒总量为每公顷 3.75 万亿个包涵体。防治时期以 1~2 龄幼虫占 85%左右或 2~3 龄幼虫占 85%左右为最好。防治 3~4 龄时应加大 1 倍的剂量。

（4）注意事项：喷洒时间应在下午 4 时以后。

4. 斜纹夜蛾核型多角体病毒

（1）通用名称：斜纹夜蛾核型多角体病毒（SpltNPV）。

（2）制剂：10 亿 PIB/g 可湿性粉剂。

（3）用法：防治斜纹夜蛾，可在幼虫1~3龄期，亩用300亿~600亿个包涵体，用水稀释至800~1000倍液常规喷雾。

（4）注意事项：可用病毒制剂与其他低浓度的杀虫剂混用。施药时间宜在傍晚，若阴天全天均可。尽量在幼虫3龄前施药，最好在1~2龄幼虫时喷药。

5. 苜蓿银纹夜蛾核型多角体病毒

（1）通用名称：苜蓿银纹夜蛾核型多角体病毒（AcNPV）。

（2）毒性：低毒。

（3）作用特点：害虫通过取食感染昆虫病毒，而后病毒在害虫体内增殖，陆续侵染至虫体全身，最终导致害虫死亡。对鳞翅目害虫有较好的防效，可防治果树、观赏植物上的鳞翅目幼虫。

（4）制剂：10亿PIB/mL悬浮剂。

（5）用法：在害虫发生初期或卵孵化盛期开始喷药，5~7天后再喷施1次。一般每亩使用10亿PIB/mL悬浮剂100mL对水30~45L喷雾；或于害虫卵孵化盛期或低龄幼虫期，每公顷使用病毒悬浮剂600~900mL的800~1200倍液连喷1~2次，间隔5~7天，可有效地控制害虫发生。

（6）注意事项：不能与碱性及酸性物质混用。

6. 甘蓝夜蛾核型多角体病毒

（1）通用名称：甘蓝夜蛾核型多角体病毒（MbNPV）。

（2）毒性：低毒。

（3）作用特点：以核型多角体病毒杀虫活性病毒为主，对甘蓝夜蛾幼虫致病力强，自然感染率高，可杀灭32种鳞翅目害虫。施用后对鳞翅目害虫的棉铃虫、小菜蛾、甘蓝夜蛾、菜青虫等的幼虫较有效，对其他昆虫如蚜虫、椿象、红蜘蛛等的防效较差，能保护天敌，降低害虫种群基数。

（4）制剂：20亿PIB/g悬浮剂。

（5）用法：防治甜菜夜蛾、小菜蛾、棉铃虫、黑头虫、各种害螟、茶尺蠖等，可在植物初见害虫期，每亩用制剂 90～120 g 对水 50 kg 均匀喷雾。一般在晴天的下午 4 时以后喷药效果最佳，尤其是对夜蛾科的害虫。

（6）注意事项：不能同碱性农药、化肥混用。施后遇雨，需补施。对鳞翅目以外的害虫无效。对家蚕有较高的致死能力，蚕桑上禁用。为了增加杀虫谱还可以与蚜虫杀虫剂混用，但要现配现用。

7. 甜菜夜蛾核型多角体病毒

（1）通用名称：甜菜夜蛾核型多角体病毒（SpltNPV）。

（2）制剂：300 亿 PIB/g 水分散粒剂，3 g 水分散粒剂，20 mL、100 mL、200 mL 悬浮剂，30 亿 PIB/mL 悬浮剂。

（3）用法：防治十字花科植物甜菜夜蛾，可用 300 亿 PIB/g 水分散粒剂按每 3 g 对水 15 kg 稀释至 3000 倍液喷雾，或用 30 亿 PIB/mL 悬浮剂稀释至 750 倍液喷雾。

8. 茶尺蠖核型多角体病毒

（1）通用名称：茶尺蠖核型多角体病毒（EoNPV）。

（2）制剂：200 亿 PIB/g。

（3）用法：对一、二、五、六代茶尺蠖，可用茶尺蠖核型多角体病毒，在 1～2 龄幼虫期，每亩喷施核型多角体病毒颗粒 150 亿～300 亿。

9. 棉核·辛硫磷

（1）毒性：低毒。

（2）制剂：10 亿 PIB/g 棉核·16%辛可湿性粉剂，1 亿 PIB/g 棉核·18%辛可湿性粉剂。

（3）用法：防治棉铃虫，可亩用 10 亿 PIB/g 棉核·16%辛可湿性粉剂 80～100 g 对水喷雾，或 1 亿 PIB/g 棉核·18%辛可湿性粉剂 75～100 g 对水喷雾。

10.1 亿 PIB/g 棉核·2%高氯可湿性粉剂　亩用制剂 75 ~ 100 g 对水喷雾。

11. 棉核·苏云菌

（1）作用特点：它是由棉铃虫核型多角体病毒和 Bt 加入增效蛋白复配而成的昆虫病毒新型生物农药。

（2）制剂：1000 万 PIB/g 棉核·2000 IU/μL 苏悬浮剂。

（3）用法：1000 万 PIB/g 棉核·2000 IU/μL 苏悬浮剂 200 ~ 400 mL 对水喷雾。防治介壳虫、绿盲蝽、斜纹夜蛾、甜菜夜蛾等，可与 50%氯·毒乳油等量混合后再按 750 ~ 1500 倍均匀稀释后喷雾。

（4）注意事项：害虫 3 龄前或产卵盛期为用药最佳时期，尽量选择傍晚或者阴天施药，药后 4 小时内遇雨应重施。对家蚕有毒，桑园及蚕室附近禁用。

12. 高氯·斜夜蛾

（1）作用特点：由斜纹夜蛾核型多角体病毒和高效氯氰菊酯加入高效渗透剂复配而成。

（2）制剂：1000 万 PIB/mL 斜纹夜蛾核型多角体病毒·3%高氯水悬浮剂。

（3）用法：防治斜纹夜蛾等害虫，亩用 1000 万 PIB/mL 斜纹夜蛾核型多角体病毒·高氯水悬浮剂 75 ~ 100 mL 对水喷雾。

（4）注意事项：害虫 3 龄前或产卵盛期为用药最佳时期，尽量选择傍晚或者阴天施药，药后 4 小时内遇雨应重施。对家蚕有毒，桑园及蚕室附近禁用。

13. 苜核·苏云菌

（1）作用特点：由苜蓿银纹夜蛾核型多角体病毒和 Bt 加入高效渗透助剂复配而成。

（2）制剂：1000 万 PIB/mL 苜银夜核·2000 IU/μL 苏悬浮剂。

（3）用法：

1）防治甜菜夜蛾、斜纹夜蛾、棉铃虫等，亩用制剂 75~100 mL 对水喷雾；或每 15 kg 左右水使用病毒制剂 20~30 mL 的同时，配上甲维盐 20~30 mL 稀释成母液，再对水搅拌均匀后喷雾。

2）防治二化螟、三化螟、稻纵卷叶螟、甜菜夜蛾、斜纹夜蛾、棉铃虫、小菜蛾等，可每 15 kg 左右水使用病毒制剂 20 mL 的同时，配上虫酰肼 20 mL，先用 1 kg 水稀释成母液，再对水搅拌均匀后喷雾。

（4）注意事项：害虫产卵高峰期为用药最佳时期，尽量选择傍晚或者阴天施药，药后 2 小时内遇雨应重施。可与非碱性杀虫剂混用，但要现配现用。

14. 1000 万 PIB/g 苜银夜核·0.6%苏·1000 万 PIB/g 斜夜核水剂　防治甜菜夜蛾、斜纹夜蛾、小菜蛾，可亩用制剂 300~600 mL 对水喷雾。

15. 1000 万 PIB/mL 甜菜夜蛾核型多角体病毒·高氯悬浮剂　防治甜菜夜蛾，可亩用制剂 100~125 mL。

16. 甜核·苏

（1）制剂：1.6 万 IU/mg 苏·1 万 PIB/mg 甜夜核可湿性粉剂。

（2）用法：防治甜菜夜蛾、斜纹夜蛾、豆野螟，可亩用75~100 g 对水喷雾。

17. 1 亿 PIB/g 小颗·1.9%苏可湿性粉剂　防治小菜蛾等，可亩用制剂 50~75 g 对水喷雾。

18. 草毒蛾生防制剂

（1）由草原毛虫核型多角体病毒（GrNPV）和芽孢杆菌（B-1）组成。

（2）毒性：微毒。

（3）制剂：悬浮剂。

（4）用法：防治草原毛虫和其他鳞翅目害虫，如古毒蛾、草地螟、白刺夜蛾、黏虫等，在害虫3龄前每亩用量20~40 mL，用水稀释至1000~1500倍液喷雾使用。

（二）颗粒体病毒（GV）

颗粒体病毒（GV）经口或卵传递感染，进入昆虫肠道后在肠道将包涵体消化掉，释放病毒离子，病毒离子侵入真皮、脂肪组织、器官和中肠皮层，先进入细胞核，在核内繁殖，随后释放到细胞质中，形成只含一个病毒粒子的包涵体（颗粒体）。颗粒体病毒主要侵染脂肪体、表皮细胞、中肠上皮细胞、气管、血细胞、马氏管、肌肉、丝腺等组织。颗粒体病毒感染寄主细胞后，幼虫病征和感染核型多角体病毒后的很相似，有一个潜伏期，早期症状不明显，如食欲减退、行动迟缓、腹部肿胀。后期体色变淡，体液变混浊，内含大量的病毒离子，刚死幼虫头部下垂，口腔内向外吐出黏稠液体。感病从取食到死亡，一般4~25天，死虫呈V形倒挂在植物上。被感染的害虫由于病毒离子的大量繁殖，消耗昆虫的营养物质，使昆虫代谢紊乱而死亡。

【主要品种】

1. 小菜蛾颗粒体病毒

（1）通用名称：小菜蛾颗粒体病毒（PxGV）。

（2）作用特点：病毒在害虫的肠中溶解，进入细胞核中复制、繁殖、感染细胞，使其生理失调而死亡。该药对已产生抗性的小菜蛾具有明显的防效，可防治小菜蛾、菜青虫、银纹夜蛾和大菜蝴蝶等。

（3）制剂：40亿PIB/g可湿性粉剂。

（4）用法：防治小菜蛾、菜青虫、银纹夜蛾和大菜蝴蝶等，可用制剂加水稀释至800~1000倍液常规喷雾。

（5）注意事项：可与Bt混合使用。

2. 菜青虫（菜粉蝶）颗粒体病毒

（1）通用名称：菜青虫颗粒体病毒（PrGV）。

（2）毒性：低毒。

（3）作用特点：颗粒体病毒经害虫食入后，直接作用于害虫幼虫的脂肪体和中肠细胞核，并迅速复制，导致幼虫染病死亡。可防治菜青虫、小菜蛾、银纹夜蛾、粉纹夜蛾、甜菜夜蛾、斜纹夜蛾、菜螟等，还可防治棉铃虫、棉造桥虫、红铃虫、茶卷叶蛾、茶尺蠖等害虫。

（4）制剂：浓缩粉剂。

（5）用法：亩用粉剂 40~60 g 对水稀释至 750 倍液，在幼虫 3 龄前于阴天或晴天下午 4 时后均匀喷雾，持效期 10~15 天。

（6）注意事项：不能和碱性农药或强氧化剂混用。施药以卵高峰期最佳，不得迟于幼虫 3 龄前。喷施后可收集田间感染的虫尸，捣烂、过滤后将滤液对水喷于田间仍可杀死害虫，每亩用 5 龄死虫 20~30 条即可。

3. 黄地老虎颗粒体病毒

（1）制剂：悬浮剂。

（2）用法：可防治黄地老虎和警纹地老虎，亩用病毒悬浮剂 20 mL，在低龄幼虫阶段均匀喷雾。

（3）注意事项：可与细菌农药和化学农药混合使用，如可和杀螟杆菌按 1∶5 混用，还可和青虫菌、敌百虫混用。

4. 棉褐带卷蛾颗粒体病毒 防治夏季果树上的棉褐带卷蛾，可在棉褐带卷蛾成虫产卵到 1 龄幼虫阶段，每公顷用 10 万亿个包涵体病毒悬浮液均匀喷雾。

5. 苹果小卷蛾颗粒体病毒

（1）制剂：水乳剂或悬浮剂。

（2）用法：可防治苹果和梨上的苹果小卷蛾，在幼虫初孵期，每公顷用 10 万亿个包涵体均匀喷雾，或每公顷用剂量为 1

万亿个包涵体，每隔1周喷施1次，连用2~4次。

6. 武大绿洲1号 主要是由菜青虫颗粒体病毒与Bt杀虫可湿性粉剂复配而成。病毒直接作用于昆虫幼虫的脂肪体细胞和中肠细胞核，并迅速复制导致幼虫染病死亡。可防治果树鳞翅目害虫、梨食心虫等。防治梨食心虫等钻蛀性害虫时应在虫卵高峰期用药最佳。

7. 菜颗·苏云菌

（1）作用特点：菜颗·苏云菌可湿性粉剂是由菜青虫颗粒体病毒和Bt经科学复配而成。

（2）制剂：菜青虫颗粒体病毒1万PIB/mg·苏云金杆菌16 000 IU/mg。

（3）用法：

1）防治甜菜夜蛾、斜纹夜蛾、棉铃虫、小菜蛾等，每桶水（15 kg左右）使用病毒制剂15 g，同时配上甲维盐15 mL，稀释时先用少量的水将药剂混合均匀，再对水搅拌均匀后喷雾。

2）防治二化螟、三化螟，每桶水（15 kg左右）使用病毒制剂40 g，稀释时先用1 kg的水将药剂混合均匀，再对水搅拌均匀后喷雾。

3）防治二化螟、三化螟、稻纵卷叶螟、甜菜夜蛾、斜纹夜蛾、小菜蛾、棉铃虫等，每桶水（15 kg左右）使用病毒制剂15 g，同时配上虫酰肼15 mL，稀释时先用少量的水将药剂混合均匀，再对水搅拌均匀后喷雾。

（三）质型多角体病毒（CPV）

质型多角体病毒主要经口感染。害虫取食带有病毒或多角体的叶片后，经肠道碱性消化液作用，使多角体溶解释放出的病毒侵入寄主细胞并大量复制。感染质型多角体病毒的昆虫死亡周期较缓慢，一般为3~18天。

【主要品种】

松毛虫质型多角体病毒

（1）通用名称：松毛虫质型多角体病毒（DpCPV）。

（2）作用特点：感染质型多角体病毒的松毛虫幼虫，前期症状不明显，随病情发展，幼虫食欲减退、行动呆滞、生长发育迟缓、体形萎缩、头大尾尖、刚毛竖起、尾部常常带灰白色黏稠粪便，虫死后体壁不易触破。

（3）用法：在松毛虫幼虫 2~4 龄期，若虫口密度平均每株低于 50 头时，可单独用质型多角体病毒按亩用病毒总量 50 亿~100 亿 PIB 喷粉或 1000 倍液防治。

（4）注意：

1）经 4~6 天才开始死亡，死亡高峰在喂毒后 8~15 天。在高龄、高虫口区需加入一些低毒化学农药或其他速效生物农药。加入菊酯类农药，用量为常用量的 1/3~1/2。在病毒液中添加 0.06% 硫酸铜、1% 活性炭可提高杀虫效果。

2）防治松毛虫应于越冬前气温较高时进行，气温低于 15 ℃时，松毛虫的取食活动停止。

（四）蝗虫痘病毒

1. 特点　蝗虫痘病毒是细胞内寄生物，通常只能在活寄主体内繁殖，蝗虫痘病毒的包涵体在自然环境中能长期存活，病毒侵入寄主体内后，在脂肪体细胞中复制，使寄主感病而死亡。

2. 用法　①配制一定浓度的包涵体悬浮液进行喷雾；②一定浓度的病毒包涵体悬浮液与麦麸配成饵剂撒施；③与绿僵菌混合制成病毒真菌混合饵剂施用；④多种病毒制剂混合使用。

四、微孢子虫

微孢子虫是一种存在于真核细胞内的单细胞真核生物，以孢子发芽并将孢原质经极管注入寄主细胞侵染昆虫组织，可感染昆虫纲中几乎所有的目从卵期到成虫期任何发育阶段的昆虫。可经口、皮或卵感染。

微孢子虫进入寄主细胞后，依赖于寄主细胞的线粒体提供营养和能量，破坏寄主细胞细胞核和胞质之间的正常代谢作用，主要体现在掠夺养分、分泌蛋白酶溶解寄主细胞内容物、机械破坏寄主细胞完整性等方面。

微孢子虫对人、畜、鸟、禽安全，无须禁牧。在 38 ℃ 以上的气温条件下死亡，不污染环境，可通过徒手撒施。一旦在害虫中流行，可控制多年害虫为害。可与化学药剂混合互补使用。对植物无药害，对害虫无抗性。缺点是杀虫慢，种类少，效果不稳定。在害虫密度高时，通常要使用高效农药先压低害虫种群密度后再使用微孢子虫。

【主要品种】

1. 蝗虫微孢子虫

（1）毒性：低毒。

（2）作用特点：蝗虫微孢子虫是微孢子纲、微孢子目、微孢子科、微孢子属的一种，为单一性活体寄生虫，可影响蝗虫取食、活动、产卵及卵孵化等，经口或经卵传播。它通过在蝗虫体内繁殖使器官发育受阻，导致死亡，能感染一百多种蝗虫及其他直翅目昆虫，可防治飞蝗、中华稻蝗、白边痂蝗、毛虫棒角蝗、宽翅曲背蝗、宽须蚁蝗、笨蝗、意大利蝗、红胫纹蝗、西伯利亚蝗、黑条小车蝗、黄胫小车蝗等。

（3）剂型：高浓缩水剂。

（4）用法：

1）在蝗蝻处在 2~3 龄期，把蝗虫微孢子虫浓缩液按每公顷使用 10 亿~130 亿个微孢子虫的剂量用水稀释，喷在 1.5 kg 大片麦麸载体上并拌匀，按间隔 40 m 左右条带状撒施。

2）在蝗虫2~3龄盛发期，按每亩地使用10亿孢子直接将稀释后的孢子悬浮液进行低容量或超低容量喷雾。若虫口密度高时，可用微孢子虫与其他速效性防治措施如化学农药、昆虫蜕皮抑制剂等配合使用。

（5）注意事项：应连年施药，造成蝗虫全面感染。应冷储快运。施药要快，防止阳光暴晒。

2. 枞色卷蛾微孢子虫　防治杉树上的卷叶蛾，可在卷叶蛾幼虫期3~4龄时，每株白云杉树用500亿~1800亿孢子液喷雾。枞色卷蛾微孢子虫可成功地传入杉树的卷蛾口中，并可使虫口的发病水平持续2~3年。

3. 玉米螟微孢子虫　防治玉米螟，每公顷用2亿~13万亿孢子，每季喷施2~3次，并用脱脂奶粉作为紫外线保护剂。防治云南松毛虫，可用0.26亿/mL的药液浓度在害虫1~4龄期喷雾使用。玉米螟可与Bt混用。

4. 黏虫变形微孢子虫

（1）作用特点：可防治如黏虫、烟草夜蛾、结球羽叶甘蓝尺蠖、苜蓿绿夜蛾等多种害虫，致病强，易产孢，高剂量孢子引起肠病而致死，低剂量孢子侵染脂肪体和其他组织而致死。

（2）用法：按每公顷40万亿孢子，用22.5 kg葡萄渣肥混匀成毒饵，可防治黑切根虫。防治烟草烟芽夜蛾、结球羽叶甘蓝尺蠖，每公顷用2.2万亿孢子的微孢子虫药液喷雾。防治谷实夜蛾、烟芽夜蛾，每公顷用25万亿孢子的微孢子虫药液喷雾。

五、杀虫线虫

杀虫线虫为一种嗜虫性昆虫病原线虫，其消化道内携带共生细菌，可从昆虫消化道或体壁侵入并排出自身携带的共生细菌于寄主血腔，使寄主引起败血症致死。在土壤中可较好生存和扩散，能有效防治地下害虫、钻蛀性害虫。不为害植物。

常用的索科线虫，体圆柱形，长 1~50 cm，其大小随寄主大小和种类不同而不同，可寄生直翅目、鳞翅目、双翅目、同翅目等。另一类是芜菁夜蛾线虫和异小杆线虫，其共生菌随线虫进入昆虫体内，致使昆虫在 1~2 天死亡。

【主要品种】

1. 芜菁夜蛾线虫

（1）通用名称：芜菁夜蛾线虫。

（2）毒性：低毒。

（3）作用特点：经自然孔口侵入寄主幼虫或肾内进行繁殖，其携带的嗜线虫无色杆菌寄主血腔，为线虫发育提供营养并促进 4 龄线虫发育成雌雄异体的成虫，用寄主营养繁殖后代，当发育为 3 龄时便从寄主体内钻出，寻找新的寄主，最后耗尽害虫营养导致害虫死亡。同时共生菌会产生毒素引起昆虫败血症，使昆虫发育受阻而死亡。可防治蛀干类害虫如芳香木蠹蛾、小木蠹蛾、相思拟木蠹蛾、多纹豹蠹蛾幼虫，光肩星天牛、桑天牛、桃红颈天牛、台湾柄天牛、黄带黑绒天牛、黄斑星天牛，以及沟框象鼻虫等。

（4）制剂：含有 1 亿条活线虫的泡沫塑料吸块。

（5）用法：使用前，先用清水将吸附在泡沫塑料吸块中的线虫洗出，配成线虫悬浮液。

1）防治木蠹蛾类幼虫，可将 1 袋制剂用 50~70 kg 水洗涤配成线虫悬浮液，用洗涤瓶或注射器，从被木蠹蛾幼虫为害的树木最顶端虫洞口注入，直到树木最下面的蛀孔有线虫悬浮液流出为止，使虫道中充满线虫悬浮液。

2）防治天牛类幼虫，可将 1 袋制剂用 30 kg 水洗涤配成线虫悬浮液，用注射器从蛀孔洞口处注入并注满整个蛀道。

3）每平方米用含有 60 万~80 万条线虫的悬浮液喷洒树盘，

消灭食心虫的出土幼虫。

（6）注意事项：

1）昆虫病原线虫 37 ℃以上死亡，应现配现用，不宜在水中浸泡时间过长以防浸死线虫。

2）防治木蠹蛾类害虫一般在春秋气温 15~30 ℃进行，30 ℃以上高温影响防效。

3）可将含有线虫的海绵块撕碎成小块直接塞入蛀孔。

4）应放在阴凉低温的环境下（最好在 10 ℃左右）保存，储存期为半年左右。

2. 褐夜蛾线虫　防治荔枝拟木蠹蛾，可在树干上寻找幼虫为害的坑道洞口，用针筒向洞内注射含有线虫的悬浮液。每个洞口注射 0.4~2 mL 悬浮液，每毫升悬浮液的线虫含量为 8000 条。

3. 小卷蛾斯氏线虫

（1）作用特点：是从土壤中分离出来的一种杀虫线虫，可用来防治害虫，如黏虫、葡萄黑象甲、地老虎、大蜡螟、大蚊、曲胫叶甲、谷象、尖眼蕈蚊、黑光天牛及跳蚤。无毒安全。

（2）制剂：颗粒剂（颗粒内包囊 3 龄侵染线虫）。

（3）用法：用颗粒剂与水混合后均匀喷洒于地面，使用剂量是每 20 m² 喷施 0.1 亿条侵染期线虫。

（4）注意事项：在施用时要确保土壤潮湿，且温度在10~30 ℃。需低温储存，忌冷冻、阳光直晒或高温（>35 ℃）。在肥料中不能存活。

六、抗生素类杀虫剂

抗生素类杀虫剂是指由微生物代谢产生的杀虫活性物质（不包括活体微生物本身），一般是由一些放线菌代谢产生的对昆虫和螨类有强大的致病和毒杀作用的产物。如抗霉素 A、浏阳霉素、阿维菌素、弥拜菌素、华光霉素。

阿维菌素和弥拜菌素是光降解作用强的十六元大环内酯环化合物，对无脊椎动物作用是通过直接激活神经递质谷氨酸盐和GABA，或提高其作用活性使氯离子流入神经细胞和肌细胞，而对蠕虫作用主要是谷氨酸盐控制的氯离子通路增强或直接开放。其摄入毒性高于接触残留毒性；药效慢而持久，中毒个体死亡较慢，且常伴有麻痹和静止；对脊椎动物毒性低，对植物无毒。对多种昆虫、螨虫和线虫具有广谱性，可用于防治螨类、线虫和多种园艺植物昆虫。

【主要品种】

1. 阿维菌素

（1）通用名称：阿维菌素，avermectin。

（2）毒性：高毒，对蜜蜂有毒，对鱼类高毒。

（3）作用特点：通过拮抗神经传导介质的释放阻断神经传递，对螨类和昆虫具有胃毒、触杀，对叶片强渗透及弱的熏蒸作用，无内吸及杀卵作用。可防治鳞翅目、缨翅目、鞘翅目、双翅目、膜翅目、蜚蠊目、半翅目、同翅目害虫如害螨、潜叶蝇、潜叶蛾，以及其他的钻蛀性或刺吸式口器害虫。对小菜蛾和柑橘锈壁虱较有效。包根、埋土或茎部注射防治根结线虫较有效（喷洒防效差）。对蓟马无效。

（4）制剂：0.5%、0.6%、0.9%、1%、1.8%、2%、5%乳油，0.2%、0.3%、0.5%高渗乳油，0.5%微乳剂，0.5%、1%、1.8%、3%可湿性粉剂，0.2%、0.22%高渗可湿性粉剂。

（5）用法：

1）防治红蜘蛛、锈蜘蛛等螨类，可用1.8%乳油3000～5000倍液或每100 kg水加1.8%乳油20～33 mL喷雾；防治叶螨，可用1.8%乳油6000～8000倍液喷雾。

2）防治苹果树害螨，可用1%乳油4000～5000倍液喷雾。

3）防治山楂红蜘蛛、李始叶螨、二斑叶螨、梨木虱等，一般在害螨集中发生期喷洒 1.8%乳油 5000～6000 倍液或 0.9%乳油 2000～3000 倍液。

4）防治柿绒粉蚧，可在初孵若虫期喷 1.8%乳油 1000 倍液；防治柿龟蜡蚧，可在孵化末期、若虫形成较多蜡质前，喷洒1.8%乳油 2000 倍液，间隔 3 天再喷 1 次。

5）防治柑橘锈螨，可用 1%乳油 6000～10 000 倍液喷雾；防治柑橘全爪螨，可用 1%乳油 4000～5000 倍液喷雾；防治蔬菜害螨，可用 1%乳油 4000 倍液喷雾；防治观赏棉害螨，可用 1%乳油 4000～5000 倍液喷雾。

6）防治旱柳广头叶蝉，可用 1%乳油 1000 倍液喷雾。

（6）注意事项：夏季中午不能喷药，以避开强光、高温。

2. 甲维盐（甲氨基阿维菌素苯甲酸盐）

（1）通用名称：甲维盐，emamectin benzoate。

（2）作用特点：为阿维菌素的类似物，生物活性比阿维菌素母体高 1500 倍，并且扩大了杀虫谱（对鳞翅目害虫）。杀虫机制同阿维菌素。可防治抗性强的甜菜夜蛾、小菜蛾、斑潜蝇、菜青虫、粉虱、梨木虱、红蜘蛛等多种害虫，也可用于防治地下害虫。

（3）制剂：0.5%、1%、1.5% 乳油，0.2% 高渗乳油，0.5%、2.2%微乳剂，3.4%微乳剂（金扶植），2.15%乳油（鸿甲），5%水分散粒剂（凯强），2.3%微乳剂（金尔悍马）。

（4）用法：防治花卉红蜘蛛等螨类害虫，可按每亩 2.2%微乳剂 5～8 mL 使用；防治林木小夜蛾、黏虫，可按每亩 2.2%微乳剂 8～12 mL 使用。

（5）注意事项：在 22 ℃（甚至 25 ℃）以下，提倡使用阿维菌素，而在高温条件（25 ℃以上）时提倡使用甲维盐进行防治。

3. 富表甲氨基阿维菌素

（1）通用名称：富表甲氨基阿维菌素，metlylamineavermectin。

（2）毒性：低毒，对水生动物鱼、虾和天敌、蜜蜂毒性较高。

（3）作用特点：性能优于阿维菌素，具有触杀和胃毒作用，对鳞翅目、鞘翅目、同翅目、斑潜蝇及螨类高效。

（4）制剂：0.5%乳剂。

（5）用法：防治小菜蛾，可亩用0.5%乳油40～60 mL对水喷雾。

4. 弥拜菌素

（1）通用名称：米尔贝霉素，milbemycins。

（2）毒性：中等毒。

（3）作用特点：结构比阿维菌素少一个双糖基，由6个组分组成，其中A3和A4为有效结构。作用方式同阿维菌素，传导性好，渗透性强，但杀虫谱较窄。对棉叶螨和橘全爪螨高效，但对螨卵活性差，可防治各发育阶段螨类，在低浓度时可抑制螨类的繁殖（产卵），对肉食性螨安全。

（4）制剂：1%乳油。

（5）用法：防治各种害螨，可按 $5.6～28$ g/hm^2 剂量使用，加入矿物油能增加渗透性，提高杀卵活性。

5. 多杀霉素

（1）通用名称：多杀霉素，spinosyns。

（2）毒性：低毒，对蜜蜂高毒，对水生动物有毒。

（3）作用特点：由土壤放线菌刺糖多孢菌经有氧发酵后产生的胞内次级代谢产物，其主要活性成分是多杀菌素组分 A 和组分 D，具有触杀、胃毒作用，对鳞翅目及部分双翅目昆虫、螨类、线虫有活性。通过激活乙酰胆碱受体，引起昆虫神经痉挛、肌肉衰弱麻痹而致死。

（4）制剂：2.5%悬浮剂（菜喜），48%悬浮剂（催杀）。

（5）用法：一般用 2.5%悬浮液 800~1000 倍液，用 48%悬浮液 10 000 倍液。防治蓟马，可用 2.5%悬浮剂 1000~1500 倍液喷雾，重点喷雾幼嫩组织如花、幼果、顶尖及嫩梢等。

（6）注意事项：杀虫谱同阿维菌素，但效果稍差。

6. 乙基多杀菌素

（1）通用名称：乙基多杀菌素，spinetoram。

（2）毒性：低毒，对水蚤中等毒，对蜜蜂高毒，对家蚕剧毒。

（3）作用特点：是由放线菌刺糖多孢菌经有氧发酵产生的代谢物经化学修饰而得的高活性杀虫剂，通过作用于昆虫神经中烟碱受体和 γ-氨基丁酸受体，使虫体对兴奋性或抑制性的信号传递反应不敏感，影响正常的神经活动而死。具有胃毒、触杀作用，主要用于防治鳞翅目害虫及缨翅目害虫（蓟马）。

（4）制剂：6%悬浮剂。

（5）用法：在蓟马发生初期，亩用 60 g/L 悬浮剂 10~20 mL 对水 15~30 kg 喷雾。

（6）注意事项：在蜜源植物花期禁用，远离河塘等水体施药，禁止在河塘内清洗施药器具。在蚕室及桑园附近禁用。

7. 丁烯基多杀菌素

（1）通用名称：丁烯基多杀菌素，butenyl-spinosyns。

（2）作用特点：具有触杀、胃毒作用，作用机制同多杀菌素。具有杀虫、杀螨、杀虱活性，对多杀菌素不能防治的甜菜夜蛾、苹果蠹蛾、烟青虫和粉纹夜蛾有效，对棉蚜无效。

第十四章　植物源杀虫剂

植物性杀虫剂是植物自身产生的防御昆虫取食的次生代谢物质。按其有效成分活性、化学结构及用途可分为：①生物碱：主要有烟碱、苦参碱、百部碱、藜芦碱、小檗碱、喜树碱等。②萜烯类：包括蒎烯、单萜类、倍半萜、二萜类、三萜类等。③黄酮类：多以苷或苷元、双糖苷或三糖苷状态存在，主要有鱼藤酮、毛鱼藤酮等。④精油类：如桉树油、薄荷油、菊蒿油、茼蒿油、芸香精油、肉桂精油、猪毛蒿油等。⑤光活化毒类：如噻吩类的 α-三连噻吩、聚乙炔类的茵陈二炔、醌类的金丝桃素、香豆素类的花椒毒素、呋喃喹啉碱的小檗碱等。⑥糖苷类：如皂荚素糖苷、巴豆糖苷、番茄苷等。⑦苯酚类和醌类：如棉子酚、核桃叶醌等。⑧甾族（体）类：如百日青甾酮、牛膝甾酮等。⑨香豆素类：如佛手内酯、异茴芹内酯等。⑩木聚糖类：如 β-细辛脑、异细辛脑等。⑪多炔类、茵陈二炔等。此外，还有烃酸酯类，如除虫菊酯；木脂素类，如乙醚酰透骨草素。以上物质依其作用性质分别归为特异性、触杀性、胃毒性植物源杀虫剂。

特点：①绝大多数对高等动物比较安全，仅有烟草、狼毒等少数种毒性较高。②不同植物提取物及对不同害虫的杀虫作用机制与作用方式不尽相同。不同提取溶剂中提取出物质的杀虫作用和效果不同。③存在包括毒杀、行为干扰（拒食和忌避）和调节生物发育等作用方式。作用途径包括破坏昆虫的生理生化状态及口器的化学感受器、麻痹神经与肌肉、扰乱昆虫内分泌激素的平衡、产生光活化毒素等。④活性成分在植物不同部分含量不同，其种类、含量受植物自身遗传因子、外界环境条件（如土壤、温度、光照、土壤 pH 值）的影响，会有地域性和季节性等变化。特别是有些活性成分对光和热不稳定。⑤对环境友好、毒性较低、不易使害虫产生抗药性（抗性发展速度较缓慢）等，但见效慢，缺乏广谱性，作用机制多不明确。原药无毒，但加上乳化剂、有机溶剂制成乳油，反而变成有毒制剂。

植物源杀虫剂最常见、种类最多的是生物碱，具有胃毒、触杀、拒食、忌避、抑制生长发育、不育、抗虫、引诱等多种生物活性，一些具熏蒸作用。生物碱对昆虫的影响主要包括：①抑制昆虫乙酰胆碱酯酶或乙酰胆碱受体，使神经冲动传导受阻。②影响昆虫取食过程中对寄主的识别、定位和干扰昆虫的栖息、产卵。③抑制细胞分裂、促使细胞衰老和杀死生殖细胞。

【主要品种】

1. 烟碱

（1）通用名称：烟碱，nicotine。

（2）化学名称：（S）-3-（1-甲基吡咯烷-2-基）吡啶。

（3）毒性：中等毒，对水生生物毒性中等，对家蚕高毒。

（4）作用特点：游离烟草碱对害虫具有熏蒸、触杀作用及一定的杀卵作用。硫酸烟碱和假木贼碱不是游离烟草碱，其挥发慢，以触杀为主。鞣酸烟草碱等完全不挥发、不溶解于水，对害虫仅具胃毒作用。烟碱是受体激动剂，通过抑制神经组织，使虫体窒息而死。在低浓度时刺激受体，使突触后膜产生去极化，虫体表现兴奋；高浓度时对受体产生脱敏性抑制，神经冲动传导受阻，但神经膜仍保持去极化，虫体表现麻痹。可防治蚜虫、蓟马、螨、卷叶虫、菜青虫、飞虱、叶蝉、潜叶蛾等。

（5）制剂：单剂有 10% 乳油、40% 硫酸烟碱水剂、2% 水乳剂、烟碱烟剂。混配制剂有 0.84%、1.3%马钱子碱·烟碱水剂，2.7%苦参碱·烟碱悬浮剂，27.5%烟碱·油酸乳油，10%除虫菊素·烟碱乳油，9%辣椒碱·烟碱微乳剂，15%蓖麻油酸·烟碱乳油。

（6）用法：

1）防治果树蚜虫、叶螨、叶蝉、卷叶虫、食心虫、潜叶蛾等，可喷洒 40%硫酸烟碱水剂 800～1000 倍液，药液中加入 0.2%～0.3%中性皂可增效；也可用 2%水乳剂 800～1200 倍液喷雾。

2）防治松毛虫，可于 3～4 龄幼虫期用烟碱烟剂引火拉燃启动，每公顷用药量为 15～22.5 kg。

（7）注意事项：不宜与酸性农药混用，应随配随用。加入适量的肥皂和石灰等碱液能够提高药效，也可加入适量的湿润剂和增效剂茶皂素。

2. 油酸烟碱

（1）通用名称：油酸烟碱，nirotine oleate。

（2）化学名称：9-十八（碳）烯酸-N-甲基-2-（β-吡啶基）-四氢吡咯盐。

（3）作用特点：为中等毒性的植物源杀虫剂，对害虫和螨类具有触杀、胃毒及熏蒸作用，通过麻痹神经、抑制体内的乙酰胆碱酯酶而发挥毒杀作用。

（4）制剂：27.5%油酸烟碱乳油（含 10%烟碱与 17.5%蓖麻油酸）。

（5）用法：防治花卉、果树、茶树等植物上的蚜虫、菜青虫、螨类、飞虱、叶蝉和 3 龄以下的棉铃虫等，可用 27.5%乳油 300～500 倍液喷雾。

（6）注意事项：同烟碱。

3. 皂素烟碱

（1）有效成分：茶皂素+烟碱。

（2）作用特点：茶皂素是一种糖苷化合物，具有触杀兼一定的杀卵作用，无内吸作用，与烟碱混配后可防治蚜虫、螨类和蚧类等害虫。耐雨水冲刷，可在阴雨、潮湿条件下施用。

（3）制剂：27%可溶剂，30%水剂，30%乳油。

（4）用法：

1）防治红蜘蛛，可用27%可溶剂300~400倍液喷雾，防治介壳虫可用200~300倍液喷雾。

2）防治柑橘蚜虫，可用30%乳油2400~3000倍液喷雾，防治矢尖蚧可用1800~2400倍液喷雾。

（5）注意事项：同烟碱。

4. 鱼藤酮

（1）通用名称：鱼藤酮，rotenone。

（2）化学名称：（2R，6aS，12aS）-1，2，6，6a，12，12a-六氢-2-异丙烯基-8，9-二甲氧基苯并吡喃［3，4-b］呋喃并［2，3-h］吡喃-6-酮。

（3）毒性：中等毒，但对鱼高毒。

（4）作用特点：具有触杀、胃毒及驱避作用，无内吸作用，通过作用于呼吸链中电子转移复合体1，中断从辅酶1到辅酶Q之间的电子传递，从而使呼吸受阻，还抑制了L-谷氨酸的氧化作用，造成昆虫麻痹和瘫痪。另外还可能以一种可逆的方式连接在微管蛋白上来抑制微管的形成。对菜粉蝶幼虫等有强烈的触杀和胃毒作用，对日本甲虫、谷象、杂拟谷盗成虫及杂拟谷盗、谷斑皮蠹幼虫有拒食作用，对某些鳞翅目害虫有生长发育抑制作用，对蚜、螨有防效。对鳞翅目、半翅目、鞘翅目、双翅目、膜翅目、缨翅目、蜱螨亚目等多种害虫均有效。

（5）制剂：2.5%、4%、7.5%乳油，3.5%高渗乳油，5%粉

剂，混配制剂有 5%除虫菊素·鱼藤酮乳油。

（6）用法：

1）防治二十八星瓢虫、猿叶虫、黄守瓜、黄条跳甲等，一般亩用 2.5%乳油 100 mL，或 7.5%乳油 34 mL，或 3.5%高渗乳油 34~50 mL，对水 40~50 kg 喷雾；也可用 5%粉剂 250 g 对水 400~500 kg 喷雾。

2）防治蚜虫，可用 2.5%鱼藤酮乳油 400~600 倍液喷施。

3）将鱼藤根切成薄片，经 50 ℃左右干燥后磨成细粉，通过 150 号筛目即可应用。每公顷用鱼藤粉 15~20 kg，拌细土或草木灰 120~150 kg，在清晨露水未干时撒施，可有效防治害虫；防治蚜虫可用鱼藤粉 1 kg，加水 300~500 L 制成悬浮液喷雾，或将鱼藤粉 1 kg 加入 10 L 煤油中，加盖浸泡 1~3 天后过滤，慢慢加入乳化剂约 700 mL 充分搅匀，即得煤油鱼藤乳液原液，使用时按 100~150 倍液喷雾。

（7）注意事项：鱼藤酮遇强光、高温易分解。药液应现用现配，当天用完，以防分解失效。

5. 茴蒿素

（1）通用名称：茴蒿素，santonin。

（2）化学名称：4，6a，10-三甲基-4a，5，6，6a-四氢-1H-苯并[h]异苯并吡喃-3，9（4H，10bH）-二酮。

（3）毒性：低毒。

（4）作用特点：具有触杀、胃毒作用，兼具杀卵作用，害虫触药或食后麻醉神经，窒息气门。可防治园林蚜虫、尺蠖、食心虫、桃小食心虫、春尺蠖、白小食心虫、红蜘蛛、茶黄螨、天牛幼虫、光肩星天牛、梨粉蚜虫等。

（5）制剂：0.65%水剂，3%乳油。

（6）用法：

1）防治光肩天牛、白小食心虫、国槐尺蠖等，可用 0.65%

水剂 500~800 倍液喷雾。

2）防治苹果黄蚜、尺蠖、桃小、梨粉蚜、梨木虱、天牛幼虫、梨小食心虫、红蜘蛛和天牛幼虫及林木上的蚜虫、尺蠖、食心虫等，可用 0.65% 水剂 400~500 倍液喷雾，连用 2~3 次；防治天牛幼虫，可用稀释后的药剂用布条蘸药液堵洞。

3）防治柑橘蚜虫，可亩用 0.65% 水剂 200 mL 对水喷雾。

（7）注意事项：不可与酸性或碱性农药混用。使用前需将药液摇匀后再加水稀释，并在当天用完。

6. 楝素

（1）通用名称：楝素，toosedarin。

（2）化学名称：呋喃三萜。

（3）毒性：低毒。

（4）作用特点：主要作用于昆虫的神经系统和消化系统，对害虫具有触杀、胃毒、拒食及抑制害虫生长发育的作用。对鳞翅目昆虫防效好，对刺吸式口器害虫无效。可防治食心虫、羽叶甘蓝夜蛾、甜菜夜蛾等鳞翅目及白粉虱、斑潜蝇、蚜虫、叶螨等害虫。

（5）制剂：0.3%、0.5% 乳油。

（6）用法：防治食叶类毛虫，可用 0.5% 乳油 1000~2000 倍液喷雾；防治鳞翅目害虫如斜纹夜蛾、小菜蛾、菜螟等，可在成虫产卵高峰后 7 天左右或幼虫 2~3 龄期，每公顷用 0.5% 乳油 750~1500 mL 对水喷雾。

（7）注意事项：不宜与碱性农药混用。在稀释农药时可加入喷液量 0.03% 的中性洗衣粉。作用相对较慢，使用时不要随意加大药量。

7. 印楝素

（1）通用名称：印楝素，azadirachtin。

（2）毒性：低毒。

（3）作用特点：对害虫主要有拒食、忌避及产卵忌避、触杀、胃毒、内吸作用，通过抑制呼吸及抑制昆虫激素分泌，从而影响昆虫生长发育，降低昆虫生育能力。对鳞翅目、鞘翅目和双翅目等如红蜘蛛、锈蜘蛛、蚜虫、潜叶蛾、粉虱及各类蝗虫有效。症状表现为幼（若）虫蜕皮延长，蜕皮不完全（畸形）或蜕皮时就死亡。

（4）制剂：0.3%、0.5%乳油。

（5）用法：

1）防治花卉的多种害虫，一般是每公顷用0.3%乳油800～1500 mL对水750 kg均匀喷雾。

2）防治松毛虫、毒蛾类、松梢螟、果树螨类、卷叶蛾类、潜叶蛾类等，可用0.3%乳油1500～2000倍液喷雾。

3）防治柑橘红蜘蛛、锈蜘蛛、蚜虫、潜叶蛾、粉虱等，可用0.3%乳油1000～1300倍液喷雾。

4）防治螟虫类、叶蝉类、飞虱类、稻蝗类，可用0.3%乳油1500～2000倍液喷雾。

8. 苦参碱

（1）通用名称：苦参碱，matrine。

（2）毒性：低毒。

（3）作用特点：具有触杀、胃毒作用。通过麻痹神经中枢，促使虫体蛋白质凝固，堵塞虫体气孔，使害虫窒息而死。可防治多种植物上的螨类、蚜虫及地下害虫等，以及霜霉病、黑星病等。

（4）制剂：0.2%、0.26%、0.3%、0.36%、0.5%水剂，0.3%水乳剂，0.36%、0.38%、1%可溶液剂，0.3%、0.38%、2.5%乳油，0.3%、0.38%、1.1%粉剂（康绿功臣）。

（5）用法：

1）防治花卉害虫如蚜虫、小菜蛾、叶螨、木虱、尺蠖、食心虫、白粉虱、小绿叶蝉等，可在发生初期用0.26%水剂（绿宝清）600~800倍液喷雾，或用0.3%水剂1000倍液喷雾。

2）防治各种松毛虫、杨树舟蛾、美国白蛾等森林食叶害虫，在2~3龄幼虫发生期，用1%可溶液剂1000~1500倍液均匀喷雾。

3）防治茶毛虫、枣尺蠖、金纹细蛾等果树食叶类害虫，可用1%可溶液剂800~1200倍液均匀喷雾。

4）防治地下害虫，可用1.1%粉剂100~200 g拌种或亩用0.3%粉剂2.5~3 kg穴施。

5）防治柑橘、山楂叶螨及锈线菊蚜等，可喷洒0.2%或0.3%水剂200~300倍液。

9. 氧化苦参碱

（1）通用名称：氧化苦参碱，oxymatrine。

（2）化学名称：（4Z）-4-亚乙基-7-羟基-6，7，14-三甲基-2，9-二氧杂-14-氮杂双环［9.5.1］十七碳-11-烯-3，8，17-三酮。

（3）毒性：低毒。

（4）作用特点：以触杀为主，兼具胃毒作用，主要作用于昆虫的神经系统，对昆虫神经细胞的钠离子通道有浓度依赖性阻断作用，可引起中枢神经麻痹，进而抑制昆虫的呼吸作用，使害虫窒息死亡。可用于防治蚜虫、红蜘蛛等害虫。

（5）制剂：0.1%水剂，0.5%、0.6%氧化苦参碱·补骨内酯水剂。

（6）用法：防治蚜虫、红蜘蛛等，可用0.1%水剂按亩用60~80 mL对水40 kg喷雾。

（7）注意事项：同苦参碱。

10. 阿罗蒎兹

（1）毒性：低毒。

（2）作用特点：阿罗蒎兹为苦豆子素与阿维菌素的混合物，具有触杀和胃毒作用，无内吸作用，有一定的内渗作用，可防治食叶类害虫（潜叶蝇等）、螨类（红蜘蛛、白蜘蛛等）和各种作物线虫（根结线虫和茎线虫）。

（3）制剂：6%增效微乳剂（有效成分为苦豆子水提取物、阿维菌素），6%乳油，5%金维灭线颗粒剂（苦豆子残渣，阿维菌素残渣）。

（4）用法：

1）防治地下害虫及根结线虫，可用6%增效微乳剂按22.5 L/hm² 对水淋灌或土施。

2）在定植时可用6%增效微乳剂2500倍液灌根驱杀地下害虫。

3）在定植后可用6%乳油1500倍液灌根，生长期发生线虫后可用1000~1500倍液灌根。

4）防治红蜘蛛，可用6%乳油按40 mg/L喷雾。

11. 藜芦碱

（1）通用名称：藜芦碱，vertrine。

（2）化学名称：3，4，12，14，16，17，20-七羟基-4，9-环氧-3-（2-甲基-2-丁烯酸酯）[3β（Z），4α，16β] -沙巴达碱。

（3）毒性：低毒，但对哺乳动物的黏膜有强刺激性。

（4）作用特点：为选择性兼具触杀和胃毒作用的生物杀虫剂，作用于钠离子通道，可使昆虫肌肉瘫痪。可防治多种植物蚜虫、茶树茶小绿叶蝉、蚜虫、叶蝉、蓟马、蝽、白粉虱等刺吸式害虫及部分鳞翅目害虫。

（5）制剂：0.5%醇溶液，0.5%可溶液剂，5%~20%粉剂。

（6）用法：防治各类蚜虫、叶螨，可用0.5%醇溶液800~1000倍液喷雾，兼治其他多种鳞翅目害虫。

（7）注意事项：不可与强酸或碱性农药混用，可与有机磷类、拟除虫菊酯类药剂现混现用。

12. 苦皮藤素

（1）通用名称：苦皮藤素，celangulin。

（2）毒性：低毒。

（3）作用特点：包括苦皮藤素 I～V，其中苦皮藤素 II、III 对小地老虎、甘蓝夜蛾、棉造桥虫等有胃毒作用；苦皮藤素 V 主要作用于昆虫消化系统，可能和中肠细胞质膜上的特异性受体相结合，破坏膜结构，造成肠穿孔，害虫大量失水而死。苦皮藤素 IV 既作用于神经与肌肉接点也作用于肌细胞，对昆虫飞行肌和体壁肌毒性强，可破坏肌细胞的质膜和内膜系统及肌原纤丝，对昆虫具有选择麻醉作用。该药具较强的胃毒、拒食、驱避、触杀作用，可防治蝗虫成若虫、黏虫、槐尺蠖等鳞翅目幼虫、樱桃叶蜂、苹果顶梢卷叶蛾等。

（4）制剂：6% 母液，0.2%、0.23%、0.25%、1% 乳油，0.15%微乳剂，0.2%、1%水乳剂，苦皮藤素蛀干害虫药签。

（5）用法：一般每亩使用剂量为 1%乳油 50～70 mL，对水 60～75 kg 稀释，均匀喷雾。

1）防治茶尺蠖、槐尺蠖，可用 0.23%乳油 800～1000 倍液喷雾，持效期 5～7 天；也可用 0.2%乳油 1000～1500 倍液喷雾。

2）防治金龟子成虫，可于为害期用 0.2%乳油 2000 倍液树上喷雾。

3）防治黄刺蛾，可在低龄阶段用 0.2%乳油 2000 倍液喷雾。

4）防治二十八星瓢虫，可用 0.25%乳油 500～1000 倍液喷雾。

5）防治小卷叶蛾，可用 1%水乳剂按浓度 2～2.5 mg/kg 喷雾。

6）防治树干和乔木类花木枝干的虫害，如光肩星天牛、寻天牛、翅蛾、芳香木蠹等多种蛀干害虫，可用苦皮藤素蛀干害虫药签。

13. 血根碱

（1）通用名：血根碱，sanguinarine。

（2）化学名称：13-甲基［1，3］苯并二氧杂戊环［5，6-C］-1，3-二氧杂戊环［4，5-I］菲啶。

（3）毒性：低毒，对蜜蜂、家蚕低毒，对鱼类高毒。

（4）作用特点：血根碱是博落回生物总碱中的主要有效成分之一，属苯并菲啶的衍生物。通过抑制乙酰胆碱酯酶、微粒体多功能氧化酶的活性而起作用，可防治蚜虫、梨木虱、苹果二斑叶螨等。

（5）制剂：1%可湿性粉剂（5%博落回生物总碱可湿性粉剂）。

（6）用法：防治蚜虫，可亩用制剂 30~50 g 对水 50 kg 喷雾；防治苹果黄蚜和二斑叶螨、梨木虱等，可在低龄幼虫期用制剂 1500~2500 倍液喷雾。

14. 狼毒素

（1）通用名称：新狼毒素，neochamaejasmin。

（2）作物特点：为黄酮类化合物，具有触杀、胃毒作用，进入虫体后，渗入细胞核，抑制破坏细胞新陈代谢，使受体能量传递失调、紊乱，致使肌肉非功能性收缩致死。

（3）制剂：1.6%水剂，1.6%水乳剂。

（4）用法：防治菜青虫，可亩用 50~100 mL 对水 50 kg 喷雾。

（5）注意事项：对鱼、鸟、家蚕高毒，对蜜蜂中等毒。

15. 闹羊花素-Ⅲ

（1）通用名称：闹羊花素-Ⅲ，rhodojaponin-Ⅲ。

（2）毒性：低毒，对鱼类、鸟类高毒，对家蚕剧毒。

（3）作用特点：属四环二萜类化合物，对害虫具有拒食、胃毒、产卵忌避和触杀作用。主要作用于昆虫神经系统，阻断神经传导，影响离子通道开放；破坏中肠生物膜系统，影响消化道酶系和解毒酶的活性。可防治鳞翅目害虫如菜青虫、小菜蛾、斜纹夜蛾、卷叶虫、黏虫及某些蚜虫等。

（4）制剂：0.1%乳油。

（5）用法：防治十字花科植物的菜青虫等，可亩用制剂60~100 mL对水喷雾。

16. 蛇床子素

（1）通用名称：蛇床子素，osthol。

（2）化学名称：7-甲氧基-8-异戊烯基香豆素。

（3）毒性：低毒，对蜜蜂和鸟类高毒。

（4）作用特点：从伞形科植物蛇床子的果实中提取的天然化合物，具有触杀兼胃毒作用，有抑菌活性。可通过体表吸收进入昆虫体内作用于神经系统，导致害虫肌肉非功能性收缩，致使衰竭而死。

（5）制剂：0.4%乳油。

（6）用法：防治茶尺蠖，可亩用0.4%乳油100~120 mL对水50~75 kg喷雾，持效期7天左右。

17. 桉叶素

（1）通用名称：桉叶油，1，8-cinede，eucalyptus oil。

（2）化学名称：1，3，3-三甲基-2-氧双环（2，2，2）辛烷。

（3）毒性：低毒。

（4）作用特点：具有驱避、触杀作用，可防治十字花科植物蚜虫。

（5）制剂：5%可溶液剂，10%水乳剂。

（6）用法：防治蚜虫，可亩用10%水乳剂70~100 mL对水

50~75 kg 喷雾。

18. 绿保李

（1）作用特点：以中药杜仲为主要原料，主要成分为杜仲苷、杜仲胶、京尼平苷和植物油等。具有触杀和杀卵作用，通过抑制害虫的神经及呼吸系统，同时有效分解虫体内蛋白，杀死害虫。对红蜘蛛、蚜虫、蓟马等刺吸类害虫有效。该药对真菌、细菌、病毒引起的病害有防治和预防作用。

（2）制剂：液剂。

（3）用法：

1）防治红蜘蛛和蓟马，可用 400 倍液喷雾。

2）防治蚜虫和美洲斑潜蝇，可用 200~400 倍液喷雾。

3）防治鳞翅目幼虫及蚊、蝇幼虫，可用 150 倍液喷雾。

19. 莨菪烷碱

（1）通用名称：山莨菪碱，anisldamine。

（2）化学名称：α-（羟甲基）-苯乙酸（6s）-羟基-8-甲基-8-氮杂双环［3，2，1］-辛-3-酯。

（3）制剂：0.25%乳油。

（4）用法：防治菜青虫，一般亩用乳油 40~60 mL 对水常规喷雾。

20. 异羊角扭苷

（1）作用特点：从植物羊角扭中提取而得，对害虫具有触杀、胃毒兼内吸作用，对植物安全，能有效地防治菜青虫等害虫。

（2）制剂：0.05%水剂。

（3）用法：一般亩用制剂 40~60 mL 对水喷雾。

21. 除虫菊素

（1）通用名称：除虫菊素，pyrethrins。

（2）化学名称：除虫菊素Ⅰ，（1S）-2-甲基-4-氧代-3-

［(*Z*) -戊-2，4-二烯基］环戊-2-烯基（1*R*，3*R*）-2，2-二甲基-3-（2-甲基-丙-1-烯基）环丙烷羧酸酯；除虫菊素Ⅱ，(1*S*) -2-甲基-4-氧代-3-［(*Z*) -戊-2，4-二烯基］环戊-2-烯基（1*R*，3*R*）-2，2-二甲基-3-［(*E*) -2-甲氧基甲酰基丙-1-烯基］环丙烷羧酸酯。

（3）毒性：低毒，对鱼类等水生生物和蜜蜂有毒。

（4）作用特点：具有触杀、胃毒和驱避作用，无熏蒸和传导作用。可麻痹昆虫中枢神经，能对周围神经系统、中枢神经系统及其他器官组织同时起作用。可防治卫生害虫，如蚊、蝇、臭虫、虱子、跳蚤、蜚蠊、衣鱼等，也可防治蚜虫、蓟马、飞虱、叶蝉和菜青虫、叶蜂、猿叶虫、金花虫、椿象等。

（5）制剂：0.5%粉剂，3%、5%、6%乳油。

（6）用法：防治果树蚜虫、叶蝉等害虫，用3%乳油22.5～37.5 g（有效成分）/hm² 对水喷雾，亦可用除虫菊花粉（干花粉碎）1 kg、中性肥皂0.6～0.8 kg、水400～600 L混合后喷雾。

（7）注意事项：最好选在傍晚使用。不能与石硫合剂、波尔多液、松碱合剂等碱性农药混用。

22. 雷公藤多苷

（1）制剂：0.25%颗粒剂。

（2）作用特点：雷公藤多苷原为治疗肾病综合征的常用药，具有解毒、除湿消肿、舒筋活络、抗炎及抑制细胞免疫和体液免疫等作用，可用于防治害虫。

（3）用法：可防治猿叶虫、黄守瓜、菜青虫、小菜蛾、二十八星瓢虫、马铃薯甲虫等蔬菜害虫，对胡蜂、步行甲等天敌安全。

23. 松油精

（1）通用名称：松油精，dipentene fluka spec. purified fraction of terpene hydrocarb。

（2）化学名称：1-甲基-4-（1-甲基乙烯基）环己烯。

（3）制剂：95%油剂。

（4）用法：可防治叶甲、褐拟谷盗、云杉小蠹虫等害虫。对人畜安全、无污染，害虫对其不易产生抗药性。

24. 鱼尼丁

（1）通用名称：鱼尼丁，ryanodine。

（2）毒性：高毒。

（3）作用特点：为肌肉毒剂，作用于钙离子通道，影响肌肉收缩，造成昆虫肌肉松弛性麻痹。但鱼尼丁对哺乳动物的毒性大，能引起温血动物僵直性麻痹，而使其应用受到限制。

25. 番荔枝内酯

（1）通用名称：番荔枝内酯，annonaceous acetogenins。

（2）作用特点：是从番荔枝科植物中提取分离的一类杀虫活性物质，其作用机制与鱼藤酮类似，通过对NADH-细胞色素c还原酶的专一抑制作用，抑制细胞的呼吸功能。

26. 青蒿素

（1）通用名称：青蒿素，arteannuin。

（2）化学名称：（3R，5aS，6R，8aS，9R，12S，12aR）-八氢-3，6，9-三甲基-3，12-桥氧-12H-吡喃［4，3-j］-1，2-苯并二噻-10（3H）-酮。

（3）毒性：低毒。

（4）作用特点：是从青蒿（黄花蒿）中分离出来的倍半萜类化合物，青蒿素及其类似物对菜粉蝶、小菜蛾幼虫具有拒食活性。

27. 速杀威

（1）通用名称：速杀威。

（2）毒性：低毒。

（3）作用特点：由5%烟碱与楝素混配而成，对害虫具有触杀兼胃毒作用。适用于防治多种植物上的蚜虫、螨类及鳞翅目幼虫等害虫。

（4）制剂：5%乳油。

（5）用法：防治花卉、林木、果树的蚜虫、红蜘蛛、夜蛾、绢叶螟等，可用 5%乳油 400～500 倍液喷雾，间隔 5～7 天喷 1 次，连喷 2～3 次。

（6）注意事项：同烟碱。

28. 烟百素

（1）毒性：低毒。

（2）作用特点：由烟碱、百部碱、楝素混配而成，具有较强的触杀和胃毒作用。可防治鳞翅目、双翅目、同翅目、半翅目的多种害虫，如蚜虫、白粉虱、美洲斑潜蝇、尺蠖、叶蝉、红蜘蛛、葱蓟马、螟虫、茶毛虫、烟青虫、介壳虫、棉铃虫等。

（3）制剂：1.1%百部碱·楝素·烟碱乳油（绿浪）。

（4）用法：防治蚜虫、红蜘蛛、介壳虫等，一般用制剂的 1000 倍液喷雾，7～10 天喷 1 次，连喷 2～3 次。

（5）注意事项：宜在下午 5 时后施药，阴天全天均可。

29. 蒿楝素

（1）毒性：低毒到无毒。

（2）作用特点：主要由楝素、蒿素及大烟碱素三种成分协同作用，具有抑制发育、拒食、胃毒、触杀、影响呼吸等作用。对鳞翅目、鞘翅目较有效，对一些蠕虫和孢子虫也有效。通过扰乱甚至破坏虫体脑神经及内分泌系统功能，使脑萎缩，分泌失调，生殖器官和前胸腺肿大，并致血淋巴和多种羧酯酶受抑制变质致死。

（3）制剂：0.3%乳剂。

（4）用法：防治鳞翅目、鞘翅目害虫，可用 0.3%乳剂 1500～2000 倍液喷雾。

30. 双素·碱

（1）通用名称：双素·碱，santonin+tuberostemonine。

（2）毒性：低毒。

（3）作用特点：由茴蒿素（0.63%）和百部碱（0.25%）混配制成，具有触杀和胃毒作用，可杀灭成虫和虫卵。对咀嚼式口器害虫及刺吸式口器害虫有效，包括菜青虫、蚜虫等。

（4）制剂：0.88%水剂（含茴蒿素0.65%，百部碱0.25%）。

（5）用法：防治蚜虫及其他害虫，可用0.88%水剂100～150 mL对水喷雾。

（6）注意事项：应储存在避光处，加水稀释后的药剂应当天用完，不能存放。

31. 苦参碱与烟碱的混剂

（1）毒性：低毒。

（2）作用特点：具有触杀、胃毒和一定的熏蒸作用。害虫接触药液后，其中枢神经麻痹，继而使蛋白质凝固而死亡，同时也影响其呼吸代谢，抑制谷氨酸脱氢酶的活性。在低温下也较有效，可用于早春和冬季防治果树、园林、森林等植物上的各类害虫，对鳞翅目、同翅目幼虫较有效。可防治桃蚜、月季长管蚜、夹竹桃黄蚜、荷缢管蚜、温室白粉虱、椿象、叶蝉和飞虱等刺吸性害虫。在稀释液中加入少量平平加渗透剂，可提高防治效果。

（3）制剂：0.5%、0.6%、1.2%乳油，0.5%苦·烟水剂。

（4）用法：

1）防治园林蚜虫等刺吸性害虫和槐尺蠖等食叶害虫，可用1.2%乳油800～1000倍液喷雾；防治鳞翅目低龄幼虫（3龄之前），可用1.2%乳油2000倍液喷雾。

2）防治松毛虫及温室白粉虱等，可按每亩用1.2%乳油50～100 g，与柴油按1∶5～1∶20的比例混合，用喷烟机从里往外喷烟。

3）防治松树松毛虫等，可用飞机进行超低容量喷雾，亩用1.2%乳油50~100 g。

4）防治国槐尺蠖、桑褐翅尺蛾，可用1.2%乳油1000倍液喷雾。

5）防治蝴蝶兰蚜虫，可用1.2%乳油1500倍液喷雾。

6）防治柑橘矢尖蚧，可用0.5%苦·烟水剂500~1000倍液喷雾。

（5）注意事项：该药对叶螨效果差。中午温度高不宜喷药。高温季节该药对枫香有药害，使用浓度不能低于1200倍。

32. 苦参碱·内酯

（1）通用名称：苦参碱·内酯，eploxugarroxymitran。

（2）毒性：低毒。

（3）作用特点：由牛心朴子、苦豆草等多种植物及中草药粉碎、溶解、添加助剂和渗透剂配置加工而成。具有触杀、胃毒作用，可有效防治茶树害虫茶尺蠖为害。

（4）制剂：0.6%水剂。

（5）用法：

1）防治各类蚜虫及食叶害虫，可用制剂1000~2000倍液喷雾。

2）防治茶尺蠖、黑毒蛾（黑头虫）、茶毛虫，可亩用制剂60~75 g（有效成分）喷雾。

33. 鱼藤菊酯

（1）作用特点：由鱼藤酮和除虫菊素两种物质组成，具有高效、低毒、低残留等特点。可防治蛾类及蚜虫，尤其对高抗性害虫小菜蛾较有效。

（2）制剂：5%乳油。

（3）用法：防治小菜蛾及蚜虫，可用5%乳油1000~4000倍液喷雾。

第十五章 天敌昆虫类杀虫剂

天敌昆虫是具有专食性的一种动物源杀虫剂，与环境相容性好，对人畜无毒，施用次数少，持效期长，成本低。制剂主要是杀虫卵卡、杀虫卵袋。

【主要品种】

1. 赤眼蜂

（1）通用名称：赤眼蜂。

（2）作用特点：赤眼蜂是一种很小的卵寄生蜂，其个体发育需经过卵、幼虫、预蛹、蛹和成虫五个发育阶段。整个发育阶段只有成虫可在自然环境中活动。当雌蜂把卵产在害虫卵内后，在25℃左右，1天左右就孵化成幼虫，幼虫以寄主卵内的物质为食，经3~4天进入预蛹期，然后经历中蛹、后蛹，6天左右羽化为成虫。成虫咬破卵壳飞出，又在害虫卵中产卵，可寄生于鳞翅目、半翅目、直翅目、鞘翅目、同翅目、膜翅目、广翅目和革翅目等多种昆虫卵内。可在害虫产卵盛期后于田间采集被赤眼蜂寄生的害虫卵带回室内扩大繁殖。选出活力强的蜂种，或从外地引进优良蜂种。

（3）剂型：蜂卡。

（4）用法：

1）防治苹果小卷叶蛾，可在害虫产卵初期释放第一次松毛虫赤眼蜂，共需5次，每次间隔5~7天，按亩释放1.5万~4万头。可将大片蜂卡按设置点数剪成小块蜂卡，把小块蜂卡固定在果树内膛叶片背面。

2）防治松毛虫，可在7月上旬至中旬，在田间挂卵卡放蜂2次，每亩挂蜂卡3~4点，可将卵卡放在特制的塑料盒式放蜂器内，挂在树上，等待自行出蜂。在松毛虫产卵始盛期，选择晴天无风的天气分阶段林间施放赤眼蜂，亩用3万~10万头，亦可使赤眼蜂同时携带病毒，提高防效。

（5）注意事项：赤眼蜂在弱光下趋光，在强光下成虫活动加剧而寿命缩短迅速死亡。田间释放的赤眼蜂卡要注意防晒、保湿、防雨和防天敌。

2. 蚜茧蜂

（1）通用名称：蚜茧蜂金小蜂。

（2）作用特点：属膜翅目蚜蜂科，是一种蚜专性体内寄生蜂，由雌蜂将卵产入蚜虫体内孵化成幼虫，幼虫可刺激蚜虫使蚜虫进食增加，身体膨胀成谷粒状的黄褐色或红褐色僵死不动的僵蚜。某些蚜茧蜂幼虫还可在寄主蚜虫体内分泌浓度较高的昆虫激素，使蚜虫出现变态异常或提前死亡。一只雌蚜茧蜂一生可产卵几百粒。

（3）剂型：成蜂，僵蚜。

（4）用法：

1）在大田内蚜虫处于点片发生时小量多次连续释放，注意在蚜虫大发生时宜使用化学防治。

2）防治大棚蚜虫宜在初见蚜虫时开始放僵蚜，每4天放1次，共放7次，每平方米释放僵蚜12头。

3. 丽蚜小蜂

（1）通用名称：丽蚜小蜂。

（2）作用特点：属膜翅目蚜小蜂科，是温室白粉虱的专性寄生天敌昆虫。丽蚜小蜂成蜂可直接刺吸粉虱若虫的体液而造成粉虱死亡，并可在粉虱3~4龄若虫体内产卵寄生，到粉虱若虫4龄后因丽蚜小蜂卵发育快而致粉虱死亡。在温室内，白天温度20~35℃，夜间不低于15℃，相对湿度为40%~85%，光照时数和强度为自然光照，均可使用丽蚜小蜂。

（3）剂型：蛹卡。因制作蛹卡形式不同，分为卡片式蛹卡、书本式书本卡和袋卡等。

（4）用法：在温度、湿度控制条件较好的温室内释放黑蛹，在温度、湿度变化较大的温室内释放成蜂。

1）当单株粉虱成虫不足1头，亩放蜂0.1万~0.3万头；当单株粉虱成虫在1~5头时，亩放蜂0.5万~1万头；当单株粉虱较多时可先用药剂压低粉虱种群后放蜂。

2）挂蛹卡：当单株白粉虱成虫0.5~1头时，每亩释放5000个蛹；当单株达到白粉虱1~5头时，每亩释放1万个蛹，连续释放2次，每次0.5万个蛹。

将存放于低温条件下的黑蛹或带有黑蛹的叶片取出，随机放在植株上，每株植物平均放5头黑蛹，隔7~10天释放1次，连续释放3~4次，平均每株上达到15头黑蛹，每亩0.5万~3万头。释放黑蛹的时间应比释放成蜂的时间提早2~3天。

在放蜂前1天将存放在低温箱内的黑蛹取出，在27℃恒温室内促使丽蚜小蜂快速羽化。第二天计数后，将小蜂轻放到植株上，隔7~10天释放1次，连续释放2~3次，每次每株释放5头。注意大棚保温，夜间温度最好保持在15℃以上。

（5）注意事项：放蜂后尽量不要使用农药，特别是菊酯类、有机磷杀虫剂等严禁使用。

4. 瓢虫

（1）通用名称：瓢虫。

（2）作用特点：以成虫和幼虫捕食蚜虫、叶螨、白粉虱、玉米螟、棉铃虫、吹绵蚧等的幼虫和卵。

（3）剂型：成虫、蛹筒、幼虫筒和卵液。

（4）用法：在农田释放瓢虫最好在日落后或日出前。阳光照射会导致成虫大量迁移，且高温会使幼虫死亡。释放瓢虫成虫可顺垄均匀撒于株上，每隔 2~3 行放虫 1 行，亩释放量为 200~250 头；释放蛹一般在蚜虫高峰期前 3~5 天释放，将七星瓢虫化蛹纸筒或刨花挂在田间植物中上部即可；当气温在 20~27 ℃、夜温 10 ℃以上时可释放幼虫，方法同释放虫蛹。也可在田间适量喷洒 1%~5% 蔗糖水或将蘸有蔗糖水的棉球同幼虫一起放于田间，供给营养以提高其成活率和捕食力；在环境比较稳定的田块或保护地，气温在 20 ℃以上可释放卵。释放时将卵块用温开水浸泡使卵散于水中，然后补充适量不低于 20 ℃的温水，再用喷壶或摘下喷头的喷雾器将卵液喷到植株中上部叶片。

（5）注意事项：为提高防效，释放成虫、幼虫前先禁食 1~2 天，或冷水浸渍处理成虫降低其迁飞能力；释放成虫 2 天内，释放幼虫蛹和喷卵液后 10 天内，不宜灌水及进行耕作活动，以防成虫迁飞，保证若虫生长和捕食、卵孵化，提高防效。尽量不要使用化学药剂，以免杀伤瓢虫。

5. 草蛉

（1）通用名称：草蛉。

（2）作用特点：成虫为咀嚼式口器，幼虫为刺吸式口器。主要品种有大草蛉、黄褐草蛉、多斑草蛉、牯岭草蛉、丽草蛉、叶色草蛉、中华草蛉、亚非草蛉、晋草蛉。捕食主要是在幼虫和成虫期。消灭害虫的主要虫态是幼虫，捕食量随虫龄增加而上升，缺乏食料时可自相残杀，或残杀其他天敌卵和幼虫。

（3）用法：

1）释放成虫：常在保护地内使用，温室大棚内一般按益虫、害虫比为 1：（15~20）释放或单株上放 3~5 头，每隔 1 周释放 1 次，根据虫情连续释放 2~4 次。

2）释放幼虫：单头释放是将刚孵化的幼虫用毛笔挑起放到有害虫的植株上；多头释放是把将要孵化的灰色卵用刀片切下与锯末和草蛉食物混合，混合比例是每 50~100 g 锯末混合 500~1000 粒卵，同时按草蛉卵和食物比为 1：(5~10) 加入草蛉食物如蚜虫或蛾卵。然后把混合物放入玻璃瓶或塑料袋内，用纱布扎口，在 25 ℃下孵化，当 80% 草蛉卵孵化后，即可将混合物撒到植株中上部。多头释放还可以待草蛉孵化后取出纸条挂在植株上。

3）释放卵：可用撒卵粒或投放卵箔两种方法。将卵粒从产布处剪下，与无味、干净的锯末混合均匀后在田间隔一定距离投放一定数量卵粒。投放粘有卵粒的卵箔时，要将卵箔剪成小条，每卵箔条有 10~20 粒卵，到田间间隔一定距离用胶带固定在叶片背面。每亩保护地释放 8 万卵粒。

（4）注意事项：不同草蛉幼虫的捕食习性不同，要根据防治对象选择不同草蛉种类。如中华草蛉取食范围广，可防治多种害虫；晋草蛉可防治多种叶螨；防治蚜虫则要选用大草蛉和丽草蛉。在释放草蛉的田块尽量不使用化学杀虫剂，以防杀死天敌昆虫。若在害虫种群密度较高时，可选择对草蛉杀伤力小的农药如抗蚜威、灭幼脲 1 号、灭幼脲 3 号、氟啶脲和 Bt 乳剂等。

6. 微小花蝽

（1）通用名称：微小花蝽。

（2）作用特点：属半翅目花蝽科捕食性天敌昆虫，可捕食蚜虫、蓟马、叶螨、粉虱等害虫及鳞翅目幼虫和卵，可防治果园害螨及温室白粉虱。

（3）剂型：带卵黄豆芽（含卵 20 粒左右）。

（4）用法：在害虫大面积严重发生时，可按间距 20 m 栽植带卵黄豆芽。

7. 智利小植绥螨

（1）通用名称：智利小植绥螨。

（2）作用特点：属蛛形纲蜱螨目植绥螨科的捕食性天敌，一生要经过卵、幼螨、若螨和成螨 4 个时期。在日均温 25～28 ℃、相对湿度 80%～85%时，以棉叶螨为食物，可防治林木花卉叶螨。

（3）剂型：成虫。

（4）用法：

1）防治保护地内的一串红、爬蔓绣球、马蹄莲、藿香蓟等花卉上的二斑叶螨时，按益虫、害虫比为 1：（10～20）释放成虫 2 次，或在小苗上每株释放 1 头，大苗上放 5 头，花盆每盆放 50 头。释放后若经几个月后害螨数量上升可再释放 1 次。防治凤仙花、大丽菊、仙人球、月季、茶叶、茄子、菜豆等植物上的害螨方法同上。

2）防治露地草莓的园神泽氏叶螨，在害螨发生初期，按益虫、害虫比为 1：（10～20）释放成虫。

（5）注意事项：释放益螨的田块，不宜施用化学杀虫剂和某些生物农药及杀菌剂农药。

8. 食蚜瘿蚊

（1）通用名称：食蚜瘿蚊。

（2）作用特点：属双翅目瘿蚊科天敌昆虫，以幼虫捕食幼虫。取食蚜虫或食物缺乏时取食粉虱蛹和螨卵，可防治设施栽培花卉、果树上的桃蚜、羽叶甘蓝蚜、豆蚜、瓜蚜、萝卜蚜等六十多种蚜虫。

（3）剂型：盒装幼虫（每盒中放置老熟幼虫约 1000 头）。

（4）用法：防治温室内的各类蚜虫，应在初发期，按瘿蚊、蚜虫比为 1：（20～30）释放瘿蚊。可将老熟幼虫的盒表面扎许多直径为 1～2 cm 的粗眼孔，然后均匀摆在植株间，隔 7～10 天释放 1 次，连续释放 2~3 次。幼虫化蛹后羽化为成虫，从盒孔飞出，搜寻有蚜虫叶片，并在叶片上产卵，卵经 2~4 天后孵化出幼虫，幼虫即可取食蚜虫幼虫。

（5）注意事项：在释放瘿蚊的地方尽量不要使用化学农药，以防止杀伤食蚜瘿蚊。老熟幼虫越冬之处不要使用土壤处理剂。

9. 肿腿蜂

（1）通用名称：哈氏肿腿蜂。

（2）作用特点：以受精雌虫在天牛虫道内群居越冬，翌年 4 月上中旬出蛰活动，寻找寄主。其钻蛀能力极强，能穿过充满虫粪的虫道寻找到寄主。肿腿蜂为体外寄生蜂，用尾刺蜇刺寄主注入蜂毒，将寄主麻痹后，拖到隐蔽场所，通过取食寄主体液补充营养，为产卵做准备。可防治青杨天牛、松褐天牛、双条杉天牛、粗鞘双条杉天牛、光肩星天牛、栗山天牛、云斑天牛、星天牛、柳瘿蚊等，对小型天牛防治效果好。

（3）用法：在松墨天牛幼虫幼龄期，林间释放肿腿蜂，也可通过肿腿蜂携带白僵菌感染天牛幼虫。在松墨天牛幼虫期且在 25 ℃以上的晴天时，采用单株放蜂法、中心放蜂法或分片布点放蜂法，每 10 亩设一个放蜂点，每点放蜂 1 万头左右。

10. 花绒寄甲

（1）通用名称：花绒寄甲。

（2）作用特点：花绒寄甲是星天牛类（包括黄斑星天牛、光肩星天牛和星天牛）昆虫的重要天敌。其寄主除星天牛类外，还有膜翅目的黄胸木蜂，鞘翅目的六星吉丁、十班吉丁、合欢双角天牛、锈色粒肩天牛、云斑白条天牛、桑天牛、栎山天牛、刺角天牛等。花绒寄甲幼虫孵化后，依靠发达的胸足迅速爬行寻找寄主的幼虫、蛹或刚羽化的成虫，在这些寄主的体节间或翅下咬破表皮，取食体内物质。如果寄主是蛹或刚羽化的成虫外皮坚硬，或是寄主个体大而在其上寄生的花绒寄甲幼虫个数少时，则幼虫也会钻入寄主体壳内取食，残留下外表皮，并在其内结茧化蛹。

（3）剂型：成虫、卵卡。

（4）用法：用图钉将卵卡固定在有天牛产卵的刻槽处，或轻轻地将花绒寄甲成虫磕到树干上，最好成对释放花绒寄甲成虫。

第十六章 无机及矿物油杀虫剂

一、无机杀虫剂

无机杀虫剂包括无机砷杀虫剂、无机氟杀虫剂、硼酸盐类及其他无机杀虫剂。该类药剂不溶于有机溶剂，大多是胃毒剂，通常仅用于防治咀嚼式口器害虫，对刺吸式口器害虫无效。制剂有粉剂、可湿性粉剂、糊剂和毒饵等。

无机砷杀虫剂属原生质毒剂，具有胃毒作用，对高等动物均高毒。亚砷酸酐和砷酸钙可配制成毒饵，用于防治地下害虫、蝗虫和灭鼠。砷酸铅和砷酸钙加工成粉剂和可湿性粉剂，用于防治咀嚼式口器害虫。

无机氟杀虫剂主要品种有氟化钠、氟铝酸钠和氟硅酸钠，对高等动物均高毒，可制成粉剂、可湿性粉剂和毒饵使用。

硼酸盐类杀虫剂是目前用于防治白蚁最有前途的药物，可杀死白蚁体内的原生动物，使其不再分泌纤维素酶，同时对白蚁的纤维素酶活性也有抑制作用，能有效地预防白蚁、天牛、粉蠹等，高浓度的硼化物对白蚁有拒食作用。另外取食含硼化物食物的工蚁会将食物喂给同巢其他个体，硼化物进入工蚁体内后，工蚁会感觉不适，并将信息传递给同巢其他个体。

【主要品种】

1. 硼酸

（1）通用名称：硼酸，boric acid。

（2）毒性：低毒。

（3）作用特点：可影响害虫的新陈代谢和腐蚀掉它们的外骨骼。当昆虫的脚上沾上硼酸，昆虫会用嘴舔舐、吃进硼酸，可在 3~10 天死亡。是用来防治蟑螂、白蚁、火蚁、跳蚤、蠹鱼和其他害虫的杀虫剂，另外对多种细菌、霉菌均有抑制作用。

（4）制剂：8%、30%、35%、50%杀蟑饵剂，10%、12%杀蟑胶饵，15%杀蟑饵膏，10%、15%杀蚁饵剂，33.3%杀蚁饵粉，爬虫清硼酸活性乳（生物灭蟑涂剂）。

（5）用法：

1）防治室内蜚蠊，可用 8%、30%、50%杀蟑饵剂，或 12%杀蟑胶饵、15%杀蟑饵膏投放。

2）防治卫生害虫蜚蠊，可用 35%杀蟑饵剂按 2.1 g/m² 投放。

3）防治卫生害虫蚂蚁、蜚蠊，可用 10%、15%杀蚁饵剂或 33.3%杀蚁饵粉投放。

4）将爬虫清堆放于蟑螂、蚂蚁、潮虫出没处，害虫食后即可产生连锁药效，一次用药，7 天左右即可将蟑螂等害虫的成虫全部杀绝，2 个月内连续用药 2~3 次即可将蟑螂种群彻底根除。一般情况下每盒药饵可用 15 m² 左右。

2. 硼酸锌

（1）通用名称：硼酸锌，zincborate。

（2）化学名称：七水十二硼二十二氧四锌。

（3）毒性：微毒。

（4）作用特点：高流动性细结晶粉末，在 250 ℃ 以下不变质，其作用特点同硼酸。

（5）制剂：98.8%原药或粉剂。

3. 四水八硼酸二钠

（1）通用名称：四水八硼酸二钠，disodium octaborate tetrahydrate。

（2）毒性：低毒。

（3）作用特点：可作为昆虫性吸引激素，用于干扰其交配，可防治蚂蚁、蟑螂、蟋蟀、蠹鱼、大黑蚁、蝼蛄、臭虫、粉蝇、蜈蚣、千足虫等。

（4）制剂：98%可溶粉剂。

（5）用法：

1）作为硼肥，可直接与水或其他农药混合配成0.1%～0.15%（700～1000倍）的水溶液，在植物需硼高峰期（如苗后期、蕾期、开花初期、幼果期、结荚期等）喷施。

2）防治蚂蚁、蟑螂等，可直接将制剂撒施于蚂蚁或蟑螂出没的地方。

二、矿物油杀虫剂

矿物油靠物理窒息杀虫，害虫不会产生抗性，同时油膜封闭害虫感觉器使害虫无法辨认寄主植物，从而达到驱避作用。该类药剂与吡虫啉等内吸性药剂混用，可有效防治蚧虫（使用倍数为500倍）。同时，该类药剂对病原菌也有同样的物理封闭作用。要求使用时湿度最好大于65%，注意在30℃以上使用时可能出现药害，但纯度越高，出现药害的可能性越低。

【主要品种】

1. 机油

（1）作用特点：具有触杀及窒息杀虫作用，可防治越冬介壳虫、害虫的幼虫、叶螨螨卵、蚜虫等。机油乳油对水形成的水乳剂在虫体或卵壳表面可形成油膜，封闭气孔或卵孔，使害虫窒息而死；或通过害虫体壁侵入细胞组织，使之中毒；喷洒在植物体表面形成的油膜还可阻止幼若虫着落。

（2）制剂：95%机油乳剂，95%机油（蚧螨灵）。

（3）用法：一般使用95%机油乳剂100～200倍液喷雾。

1）在苹果花芽期和梨花芽膨大期喷洒95%机油乳剂150倍液，可防治山楂叶螨、苹果红蜘蛛、苹果瘤蚜和锈线菊蚜、梨二叉蚜、木虱及梨圆蚧。

2）桃芽萌动后喷洒95%机油乳剂100～150倍液，可防治桃蚜及桑白盾蚧。

3）夏季防治柑橘红蜘蛛，可喷洒95%机油乳剂200倍液。

4）7月中旬防治枣锈壁虱、日本龟蜡蚧，可用95%机油乳剂50倍液，防治枣尺蠖用100～300倍液。

2. 柴油

（1）作用特点：轻柴油的黏度小，滴在水面上，扩散力强，分散速度快。其杀虫原理与机油相同，对害虫以触杀为主，靠在虫体表面可形成一薄油膜而使害虫窒息或渗入虫体使之中毒而死。当柴油与化学合成农药混用，可促进化学合成农药的渗透作用，提高药效。

（2）制剂：95%柴油乳油。

（3）用法：防治柑橘蚜虫、锈壁虱，可用95%柴油乳油100～200倍液喷雾；防治柑橘、枇杷、杨梅等果树上的介壳虫，可用95%柴油乳油50～60倍液喷雾。

3. 柴油乳剂

（1）作用特点：由柴油和其他乳化剂配制而成，对害虫的作用方式主要是窒息杀虫作用，可用于防治害螨、蚜虫类和介壳虫类害虫。

（2）制剂：48.5%柴油乳剂。

（3）用法：在果树芽前施用，可将制剂稀释为 10 倍喷雾；在果树生长期施用，可将制剂稀释 100 倍喷雾。

4. 矿物喷淋油

（1）作用特点：石蜡、环烷、芳香族化合物、烯烃类石蜡是基本的化学结构组分。在冬季植物上使用的称为"休眠油"，在生长季节植物上使用的称为"夏油"。435 窄幅喷淋油为"夏油"。对害虫具有窒息作用、可穿透卵壳、改变害虫行为、干扰有翅蚜寻找寄主，可防治潜叶蛾、木虱、粉虱和鳞翅目害虫及各种病毒病、白粉病等，可与扑海因、安泰生或大生 M-45、铜制剂、阿维菌素、有机磷和菊酯类等混用。喷淋油与其他化学农药混用具有增效作用。

（2）制剂：99% 乳油（绿颖）。

（3）用法：

1）防治葡萄白粉病和螨类，可在葡萄坐果到串形成期间，每隔 14 天连续喷 3 次 99% 乳油 100 倍液。

2）防治红蜘蛛、介壳虫，可在植物生长期用 99% 乳油 200~300 倍液，冬季清园用 99% 乳油 100~200 倍液。

3）在柑橘采果前 7~10 天或采果后，可用 99% 乳油 150~200 倍液喷雾。

4）防治柑橘锈壁虱，一般在 6~7 月 1/10 的果上有活螨或果面上开始出现其造成的斑点时，用 99% 乳油 300 倍液喷雾。

5）防治苹果全爪螨和介壳虫，可使用 99% 乳油 50 倍液喷雾。

6）综合防治二斑叶螨，可使用 99% 乳油 200 倍液喷雾和释放捕食螨。

7）防治柑橘红蜘蛛、锈壁虱、茶橙瘿螨、猕猴桃树桑白蚧、黄瓜粉虱、苹果红蜘蛛等害虫时，可用 99% 乳油 300 倍液加氯氟氰菊酯 2000 倍液及大生 M-45 600 倍液喷雾。

（4）注意事项：不能和含铜制剂混用，也不能和叶面肥混用。

5. 刹死倍矿物油

（1）作用特点：不含化学农药，通过堵塞害虫虫体和卵表面的气孔，使害虫不能正常呼吸、孵化和发育，达到控制害虫的目的。可防治螨类、蚜虫、介壳虫、叶蝉、飞虱、小茶蛾等刺吸式、咀嚼式口器害虫。

（2）制剂：98.9%矿物油。

（3）用法：在果园，用制剂 150～500 倍液对螨喷雾。防治红蜘蛛越冬卵，建议使用制剂 200～300 倍液喷雾。

（4）注意事项：可与酸性农药、植物生长调节剂、冲施肥等混用；与其他杀虫剂混用时，应先将杀虫剂溶于水；当气温高于 35 ℃时，在葫芦科及果树等植物开花授粉期易产生药害；对从未使用过的植物，应先小面积试验后再扩大使用；禁止同含硫化物的农药（如石硫合剂）、非离子型络合冲施肥、杀菌剂百菌清混用；在土壤干燥或天气长期干旱时，应停止使用。

6. 加德士敌死虫

（1）作用特点：由高烷类、低芳香族基础油加工而成，具封闭杀虫、杀螨和抑制病害等作用。对人、畜、蜜蜂、鸟和植物较安全，对天敌杀伤小，害虫较难产生抗性。可用来防治多种林木上的蚜虫类、害螨、介壳虫类害虫及病害。

（2）制剂：99.1%乳油。

（3）用法：一般用浓度为制剂 200 倍液，虫口密度大时用制剂 100～150 倍液。害虫发生初期喷药，隔 7～10 天再喷 1 次，以后间隔 25～30 天喷 1 次，可防治苹果、柑橘等的山楂叶螨、苹果红蜘蛛、二斑叶螨、柑橘锈螨和红蜘蛛、苹果绵蚜、锈线菊蚜、梨圆蚧、日本龟蜡蚧、球坚蚧、吹绵蚧、红圆蚧、金纹细蛾、柑橘潜叶蛾、梨木虱、柑橘木虱、粉虱等，兼治白粉病、白斑病、煤污病、灰霉病等。

（4）注意事项：可与阿维菌素、Bt 杀虫剂、吡虫啉、万灵、可杀得、琥珀酸铜等药剂混用，但不可与含硫制剂、含锰药剂、波尔多液、乐果、克螨特、甲萘威、灭螨猛、灭菌丹、百菌清、敌菌灵等混用。

7. 石蜡油

（1）通用名称：石蜡油，paraffinic oil。

（2）毒性：低毒。

（3）作用特点：为脂肪族烃类化合物，主要由石蜡、地蜡、石油脂等组成，其作用原理同矿物喷淋油。

（4）制剂：90.4%乳油。

（5）用法：在棉铃虫或红蜘蛛发生期，可亩用制剂 600 mL 喷雾防治。

第十七章　杀螨剂

杀螨剂是指用于防治植食性害螨的药剂，一般只杀螨不杀虫且对螨类防效显著的药剂。那些具有杀螨作用的有机合成杀虫剂不能称为杀螨剂。

常用的有机合成杀螨剂包括：①硝基酚类（消螨酚，乐杀螨，消螨通）；②偶氮苯（敌螨丹）及肼（杀螨脒）；③硫醚、砜及磺酸酯类；④亚硫酸酯类：克螨特；⑤二苯甲醇类：三氯杀螨醇；⑥有机锡类：苯丁锡，三唑锡（倍乐霸，灭螨锡，亚环锡）；⑦杂环化合物及其他：噻螨酮，哒螨酮，四螨嗪，浏阳霉素，氟丙菊酯，溴螨酯。

主要特点：多数杀螨剂及其制剂化学性质稳定，不易分解，残效期长，杀螨能力强，对成螨、若螨、螨卵都有效，某些杀螨剂对个别虫态有效；可与多种杀虫剂混用；在一般使用浓度下对人畜安全，对植物无药害，对天敌和益虫影响小；双甲脒、单甲脒的作用机制与其他杀螨剂的作用机制不同，可以轮换使用或混用。

施用杀螨剂的注意事项：①尽量选择在害螨盛发初期，种群密度、数量较少、最敏感的生育期时喷药，以增加杀螨剂的持效时间，减少使用次数。如四螨嗪对卵、幼螨和若螨较有效，但对成螨无效，应在卵盛期、幼螨期施药；唑螨酯和苯丁锡对螨卵效果很低或基本无效，不应在卵盛期施药。②轮换使用或混合使用不同杀螨机制的杀螨剂。哒螨灵和噻螨酮无交互抗性，可以轮换使用。在害螨的成螨、若螨、幼螨同时并存时，应选用对螨类各虫态都有效的药剂，如20%哒螨灵可湿性粉剂、41%柴油乳剂、34%柴油乳剂、73%克螨特乳油等药剂，都具有速杀性好、药效高、功能全的特点，可选择其中之一轮换使用。③在卵多螨少的卵螨并存时，应选用杀卵效果好、卵螨兼治的长效型杀螨剂。如可选用5%尼索朗乳油（噻螨酮）等。当二斑叶螨（白蜘蛛）为害上升时，要针对其体形小、隐蔽性强、爬行快、繁殖能力更强的特点，选择杀白蜘蛛的专用药剂，如阿维菌素（百感特、红白螨绝）乳油等。④喷药时应做到均匀周到，特别应注意喷到叶片背面主脉两侧螨卵密集处。具体操作时，要喷到树体湿润至滴水为止。不可随意提高用药量或药液浓度，以保持害螨群中有较多的敏感个体，延缓抗药性的产生和发展。

【主要品种】

1. 三氯杀螨醇

（1）通用名称：三氯杀螨醇，dicofol。

（2）化学名称：2，2，2-三氯-1，1-双（4-氯苯基）乙醇。

（3）毒性：低毒。

（4）作用特点：为非内吸性神经毒剂，广谱杀螨，活性较高，对天敌和植物表现安全。具有强触杀作用，对成、若螨和螨卵均有效，持效期一般为10~20天。无杀虫活性，化学性质稳定，不易分解，几乎可与除碱性农药以外的所有农药混用。

（5）制剂：20%、30%乳油，10%高渗乳油，20%、50%可湿性粉剂。

（6）用法：

1）防治山楂叶螨、苹果全爪螨、锈螨，一般用20%乳油800~1000倍液喷雾，可在整个生长季使用。

2）防治柑橘全爪螨、始叶螨、六点始叶螨和裂爪螨，可于春梢芽长 3~5 cm 时开始喷 20%乳油 1000~1500 倍液或 50%可湿性粉剂 1000~2000 倍液，每 15~20 天喷 1 次。防治锈螨和多食性跗线螨，可于 5 月上旬至 9 月下旬喷 20%乳油 800~1000 倍液。

3）防治花卉螨类，一般用 20%乳油 1000~1300 倍液喷洒。

4）防治桑园害螨，以朱砂叶螨为优势种，一般用 20%乳油 1000~2000 倍液喷雾。

（7）注意事项：不可与碱性药剂混用。该药自 2018 年 10 月 1 日起禁止销售、使用。

2. 溴螨酯

（1）通用名称：溴螨酯，bromopropylate。

（2）化学名称：2，2-双（4-溴苯基）-2-羟基乙酸异丙酯。

（3）毒性：低毒，对虹鳟鱼和蓝鳃鱼高毒。

（4）作用特点：杀螨谱广，对成螨、若螨、幼螨、螨卵具有强触杀作用，药效不受气温影响，持效期长，对天敌、蜜蜂及植物比较安全。可用于防治果树、花卉等多种植物上的叶螨、瘿螨、线螨等多种害螨。

（5）制剂：50%乳油。

（6）用法：

1）防治花卉上的螨类，可用 50%乳油 2500 倍液喷雾；防治菊花上的二点叶螨，可于始盛期用 50%乳油 1000~1500 倍液喷雾。

2）防治苹果全爪螨和山楂叶螨，可在苹果花前花后幼、若螨集中发生期喷洒 50%乳油 1000~1200 倍液。

3）防治柑橘全爪螨、始叶螨、六点始叶螨、裂爪螨、锈螨，可用 50%乳油 1000~1500 倍液喷雾。

4）防治茶短须螨、茶橙瘿螨、茶叶瘿螨，可在发生高峰前亩用50%乳油25~40 mL对水50~75 kg喷雾。

3. 哒螨酮

（1）通用名称：哒螨灵，pyridaben。

（2）化学名称：2-特丁基-5-（4-特丁基苄硫基）-4-氯-2H-哒嗪-3-酮。

（3）毒性：低毒。

（4）作用特点：属哒嗪酮类杀虫杀螨剂，对害螨具有强触杀作用，无内吸作用，对螨的各生育期均有效（成螨、幼螨、若螨及螨卵），具速效性。可防治果树、花卉等多种植物上的叶螨、锈螨、瘿螨和跗线螨等多种害螨，以及蚜虫、飞虱、叶蝉、蓟马、介壳虫若虫、粉虱若虫等刺吸式口器小型害虫。在20~30℃时使用较有效，与苯丁锡、噻螨酮等无交互抗性，可防治对三氯杀螨醇、噻螨酮、苯丁锡、三唑锡已产生耐药性的害螨。该药可与大多数杀虫剂与杀菌剂混用，但不能与石硫合剂和波尔多液等强碱性药剂混用。

（5）制剂：10%、15%、20%乳油，6%、9%、9.5%、10%高渗乳油，5%增效乳油，15%、20%、22%、30%、32%、40%可湿性粉剂，20%可溶粉剂，15%片剂，10%烟剂。

（6）用法：

1）防治苹果、梨、葡萄、桃等果树上的叶螨、全爪螨、瘿螨、锈螨等，对苹果树上的全爪螨、山楂叶螨等可在苹果落花后、卵孵化盛期及幼、若螨集中发生期，喷15%可湿性粉剂2500~3000倍液，或20%可湿性粉剂2000~4000倍液，或10%乳油1500~2000倍液。

2）防治柑橘全爪螨、始叶螨、六点始叶螨、锈瘿螨等，可用32%可湿性粉剂1500~2000倍液，或20%乳油2000~2500倍液，或9%高渗乳油1500~2000倍液，喷雾；或用20%可湿性粉剂2000~4000倍液喷雾。

3）防治茶树上的各种螨类，可在螨发生初期用 15% 乳油 750~1500 倍液，防治叶蝉、蓟马等用 15% 乳油 500~1000 倍液喷雾。

4）防治粉虱、叶蝉、蓟马等，可用 15% 乳油 500~1500 倍液喷雾。

5）防治松针小爪螨、棉叶螨、杨始叶螨等，可用 15% 乳油 2000~3000 倍液喷雾。

6）防治毛白杨皱叶瘿螨、葡萄瘿螨、柑橘锈壁虱、茶瘿螨、卵形短须螨、叶蝉、蓟马、桃瘤蚜、桃粉蚜等，可用 15% 乳油 1000~2000 倍液喷雾。

（7）注意事项：不能与碱性物质混用，不宜在鱼塘、桑园、蚕场、蜂场使用。

4. 四螨嗪

（1）通用名称：四螨嗪，clofentezine。

（2）化学名称：3，6-双（2-氯苯基）-1，2，4，5-四嗪。

（3）毒性：低毒。

（4）作用特点：属有机氮杂环类，对螨卵、幼螨、若螨具有强触杀作用，对成螨无效。可以穿入到螨的卵巢内使其产的卵不能孵化，是胚胎发育抑制剂，但无明显的不育作用。

（5）制剂：20%、50% 悬浮剂，10%、20%、50% 可湿性粉剂。

（6）用法：

1）防治朱砂叶螨，可用 10% 可湿性粉剂 500~1000 倍液喷雾。

2）防治苹果红蜘蛛，可在越冬卵初孵化期用 50% 悬浮剂 5000~6000 倍液或 10% 可湿性粉剂 1000~1500 倍液喷雾。

3）防治柑橘红蜘蛛（全爪螨、始叶螨、六点始叶螨、锈螨、跗线螨），可在早春开花前气温较低、每叶有螨 1~2 头时，用 50%悬浮剂 4000~5000 倍液或 10%可湿性粉剂 1000~1500 倍液喷雾；在开花后气温较高、螨类密度较大时，最好与其他杀成螨剂混用。作为冬季清园药剂，可在柑橘采收后施药，或在早春越冬卵孵化前或第一代产卵高峰期施药。

4）防治柑橘锈壁虱，可于 6~9 月每叶有螨 2~3 头时，用 50%悬浮剂 4000~5000 倍液或 10%可湿性粉剂 1000 倍液喷雾。

（7）注意事项：应存放于阴凉干燥和黑暗处，避免冻结和太阳直晒；可与不包括石硫合剂及波尔多液在内的大多数杀虫剂、杀菌剂和杀螨剂混用；与尼索朗（噻螨酮）有交互抗性，不宜与其交替使用；当成螨数量较多或害螨大发生时，可与速效性杀螨剂混用；该药剂在气温较低（15℃左右）和虫口密度小时使用效果好，持效期长。

5. 炔螨特

（1）通用名称：炔螨特，propargite。

（2）化学名称：2-（4-叔丁基苯氧基）环己基丙炔-2-基亚硫酸酯。

（3）毒性：低毒，但对鱼类等高毒。

（4）作用特点：为低毒广谱有机硫杀虫杀螨剂，具有触杀和胃毒作用，无内吸渗透传导作用，在气温高于 27℃时，具有熏蒸作用。对成若螨有效，杀卵效果差。在各种温度下均有效，但在 20℃以上时随温度的升高而药效提高，在 20℃以下时随气温递减而下降。在高温条件下喷洒高浓度的炔螨特对某些植物的幼苗和新梢嫩叶有药害。

（5）制剂：25%、40%、57%、70%、73%、76%乳油。

（6）用法：

1）防治枇杷若甲螨，在 3~4 月螨盛发期用 73%乳油 1000 倍液喷树冠。

2）防治柑橘全爪螨、始叶螨、六点始叶螨，于开花前喷

73%乳油 2000~3000 倍液，谢花后温度较高时喷 3500~4000 倍液。注意柑橘幼苗和嫩梢对该药较敏感，当用 73%乳油 2000 倍液时会产生油浸状药害，但对生长影响不大。

3）防治苹果树全爪螨和山楂叶螨，一般在春季幼、若螨盛发期施药，用 73%乳油 2000~3000 倍液喷雾。

4）防治茶园中的茶跗线螨、茶橙瘿螨和茶叶瘿螨，可在螨发生高峰前，亩用 73%乳油 40~50 mL 对水 50~75 kg 喷雾。注意对水量宜不少于药液的 1000 倍，否则浓度过高会对茶树嫩叶产生药害。

5）防治桑树红蜘蛛，一般亩用 73%乳油 3000~5000 倍液喷雾。

（7）注意事项：对梨树和桃树敏感。

6. 唑螨酯

（1）通用名称：唑螨酯，fenpyroximate。

（2）化学名称：(E)-α-（1，3-二甲基-5-苯氧基吡唑-4-基亚甲基氨基氧)-4-甲基苯甲酸特丁酯。

（3）毒性：中等毒。

（4）作用特点：为苯氧吡啶类杀螨剂，具有强触杀作用，无内吸作用，具有击倒和抑制蜕皮的作用，具有速效性和持效性。对叶螨、锈螨、瘿螨和已有抗性的螨类均有效，主要是对 NADH-辅酶 Q 还原酶有抑制作用，其次可能是使 ATP 供应减少。可与包括波尔多液在内的杀虫杀菌剂混用，但不能与石硫合剂混用。该药剂宜与其他杀螨剂交替使用。

（5）制剂：5%悬浮剂。

（6）用法：

1）防治山楂红蜘蛛，可于开花初期越冬成虫出蛰始期施药，也可在幼螨至成螨期用 5%悬浮剂 2000~3000 倍液喷雾。

2）防治梨、桃、葡萄上的害螨或针对果树二斑叶螨，常用

5%悬浮剂1000~2000倍液喷雾。

3）防治柑橘叶螨和锈螨，可于发生初期用5%悬浮剂1500~2000倍液喷雾。

4）防治茶短须螨、茶橙瘿螨，在非采摘期螨发生初期，亩用5%悬浮剂50~75 mL对水50~75 kg喷雾。

5）防治山楂叶螨、绣球叶螨、仙人掌短须螨、果苔螨、桃蚜和斜纹夜蛾等，可用5%悬浮剂2000~3000倍液喷雾。

6）防治葡萄缺节瘿螨、柳树瘿螨和枸杞瘿螨等，可用5%悬浮剂1500~2000倍液喷雾。

（7）注意事项：对鱼、虾有毒，对蚕有拒食作用，对蜜蜂、寄生蜂、蜘蛛低毒，对植物安全。宜在害螨发生初期使用，最好与其他杀螨剂交替使用。

7. 双甲脒

（1）通用名称：双甲脒，amitraz。

（2）化学名称：N，N-双（2，4-二甲基苯基亚氨基甲基）甲胺。

（3）毒性：中等毒。

（4）作用特点：为杀虫杀螨剂，作用机制包括对轴突膜局部的麻醉作用和对章鱼胺受体的激活作用，但主要是抑制单胺氧化酶的活性。具有胃毒、触杀、熏蒸、拒食、驱避作用。对螨、卵和若螨都有效，对越冬卵效果较差；一般在气温25 ℃以下时药效发挥较慢，药效较低，高温晴天时施药药效高。持效期长，可达50天。可防治抗性害虫。

（5）制剂：12.5%、20%乳油，10%高渗乳油。

（6）用法：

1）防治苹果全爪螨和山楂叶螨，在第一代幼、若螨相对集中发生期，用20%乳油1000~1500倍液喷雾，药效可达30~40天。

2）防治梨树上的梨木虱，在幼、若虫发生盛期，用20%乳油800~1200倍液或10%高渗乳油1000~1500倍液喷雾，有效期达15天以上，但对成虫和卵效果较差。

3）防治柑橘全爪螨、始叶螨和锈螨，可用20%乳油1500~2500倍液或12.5%乳油1000~1500倍液喷雾，20~25天喷1次，连喷1~2次。

4）防治红蜡蚧、矢尖蚧、吹绵蚧，可于1~2龄若虫发生期用20%乳油500~1000倍液喷雾，10天后再喷1次。

5）防治柑橘木虱、黑刺粉虱，可于若虫盛发期用20%乳油1000~2000倍液喷雾。

（7）注意事项：宜在高温晴朗天气使用，气温低于25℃时，药效较差；不宜与碱性药剂如波尔多液、石硫合剂等混用。

8. 单甲脒

（1）通用名称：单甲脒，semiamitraz。

（2）化学名称：$N-$（2，4-二甲苯基）$-N'-$甲基甲脒盐酸盐。

（3）毒性：中等毒，对鱼有毒。

（4）作用特点：为有机氮甲脒类杀螨剂，具有触杀作用，无内吸作用。其主要作用是抑制单胺氧化酶，对昆虫中枢神经系统的非胆碱突触会诱发直接兴奋，对若螨、成螨、螨卵均有较好的效果。该药在20℃以下作用缓慢，活性比双甲脒稍低，可用于防治柑橘红蜘蛛、柑橘锈壁虱、四斑黄蜘蛛、苹果红蜘蛛、棉红蜘蛛、茶橙瘿螨、矢尖蚧、红蜡蚧和吹绵蚧等的1~2龄若虫，以及蚜虫和木虱等，亦可用于防治家畜体外壁虱、疥癣、蜂螨等。

（5）制剂：15%、25%水剂，15%高渗水剂。

（6）用法：

1）防治林木、苹果、柑橘上的红蜘蛛和锈壁虱，可用25%水剂1000倍液喷雾，防治茶叶瘿螨可用1000~1500倍液喷雾。

2）防治梨木虱，可用 15%高渗水剂 1000~1500 倍液喷雾。

3）防治矢尖蚧、红蜡蚧和吹绵蚧，可在 1~2 龄若虫盛发期用 25%水剂 500~1500 倍液喷雾。

4）防治茶橙瘿螨，可用 25%水剂 1500 倍液喷雾。

（7）注意事项：与有机磷、菊酯类农药混用有增效作用，能扩大杀虫谱；但不能与碱性农药混用，否则降低药效。在 20 ℃以上时防治效果好。喷药 2 小时后降雨不影响药效。

9. 氟虫脲　详见第十章。

10. 氟丙菊酯　详见第七章。

11. 噻螨酮

（1）通用名称：噻螨酮，hexythiazox。

（2）化学名称：（4RS，5RS）-5-（4-氯苯基）-N-环己基-4-甲基-2-氧代-1，3-噻唑烷-3-基甲酰胺。

（3）毒性：低毒。

（4）作用特点：为具有传代活性的噻唑螨酮类杀螨剂，对植物表皮穿透力强，无内吸传导作用，对多种害螨具有杀卵、杀幼、若螨特性，对成螨无效，但对接触药液的雌成螨所产的卵有抑制孵化的作用。可防治林木、花卉等多种植物上的叶螨。一般在施药后 7~10 天达到药效高峰，持效期 40~50 天。可与波尔多液、石硫合剂等多种碱性农药混用。对柑橘锈螨、瘿螨无效，对叶螨防效好。宜在螨卵和幼、若螨期密度较低时施用。最好与其他杀螨剂或有机磷杀虫剂混用。

（5）制剂：5%乳油，5%可湿性粉剂。

（6）用法：

1）防治园林及花卉上截形叶螨、仙人掌短须螨、苜蓿苔螨、柏小爪螨和卵形短须螨等，可用 5%乳油 2000~3000 倍液喷雾；防治侧杂食跗线螨、棉叶螨等，可用 5%乳油 1000~2000 倍液喷雾。

2）防治桑园红蜘蛛，一般用 5% 乳油 2000～4000 倍液喷雾。

3）防治茶园茶短须螨、咖啡小爪螨，可亩用 5% 乳油 40～50 mL 对水 1500～2000 倍液喷雾。

4）防治苹果全爪螨、山楂叶螨及二斑叶螨，一般在春季苹果开花前后，螨卵和幼、若螨集中发生期施药，可用 5% 乳油 2000～2500 倍液喷雾。

5）防治柑橘全爪螨、始叶螨、六点始叶螨、裂爪螨等，可在春梢萌动和芽长 2～3 cm、螨口密度低时，用 5% 乳油 2500～3000 倍液喷树冠，持效期 30～50 天。

（7）注意事项：在高温、高湿条件下，喷洒浓度高对某种植物的新梢嫩叶有轻微药害。该药在枣树上使用易引起严重落叶。在夏季应与杀成螨活性高的药剂混用。

12. 三唑锡

（1）通用名称：三唑锡，azocyclotin。

（2）化学名称：三（环己基）-（1，2，4-三唑-1-基）锡。

（3）毒性：中等毒，对鱼毒性高。

（4）作用特点：为强触杀性的广谱性杀螨剂，对幼螨、若螨、成螨均有效，对夏卵也有毒杀作用，但对越冬卵无效。持效期 20～30 天。

（5）制剂：20% 悬浮剂，20%、25% 可湿性粉剂，8%、10% 乳油。

（6）用法：

1）防治苹果或柑橘红蜘蛛及李始叶螨、果树山楂叶螨，一般用 20% 悬浮剂 1000～2000 倍液喷雾或 10% 乳油 1000～1500 倍液喷雾，或用 25% 可湿性粉剂 1500～2000 倍液在苹果展叶至始花期和谢花后 10～15 天施药。采收前 14 天停止施药。

2）防治葡萄叶螨，可于始期、盛期，用 25% 可湿性粉剂

1000～1500 倍液，或 20% 可湿性粉剂 1200～1600 倍液，或 20% 悬浮剂 1200～1600 倍液，或 10% 乳油 1000～1500 倍液，或 8% 乳油 1000～1500 倍液，喷雾。对柑橘锈螨，可用 25% 可湿性粉剂 1500 倍液喷雾。采收前 30 天停止施药。

3）防治荔枝瘿螨，可用 20% 悬浮剂 1000～1500 倍液或 25% 可湿性粉剂 2000 倍液喷雾。

（7）注意事项：可与有机磷杀虫剂和代森锌、克菌丹等杀菌剂混用，但不能与波尔多液、石硫合剂等碱性农药混用。在果树上喷施后须经 7～10 天方可喷波尔多液，在喷施波尔多液后须经 20 天方可喷施三唑锡，否则会降低药效。

13. 苯丁锡

（1）通用名称：苯丁锡，fenbutati noxide。

（2）化学名称：双［三（2-甲基-2-苯基丙基）锡］氧化物。

（3）毒性：低毒。

（4）作用特点：以触杀为主，为感温型长效专性杀螨剂，当气温在 22 ℃以上时药效高，22 ℃以下活性降低，低于 15 ℃药效较差，在雨季不宜使用。与有机磷和有机氯无交互抗性。持效期为 2 个月以上。该药对幼螨和成螨、若螨较有效，但对卵药效差，可在植物各生长期使用，可用于果树、柑橘、葡萄和观赏植物防治多种植食性螨类。

（5）制剂：20%、25%、50% 可湿性粉剂，10% 乳油。

（6）用法：

1）防治苹果全爪螨、山楂叶螨，在谢花半月后用 50% 可湿性粉剂 1500～2000 倍液或 25% 可湿性粉剂 1000 倍液喷雾。

2）防治柑橘全爪螨、始叶螨、六点叶螨和裂爪螨，在柑橘现蕾至开花前对树冠喷 50% 可湿性粉剂 1000～2000 倍液，在谢花后喷 50% 可湿性粉剂 2000～3000 倍液。在夏、秋防治柑橘锈螨，对树冠喷 50% 可湿性粉剂 1000～2000 倍液（偏低温地区）或 2000～3000 倍液（高温地区），持效期 30～40 天；也可使用 25% 可湿性粉剂 1000～1500 倍液，或 20% 可湿性粉剂 800～1000 倍液，或 10% 乳油 500～800 倍液，喷雾。

3）防治花卉如菊花叶螨、玫瑰叶螨，可用 50% 可湿性粉剂 1000 倍液喷雾。

（7）注意事项：可与有机磷类杀虫剂和代森锌、克菌丹等杀菌剂混用，但不能与波尔多液、石硫合剂等碱性农药混用。

14. 三磷锡

（1）通用名称：三磷锡，phostin。

（2）化学名称：O，O-二乙基二硫代磷酸三环己基锡。

（3）毒性：低毒。

（4）作用特点：对害螨具有强触杀作用，杀螨谱广，对成螨、卵、幼螨都有较好防效，持效期长，可防治敏感性螨类及对有机磷或其他药剂产生抗性的螨类。

（5）制剂：10%、20% 乳油。

（6）用法：防治苹果和柑橘的红蜘蛛，一般用 20% 乳油 1500～2000 倍液或 10% 乳油 1000～1500 倍液喷雾。

15. 季酮螨酯　季酮螨酯即螺螨酯，详见第十二章。

16. 嘧螨酯

（1）通用名称：嘧螨酯，fluacrypyrim。

（2）化学名称：甲基（E）-2-｛α-［2-异丙氧基-6-（三氟甲基）嘧啶-4-苯氧基］-O-甲苯基｝-3-甲氧丙烯酸酯。

（3）毒性：低毒，对鱼、蜜蜂高毒。

（4）作用特点：为甲氧基丙烯酸酯类杀螨剂，具有触杀、胃毒作用，对各种害螨的各个虫态包括卵、成螨、若螨均有效，且速效性好，持效期长达 30 天以上。对某些病害也有较好的活性。

（5）制剂：30%、50%悬浮剂，30%乳油。

（6）用法：防治果树上的多种害螨如柑橘、苹果红蜘蛛，可喷洒30%悬浮剂4000~5000倍液。该药在250 mg/L浓度下对某些病害有较好的活性。

（7）注意事项：30%嘧螨酯悬浮剂（天达农）速效性强于螺螨酯，持效性与噻螨酮相当。

17. 氟螨嗪

（1）通用名称：氟螨嗪，flufenzine。

（2）化学名称：3-（2-氟苯基）-6-（2，6-二氟苯基）-1，2，4，5-四嗪。

（3）毒性：低毒，对鱼类和家蚕高毒。

（4）作用特点：属有机氟杀螨剂，通过抑制脂肪形成而起作用，具有强触杀作用及内吸性，对成螨、若螨、幼螨及螨卵均有效，持效期长，低浓度（原药含量低于25 mg/kg）下有抑制蜕皮、产卵作用，稍高浓度（原药含量高于37 mg/kg）具触杀性。对柑橘全爪螨、锈壁虱、茶黄螨、朱砂叶螨和二斑叶螨等害螨均有很好防效，兼治梨木虱、榆蛎盾蚧及叶蝉类等。该药具有壮树增糖作用。

（5）制剂：15%乳油，20%悬浮剂。

（6）用法：防治苹果树山楂叶螨，可用15%乳油1000~2000倍液喷雾或20%悬浮剂3000倍液喷雾。

（7）注意事项：不能与碱性药剂混用；与现有杀螨剂混用，既可提高氟螨嗪的速效性，又有利于螨害的抗性治理。

18. 吡螨胺

（1）通用名称：吡螨胺，tebufenpyrad。

（2）化学名称：N-（4-特丁基苄基）-4-氯-3-乙基-1-甲基吡唑-5-基甲酰胺。

（3）毒性：低毒，对鱼类高毒。

（4）作用特点：属酰胺类杀螨剂，通过抑制线粒体内的电子传递而起作用。具有渗透作用而无内吸性，对害螨以触杀和胃毒作用为主，对螨类的各生育期均有效，对卵和成螨效果较好，可防治叶螨、锈螨、跗线螨、须螨，对蚜虫、粉虱也有一定的防效。

（5）制剂：10%可湿性粉剂。

（6）用法：

1）防治柑橘全爪螨和锈螨及苹果、梨、桃、山楂上的叶螨，可用10%可湿性粉剂2000~3000倍液喷雾。

2）防治茶树叶螨和观赏棉红蜘蛛，可用10%可湿性粉剂1000~3000倍液喷雾。

3）防治其他如四季橘、佛手、榆、黄葛树和紫荆上的柑橘全爪螨，可用10%可湿性粉剂2000~3000倍液喷雾，也可防治月季、红叶李、玫瑰和大山樱上的苹果全爪螨。

19. 联苯肼酯

（1）通用名称：联苯肼酯，bifenazate。

（2）化学名称：N'-（4-甲氧基联苯基-3-基）肼基甲酸异丙酯。

（3）毒性：低毒，对鱼类高毒，对鸟中等毒。

（4）作用特点：为一种选择性叶面喷雾用联苯肼类杀螨剂，通过影响螨类的中枢神经传导系统的γ-氨基丁酸受体起作用，具有杀卵活性和对成螨的击倒活性，对捕食性螨影响极小。可防治苹果树红蜘蛛、二斑叶螨和麦克丹尼尔螨，以及观赏植物的二斑叶螨和路易斯螨。

（5）制剂：97%原药，24%、50%、43%、480 g/L悬浮剂，2.5%水乳剂。

（6）用法：防治苹果树红蜘蛛，可用43%悬浮剂160~240 mg/kg（即2000~3000倍液）于螨类为害初期叶面喷雾。

20. 喹螨醚

（1）通用名称：喹螨醚，fenazaquin。

（2）化学名称：4-特丁基苯乙基喹唑啉-4-基醚。

（3）毒性：中等毒。

（4）作用特点：为一种高效、低毒、低残留的喹唑啉类杀螨剂，具有触杀、胃毒作用兼有杀菌作用，对螨卵、若螨、幼螨、成螨均较有效。作为电子传递体取代线粒体中呼吸链复合体 I，从而占据其与辅酶 Q 的结合位点，导致害螨中毒而死亡。可用于多种植物。

（5）制剂：10%悬浮剂（螨及死）。

（6）用法：用于扁桃（杏仁）、苹果、柑橘、观赏棉、葡萄和观赏植物上，防治真叶螨、全爪螨和红叶螨及紫红短须螨，可用 10%悬浮剂 3000 倍液喷雾。

21. 浏阳霉素

（1）通用名称：浏阳霉素，Liuyangmycin。

（2）化学名称：5，14，23，32-四乙基-2，11，20，29-四甲基-4，13，22，31，38，39，40-八氧五环 [32，2，1，1，1] 四十烷-3，12，21，30-四酮。

（3）毒性：微毒，对鱼高毒。

（4）作用特点：属大环内酯类混合物，是一种高效低毒专性抗生素类生物杀螨剂。对螨类及蚜虫较有效，具有触杀作用，但无内吸性，对成、若螨及幼螨有高效，但不能杀死螨卵，对螨卵孵化也有一定的抑制作用。

（5）制剂：5%、10%乳油，20%复方乳油。

（6）用法：

1）防治花卉树木上的红蜘蛛，如栾树、美国地锦、核桃、红瑞木和连翘上的侧多食跗线螨，玉兰、樱花、小叶橡皮树、紫藤上的柑橘全爪螨，国槐、变叶木、一串红上的截形叶螨，西府海棠、碧桃、桃、石榴上的山楂叶螨，杨和柳树上的杨始叶螨，其他常绿树上的柏小爪螨、松小爪螨，月季、茉莉、桂花、万寿菊和美人蕉等上的二斑叶螨、朱砂叶螨等，一般用10%乳油1000~2000倍液喷雾（害螨在干药膜上爬行无效）。

2）防治桑红蜘蛛，可用10%乳油2000倍液喷雾。

3）防治苹果树红蜘蛛、山楂红蜘蛛，柑橘全爪螨、锈壁虱，可用10%乳油1000~2000倍液喷雾；防治柑橘锈螨可用10%乳油1000~1500倍液喷雾，防治柑橘红蜘蛛用1000~1200倍液喷雾。

（7）注意事项：与波尔多液等碱性药液混用时要现配现用。与有机磷、氨基甲酸酯及某些增效剂复配后药效提高，可与多种杀虫剂、杀菌剂混配。该药在气温15℃以上使用时防效较好。

22. 华光霉素

（1）通用名称：华光霉素，nikkomycin。

（2）化学名称：2-［2-氨基-4-羟基-4-（5-羟基-2-吡啶）-3-甲基乙酰］氨基-6-（3-甲酰-4-咪唑啉-5-酮）己糖醛酸盐酸盐。

（3）毒性：低毒。

（4）作用特点：是一种两性水溶液核苷类具咪唑啉酮结构的农用抗生素，其分子结构与几丁质合成前体 N-乙酰葡萄糖胺相似。通过对细胞内几丁质合成酶竞争性抑制，阻止葡萄糖胺的转化，干扰细胞内几丁质的合成，可抑制螨类和真菌的生长。可防治二点叶螨及瓜类枯萎病、炭疽病、林木枝腐烂病等，对害虫及螨具有触杀、胃毒作用。

（5）制剂：2.5%可湿性粉剂。

（6）用法：

1）防治苹果树山楂红蜘蛛，可用2.5%可湿性粉剂20~40 mg/L喷雾；防治柑橘全爪螨，可用2.5%可湿性粉剂40~60 mg/L喷雾。

2）该药可用于苹果、柑橘、山楂叶螨，蔬菜、茄子、菜豆、黄瓜二点叶螨等的防治，也可防治西瓜枯萎病、炭疽病，韭菜灰霉病，苹果干枝腐烂病，水稻穗颈病，番茄早疫病，白菜黑斑病，大葱紫斑病，黄瓜炭疽病，观赏棉立枯病等。

23. 螨速克

（1）通用名称：二甲基二硫醚，dithioether。

（2）毒性：低毒。

（3）作用特点：是一种从百合科植物中提取的有机硫化合物杀螨剂，属神经毒剂，含有多种有效成分。对昆虫神经传导物质乙酰酯酶的合成有显著的抑制作用，具有胃毒、触杀作用。对各种植食性害螨的卵、幼螨、若螨、成螨均有特效。也可用于防治根结线虫。

（4）制剂：0.5%乳油，2%乳油。

（5）用法：

1）防治苹果红蜘蛛，可用0.5%乳油2000~2500倍液叶面喷雾。

2）防治茶叶红蜘蛛，可用0.5%乳油1000倍液在红蜘蛛初发生期叶面喷雾。

（6）注意事项：可与大多数杀虫剂、杀菌剂及其他杀螨剂混合使用，但不能与碱性农药混用。

24. 聚乙烯醇　聚乙烯醇是唯一具有水溶性的高分子聚合物，对环境无污染。施用聚乙烯醇液体膜可把红蜘蛛的越冬卵裹在里面，能抑制越冬卵的孵化，是一种比较理想的物理防治技术。可配合一定杀卵药剂，提高杀卵效果。

25. 丁氟螨酯

（1）通用名称：丁氟螨酯，cyflumetofen。

（2）化学名称：2-甲氧基乙基-（*RS*）-2-（4-叔丁基苯基）-2-氰基-3-氧-3-（2-三氟甲基苯基）丙酸酯。

（3）作用特点：为酰基乙腈类杀螨剂，进入螨虫体后产生新的作用物质，抑制线粒体复合体Ⅱ的呼吸。对红蜘蛛各个生长阶段均有很高的活性，尤其对幼螨的活性更高，与现有杀虫剂无交互抗性。对小菜蛾、斜纹夜蛾、二化螟、稻飞虱、桃蚜等害虫及稻瘟病、白粉病、霜霉病等病害亦有良好的防治作用。

（4）制剂：20%悬浮剂。

（5）用法：防治螨类，可用20%悬浮剂1500~3000倍液喷雾。

26. 乙螨唑

（1）通用名称：乙螨唑，etoxazole。

（2）化学名称：（RS）-5-叔丁基-2-［2-（2，6-二氟苯基）-4，5-二氢-1，3-噁唑-4-基］苯乙醚。

（3）作用特点：属二苯基噁唑啉衍生物，以触杀、胃毒作用为主，具有强渗透性，耐雨水冲刷，无内吸性。可抑制螨卵的胚胎形成以及从幼螨到成螨的蜕皮过程，对卵及幼螨有效，对成螨无效，对雌性成螨具有很好的不育作用。可与多种杀虫、杀螨剂混用。可防治花卉等植物的叶螨、始叶螨、全爪螨、二斑叶螨、朱砂叶螨等螨类。

（4）制剂：93%、95%原药，11%悬浮剂，200 g/L悬浮剂。

（5）用法：

1）防治红蜘蛛，可用11%悬浮剂5000~7500倍液喷雾。

2）在柑橘春梢萌发期，可用11%悬浮剂5000~6000倍液对树冠喷雾，或采用11%悬浮剂5000倍液混合1.8%阿维菌素乳油2000倍防治。

（6）注意事项：最佳防治期是螨为害初期。勿与波尔多液混用，用过乙螨唑之后，至少要过两周才能使用波尔多液。一旦用过波尔多液后，应避免使用乙螨唑。

27. 乙螨酯（暂定）

（1）作用特点：属噁唑啉类杀螨剂，具有螺螨酯与乙螨唑的优点，具速效性及持效性，持效期可达到 45~55 天。

（2）制剂：20%微乳剂。

（3）用法：

1）春季用药可在红蜘蛛、黄蜘蛛的为害达到防治指标时，用 20%微乳剂 4000~5000 倍液均匀喷雾，可控制 60 天左右。秋季于 9、10 月红蜘蛛、黄蜘蛛虫口上升达到防治指标时，用 20%微乳剂 4000~5000 倍液再喷施 1 次即可。

2）在花卉上防治害螨时，一般可按照 20%微乳剂 800~1000 倍液使用。

（4）注意事项：在螺螨酯抗性地区使用 20%微乳剂 3000 倍液。

28. 三氯杀螨砜

（1）通用名称：三氯杀螨砜，tetradifon。

（2）化学名称：2，4，4′，5-四氯二苯砜。

（3）毒性：微毒。

（4）作用特点：属有机氯杀螨剂，具有触杀作用和不育作用，对若螨、螨卵有强烈的触杀作用，但对成螨无效，只能破坏雌成螨的生殖功能。对抗性螨效果显著。残效期长，可达 1 个月左右，但杀螨作用缓慢。

（5）制剂：8%、10%乳油。

（6）用法：

1）防治苹果、梨树上的红蜘蛛，最好于第一代卵盛期施药，用 10%乳油 500~800 倍液喷雾。

2）防治柑橘上的全爪螨、始叶螨、六点叶螨的卵、幼螨、若螨，可喷洒 8%乳油 1000~1500 倍液。

（7）注意事项：在低温、潮湿天气使用，对梨等果树品种可能有药害；对柑橘锈螨无效。

第十八章　杀软体动物药剂

杀软体动物药剂包括无机和有机杀软体动物药剂。该类药剂多数对鱼类和哺乳动物毒性大，部分品种可严重抑制土壤微生物的活性及种群数量，污染环境严重，个别品种可在人体内积累，产生累积毒性。通常采用撒施的方式施药，一般在植物播种前或收割后使用，植物生长期易对植物造成危害。

较好的无机杀软体动物药剂有氰氨化钙、硼镁石粉、偏磷酸亚铁等（对鱼、虾等水生生物毒性低）。氰氨化钙和硼镁石粉接触钉螺后可直接导致其失水死亡；偏磷酸亚铁对人畜低毒，对水生动物安全，可有效防治草坪、观赏植物、蔬菜和浆果等区域内的蛞蝓和蜗牛。

有机杀软体动物药剂按化学结构分为下列几类：①酚类，如五氯酚钠（PCP-Na、五氯苯酚钠）、杀螺胺（niclosamide、百螺杀、贝螺杀、氯硝柳胺）、B-2（2、5-二氯四溴苯酚钠）和氯硝柳乙醇胺盐等。此类药剂对成螺、幼螺和螺卵均有很好的杀灭活性，持效期长，作用方式以触杀和胃毒为主，对鱼类毒性很强，在有效灭螺浓度下，可引起鱼类大量死亡，不宜在鱼、蟹等养殖地区使用。②吗啉类，如蜗螺杀（蜗螺净）。③有机锡类，如丁蜗锡（氧化双三丁锡）、三苯基乙酸锡（百螺敌），百螺敌广泛应用于防治福寿螺。④沙蚕毒素类，如杀虫环、杀虫丁。作用方式为触杀和胃毒作用，对鱼类毒性较大，不宜在鱼塘等水生动物养殖场内使用。⑤其他如四聚乙醛、灭梭威、硫酸烟酰苯胺。

【主要品种】

1. 杀螺胺乙醇胺盐

（1）通用名称：杀螺胺乙醇胺盐，niclosamide clamine。

（2）化学名称：N-（2-氯-4-硝基苯基）-2-羟基-5-氯苯甲酰胺·2-氨基乙醇盐。

（3）毒性：低毒，对鱼、蛙、贝类高毒。

（4）作用特点：为酰胺类或酚类具胃毒作用的杀软体动物药剂，对螺卵、血吸虫尾蚴等有效。药物通过阻止水中害螺对氧的摄入而降低呼吸作用，最终使其窒息死亡，可用于钉螺、蜗牛、蛞蝓等软体动物，也可杀灭绦虫成虫。

（5）制剂：50%、70%可湿性粉剂，25%可湿性粉剂（除螺灵），70%可湿性粉剂（千螺飘摇），25%乳油。

（6）用法：

1）防治蛞蝓或蜗牛，可用 0.1%~0.5% 药液（即 70% 可湿性粉剂 150~700 倍液）直接喷施于蛞蝓体上。晴天应在早上蜗牛尚未潜土时喷药为好，阴天可在上午施药。

2）防治福寿螺，亩用 70% 可湿性粉剂 29~33 g（或 1~1.17 mg/L）喷雾或配制毒土撒施。

3）杀灭钉螺，在春季于滩涂地上按每平方米用 70% 可湿性粉剂 1 g 对水喷雾；秋、冬季可用浸杀灭螺法，就是把药剂喷施或配制毒土撒施于滩涂地有积水的洼地，使水中含药浓度达 0.2~0.4 mg/L。浸杀 2~3 天，可杀死土表和土内的钉螺。当水源困难、不利于喷洒或浸杀的情况下，可采用细沙拌药撒粉灭螺。

（7）注意事项：对鱼、蛙、贝类有很强的杀灭作用。

2. 四聚乙醛

（1）通用名称：四聚乙醛，metaldehyde。

（2）化学名称：2，4，6，8-四甲基-1，3，5，7-四氧杂环辛烷。

（3）毒性：中等毒。

（4）作用特点：具有胃毒及触杀作用，可杀灭蜗牛、蛞蝓、福寿螺等多种软体动物。通过使乙酰胆碱酯酶大量释放，破坏螺体内特殊的黏液，导致神经麻痹而死。

（5）制剂：5%、6%颗粒剂，6%蜗怕颗粒剂，5%梅塔颗粒剂，80%可湿性粉剂（喷螺宝）。

（6）用法：一般亩用有效成分24~33 g，撒施、点施和条施。可用于花卉等旱地植物，防治蛞蝓及蜗牛，可亩用6%颗粒剂420~600 g，或5%梅塔颗粒剂480~660 g，或6%蜗怕颗粒剂467~667 g，撒施。

（7）注意事项：在25 ℃左右时施药防效好，低温（15 ℃以下）或高温（35 ℃以上）影响螺、蜗牛等取食与活动；大雨可导致药粒被雨水冲入水中，为避免影响药效，需补施；水田中使用时可根据田中蜗牛等有害软体动物的密度和出行规律，将药剂撒施在田中或田埂上，田中要保持一定的水层。

3. 三苯基乙酸锡

（1）通用名称：三苯基乙酸锡，fentin acetate。

（2）化学名称：三苯基乙酸锡。

（3）作用特点：具有触杀和胃毒作用，主要通过接触和吸食进入害螺体内，导致其失水死亡。但该药剂作用相对缓慢，须在苗前施用。防治福寿螺须在苗前施用撒施和喷施，施药后3天内不要排水出田。

（4）制剂：45%可湿性粉剂（百螺敌、克螺宝）。

（5）用法：防治福寿螺和水绵，亩用百螺敌40~60 g喷雾。

（6）注意事项：不能和碱性物质混用，否则会影响药效；百螺敌对鱼、虾、蟹有毒，使用时应注意避免污染水源。

4. 氯硝柳胺

（1）通用名称：氯硝柳胺，niclosamide。

（2）化学名称：N-（$2'$-氯-$4'$-硝基苯）-5-氯水杨酰胺。

（3）毒性：低毒。

（4）作用特点：可阻止水中害螺对氧的摄入，降低呼吸作用，同时能导致钉螺体内乙酰胆碱、细胞色素 c 氧化酶（CCO）、乳酸脱氢酶（LDH）、一氧化氮合酶（NOS）和琥珀酸脱氢酶（SDH）活性降低。可用于杀灭水螺、淡水钉螺，对螺体及螺卵均有效。除对钉螺有很好的生物活性外，对血吸虫尾蚴也有较强的灭杀作用。

（5）制剂：95%片剂，98%粉末。

（6）用法：对小河塘、沟渠、稻田及浅水草滩，可按 2 g/m³ 药量浸杀钉螺。陆地灭螺，按 2 g/m² 加水 25 L 喷洒。利用氯硝柳胺进行灭螺时，为避免钉螺离水上爬，可在氯硝柳胺中适当加入一些增效剂，如槟榔生物碱和 O，O'-二乙基-O''-（邻氯苯乙腈肟）硫代磷酸酯来提高防治效果。

5. 浸螺杀混剂

（1）毒性：低毒。

（2）制剂：5%、6%颗粒剂，50%可溶粉剂。

（3）作用特点：为硫酸铜与硫酸烟酰苯胺复配成的混合杀螺剂，主要经钉螺的消化系统和呼吸系统吸收，使其肝组织受损严重而死。该药兼具杀螺卵和血吸虫尾蚴作用。阳光越强效果越好，且在 20 ℃以上杀螺效果好。

（4）用法：用于花卉等旱地作物田防治蛞蝓及蜗牛，一般亩用有效成分 24～33 g。防治钉螺亩用 50%可溶粉剂 4 g/m³（水）。

（5）注意事项：25 ℃左右时施药防效好；低温（15 ℃以下）或高温（35 ℃以上），影响螺、蜗牛等取食与活动，防效不佳。

6. 蜗螺杀

（1）通用名称：蜗螺杀，trifenmorph。

（2）化学名称：三苯甲吗啉。

（3）毒性：中等毒，对鱼类毒性大。

（4）作用特点：主要用于杀湖泊、蓄水池、水槽和水坝等处的蜗牛和钉螺，主要使用方法为撒施法。在大面积灭螺时，可用低剂量于雨后塘水满溢时处理塘水，钉螺大量繁殖时可进行活水处理。

7. 甲硫威　详见第六章。

8. 杀虫环　详见第八章。

9. 硫酸烟酰苯胺（浸螺杀）

（1）通用名称：硫酸烟酰苯胺，N-phenyl-3-phridinecarb-cexamide sulphate。

（2）化学名称：N-苯基-3-吡啶甲酰胺硫酸盐。

（3）毒性：低毒。

（4）作用特点：具有触杀和胃毒作用，可杀灭钉螺、螺卵和尾蚴。主要以浸杀法和喷洒法施用，药效较为稳定，日晒对防治效果无明显影响，持效期长。在实际使用时为避免施药后钉螺上爬，可用含硫酸烟酰苯胺的药水冲刷田埂，以提高防治效果。

（5）制剂：85%原药粉，25%可湿性粉剂，5%水剂。

（6）用法：防治螺类，可用25%可湿性粉剂 2 g/m² 或 5%水剂 8 g/m² 喷洒，兼杀螺卵。还可用于杀灭为害植物、鱼类的其他贝类。

10. 甲萘·四聚

（1）有效成分：甲萘威+四聚乙醛。

（2）制剂：30%除蜗特（除蜗净）母粉，6%除蜗灵毒饵，6%除蜗灵2号毒饵，6%蜗克星颗粒剂，6%蜗敌颗粒剂，6%扣蜗特颗粒剂，6%蜗克颗粒剂。

（3）用法：

1）防治蜗牛或蛞蝓，可亩用30%除蜗特母粉250~500 g对水喷雾，也可亩用30%除蜗特母粉250~500 g与4.5 kg饵料配成毒饵于傍晚撒施（土壤湿度越高越好）。

2）防治旱地作物田蜗牛，亩用6%除蜗灵2号毒饵650~700 g地面撒施，或用6%蜗克星颗粒剂570~750 g地面撒施。

3）防治农田蜗牛，亩用30%除蜗特母粉或6%蜗敌颗粒剂250~500 g撒施，或亩用6%蜗克星颗粒剂567~750 g地面撒施。

11. 速灭威+硫酸铜

（1）制剂：80.3%克蜗净可湿性粉剂。

（2）用法：防治旱地蜗牛，亩用80.3%克蜗净可湿性粉剂250~300 g喷雾。

12. 螺威

（1）通用名称：螺威，luowei。

（2）化学名称：（3β，16α）-28-氧代-D-吡喃（木）糖基-（1→3）-O-β-D-吡喃（木）糖基-（1→4）-O-6-脱氧-α-L-吡喃甘露糖基-（1→2）-β-D-吡喃（木）糖-17-甲羟基-16，21，22-三羟基齐墩果-12-烯。

（3）毒性：低毒。

（4）作用特点：与红细胞壁上的胆甾醇结合，生成不溶于水的复合物沉淀，破坏了血红细胞的正常渗透性，使细胞内渗透压增加而发生崩解，导致溶血现象，从而杀死软体动物钉螺。

（5）制剂：50%母药，4%粉剂。

（6）用法：在滩涂上杀灭钉螺，可用4%粉剂5~7.5 g/m^{2}加细土稀释后均匀撒施。

13. 氰氨化钙　详见第二十章中"石灰氮"。

14. 硼镁石粉

（1）有效成分：砷及硼化合物。

（2）毒性：低毒，无"三致"（致突变、致畸、致癌）作用，对人皮肤和黏膜无刺激，对鱼等水生动物无明显毒性。

（3）作用特点：成分复杂，多为碱性盐类，其中含有大量的砷，软体动物通过接触硼镁石粉中毒死亡，具有成本低、副作用小、持效期长的特点。

（4）用法：按 $80\,g/m^2$ 撒粉或现配混悬液喷施。

（5）注意事项：硼镁石粉易引起植物发黄，且半年内用药区几乎不长植物。在生活区禁用。

第十九章　熏蒸杀虫剂

熏蒸杀虫剂是利用有毒的气体、液体或固体挥发所产生的有毒物质，通过熏蒸杀灭害虫的药剂。包括卤代烷类如溴甲烷、氯化苦等，硫化物如二硫化碳、硫酰氟等，磷化物如磷化铝等，环氧化物如环氧乙烷、环氧丙烷等，烯类如丙烯腈、甲基烯丙基氯，苯类如邻二氯苯等，其他如二氧化碳等。

药效与药剂理化性质有关，如蒸气压高则易挥发、渗透力强，相对分子质量小则扩散渗透能力强，沸点低则渗透能力强，密度比空气大则扩散差、渗透慢。温度、湿度对熏蒸药效有较大影响，熏蒸剂对不同昆虫及其不同的发育阶段药效也不一样。

【主要品种】

1. 磷化铝

（1）通用名称：磷化铝，aluminium phosphide。

（2）化学名称：磷化铝。

（3）毒性：高毒。

（4）作用特点：为广谱熏蒸杀虫剂，磷化铝吸水后产生有毒的磷化氢通过昆虫的呼吸系统进入虫体，作用于细胞线粒体的呼吸链和细胞色素氧化酶，抑制昆虫的正常呼吸，杀死昆虫。但高浓度磷化氢使昆虫产生麻痹或保护性昏迷，呼吸率降低，吸入量减少。对害虫的成虫、卵、幼虫和蛹都有较强熏杀力，对螨类的成螨、若螨也有较强熏杀力，但对休眠期的螨无效。可用于防治种子及林木蛀干害虫等。

（5）制剂：40%、56%片剂，56%粉剂，85%粒剂，56%丸剂，85%原药。

（6）用法：将制剂塞入钻蛀性害虫的虫洞内可熏杀害虫。

（7）注意事项：与水反应易燃烧；对金、银、铜有腐蚀性。

2. 氯化苦

（1）通用名称：氯化苦，chloropicrin。

（2）化学名称：三氯硝基甲烷。

（3）毒性：高毒，具催泪作用。

（4）作用特点：易挥发，扩散性强，温度上升则扩散增强，具有熏蒸、杀卵作用及漂白作用。经昆虫气门进入虫体，也能侵害植物的叶绿素。该物质渗透性强，药剂进入生物体组织后能生成强酸性物质，使细胞肿胀和腐烂，或使细胞脱水和蛋白质沉淀，使其中毒死亡。可杀虫（包括线虫）、杀菌及灭鼠，温度越高效果越好。可用于熏蒸土壤防治土传病害、线虫、地下害虫及灭鼠。

（5）制剂：98%原液，99.5%液剂。

（6）用法：

1）土壤熏蒸可按每平方米打20 cm深孔3~12个，每孔注药10 mL，再用土密闭孔口，地面盖以湿润的席子和塑料布，过2~3天后去掉覆盖物散毒。可防治葡萄根瘤蚜，果树等的立枯病、黄萎病、菌核病、白绢病等病害和根瘤线虫，以及蝼蛄、蛴螬、金针虫等多种地下害虫。

2）防治东方百合根腐病，可用98%原液按375~525 kg/hm² 进行土壤消毒。

3）灭鼠。每鼠洞投药4~6 mL，用无泥的干细沙拌后投入洞内，或用棉球、玉米芯吸收药液后投入鼠洞，立即封闭洞口，则氯化苦能沉入洞下部杀灭害鼠。

（7）注意事项：影响种子发芽率；熏蒸温度最好 20 ℃以上（12 ℃为起点）。

3. 溴甲烷

（1）通用名称：溴甲烷，methyl bromide。

（2）化学名称：溴甲烷。

（3）毒性：高毒。

（4）作用特点：进入虫体后转化为溴化氢、甲醛（麻痹性毒物）等，通过影响呼吸酶、干扰呼吸代谢、刺激神经使害虫兴奋致死。可熏杀各种病虫害，能毒杀各种害虫的卵、幼虫、蛹及成虫。可用于花卉、苗木等防治各种介壳虫、各虫期螨类及各种土传病害和线虫等。用于防治幼虫和卵及钻蛀性害虫，使用剂量要高些。

（5）制剂：99%原药。

（6）用法：在密闭下使用，温度低，被熏蒸物体颗粒小，吸附性强；同等剂量，温度越高，熏蒸时间越长，效果越好。一般夏天熏蒸按 $20\sim30\ g/m^3$，冬天熏蒸按 $30\sim40\ g/m^3$。

1）防治各种花卉、苗木等温室植物、草本植物上的盾蚧、粉蚧、蓟马、蚜虫、红蜘蛛、白蝇、潜叶蝇、墨蚊等害虫及部分钻蛀性害虫：$4\sim10$ ℃，$50\ g/m^3$，熏蒸 $2\sim3$ 小时；$11\sim15$ ℃，$42\ g/m^3$，熏蒸 $2\sim3$ 小时；$16\sim20$ ℃，$35\ g/m^3$，熏蒸 $2\sim3$ 小时；$21\sim25$ ℃，$28\ g/m^3$，熏蒸 2 小时；$26\sim30$ ℃，$24\ g/m^3$，熏蒸 2 小时；31 ℃以上，$16\ g/m^3$，熏蒸 2 小时。

对于多叶休眠植物（如杜鹃花、山茶、冬青等）使用剂量要减少 1/4。易产生药害（不可恢复）的品种有鸡冠花、菊属、雀巢、铁线蕨、块根秋海棠、刺柏属、天竺葵、蓬蕉、芭蕉属、云南火棘、薰衣草、多花千金、紫藤、仙人掌属等。

2）防治鼠害：10 ℃以上时，$4\sim6\ g/m^3$，熏蒸 $4\sim5$ 小时。

（7）注意事项：糖是溴甲烷的最好解毒剂，在操作前工作人员每人可服糖 100 g。

4. 硫酰氟

（1）通用名称：硫酰氟，sulfuryl fluoride。

（2）化学名称：硫酰氟。

（3）毒性：中等毒。

（4）作用特点：无色、无臭、渗透性强，其扩散渗透能力比溴甲烷高 5~9 倍，通过影响害虫中枢神经系统而起杀虫作用，可用于苗木、种子的消毒及其他多种物品的消毒，特别是防治果林的蛀干性害虫效果良好。对植物毒性低，不影响种子发芽。

（5）制剂：98%或 99%原药。

（6）用法：密闭熏蒸时，应用胶管将气态的药剂引到顶部或种子上方，开启阀门，瓶中药剂借助自身的压力而喷出。用药量根据物体吸附能力、害虫种类、虫态及气温而定，一般是每立方米成虫用药 0.6~3.5 g，幼虫用药 30~50 g，卵用药 50~70 g，熏蒸 16~24 小时。在仓库或帐篷内熏蒸观赏棉用药量为每立方米 40~50 g，作物种子为 25~30 g。

1）防治果林蛀干害虫如光肩星天牛、桃红颈天牛、双条杉天牛、白杨透翅蛾等，施药方法有三种：①树干密闭熏蒸，在受害的主干部位，用 0.1 mm 厚塑料布围住，通进一施药管，扎严，用泥密闭。20 ℃左右时，每平方米树干用药 25~30 g，由施药管施入，轻拍塑料布，使药剂均匀分布，熏蒸 1~2 天。②蛀孔密闭熏蒸。用注射器或自行设计的气体注射器，将药剂由蛀孔或排粪孔注入，用泥封口。③帐幕熏蒸：用于原木和冬季修剪掉的枝干内的害虫。用塑料布覆盖严密，将一定量的药剂由胶管通入木材的上部，任其扩散、渗透。

2）熏杀白蚁，一般建筑物用药量为每立方米 30 g，密闭熏蒸 2 天。防治围堤、土坝的土栖黑翅白蚁，由分群孔主蚁道伸入胶管，用泥土密闭胶管周围，注入气体熏蒸，每巢用药 0.8~

1 kg，熏蒸 2~18 天。

5. 棉隆

（1）通用名称：棉隆，dazomet。

（2）化学名称：3，5-二甲基-1，3，5-噻二嗪-2-硫酮。

（3）毒性：低毒，对皮肤无刺激作用，对眼睛黏膜具有轻微的刺激作用。对鱼毒性中等。

（4）作用特点：属异硫氰酸甲酯类熏蒸性杀虫杀线虫剂，兼治某些真菌病害。施入土壤后逐渐分解出异硫氰酸甲酯、甲醛和硫化氢，杀灭线虫、真菌、害虫，对根结线虫、孢囊线虫、茎线虫等有较好的防效。该药易于在土壤及其他基质中扩散，能防治多种植物线虫，且不会在植物体内残留，可用于温室、苗床、育种室混合肥料、盆栽植物、基质及大田等土壤处理，能有效地防治短体、纽带、肾形、矮化、剑、根结、胞囊等属线虫，并且对土壤昆虫、真菌、杂草亦有防效。

（5）制剂：75%可湿性粉剂，98%颗粒，98%微粒剂。

（6）用法：

1）在播种前，先进行旋耕整地，浇水保持土壤湿度，每亩用98%微粒剂20~30 kg，进行沟施或撒施，旋耕机旋耕均匀，盖膜密封20天以上，揭开膜散气15天后播种。

2）防治花卉线虫，可用98%微粒剂按30~40 g/m² 进行土壤处理。

3）防治苗木及果园线虫，可在冬、春树未萌芽抽梢前于树盘开沟深达25 cm 左右，亩用75%可湿性粉剂3.2~4.8 kg，拌细土撒施沟内覆土压实。注意：对根、茎叶有毒害，不能在生长期使用。

4）防治茶树根结线虫，在茶苗种植前，亩用98%颗粒剂5~6 kg，土壤撒施或穴施，穴深20 cm，施药后覆土，或用塑料薄膜覆盖，封闭熏蒸15~25天后，揭膜，种植茶苗。

（7）注意事项：对绿色植物有药害，使用时可根据土温掌握施药至播种的间隔期。

6. 环氧乙烷

（1）通用名称：环氧乙烷，ethylene oxide。

（2）化学名称：环氧乙烷。

（3）毒性：中等毒。

（4）作用特点：属低沸点的熏蒸剂，可从昆虫气门或皮肤进入虫体，使害虫因缺氧窒息死亡。同时该药也具杀菌作用，可杀灭细菌及其内孢子、霉菌及真菌。

（5）制剂：20%熏蒸剂。

（6）用法：一般每立方米空间用20%熏蒸剂250～500 g，密闭熏蒸48小时后，通风5～6小时。

（7）注意事项：空气中含3%以上时遇明火易引起爆炸、燃烧，使用时应与二氧化碳等惰性气体混合，一般是1份环氧乙烷与20份二氧化碳混合，且有利于环氧乙烷扩散。

7. 乙二腈

（1）化学名称：乙二腈，ethanedinitrile（EDN），cyanogen。

（2）作用特点：具有内吸活性，可以配制成溶液来控制害虫。而气态乙二腈存在于惰性载体中，低浓度的氧气和二氧化碳对其有增效作用。药效较溴甲烷好。用含有乙二腈或可以释放乙二腈的熏蒸剂可控制害虫、螨类、线虫、真菌、孢子、细菌等。用在植物上其熏蒸作用包括杀虫（包括卵）、杀真菌（包括孢子）、杀细菌、除草、杀线虫、灭鼠、杀变形虫和防霉。

8. 碘甲烷

（1）化学名称：碘甲烷，iodomethane。

（2）毒性：中等毒。

（3）制剂：液体。

（4）作用特点：具有防治谱广、分解快、无残留、穿透力强等特点。具有杀虫、杀线虫作用，用作土壤消毒剂，具有杀菌、除草、杀虫或杀线虫等作用。用量比甲基溴低，并且不会破坏臭氧层。可用作溴甲烷（《蒙特利尔公约》禁止使用）的替代品。

（5）用法：在种植前注入土壤中，一般熏蒸可按 30 ~ 40 g/m² 施用。

第二十章　杀线虫剂

线虫属于无脊椎动物线形动物门线虫纲，体形微小，通过土壤或种子传播，破坏植物的根系或侵入地上部分，可间接地传播由其他微生物引起的病害。根结线虫在 3~10 cm 土层内分布最多，常以卵或 2 龄幼虫病残体遗留在土壤中越冬，一般存活 1~3 年。病株及灌溉水是其主要传播途径，适宜侵染温度 25~30 ℃。杀线虫剂是用于防治有害线虫的一类农药，多数杀线虫剂对人畜毒性较高，有些品种对植物有药害。

一、杀线虫剂的分类

（1）依化学结构不同可分为：

1）复合生物菌肥类：是最新型、最环保的生物治线剂，它不仅对线虫有很好的抑制杀灭作用，而且对根结线虫病具有很好的防治效果，如克线宝等。

2）卤代烃类：是一些具有较高的蒸气压、沸点低的气体或液体，药剂在土壤中扩散而使线虫麻醉致死，如氯化苦、溴甲烷、碘甲烷、2，4-滴、1，3-二氯丙烯等。

3）异硫氰酸酯类：是一些能在土壤中分解成异硫氰酸甲酯的熏蒸性杀线虫剂、杀菌剂，以粉剂、液剂或颗粒剂施用，能使线虫体内某些巯基酶失去活性而中毒致死，如棉隆和威百亩。

4）有机磷和氨基甲酸酯类：某些品种兼有杀线虫作用，在土壤中施用，主要起触杀作用。

（2）依用途不同可分为专性杀线虫剂及兼性杀线虫剂。

（3）依作用方式又可分为熏蒸剂和非熏蒸剂两大类。熏蒸剂如棉隆、威百亩、氯化苦等；非熏蒸剂多为有机磷和氨基甲酸酯类化合物，如辛硫磷、克百威等。

（4）依来源可分为化学制剂和生物制剂。化学制剂主要是熏蒸剂和一些非熏蒸剂；生物制剂则包括微生物制剂和植物源杀线虫剂。

二、杀线虫剂的作用机制

（1）非熏蒸性杀线虫剂是通过麻醉作用影响线虫的取食、发育和繁殖，延迟线虫对植物的侵入及为害峰期，而不直接杀死线虫。杀线虫剂都具有一定的内吸性，不为害植物的肉食性线虫。与有机磷和氨基甲酸酯类杀线虫作用机制类似。将中毒麻痹的线虫移入净水中可复苏。这类杀线虫剂在有效剂量下对植物较安全，在植物播种期和生长期均可使用。

（2）复合生物菌剂的生物菌丝能穿透虫卵及幼虫的表皮，使类脂层和几丁质崩解，虫卵及幼虫表皮、体细胞迅速萎缩脱水、死亡消解，其药效慢。如克线宝等对根结线虫、孢囊线虫、茎线虫等土传寄生虫效果明显。

（3）阿维菌素通过渗入、吸入或吞入线虫体内后作用于线虫的 γ-氨基丁酸神经系统，对线虫的乙酰胆碱酯酶的抑制是不可逆的，其水溶性高，不易与土壤颗粒结合，在土壤中的扩散能力强。

（4）卤代烃类杀线虫剂的卤代烃是烷基化试剂，可与生物体内的蛋白质，特别是酶分子中的巯基、羟基或氨基发生烷基化反应，而使酶失去原有的活性或使活性受到抑制，而导致线虫死亡。另外发生在细胞色素链 Fe^{2+} 离子部位的氧化作用使线虫呼吸作用受阻，导致线虫死亡。

（5）异硫氰酸甲酯是通过与酶分子中的亲核部位（如氨基、羟基、巯基）发生氨基甲酰化反应来实现的。

三、影响杀线虫剂药效的因素

熏蒸剂以气态在土壤中扩散，受土壤颗粒的阻隔，吸附能力强的土壤不利于药剂扩散。土壤温度高吸附作用小，一般施用最低温度为 7 ℃，但溴甲烷的沸点低，可在低温下使用。土壤含水量高有利于非熏蒸性杀线虫剂在土壤中溶解，也有利于药剂在土壤中移动，但有可能污染水源。土壤有机质含量高不利于药效的发挥。另外土壤的 pH 值会影响药剂在土壤中的扩散速度。

四、杀线虫剂的使用方法

熏蒸性杀线虫剂对植物有药害，可在栽种前采用土壤注射、土壤灌注、土壤撒施深耕，大规模处理可采用土壤熏蒸施药机施药；非熏蒸性杀线虫剂可在栽种时处理土壤，或种苗移栽时浸（蘸）根（苗）或拌种。有机磷和氨基甲酸酯杀线虫剂对植物药害轻，可在植物生长期施用。可采用点施、穴施、撒施，也可用其处理种子、种根或叶面喷施。如用除线磷 1000 mg/L 处理桃树根 30 分钟可防治南方根结线虫病，用杀线威喷植物叶部可防根部线虫。克百威、涕灭威、甲拌磷、甲基异柳磷、杀螟丹、灭线磷、米乐尔等常用杀线虫剂对人畜毒性较大，但对于观赏植物不受限制。

使用颗粒剂一般在下种或移栽时随肥料一起撒施或单独撒施

在地表 10~15 cm 处，施后盖土；若在种植后使用，可在植物旁边开沟撒施，施后盖土；对根系较浅的植物可直接撒施在地面；另外也可将颗粒剂溶于水后灌根。

灌根防治线虫，药液中的有效成分易分解、易与土壤结合，在土壤中不易扩散，持效期一般在 1 周左右，在植物生长期灌根防治根结线虫往往不彻底，一般只能防治地表 10 cm 以上部位处 1、2 龄虫态的线虫，不能防治高龄虫和卵。

注意毒死蜱、辛硫磷等在线虫上无作用位点，不能防治线虫。

【主要品种】

1. 丙线磷

（1）通用名称：灭线磷，ethoprophos。

（2）化学名称：O-乙基-S，S-二丙基二硫代磷酸酯。

（3）毒性：高毒，对鱼类、鸟类高毒，对蜜蜂毒性中等偏高。

（4）作用特点：是有机磷酸酯类胆碱酯酶抑制类杀线虫剂和杀虫剂，具有触杀及内渗作用，无熏蒸和内吸作用。可用于观赏植物等，对根结、短体、刺、短化、穿孔、茎、螺旋、轮、剑和毛刺等属线虫较有效，同时对土壤中为害根茎部的害虫如鳞翅目、鞘翅目、双翅目的幼虫和直翅目、膜翅目的一些种类也有效。

（5）制剂：5%、10%、20%颗粒剂。

（6）用法：

1）防治菊花根结线虫病、郁金香茎线虫、仙客来根结线虫、草坪根腐线虫等多种线虫及地下害虫，在花圃地亩用20%颗粒剂 1.5~2 kg，沟施或配制毒土撒施，施后翻土盖地。在 20 cm 内径的花盆可埋颗粒剂 1 g。在播种期施药，药剂不能与种子直接接触。

2）防治象甲类园林害虫，可用20%颗粒剂于11月底和4月初幼虫发生的高峰期施于植株根部。

3）防治柑橘线虫，可亩用10%颗粒剂5～8 kg，与树体周围灌溉线以内的表层土壤混匀，然后灌水。施药范围的大小可根据树冠大小及树根发达程度灵活掌握。

4）防治豆类线虫，亩用10%颗粒剂2～4 kg，播前1周内或播种时撒于播种沟内，覆土后播种。

2. 米乐尔 详见第五章中"氯唑磷"。

3. 棉隆 详见第十九章。

4. 威百亩

（1）通用名称：威百亩，metham-sodium。

（2）化学名称：N-甲基二硫代氨基甲酸钠。

（3）毒性：中等毒，对鱼有毒，对蜜蜂无毒。

（4）作用特点：具有熏蒸作用，在土壤中降解成异氰酸甲酯，通过抑制生物细胞分裂和DNA、RNA、蛋白质的合成，以及造成生物呼吸受阻起作用，能有效杀灭根结线虫、杂草等有害生物。可用于温室、大棚、塑料拱棚、花卉等植物苗床土壤、重茬种植的土壤灭菌，以及组培种苗等培养基质、盆景土壤等的熏蒸灭菌。

（5）制剂：32.7%、35%、37%、42%水剂。

（6）用法：

1）一般在种植前、土壤足墒条件下，开沟深15 cm左右，施药于土壤中覆土踏实或覆盖塑料薄膜，经15天以上，再松土放气2～3天，再种植。注意施药后保持土壤相对湿度在65%～75%，土壤温度10 ℃以上，施药均匀。

2）防治线虫病，可亩用35%水剂2.5～5.0 kg对水300～500 kg，于播前半个月开沟将药灌入，覆土压实，15天后播种；防治牡丹根结线虫用药量为3～4 kg/亩。

3）苗床使用方法：按制剂用药量加水 50~75 倍（视土壤湿度情况而定）稀释，均匀喷到苗床表面并让药液润透土层4 cm，立即覆盖聚乙烯地膜，10 天后除去地膜，耙松土壤，使残留气体充分挥发 5~7 天，即可播种或种植。

4）营养土使用方法：将制剂加水稀释 80 倍，将营养土均匀平铺于薄膜或水泥地面 5 cm 厚，再将配制好的药液均匀喷洒到营养土上，润透 3 cm 以上，覆 5 cm 营养土，喷洒配制后的药液，依此重复成堆，最后用薄膜覆盖严，防止药气挥发；施药 10 天后除去薄膜，翻松营养土，使剩余药气充分散出，5 天后再翻松一次，即可使用。

5）保护地及陆地使用方法：在翻耕后的田地上开沟，沟深15~20 cm，沟距 20~25 cm，按制剂亩用药量适量对水（一般 80倍左右，现用现对），均匀施到沟内，施药后立即覆土、覆盖塑料薄膜，防止药气挥发。也可将对水的药液均匀洒于地表，接着旋耕盖膜，15 天后放气。用药量同上。也可使用注射器械按间距（20~25）cm×（20~25）cm 在田间均匀施药，施药后封闭穴孔，覆盖塑料薄膜，防止药气挥发。也可滴灌施药，但需适量加大用药量及水量。

6）密闭熏蒸时间：20~25 ℃密闭 15 天以上，26~30 ℃密闭10 天以上。撤去薄膜后当日或隔日深翻田土，使土壤疏松，散气 5~7 天。确定药气散净后即可播种或移栽。

（7）注意事项：

1）施药时间宜在早 4~9 时或午后 4~8 时，避开中午高温时段。

2）该药在稀释溶液中易分解，要现用现配，且配制药液时避免使用金属器具。

3）不可直接施用于植物表面，土壤处理每季最多 1 次。熏蒸后的土壤应当再施入生物肥，以恢复土壤良好的生态平衡。

4）施药时应佩戴防护用具。

　　5）地温 10 ℃以上时使用较有效，地温低时熏蒸时间需延长。

　　6）应于 0 ℃以上存放，温度低于 0 ℃易析出结晶，使用前如发现结晶，可置于温暖处升温并摇晃至全溶即可。

　　7）不能与含钙的农药和肥料如波尔多液、石硫合剂、钙镁磷肥等混用。

5. 噻唑磷

　　（1）通用名称：噻唑磷，fosthiazate。

　　（2）化学名称：O-乙基-S-仲丁基-2-氧代-1，3-噻唑烷-3-基硫代膦酸酯。

　　（3）毒性：中等毒，对蚕有毒。

　　（4）作用特点：具有触杀性，可抑制乙酰胆碱酯酶，影响第二幼虫期的生态，对根结线虫、根腐线虫、茎线虫、胞囊线虫等较有效。可防治侵入植物体内的线虫及阻止线虫侵入植物体内，同时对地上部的害虫如对蚜虫、叶螨、蓟马等也有防治效果。杀线虫效果不受土壤条件的影响。

　　（5）制剂：10%颗粒剂，900 g/L 乳油，10%乳油。

　　（6）用法：在种植前或播种时使用，按 1～4 kg（有效成分）/hm² 立即混于土中。全面混土用药可将 10%颗粒剂与 4 倍重量的细土或沙土充分混匀，均匀撒施，翻土均匀。在定植前（定植当天），按 1～2 kg/亩的用量，将药剂均匀撒于土壤表面，再用旋耕机或手工工具将药剂和土壤充分混合处理土层 15～20 cm。

　　（7）注意事项：用药到移栽的间隔时间尽量缩短；超量使用或土壤水分过多时容易引起药害。

6. 嗜线菌 Du30

　　（1）作用特点：Du30 在土壤中能长期存活，其菌丝能形成菌网并分泌出黏液来粘捕线虫，在粘住虫体的地方可长出穿透枝穿过角质外壳而进入线虫体内。在穿透枝的顶端可形成一个侵染球，并长出许多营养菌丝来吸收线虫体内的营养物质。其捕食线虫性能强，并在捕食过程中大量繁殖、发育。可直接捕杀为害根部的各类线虫及其他地下害虫。其活动产生的分泌物 Du30 化合物具内吸向上传导作用，可杀死不断迁飞到叶片上的有翅蚜虫、斑潜蝇、白粉虱、小菜蛾、螨类等刺吸式口器的害虫。

（2）制剂：有效活菌数≥5 亿/g 颗粒剂。

（3）用法：

1）防治瓜类根结线虫（根肿、根瘤），可按 5~25 kg/亩的用量撒施或稀释后灌根、冲施。

2）防治荔枝、番木瓜、番石榴等热带果树类的线虫及地下害虫，可按 2.5~5 kg/亩使用。

（4）注意事项：常规使用的土壤杀菌剂对嗜线菌 Du30 有破坏作用，应尽量少用；应尽量避免日光长时间直接照射；在植物生长期用 Du30 灌根或冲施时可与红糖按 2：1 的比例混合后施用，效果更好。

7. 地乐尔

（1）有效成分：二氯丙烷+三溴丙烯。

（2）毒性：二氯丙烷为低毒，三溴丙烯为中等毒。

（3）作用特点：地乐尔所含的二氯丙烷对土壤中的所有线虫及虫卵具强熏蒸杀灭作用，包括剑线虫、环线虫、曲别线虫和囊肿线虫。可杀灭蛴螬、蝼蛄、金针虫、地老虎、韭蛆等地下害虫及地老鼠，防治土壤镰刀枯萎病、黄萎病、茎基腐病、腐疫霉根腐病等多种病害，同时可用于园艺植物等防治各种土传线虫病和根肿病。可用于整个植物生长期。可解决土壤重茬问题。三溴丙烯作为注入液体，可立即转化为气体起熏蒸作用。

（4）制剂：98.1%液剂。

（5）用法：可作为夏季高温时节，对大棚进行熏蒸消毒专用药。移栽或播种前7~15天，耕翻土壤15~20 cm，开沟，随水冲施，药后覆土或覆盖地膜，也可在预定的播种沟内散布后覆土。在植物生长期，用注射器在植物根部10 cm处注射给药，用药量2 mL/株，严重发生地块用20 g/m²（15 L折合17.25 kg）。

8. 地乐尔B

（1）作用特点：为高效低毒杀线虫微乳型病毒液体，有效成分为一种线虫寄生病毒KrmV，在植物生长期间当线虫接触到KrmV病毒，线虫虫体的基因复制功能会发生紊乱，导致生长发育畸形或受阻，线虫虫体的神经系统被破坏，并且这种线虫病毒会在线虫之间随着线虫虫体的运动和农事操作而传播。

（2）用法：植物在生长期间发生线虫为害，可用地乐尔B 5~10 kg/亩的用量冲施或灌根一次。

（3）注意事项：地乐尔B对豆类植物较敏感，在施用时应先做试验再大面积应用。

9. 噻线威

（1）作用特点：由苦参碱、噻唑磷、阿维菌素、杀虫单等物质与高效渗透剂制成的具特效防治线虫功能的微乳剂，具有强力杀线虫成虫、若虫及卵作用。

（2）制剂：20%微乳剂。

（3）用法：植物生长期按1~2 kg的亩用量600~1000倍液随水冲入植物根部。

10. 石灰氮

（1）通用名称：氰氨化钙，calcium cyanamide。

（2）作用特点：在氰氨化钙的基础上又添加了增效剂、肥料添加剂，在土壤中易于分解，具有杀线虫、杀菌、除草的特点。氰氨化钙分解过程中的中间产物氰胺和双氰胺具有消毒、灭虫、防病的作用，可防治各种真菌、细菌病害和杀灭根结线虫，同时还能减轻单子叶杂草的为害。该药也是缓效氮肥，是一种碱性肥料，能防止土壤特别是保护地土壤的酸化和土壤连作自毒病害，以及土壤过量施用化肥导致的盐类聚积、缺钙等引发的生理性病害。该药可有效抑制根结线虫的为害，杀灭田螺、蝼蛄等地下害虫，防治土传病害，排除连作重茬障碍。该药是硝化抑制剂，可提高其他氮素肥料利用率。

11. 辣根素

（1）有效成分：烯丙基异硫氰酸酯（AITC）。

（2）作用特点：辣根素是从辣根等十字花科植物中提取出来的一类次生代谢产物，在化学结构上都含有—N＝C＝S 活性基团的化合物，辣根中存在的硫代葡萄苷在水解酶的作用下发生酶促水解反应，释放出极易挥发的异硫氰酸酯类物质，包括烯丙基异硫氰酸酯、3-丁烯异硫氰酸酯、2-戊烯异硫氰酸酯、β-苯基乙基异硫氰酸酯。

（3）制剂：20%悬浮剂。

（4）用法：防治多种根结线虫，可选用20%悬浮剂 25～50 g/m²，同时对土壤真菌和细菌有明显的杀灭效果。

12. 淡紫拟青霉

（1）中文学名：淡紫拟青霉。

（2）毒性：低毒。

（3）作用特点：淡紫拟青霉活体孢子施入土壤后可萌发长出很多菌丝，进而分泌出几丁酶，穿透卵壳，以卵内物质为养料大量繁殖，使线虫卵内细胞和早期胚胎受到破坏，主要是起预防作用，在线虫孵化后甚至侵入植物体内后，该药便失去作用。其寄主有根结线虫、胞囊线虫、金色线虫、异皮线虫，甚至人畜肠道蛔虫。也寄生半翅目的荔枝椿象、稻黑蝽，同翅目的叶蝉、褐飞虱，等翅目的白蚁，鞘翅目的甘薯象鼻虫，以及鳞翅目的茶蚕、灯蛾等。另外，淡紫拟青霉36-1菌株对植物病原菌具有拮抗效能。

（4）制剂：含 5 亿活孢子/g 颗粒剂。

（5）用法：

1）拌种：按种子量的 1% 进行拌种后，堆捂 2～3 小时，阴干即可播种。

2）处理苗床：将淡紫拟青霉菌剂与适量基质混匀后撒入苗床，播种覆土。1 kg 菌剂处理 30～40 m² 苗床。

3）处理育苗基质：将 1 kg 菌剂均匀拌入 2～3 m³ 基质中，装入育苗容器中。

4）穴施：施在种子或种苗根系附近，亩用量 0.5～1 kg 制剂。采用沟施或穴施法，每亩用量为 2.5～3 kg 制剂。

5）防治草坪或番茄根结线虫，可用制剂按 37.5～45 kg/hm² 沟施或穴施。

（6）注意事项：最佳施药时间为早上或傍晚，勿使药剂直接放置于强阳光下。

13.1，3-二氯丙烯

（1）通用名称：1，3-二氯丙烯，1，3-dichloropropene。

（2）作用特点：对土壤中的所有线虫及虫卵具强熏蒸杀灭作用，包括剑线虫、环线虫、曲别线虫和囊肿线虫。可防治土壤镰刀枯萎病菌、黄萎病、茎基腐病菌、腐疫霉根腐病等多种病害，同时杀灭蛴螬、蝼蛄、金针虫、地老虎、韭蛆等地下害虫及老鼠。可用于果树、花卉等种植前的土壤处理。

（3）制剂：92% 乳油，97% 熏线烯原油。

（4）用法：

1）可按播种行开沟，按 92% 乳油 15 kg/亩 10 倍液浇于沟中，并覆土、盖膜密封熏蒸 7 天，然后揭去地膜，用锄划施药沟，松土散气 7 天，再播种或移栽。

2）若注射点施，可在整平土地后，按 97% 熏线烯原油 15

kg/亩，用土壤注射施药器注射、覆土、盖膜密封熏蒸 7 天，揭膜松土散气 7 天，然后播种或移栽。

14. 滴·滴混剂

（1）有效成分：1，3-二氯丙烯+1，2-二氯丙烷。

（2）通用名称：滴·滴混剂，dichloropropene - dichloropropane maxture。

（3）毒性：中等毒。

（4）作用特点：为多卤代烃的混合物，对多种线虫有效。尤其对茶、桑根结线虫、花生线虫效果很好，但对马铃薯线虫无效。兼治金针虫、蛴螬等土壤害虫。

（5）注意事项：防治土壤线虫主要是靠 1，3-二氯丙烯蒸气在土壤中进行的扩散作用，最适温度为 21～27 ℃，当土温（地下 15～18 cm）低于 10 ℃就不能充分发挥药效；土壤湿度为5%～25%较理想。其蒸气对植物有较强的接触毒害，对种子、幼苗的药害尤其明显，因此应在播前 20～30 天使用。另外，滴·滴混剂对人畜有接触中毒作用，对金属有腐蚀性，易燃，所以使用时应注意安全。不要直接接触，施药后应充分散气，避免产生药害。

15. 醋酸乙酯

（1）通用名称：乙酸乙酯，ethylacetate。

（2）毒性：中等毒，对鱼类有毒。

（3）作用特点：具有触杀及熏蒸作用，可以防治各种线虫。可用于观赏植物的线虫。

（4）制剂：20%、40%乳油。

（5）用法：开沟晒田，每亩用 40%乳油 200～300 g，对水后开沟洒施，施后随即盖土，可以兼治多种病害。

16. 伯克霍尔德菌

（1）通用名称：伯克霍尔德菌。

（2）作用特点：属生物制剂，该菌释放的一种抑线酶，能破坏线虫生存环境，可杀死植物根际周围内线虫及虫卵，防治苗期、整个生长期的地下害虫（如线虫、蝼蛄、蛴螬、地老虎等）以及蚜、螨、白粉虱等。

（3）制剂：有效活菌数≥2 亿/g、有机质≥25%的菌肥。

（4）用法：

1）在苹果、梨、桃树、枣树以及番石榴、番木瓜、香蕉、胡椒、火龙果、龙眼等热带果树上的使用，应根据每种植物的亩株数及线虫的发生程度具体确定施用量和方法。

2）防治块茎植物地下害虫及线虫，可在播种时每亩用伯克霍尔德菌 1~2 kg 的 800 倍液，施入定植沟内，或将伯克霍尔德菌 2~3 kg 直接与豆饼等有机肥混用。在块茎迅速膨大期，每亩用 2 kg 伯克霍尔德菌对水 150~300 kg 灌根（土壤湿度小时用 1200 倍液，土壤湿度大时用 600 倍液）。

3）植物在播种育苗时，可按每平方米 1~1.5 g 的用量拌土后均匀撒入苗床。在移栽定植时可将伯克霍尔德菌按每亩 3~4 kg 随水均匀漫灌地表。

4）生育期长的植物后期若出现线虫为害，可用伯克霍尔德菌 600~1000 倍液灌根（土壤湿度小时用 1200 倍液，土壤湿度大时用 600 倍液），亩用药量 500 g 以上，线虫为害严重时可每亩用药量 1000~1500 g。

17. 克线宝

（1）主要成分：复合微生物菌种、蛋白、稀土。

（2）作用特点：是日本硅酸盐菌与中国台湾诺卡氏放线菌结合的 JT 复合菌种，内含枯草芽孢杆菌、多黏类芽孢杆菌、固氮菌、木霉菌、酵母菌为主的 10 个属 80 余种菌、肽蛋白和稀土元素。该药对根结线虫、孢囊线虫、茎线虫等土传寄生虫有效。JT 菌群的菌丝能穿透虫卵表皮，使类脂层和几丁质崩解，虫卵表皮及体细胞迅速萎缩脱水，进而死亡消解，同时 JT 菌群的自身活动及代谢产物和肽蛋白可优化植物的根部生长环境，对植物根部线虫幼虫及成虫有驱避作用。

（3）制剂：有效活菌数≥300 亿/mL 液体。

（4）用法：

1）播前拌种：取制剂 20 mL 对水 2～3 kg 与适量种子混匀，堆捂 2～3 小时后阴干即可播种。

2）移栽幼苗时蘸根使用宜用 150～200 倍液。

3）滴灌：每 1000 mL 对水 150～200 kg，每病株可灌 0.2 kg 左右，根据植株大小、长势及线虫严重程度酌情增减。

4）冲施：每亩用 1000 mL（重茬现象及线虫严重发生地块用量应加大 2～3 倍用量）对水 150 倍稀释成母液，然后随水浇施植物。

18. 线虫毕克

（1）主要成分：淡紫拟青霉。

（2）通用名称：淡紫拟青霉。

（3）作用特点：由植物提取物和活淡紫拟青霉孢子组成的活性制剂，可明显减轻多种植物根结线虫、胞囊线虫、茎线虫等线虫病的为害，刺激和促进植物根系及植株营养器官的生长。所含微生物孢子属内寄生性真菌，是很多植物寄生线虫的主要天敌。孢子萌发后的菌丝可穿透线虫的卵壳、幼虫及雌性成虫体壁，菌丝在其体内吸取营养，进行繁殖，破坏卵、幼虫及雌性成虫的正常生理代谢，从而导致植物寄生线虫死亡。

（4）制剂：有效活菌数≥100 亿/g 颗粒剂。

（5）用法：

1）播前拌种：可用制剂 100 g 和 1 亩用种子量混拌均匀，堆捂 2～3 小时，阴干即可播种。

2）移栽蘸根：制剂每亩 200 g 加水调成糊状，移栽幼苗时蘸根使用。

3）定植穴施：每亩 200 g 制剂和粉状载体（细土、麦麸、米糠等）混合，移栽时穴施。

4）其他方法：混拌有机肥或其他肥料，于翻耕前撒施后及时翻耕。

（6）注意事项：不能和杀菌农药一起使用；最好在 4 ℃±2 ℃下保存，气温超过 25 ℃需冷藏运输；购买后置阴凉干燥处存放，及时使用。病害严重的地块，可以适当增加用量。

19. 线虫必克

（1）主要成分：活性厚孢轮枝菌孢子、植物提取物。

（2）通用名称：厚孢轮枝菌。

（3）作用特点：施入土壤后，厚孢轮枝菌孢子迅速萌发繁殖，菌丝刺入线虫及卵体内，捕杀线虫并抑制线虫卵的发育，对地老虎、蝼蛄、蛴螬等地下害虫有驱避作用。可用于花卉等多种植物防治线虫。

（4）制剂：5%微粒剂。

（5）用法：在移苗时，可在苗穴及苗周围每亩用 2.5 kg 制剂与掺有少量有机肥的细土，拌匀施入，盖土 2 cm 即可。如果苗已移栽，可在苗根周围挖小沟施入。

20. 无线爽

（1）有效成分：阿维菌素 22.5 g/kg，复合菌种（侧孢短芽孢杆菌、枯草芽孢杆菌、诺卡氏放线菌、Bt、白僵菌、绿僵菌）≥30 亿/g。

（2）作用特点：由阿维菌素与侧孢短芽孢杆菌、枯草芽孢杆菌、诺卡氏放线菌、Bt、白僵菌、绿僵菌等具抑线活性的 10 个菌属微生物菌群，辅以缓释剂、黏结剂、稳定剂、着色剂和 pH 值调节剂组成的生物杀线虫缓施颗粒剂，对线虫具有触杀作用。对根结线虫、胞囊线虫、茎线虫等植物线虫有防效，对根蛆、蝼蛄、蛴螬、金龟子、金针虫等地下害虫也较有效。可用于花卉及大田作物的根结线虫、胞囊线虫、茎线虫等植物线虫和蛴螬、蝼蛄、金针虫、蔗龟等各类地下害虫。

（3）制剂：30亿/g 芽孢缓释颗粒剂。

（4）用法：

1）线虫一般的地块每亩施用制剂 800~1600 g，线虫非常严重的地块每亩可加大用量到 1600~3200 g。

2）育苗时以每 0.8 kg 制剂和育苗肥混匀后，施入 500~1000 kg 育苗土中（或 15~20 m² 苗床）。翻地时，以亩施 1.6 kg，与肥料混合或单独撒施在大田。

3）在发现病苗后，按每亩 1.6~3.2 kg 均匀丢施在植物根部周围，而后浇水。

21. 康绿功臣

（1）有效成分：1.1%苦参碱。

（2）作用特点：是从苦豆子、楝树果实等多种植物中提取的纯天然生物碱，对黄瓜根线虫、地瓜根瘤线虫，以及多种植物的根蛆、蛴螬等地下害虫具有显著的防治效果。

（3）制剂：1.1%可湿性粉剂。

（4）用法：防治根结线虫，可用制剂 45~60 kg/hm² 的稀释液灌根。

22. 阿维菌素药肥

（1）制剂：阿维菌素药肥（含8%阿维菌素）。

（2）用法：对多种植物的根结线虫有效。可按每亩用阿维菌素药肥 320 kg，控制线虫为害的同时，可大量减少棚内白粉虱、螨虫、蓟马、地蛆为害。

23. 丁硫克百威　详见第六章。

24. 溴灭泰

（1）作用特点：用于土壤处理的杀线虫剂，杀虫谱广，扩散性好，药效显著。使用剂量因环境变化而不同。

（2）制剂：98%溴甲烷压缩制剂。

（3）用法：一般用量为每亩 32 g。注意使用剂量及时间，以免产生药害。

25. 多·福·克

（1）毒性：高毒。

（2）制剂：25%种衣剂（含多菌灵 5%、福美双 10%、克百威 10%），25%悬浮种衣剂（含多菌灵 10%、福美双 10%、克百威 5%），35%种衣剂（含多菌灵 15%、福美双 10%、克百威 10%或含多菌灵 12%、福美双 15%、克百威 8%）。

（3）用法：防治豆类根腐病及线虫病，可每千克种子用 25%种衣剂或悬浮种衣剂 500~625 g，也可用 35%种衣剂按种子重量的1.6%~2%对种子包衣。

第二十一章　杀虫剂及杀螨剂的混剂

一、仅含有机磷杀虫剂的混合杀虫剂

（一）含敌百虫的混合杀虫剂

将敌百虫与其他杀虫剂加工成混剂后，可克服敌百虫原药块大坚硬、难破碎、更难溶化的缺点，增加触杀、熏蒸等作用方式。因含有敌百虫，在高粱作物上禁用，以防药害。

【主要品种】

1. 敌·辛

（1）有效成分：敌百虫+辛硫磷。

（2）作用特点：具有触杀和胃毒作用，杀虫谱广，可用于防治植物上的多种害虫。

（3）制剂：30%、40%、50%乳油。

（4）用法：

1）防治棉蚜、棉铃虫，可亩用 50%乳油 50～70 mL 或 40%乳油 60～80 mL，对水 50 kg 喷雾，兼治小造桥虫、卷叶虫。

2）防治蚜虫，可亩用 50%乳油 40～50 mL 对水 50 kg 喷雾；防治苹果卷叶蛾，可用 50%乳油 1000～1200 倍液喷雾。

3）防治桑毛虫、桑尺蠖，可在幼虫低龄期用 50%乳油 2000～2500 倍液喷雾。

2. 敌·马

（1）有效成分：敌百虫+马拉硫磷。

（2）制剂：40%、60%乳油，25%油剂，4%粉剂。

（3）用法：

1）防治油松毛虫，可喷施60%乳油1000倍液。

2）防治蝗虫、草原蝗虫、森林的松毛虫、花蝇等，可用25%油剂按亩用150～200 mL超低容量喷雾，若用飞机超低容量喷雾效果尤佳。

3）防治桑树桑螟、桑树野蚕，可用60%乳油按400～600 mg/kg喷雾。

4）4%粉剂一般亩用1.5～2 kg。若飞机喷洒防治蝗虫，亩用1～1.5 kg。

3. 敌·唑磷

（1）有效成分：敌百虫+三唑磷。

（2）作用特点：增强了对害虫的触杀作用和对植物组织的渗透作用。

（3）制剂：20%、36%、40%、50%乳油。

（4）用法：防治螟类害虫，在卵孵化始盛期至高峰期，亩用20%乳油200～250 mL，或36%乳油150～180 mL，或40%乳油75～100 mL，或50%乳油100～120 mL，对水50～75 kg喷雾。

（5）注意事项：敌·唑磷中所含的三唑磷对家蚕毒性大，施药时防止污染桑叶。

4. 敌·杀

（1）有效成分：敌百虫+杀螟硫磷。

（2）制剂：40%乳油。

（3）用法：防治螟虫，可亩用制剂100～150 mL对水50～70 kg喷雾。

5. 敌·乐

（1）有效成分：敌百虫+乐果。

（2）作用特点：主要是胃毒、触杀作用和内吸作用。

（3）制剂：40%乳油。

（4）用法：防治飞虱及卷叶螟，可用40%乳油80~120 mL对水50~75 kg喷雾。

6. 敌·氧乐

（1）有效成分：敌百虫+氧乐果。

（2）作用特点：增强了对植物组织的内吸和渗透性。

（3）制剂：40%乳油。

（4）用法：防治蚜虫，可用制剂60~100 mL对水50~60 kg喷雾。

7. 敌·毒

（1）有效成分：敌百虫+毒死蜱。

（2）制剂：3%、4.5%颗粒剂，30%、40%、50%乳油。

（3）用法：

1）防治地下害虫蛴螬，可用4.5%颗粒剂按1687.5~2362.5 g/hm² 配制毒土撒施。

2）防治菜青虫可亩用30%乳油100~120 mL，防治棉铃虫可亩用40%乳油70~80 mL，对水50~60 kg喷雾。

3）防治卷叶螟，可亩用40%乳油75~100 mL对水50 kg喷雾。

8. 敌·乙酰

（1）有效成分：敌百虫+乙酰甲胺磷。

（2）作用特点：具有触杀和胃毒作用，并有一定的内吸和熏蒸作用。

（3）制剂：25%乳油。

（4）用法：

1）防治卷叶螟，可亩用制剂 80~120 mL 对水 50 kg 喷雾。

2）防治菜青虫，可亩用制剂 100~180 mL 对水 40~60 kg 喷雾。

9. 丙·敌

（1）有效成分：丙溴磷+敌百虫。

（2）作用特点：具有胃毒和触杀作用，并有一定的内吸和熏蒸作用。

（3）制剂：40%、48%乳油。

（4）用法：防治棉铃虫，可亩用 48%乳油 50~100 mL 或 40%乳油 32.5~50 mL，对水 50~75 kg 喷雾。

10. 喹硫·敌百虫

（1）有效成分：喹硫磷+敌百虫。

（2）制剂：35%乳油（含喹硫磷 7%、敌百虫 28%）。

（3）用法：防治水稻二化螟，可用制剂按 525~630 g/hm² 喷雾。

（二）含敌敌畏的混合杀虫剂

【主要品种】

1. 敌畏·氧乐

（1）有效成分：敌敌畏+氧乐果。

（2）制剂：30%、40%、50%乳油，30%液剂，30%高渗乳油。

（3）用法：

1）防治烟青虫，可亩用 50%乳油 50~100 mL 对水 40~50 kg 喷雾。

2）防治柑橘红蜘蛛，可用 40%乳油 800~1000 倍液喷雾。

3）防治杨树黄斑星天牛，可在树干打孔注药毒杀，按树干直径每厘米注射 30%液剂 0.5~1 mL。

2. 敌畏·毒

（1）有效成分：敌敌畏+毒死蜱。

（2）作用特点：具有触杀、胃毒和熏蒸作用。

（3）制剂：35%、40%、70%乳油，40%高渗乳油。

（4）用法：

1）防治美洲斑潜蝇，可亩用35%乳油70~100 mL 或40%乳油40~60 mL，对水40~50 kg喷雾。

2）防治茶尺蠖，可亩用35%乳油60~70 mL 对水50~70 kg叶面喷雾。

3）防治茶小绿叶蝉，可亩用35%乳油70~80 mL 对水50 kg 对茶树冠面快速喷雾。

4）防治卷叶螟，可在2龄幼虫高峰期，亩用35%乳油80~100 mL 对水50~70 kg 喷雾。

3. 敌畏·马

（1）有效成分：敌敌畏+马拉硫磷。

（2）作用特点：杀虫谱广，具有触杀、胃毒、熏蒸和内吸作用。

（3）制剂：35%、45%、50%、55%、60%乳油。

（4）用法：

1）防治黄曲跳甲，一般亩用45%乳油40~50 mL，或50%乳油30~50 mL，或55%乳油50~70 mL，对水40~50 kg 喷雾。

2）防治蚕桑桑尺蠖，可用60%乳油按400~600 mg/kg 喷雾。

4. 敌畏·乐

（1）有效成分：敌敌畏+乐果。

（2）作用特点：具有触杀、胃毒作用，并有良好的熏蒸和内吸作用。

（3）制剂：50%乳油。

（4）用法：防治蚜虫，可亩用制剂 40~50 mL 对水 40~50 kg 喷雾。

5. 敌畏·辛

（1）有效成分：敌敌畏+辛硫磷。

（2）作用特点：具有触杀、胃毒和熏蒸作用。

（3）制剂：25%、30%、40%乳油。

（4）用法：防治蚜虫、红蜘蛛，一般亩用 30%制剂 70~100 mL对水喷雾。

6. 敌畏·唑磷

（1）有效成分：敌敌畏+三唑磷。

（2）制剂：35%乳油。

（3）用法：防治螟类害虫，一般亩用制剂 100~120 mL 对水 50~70 kg 喷雾。

（三）含辛硫磷的混合杀虫剂

【主要品种】

1. 辛·乙酰甲

（1）有效成分：辛硫磷+乙酰甲胺磷。

（2）作用特点：具有触杀和胃毒作用，在桑园使用可减轻乙酰甲胺磷对家蚕可能产生的毒害作用。

（3）制剂：33%乳油。

（4）用法：防治桑尺蠖，可在害虫为害初期用制剂 1000~1500 倍液喷雾。

2. 辛·氧乐

（1）有效成分：辛硫磷+氧乐果。

（2）作用特点：具有较强的胃毒作用，并有一定的内吸作用，药效速度快。

（3）制剂：30%乳油（蚜对手），45%乳油（灭铃宝）。

（4）用法：

1）防治苹果黄蚜，可用 30%乳油 1000~1500 倍液喷雾。

2）防治棉铃虫，可在卵孵化盛期，亩用 45%乳油 67~90 mL 对水 50~75 kg 喷雾。

3. 辛·唑磷

（1）有效成分：辛硫磷+三唑磷。

（2）作用特点：具有较好的胃毒、触杀作用，对植物组织有较好的渗透性。对鳞翅目害虫有效，虫卵兼杀，可防治多种植物害虫，包括防治地下害虫。

（3）制剂：20%、27%、30%、35%、40%乳油。

（4）用法：

1）防治害螨，可在卵孵盛期至高峰期施药，亩用 20%乳油 100~150 mL，或 27%乳油 50~80 mL，或 30%乳油 90~120 mL，或 35%乳油 60~90 mL，或 40%乳油 60~80 mL，对水 50~75 kg 喷雾。

2）防治蚜虫，可亩用 40%乳油 50~70 mL 对水 50~70 kg 喷雾。

3）防治卷叶螟，可在 2 龄幼虫高峰期、卷叶以前，亩用 20%乳油 67~120 mL 或 30%乳油 90~120 mL，对水 50~75 kg 喷雾。

（5）注意事项：不能与碱性物质混用，不宜用于防治稻飞虱。对光不稳定，要注意保存，应在早晨或傍晚施药。

4. 丙·辛

（1）有效成分：丙溴磷+辛硫磷。

（2）作用特点：具有触杀和胃毒作用，适用于多种植物。

（3）制剂：24%、25%、30%、35%、36%、40%、45%乳油，36%、40%高渗乳油。

（4）用法：

1）防治黄杨害螨可亩用 40%高渗乳油 100~120 mL，防治卷叶螨、飞虱可亩用 25% 乳油 50~70 mL，对水 50~70 kg 喷雾。

2）防治苹果黄蚜，可用 24% 乳油或 25% 乳油 1000~2000 倍液喷雾。

5. 马拉·辛硫磷

（1）有效成分：马硫磷+辛硫磷。

（2）制剂：20%、22%、25% 乳油，50% 高渗乳油。

（3）用法：

1）防治美洲斑潜蝇，可亩用 50% 高渗乳油 50~60 mL 对水 40~60 kg 喷雾。

2）防治蚜虫，可亩用 25% 乳油 50~75 mL 对水 40~60 kg 喷雾。

3）防治卷叶螟，可亩用 25% 乳油 80~100 mL 对水喷雾；防治飞虱，可亩用 20% 乳油 70~100 mL 对水喷雾。

6. 毒·辛

（1）有效成分：毒死蜱+辛硫磷。

（2）作用特点：具有触杀、胃毒和熏蒸作用。

（3）制剂：20%、25%、30%、35%、40%、48% 乳油，5% 颗粒剂，6% 颗粒剂（含毒死蜱 3%、辛硫磷 3%），8% 颗粒剂（含毒死蜱 3%、辛硫磷 5%），30% 微囊悬浮剂（含毒死蜱 10%、辛硫磷 20%）。

（4）用法：

1）防治地蛆，可亩用 20% 乳油 500~600 mL，或 48% 乳油 300~400 mL，或 40% 乳油 300~400 mL，对水 2000~3000 kg 灌根。

2）防治金针虫、蛴螬，可用 30% 微囊悬浮剂按 4500~6750 g/hm^2 配制毒土撒施。

7. 喹·辛

（1）有效成分：喹硫磷+辛硫磷。

（2）作用特点：具有触杀和胃毒作用。

（3）制剂：30%乳油。

（4）用法：防治蚜虫，可亩用制剂 27~33 mg 对水 30~45 kg 喷雾。

8. 杀·辛

（1）有效成分：杀螟硫磷+辛硫磷。

（2）作用特点：具有触杀和胃毒作用，对植物组织具强渗透作用，杀虫谱广。

（3）制剂：46%乳油。

（4）用法：防治棉铃虫，可亩用制剂 40~50 mL 对水 50~70 kg 喷雾。

9. 哒嗪·辛硫磷

（1）有效成分：哒嗪+辛硫磷。

（2）制剂：30%乳油（螟魁、一拼到底、定螟）。

（3）用法：

1）防治螟虫，可亩用 30%乳油（螟魁）150 mL 喷雾。

2）防治飞虱，可亩用 30%乳油（螟魁）100 mL 喷雾。

10. 水胺·辛

（1）有效成分：水胺硫磷+辛硫磷。

（2）作用特点：以触杀和胃毒为主，杀虫谱较广，击倒力较强，适用于防治梨树梨木虱、棉铃虫及蚜虫。

（3）制剂：26%、30%、35%乳油。

（4）用法：防治蚜虫，可用 30%乳油 270~360 g/hm^2 对水喷雾。

11. 二嗪·辛硫磷

（1）有效成分：二嗪磷+辛硫磷。

（2）毒性：中等毒。

（3）制剂：40%乳油（含二嗪磷 15%、辛硫磷 25%），16%

乳油。

（4）用法：防治害螨，可用40%乳油按480~600 g/hm² 喷雾，或用16%乳油按540~600 g/hm² 喷雾。

（四）含毒死蜱的混合杀虫剂

【主要品种】

1. 毒·唑磷

（1）有效成分：毒死蜱+三唑磷。

（2）作用特点：具有触杀和胃毒及熏蒸作用，对植物组织有较强的渗透作用。

（3）制剂：18%、20%、25%、30%、32%、40%乳油，3%颗粒剂，20%、32%水乳剂。

（4）用法：

1）防治害螨，可在卵孵化盛期至高峰期亩用25%乳油50~70 mL 喷雾；或亩用30%乳油50~100 mL，或32%乳油45~60 mL，对水50~70 kg喷雾。

2）防治飞虱，可亩用30%乳油150~180 mL 对水50~70 kg喷雾；防治瘿蚊，可亩用30%乳油200~250 mL 对水50~70 kg喷雾。

2. 毒·马

（1）有效成分：毒死蜱+马拉硫磷。

（2）制剂：40%乳油。

（3）用法：防治小菜蛾，可亩用制剂40~70 mL 对水40~50 kg喷雾。

3. 毒·乙酰甲

（1）有效成分：毒死蜱+乙酰甲胺磷。

（2）作用特点：具有触杀、胃毒和一定的内吸作用。

（3）制剂：35%可湿性粉剂。

（4）用法：防治纵卷叶螟，可在2龄幼虫高峰期亩用制剂

80~100 g 对水 50~60 kg 喷雾。

4. 毒・杀扑

（1）有效成分：毒死蜱+杀扑磷。

（2）制剂：20%、40%乳油。

（3）用法：防治柑橘矢尖蚧，一般用20%乳油 800~1000 倍液喷雾，或用40%乳油按 200~250 mg/kg 喷雾。

5. 丙溴・毒死蜱

（1）有效成分：丙溴磷+毒死蜱。

（2）制剂：40%乳油（润锐），30%乳油。

（3）用法：防治小菜蛾、斜纹夜蛾、美洲斑潜蝇，可用30%乳油按 360~540 g/hm² 喷雾。

（五）含马拉硫磷的混合杀虫剂

【主要品种】

1. 马・唑磷

（1）有效成分：马拉硫磷+三唑磷。

（2）作用特点：具有触杀和胃毒作用，具有较强的渗透性。

（3）制剂：20%、25%、40%乳油。

（4）用法：防治害螨，可亩用20%乳油 100~120 mL 或25%乳油 75~100 mL，对水 50~70 kg 喷雾。

2. 马・杀

（1）有效成分：马拉硫磷+杀螟硫磷。

（2）作用特点：具有触杀和胃毒作用。

（3）制剂：12%、40%乳油。

（4）用法：

1）防治柑橘介壳虫，可用40%乳油按 400~800 mg/kg 喷雾。

2）防治棉铃虫，可亩用制剂 60~100 mL 对水 60~75 kg 喷雾。

3）防治飞虱，可亩用制剂 80～100 mL 对水 50～70 kg 喷雾；防治害螟，可亩用制剂 100～150 mL 对水 50～70 kg 喷雾。

3. 二溴·马

（1）有效成分：二溴磷+马拉硫磷。

（2）制剂：50%乳油。

（3）用法：防治苹果黄蚜，可用制剂 1000～1500 倍液喷雾。

4. 水胺·马

（1）有效成分：水胺硫磷+马拉硫磷。

（2）制剂：36.8%乳油。

（3）用法：防治象甲，可用制剂按 331.2～441.6 g/hm² 对水喷雾。

（六）其他

【主要品种】

1. 稻丰·唑磷

（1）有效成分：稻丰散+三唑磷。

（2）制剂：40%乳油。

（3）用法：防治害螟，可亩用制剂 100～125 mL 对水 50～70 kg 喷雾。

2. 乙酰甲·唑磷

（1）有效成分：乙酰甲胺磷+三唑磷。

（2）制剂：20%、30%乳油。

（3）用法：防治害螟，可亩用 20%乳油 75～100 mL 或 30%乳油 50～120 mL，对水 50～70 kg 喷雾。

3. 杀扑·氧乐

（1）有效成分：杀扑磷+氧乐果。

（2）制剂：40%乳油。

（3）用法：防治柑橘矢尖蚧，一般用制剂 500～800 倍液喷雾。

4. 氧乐·乙酰（乙酰甲·氧乐）

（1）有效成分：乙酰甲胺磷+氧乐果。

（2）作用特点：具有触杀、内吸和胃毒作用。

（3）制剂：15%乳油。

（4）用法：防治害螨，可亩用制剂 80~100 mL 对水 50~70 kg 喷雾。

5. 乐·异稻

（1）有效成分：乐果+异稻瘟净。

（2）制剂：30%乳油。

（3）用法：

1）防治十字花科类植物蚜虫，可亩用制剂 30~50 mL 对水 40~50 kg 喷雾。

2）防治飞虱、叶蝉、卷叶螟，可亩用制剂 100~120 mL 对水 50~60 kg 喷雾。

6. 乐·稻净

（1）有效成分：乐果+稻瘟净。

（2）制剂：40%乳油。

（3）用法：防治飞虱、叶蝉、卷叶螟等，一般可亩用制剂 100~150 mL 对水喷雾。

7. 水胺·三唑磷

（1）有效成分：水胺硫磷+三唑磷。

（2）制剂：20%、30%乳油。

（3）用法：防治害螨，可用30%乳油按 405~540 g/hm² 对水喷雾。

8. 乐果·三唑磷

（1）有效成分：乐果+三唑磷。

（2）毒性：中等毒。

（3）制剂：25%乳油（含乐果15%、三唑磷10%）。

（4）用法：防治害螟，可用 25%乳油按 450～562.5 g/hm² 喷雾。

9. 杀螟·三唑磷

（1）有效成分：杀螟硫磷+三唑磷。

（2）毒性：中等毒。

（3）制剂：20%乳油（含杀螟硫磷 4%、三唑磷 16%）。

（4）用法：防治害螟，可用制剂按 210～300 g/hm² 喷雾。

二、菊酯与有机磷复配的混合杀虫剂

（一）含高效氯氰菊酯的混合杀虫剂

【主要品种】

1. 高氯·辛

（1）有效成分：高效氯氰菊酯+辛硫磷。

（2）制剂：21.5%可湿性粉剂，18%、20%、21.5%、22%、22.5%、24%、25%、26%、27.5%、30%、35%、40% 乳油，25%微乳剂，21%可溶液剂。

（3）用法：

1）防治荔枝卷叶虫，可用 22%乳油 1500～2000 倍液喷雾。

2）防治苹果树桃小食心虫，可用 25%乳油 1000～1250 倍液或 35%乳油 1000～2000 倍液喷雾。

3）防治卫生蝇、蚊，可用 21%可溶液剂按 0.3 mL/m² 喷洒。

2. 高氯·唑磷

（1）有效成分：高效氯氰菊酯+三唑磷。

（2）作用特点：具有触杀和胃毒作用。

（3）制剂：12%、13%、15%乳油。

（4）用法：防治荔枝蛀蒂虫，可用 13%乳油 1000～1500 倍液喷雾。

3. 高氯·氧乐

（1）有效成分：高效氯氰菊酯+氧乐果。

（2）作用特点：具有强触杀和一定的内吸作用。

（3）制剂：10%、20%、25%乳油。

（4）用法：

1）防治棉铃虫，可亩用20%乳油100～120 mL对水60～75 kg喷雾。

2）防治草地蚜虫，可亩用20%乳油40～50 mL或10%乳油30～50 mL，对水40～60 kg喷雾。

4. 高氯·乙酰甲

（1）有效成分：高效氯氰菊酯+乙酰甲胺磷。

（2）制剂：22%乳油，0.17%粉剂。

（3）用法：

1）防治松毛虫，可用0.17%粉剂按75～112.5 g/hm² 喷粉。

2）防治蚜虫，可亩用制剂50～75 mL对水40～50 kg喷雾。

5. 高氯·马

（1）有效成分：高效氯氰菊酯+马拉硫磷。

（2）作用特点：具有胃毒和触杀作用。

（3）制剂：20%、24%、25%、30%、37%、40%乳油，20%热雾剂。

（4）用法：

1）防治苹果树的桃小食心虫，可用20%乳油1000～1500倍液或25%乳油1000～2000倍液喷雾。

2）防治苹果黄蚜，可用20%乳油2000～4000倍液，或25%乳油1500～2000倍液，或30%乳油1000～2000倍液，喷雾。

3）防治柑橘蚜虫，可用37%乳油2000～4000倍液喷雾。

4）防治荔枝椿象，可在越冬成虫始活动期或若虫盛期用37%乳油2000～3000倍液喷雾。

5）防治茶小绿叶蝉，可用 20% 乳油 1000～1500 倍液喷雾；防治茶毛虫，可用 20% 乳油 40～50 mL 对水 40～60 kg 喷雾。

6）防治蝗虫，可用 20% 乳油 50～70 mL 对水 40～50 kg 喷雾。

7）防治白粉虱，可亩用 20% 热雾剂 37.5～70 mL，用热雾机喷雾。

6. 二溴·高氯

（1）有效成分：二溴磷+高效氯氰菊酯。

（2）作用特点：具有一定的熏蒸作用。

（3）制剂：36% 乳油。

（4）用法：防治蚜虫，可亩用制剂 30～50 mL 对水 40～50 kg 喷雾。

7. 二嗪·高氯

（1）有效成分：二嗪磷+高效氯氰菊酯。

（2）作用特点：具有触杀和胃毒作用，并有一定的熏蒸作用，杀虫谱广。

（3）制剂：25% 乳油。

（4）用法：防治菜青虫，可亩用制剂 40～60 mL 对水 40～50 kg 喷雾。

8. 丙溴·高氯

（1）有效成分：丙溴磷+高效氯氰菊酯。

（2）制剂：40% 乳油。

（3）用法：防治棉铃虫，可亩用制剂 40～60 mL 对水 60～75 kg 喷雾。

9. 敌畏·高氯

（1）有效成分：敌敌畏+高效氯氰菊酯。

（2）制剂：18%、20%、26%、29% 乳油。

（3）用法：

1）防治蚜虫，可亩用 18% 乳油 30~40 mL 对水 40~50 kg 喷雾。

2）防治苹果树潜叶蛾，可用 29% 乳油 400~500 倍液喷雾。

10. 毒·高氯

（1）有效成分：毒死蜱+高效氯氰菊酯。

（2）制剂：10%、12%、15%、20%、22.5%、30%、33%、40%、44%、52.5% 乳油，10% 微乳剂。

（3）用法：

1）防治苹果树桃小食心虫，可用 12% 乳油 2500~4000 倍液喷雾。

2）防治柑橘潜叶蛾，可用 52.5% 乳油 1000~1500 倍液喷雾。

3）防治荔枝蒂蛀虫，可用 15% 乳油 500~1000 倍液喷雾。

4）防治荔枝椿象，可用 10% 微乳剂 1000~1500 倍液喷雾。

5）防治美洲斑潜蝇，可亩用 15% 乳油 40~60 mL 或 20% 乳油 30~50 mL，对水 40~60 kg 喷雾。

11. 水胺·高氯

（1）有效成分：水胺硫磷+高效氯氰菊酯。

（2）制剂：20%、22% 乳油。

（3）用法：防治棉铃虫，可用 22% 乳油按 124~186 g（有效成分）/hm² 对水喷雾，或用 20% 乳油按 120~150 g（有效成分）/hm² 对水喷雾。

12. 氯·马·辛硫磷

（1）有效成分：高效氯氰菊酯+马拉硫磷+辛硫磷。

（2）制剂：30% 乳油（含高效氯氰菊酯 1.5%、马拉硫磷 10%、辛硫磷 18.5%）。

（3）用法：防治棉铃虫，可用 30% 乳油按 225~337.5 g/hm² 喷雾。

13. 高氯·毒死蜱

（1）有效成分：高效氯氰菊酯+毒死蜱。

（2）制剂：15%、20%、30%、51.5%、44.5%乳油，52.25%乳油（含高效氯氰菊酯2.25%、毒死蜱50%），12%乳油（含高效氯氰菊酯2.5%、毒死蜱9.5%），44.5%微乳剂。

（3）用法：

1）52.25%乳油对根蛆、地老虎、蛴螬、金针虫的防治效果较好。

2）防治棉铃虫，可用12%乳油按216~270 g/hm² 喷雾，或用44.5%微乳剂按467.25~534 g/hm² 喷雾。

3）防治柑橘潜叶蛾，可用15%乳油按125~187.5 mg/kg 喷雾。

14. 高氯·丙溴磷

（1）有效成分：高效氯氰菊酯+丙溴磷。

（2）制剂：40%乳油（含高效氯氰菊酯2%、丙溴磷38%）。

（3）用法：防治棉铃虫，可用制剂按240~360 g/hm² 喷雾。

15. 高氯·甲嘧磷

（1）有效成分：高效氯氰菊酯+甲基嘧啶磷。

（2）制剂：7%微乳剂（含高效氯氰菊酯1%、甲基嘧啶磷6%）。

（3）用法：防治卫生害虫蜚蠊，可用7%微乳剂按210 mg/m² 滞留喷洒。

16. 亚胺·高氯

（1）有效成分：亚胺硫磷+高效氯氰菊酯。

（2）毒性：中等毒。

（3）制剂：20%乳油（含亚胺硫磷18%、高效氯氰菊酯2%）。

（4）用法：防治羽叶甘蓝菜青虫，可用20%乳油按120~

150 g/hm² 喷雾。

（二）氯氰菊酯与有机磷复配的混合杀虫剂

【主要品种】

1. 氯·马

（1）有效成分：氯氰菊酯+马拉硫磷。

（2）制剂：16%、20%、30%、36%、37%乳油。

（3）用法：

1）防治荔枝蝽象，可用 16%乳油 1500~2000 倍液喷雾。

2）防治棉铃虫，可亩用 36%乳油 50~65 mL 对水 50~75 kg 喷雾。

2. 氯·胺

（1）有效成分：氯氰菊酯+水胺硫磷。

（2）作用特点：具有触杀和胃毒作用，杀虫谱广，可杀卵杀螨，对林木、果树上的梨木虱、红白蜘蛛等有较好的防效。

（3）制剂：15%乳油，20%乳油（保棉丰）。

（4）用法：

1）防治柑橘潜叶蛾，可于新梢初放期或卵孵盛期用 15%乳油 3000~4000 倍液喷雾。

2）防治柑橘红蜘蛛，可于春害螨孵化盛期，用 15%乳油 2500~4000 倍液或 20%乳油 1500~3000 倍液喷雾。

3. 氯·辛

（1）有效成分：氯氰菊酯+辛硫磷。

（2）作用特点：具有强触杀和胃毒作用，对鳞翅目幼虫较有效。

（3）制剂：20%、22%、24%、25%、26%、27%、30%、40%乳油，27%高渗乳油，20%增效乳油，20%水乳剂。

（4）用法：

1）防治桃小食心虫，可在成虫产卵盛期幼虫蛀果前、卵果率 0.5% ~ 1.5% 时，用 20% 乳油 1000 ~ 1500 倍液或 40% 乳油 5000 ~ 6000 倍液喷雾。

2）防治茶尺蠖，可亩用 24% 乳油 60 ~ 80 mL 对水 40 ~ 60 kg 喷雾。

3）防治蚜虫，可亩用 20% 乳油 50 ~ 75 mL 对水 40 ~ 50 kg 喷雾。

4. 氯·唑磷

（1）有效成分：氯氰菊酯+三唑磷。

（2）毒性：中等毒。

（3）制剂：11%、15%、16%、20%、21% 乳油。

（4）用法：

1）防治柑橘潜叶蛾，可用 15% 或 16% 乳油 1000 ~ 2000 倍液喷雾；防治荔枝蒂蛀虫，可用 15% 乳油 1000 ~ 1250 倍液喷雾。

2）防治蚜虫、红铃虫，可亩用 20% 乳油 60 ~ 100 mL 对水 50 ~ 75 kg 喷雾。

3）防治荔枝、龙眼蒂蛀虫，可用 20% 乳油按 133 ~ 200 mg/kg 喷雾。

5. 氯·氧乐

（1）有效成分：氯氰菊酯+氧乐果。

（2）作用特点：具有良好的胃毒作用及内吸性能。

（3）制剂：10%、10.6%、21.5% 乳油。

（4）用法：防治蚜虫，可亩用 21.5% 乳油 60 ~ 90 mL 对水 40 ~ 60 kg 喷雾，或用 10% 乳油 40 ~ 80 mL 或 10.6% 乳油 50 ~ 70 mL 对水 30 ~ 50 kg 喷雾。

6. 毒·氯

（1）有效成分：毒死蜱+氯氰菊酯。

（2）制剂：22%、55% 水乳剂，15%、20%、22%、24%、25%、44%、47.7%、50%、52.25%、55% 乳油。

（3）用法：

1）防治苹果树的桃小食心虫，可在成虫产卵盛期幼虫蛀果前、卵果率 0.5%～1.5% 时，用 52.25% 乳油或 22% 乳油 1000～1500 倍液喷雾。

2）防治梨木虱，可用 52.25% 乳油 1000～1500 倍液喷雾。

3）防治苹果黄蚜，可用 52.25% 乳油 1500～2000 倍液喷雾。

4）防治柑橘潜叶蛾，可用 22% 乳油 400～600 倍液或 52.25% 乳油 950～1400 倍液喷雾；防治柑橘矢尖蚧，可用 20% 乳油 800～1000 倍液，或 25% 乳油 1000～1250 倍液，或 44% 乳油 750～1000 倍液，喷雾。

5）防治荔枝龙眼蒂蛀虫，可用 22% 乳油 600～800 倍液或 24% 乳油 1500～2000 倍液喷雾。

6）防治荔枝瘿螨、蝽、介壳虫和龙眼木虱，可用 52.25% 乳油 1000～1500 倍液喷雾。

7）防治斜纹夜蛾和羽叶甘蓝夜蛾，可亩用 52.25% 乳油 25～35 mL 对水 40～50 kg 喷雾。

8）防治苹果绵蚜，可用 50% 乳油按 200～333.3 mg/kg 喷雾。

7. 乐·氯

（1）有效成分：乐果与氯氰菊酯。

（2）作用特点：既具有乐果的内吸作用，又具有较好的触杀和胃毒作用。

（3）制剂：15%、18%、20%、30%、40% 乳油。

（4）用法：

1）防治蚜虫，可亩用 18% 乳油 30～40 mL，或 30% 乳油 20～24 mL，或 40% 乳油 20～25 mL，对水 30～50 kg 喷雾。

2）防治害螟，可亩用 20% 乳油 40～60 mL 对水 40～60 kg 喷雾。

8. 敌畏·氯

（1）有效成分：敌敌畏+氯氰菊酯。

（2）作用特点：既具有触杀、胃毒作用，又具有熏蒸作用，对多种鳞翅目、鞘翅目害虫很有效。

（3）制剂：10%、20%、25%、36%、43%、45%、61%乳油，10%增效乳油。

（4）用法：

1）防治苹果黄蚜，可用10%乳油800～1200倍液喷雾。

2）防治柑橘潜叶蛾或荔枝椿象，可用10%乳油670～800倍液喷雾。

3）防治茶尺蠖，可用10%乳油1000～1500倍液喷雾。

4）防治蚜虫，可亩用36%乳油30～50 mL或10%乳油30～50 mL，对水40～50 kg喷雾。

5）防治黄曲跳甲，可亩用20%乳油50～75 mL对水30～40 kg喷雾。

（5）注意事项：该混剂施药时间以早上9时左右和下午5时左右为宜。

9. 敌·氯

（1）有效成分：敌百虫+氯氰菊酯。

（2）制剂：20%、25%、40%乳油。

（3）用法：防治菜青虫，一般亩用20%乳油50～100 mL，或25%乳油50～75 mL，或40%乳油40～60 mL，对水40～50 kg喷雾。

10. 丙·氯

（1）有效成分：氯氰菊酯+丙溴磷。

（2）作用特点：具有触杀、胃毒和渗透作用，能有效地杀死高龄幼虫，并具有快速击倒作用；对多种鳞翅目害虫及蚜虫、叶蝉、粉虱等刺吸式口器害虫高效。

（3）制剂：44%乳油（多虫清），22%乳油。

（4）用法：

1）防治树木蚜虫，可喷洒44%乳油1500~2000倍液；防治果树食心虫、卷叶蛾、毒蛾等，可喷洒44%乳油1000~1500倍液。

2）防治果树的刺蛾和椿象，可用44%乳油1500~2000倍液喷雾。

3）防治山楂花象、核桃果象和栗黄枯叶蛾，可用44%乳油1500~2000倍液喷雾。

4）防治盲蝽、卷叶虫、造桥虫及螨类等，可在卵孵化盛期亩用44%乳油50~100 mL对水喷雾。

5）防治害螟，可在卵孵化盛期、幼虫蛀茎或卷叶前，亩用44%乳油50~75 mL对水50~75 kg喷雾；防治蓟马、叶蝉，可亩用44%乳油30~50 mL对水50~75 kg喷雾。

6）防治柑橘潜叶蛾，可用44%乳油按146.7~220 g/hm² 喷雾。

7）防治蚜虫，可用44%乳油按396~528 g/hm² 喷雾。

8）防治羽叶甘蓝小菜蛾，可用44%乳油按99~165 g/hm² 喷雾。

（5）注意事项：混剂对鱼类和家蚕有毒，使用时切勿污染水源、桑树和蚕具、蚕室等。

11. 喹·氯

（1）有效成分：喹硫磷+氯氰菊酯。

（2）作用特点：具有触杀及胃毒作用。

（3）制剂：15%乳油。

（4）用法：防治菜青虫，一般亩用制剂30~40 mL对水40~50 kg喷雾。

12. 敌·氯·辛硫磷

（1）有效成分：敌敌畏+氯氰菊酯+辛硫磷。

（2）毒性：中等毒。

（3）制剂：12.8%乳油（含敌敌畏 8.8%、氯氰菊酯 0.8%、辛硫磷 3.2%）。

（4）用法：防治卫生蝇、蚊，可用 12.8%乳油 100 倍液喷洒。

（三）氰戊菊酯与有机磷复配的混合杀虫剂

本类混剂对鱼类和蜜蜂毒性大，使用时须注意。

【主要品种】

1. 氰·马

（1）有效成分：氰戊菊酯+马拉硫磷。

（2）作用特点：具有触杀和胃毒作用，兼治食叶害虫、蚜虫和红蜘蛛。

（3）制剂：12%、20%、21%、25%、30%、40% 乳油，20%、21%、30%增效乳油，12%高渗乳油，10%微乳剂，5%增效可湿性粉剂。

（4）用法：

1）防治桃小食心虫，可在卵孵盛期、卵果率 0.5%～1%时，用 20%乳油 600～1200 倍液，或 25%乳油 500～2000 倍液，或 30%乳油 2000～2500 倍液，喷雾。

2）防治苹果黄蚜，可用 20%乳油 600～1200 倍液，或 25%乳油 1000～2000 倍液，或 21%增效乳油 2800～4000 倍液，喷雾；防治苹果叶螨，可用 21%增效乳油 1100～1700 倍液喷雾。

3）防治柑橘红蜘蛛，可用 21%增效乳油 3000～4000 倍液喷雾；防治柑橘卷叶蛾、潜叶蛾和蚜虫，可用 20%乳油 1500～2000 倍液喷雾。

4）防治荔枝椿象，可用 20%乳油 1200～1500 倍液喷雾；防治荔枝细蛾，可用 20%乳油 1500~2000 倍液喷雾。

5）防治杧果切叶象，可用 20%乳油 1500 倍液喷雾。

6）防治柳瘤大蚜，可用 20%增效乳油 600~1000 倍液喷雾。

2. 氰·辛

（1）有效成分：氰戊菊酯+辛硫磷。

（2）作用特点：具有触杀和胃毒作用。

（3）制剂：12%、15%、16%、20%、25%、28%、30%、34%、35%、40%、50%乳油，12%、15%、25%增效乳油。

（4）用法：

1）防治桃小食心虫，可用 20%乳油 1000~1500 倍液或 40%乳油 1000~2000 倍液喷雾。

2）防治苹果黄蚜，可用 25%乳油 1000~2500 倍液喷雾。

3）防治棉铃虫，可在产卵高峰期到孵盛期，亩用 20%乳油 45~75 mL，或 25%乳油 75~100 mL，或 28%乳油 90~100 mL，对水 50~75 kg 喷雾。

4）防治盲蝽、红蜘蛛，可亩用 20%乳油 50~100 mL，或 30%乳油 35~50 mL，或 50%乳油 20~30 mL，对水 40~60 kg 喷雾。

5）防治烟青虫，可亩用 25%乳油 40~50 mL 对水 50~60 kg 喷雾。

3. 氰·杀

（1）有效成分：氰戊菊酯+杀螟硫磷。

（2）作用特点：具有触杀和胃毒作用。

（3）制剂：15%、20%乳油，15%增效乳油。

（4）用法：

1）防治桃小食心虫，可在卵孵化盛期、卵果率 0.5%~1%时，用 20%乳油 600~1250 倍液喷雾。

2）防治双齿长蠹，可用 20%乳油 1500 倍液喷雾；防治元宝枫细蛾，可于幼虫期喷洒 20% 乳油 2000 倍液。

3）防治蚜虫，可亩用 20% 乳油 30～60 mL 或 15% 增效乳油 34～50 mL，对水 40～50 kg 喷雾。

4. 氰·氧乐

（1）有效成分：氰戊菊酯+氧乐果。

（2）作用特点：具有较强的触杀、胃毒作用及内吸作用，杀虫谱广，杀虫迅速。

（3）制剂：20%、25%、30%、35%、40% 乳油，25% 增效乳油。

（4）用法：

1）防治柑橘潜叶蛾和介壳虫，可用 20% 乳油 1500～3000 倍液喷雾。

2）防治红蜘蛛，可亩用 25% 乳油 50～60 mL 或 25% 增效乳油 50～60 mL 对水 50～60 kg 喷雾。

5. 氰·杀螟

（1）有效成分：氰戊菊酯+杀螟腈。

（2）作用特点：具有触杀和胃毒作用。

（3）制剂：8% 乳油。

（4）用法：防治菜青虫，可亩用制剂 50～75 mL 对水 40～50 kg 喷雾。

6. 氰·唑磷

（1）有效成分：氰戊菊酯+三唑磷。

（2）作用特点：具有触杀和胃毒作用。

（3）制剂：19% 乳油。

（4）用法：防治蚜虫，可亩用制剂 50～75 mL 对水 30～50 kg 喷雾。

7. 乐·氰

（1）有效成分：乐果+氰戊菊酯。

（2）作用特点：具有强触杀和胃毒作用，并有一定的内吸作用。

（3）制剂：15%、18%、20%、25%、30%、40%乳油。

（4）用法：

1）防治桃树蚜虫，可用40%乳油2000~2500倍液喷雾。

2）防治柑橘白粉虱、黑刺粉虱和柑橘凤蝶，可用25%乳油3000~4000倍液喷雾。

3）防治柑橘潜叶蛾、红蜘蛛、介壳虫，可用15%乳油1000~1500倍液喷雾，或用20%乳油1500~3000倍液或25%乳油1500~2000倍液喷雾。

4）防治菜青虫、斜纹夜蛾、蚜虫，可亩用15%乳油30~50 mL，或18%乳油40~60 mL，或20%乳油100~120 mL，或25%乳油40~80 mL，或40%乳油25~33 mL，对水40~50 kg喷雾。

8. 敌·氰

（1）有效成分：敌百虫+氰戊菊酯。

（2）作用特点：具有胃毒和触杀作用。

（3）制剂：21%乳油。

（4）用法：防治菜青虫，可亩用制剂50~70 mL对水40~50 kg喷雾。

9. 倍·氰

（1）有效成分：倍硫磷+氰戊菊酯。

（2）作用特点：具有胃毒和触杀作用。

（3）制剂：25%乳油。

（4）用法：防治蚜虫，可亩用制剂28~30 mL对水30~50 kg喷雾。

10. 敌畏·氰

（1）有效成分：敌敌畏+氰戊菊酯。

（2）作用特点：具有强触杀和胃毒作用，并有较强的熏蒸作用。

（3）制剂：20%、25%、30%、50%乳油。

（4）用法：

1）防治桃蚜、荔枝爻纹夜蛾、荔枝椿象，可用20%乳油2000~3000倍液喷雾。

2）防治果树卷叶虫，可在果树抽春夏梢时、新梢被害率5%时，用20%乳油1500~2000倍液喷雾。

11. 丙·氰

（1）有效成分：丙溴磷+氰戊菊酯。

（2）作用特点：具有较强的触杀和胃毒作用。

（3）制剂：25%乳油，12.5%增效乳油。

（4）用法：防治棉铃虫等，一般亩用制剂 70~120 mL 对水 60~75 kg 喷雾。

12. 喹·氰

（1）有效成分：喹硫磷+氰戊菊酯。

（2）制剂：15%、25%乳油，12.5%增效乳油。

（3）用法：防治柑橘红蜘蛛和介壳虫，可用 12.5%增效乳油 750~1000 倍液喷雾，也可用 15%乳油按 150~215 mg/kg 喷雾。

13. 哒嗪·氰

（1）有效成分：哒嗪硫磷+氰戊菊酯。

（2）制剂：20%乳油。

（3）用法：防治菜青虫和蚜虫，可亩用制剂 25~50 mL 对水 40~50 kg 喷雾。

14. S-氰·辛

（1）有效成分：S-氰戊菊酯+辛硫磷。

（2）作用特点：具有强触杀和胃毒作用。

（3）制剂：28%乳油（爱星），30%乳油（绿宝1号），40%乳油（太宝1号）。

（4）用法：

1）防治桃小食心虫，可用28%乳油1000~2000倍液喷雾。

2）防治蚜虫，可亩用28%乳油30~40 mL或30%乳油25~35 mL，对水40~50 kg喷雾。

15. S-氰·马

（1）有效成分：S-氰戊菊酯+马拉硫磷。

（2）作用特点：具有触杀和胃毒作用。

（3）制剂：25%乳油。

（4）用法：防治桃小食心虫，一般可用制剂1000~1500倍液喷雾。

16. 氰·辛·敌敌畏

（1）有效成分：氰戊菊酯+辛硫磷+敌敌畏。

（2）毒性：中等毒。

（3）制剂：30%乳油（含氰戊菊酯3%、辛硫磷20%、敌敌畏7%）。

（4）用法：防治棉铃虫，可用制剂按75~112.5 g/hm² 喷雾。

17. 马·氰·辛硫磷

（1）有效成分：马拉硫磷+氰戊菊酯+辛硫磷。

（2）毒性：中等毒。

（3）制剂：26%乳油。

（4）用法：防治羽叶甘蓝菜青虫、蚜虫，可用制剂按120~195 g/hm² 喷雾。

18. 氰戊·丙溴磷

（1）有效成分：氰戊菊酯+丙溴磷。

（2）毒性：中等毒。

（3）制剂：25%乳油（含氰戊菊酯12.5%、丙溴磷

12.5%）。

（4）用法：防治棉铃虫，可用制剂按 262.5～375 g/hm² 喷雾。

19. 氰戊·水胺

（1）有效成分：氰戊菊酯+水胺硫磷。

（2）毒性：中等毒（原药高毒）。

（3）制剂：30% 乳油（含氰戊菊酯 7.5%、水胺硫磷 22.5%）。

（4）用法：防治棉铃虫，可用制剂按 225～270 g/hm² 喷雾。

（四）溴氰菊酯与有机磷复配的混合杀虫剂

【主要品种】

1. 溴·氧乐

（1）有效成分：溴氰菊酯+氧乐果。

（2）作用特点：具有触杀、胃毒作用及较好的内吸作用。

（3）制剂：16%、23%乳油。

（4）用法：防治蚜虫，可亩用 23%乳油 70～100 mL 对水 50～75 kg 喷雾，也可亩用 16%乳油 30～50 mL 对水 40～50 kg 喷雾。

2. 敌畏·溴

（1）有效成分：敌敌畏+溴氰菊酯。

（2）作用特点：具有强触杀、胃毒作用及较强的熏蒸作用。

（3）制剂：10.6%、15%、18%、20%、20.5%、24%、25%、28%、67%、70%乳油，25%增效乳油。

（4）用法：防治蚜虫，可亩用 18%乳油 13～25 mL，或 25%乳油 80～100 mL，或 70%乳油 9～13 mL，对水 40～50 kg 喷雾。

3. 乐·溴

（1）有效成分：乐果+溴氰菊酯。

（2）作用特点：具有触杀和胃毒作用。

（3）制剂：15%、20%、34%乳油。

（4）用法：

1）防治菜青虫和蚜虫，可亩用 20%乳油 12.5～25 mL 或 34%乳油 30～45 mL，对水 40～60 kg 喷雾。

2）防治柑橘蚜虫，可用 15%乳油 1500～2000 倍液喷雾。

4. 马·溴

（1）有效成分：马拉硫磷+溴氰菊酯。

（2）作用特点：具有触杀和胃毒作用。

（3）制剂：10%、25%、26%、70%乳油，2.012%粉剂。

（4）用法：

1）防治蚜虫，可亩用 10%乳油 12.5～25 mL 或 25%乳油 30～50 mL，对水 50～60 kg 喷雾。

2）防治室内跳蚤，可用 2.012%粉剂按 60～100 mg/m^2 撒布，防治蜚蠊按 10 g/m^2 撒布。

5. 辛·溴

（1）有效成分：辛硫磷+溴氰菊酯。

（2）作用特点：具有触杀和胃毒作用。

（3）制剂：25%、50%乳油。

（4）用法：防治梨树、苹果树的蚜虫，可用 50%乳油 200 倍液喷雾，或用 25%乳油 80～100 mL 对水 50～75 kg 喷雾。

6. 毒·溴

（1）有效成分：毒死蜱+溴氰菊酯。

（2）作用特点：具有触杀和胃毒作用。

（3）制剂：10%乳油。

（4）用法：

1）防治菜青虫，可亩用制剂 30～50 mL 对水 40～50 kg 喷雾。

2）防治棉铃虫，可亩用制剂 22～33 mL 对水 50～75 kg 喷雾。

7. 倍·溴

（1）有效成分：倍硫磷+溴氰菊酯。

（2）作用特点：具有触杀和胃毒作用，对蚜虫的触杀作用更强。

（3）制剂：15%乳油。

（4）用法：防治蚜虫，可亩用制剂 20~30 mL 对水 50~60 kg 喷雾。

8. 喹·溴

（1）有效成分：溴氰菊酯+喹硫磷。

（2）作用特点：具有触杀和胃毒作用。

（3）制剂：5.5%乳油。

（4）用法：防治棉铃虫，一般亩用制剂 60~80 mL 对水 50~75 kg 喷雾。

（五）甲氰菊酯与有机磷复配的混合杀虫杀螨剂

甲氰菊酯有较好的杀螨活性，与有机磷复配的混剂兼有杀螨活性。该类混剂对蜜蜂、蚕、鱼类有毒，使用时须注意。

【主要品种】

1. 甲氰·马

（1）有效成分：甲氰菊酯+马拉硫磷。

（2）作用特点：具有触杀、胃毒及较好的杀螨作用，杀虫谱广，主要用于防治桃小食心虫、菜青虫、棉铃虫等鳞翅目害虫及螨类。

（3）制剂：22.5%、25%、30%、40%乳油。

（4）用法：

1）防治桃小食心虫，可用40%乳油 1000~2000 倍液喷雾。

2）防治柑橘红蜘蛛，可用25%乳油 800~1000 倍液喷雾。

2. 甲氰·乐

（1）有效成分：甲氰菊酯+氧乐果。

（2）作用特点：具有较好内吸作用，杀虫谱广。

（3）制剂：20%、30%乳油。

（4）用法：

1）防治柑橘红蜘蛛，可用 30%乳油 1000~1500 倍液喷雾。

2）防治棉铃虫，可亩用 20%乳油 70~90 mL 对水 60~75 kg 喷雾。

3. 甲氰·辛

（1）有效成分：甲氰菊酯+辛硫磷。

（2）作用特点：具有触杀和胃毒作用，有较强的杀螨活性，主要用于防治桃小食心虫、棉铃虫等鳞翅目害虫、蚜虫及螨类。

（3）制剂：12%、20%、23%、25%、30%、33% 乳油，25%烟剂。

（4）用法：

1）防治桃小食心虫，可用 12%乳油 1500~2100 倍液或 20%乳油 3000~4000 倍液喷雾。

2）防治苹果树红蜘蛛及柑橘红蜘蛛，可用 20%乳油 3000~4000 倍液或 25%乳油 1000~1500 倍液喷雾。

3）防治苹果黄蚜，可用 20%乳油 2000~3000 倍液或 25%乳油 800~1200 倍液喷雾。

4）防治茶树的茶尺蠖，可亩用 30%乳油 20~30 mL 对水 50 kg 喷雾。

4. 甲氰·氧乐

（1）有效成分：甲氰菊酯+氧乐果。

（2）作用特点：具有触杀、胃毒作用及较好的内吸作用，杀虫谱广，杀虫速度快。

（3）制剂：15%、20%、30%乳油。

（4）用法：防治柑橘红蜘蛛，可用 30%乳油 1000~2000 倍液喷雾。

5. 甲氰·唑磷

（1）有效成分：甲氰菊酯+三唑磷。

（2）制剂：10%、15%、20%、22%乳油。

（3）用法：防治果树红蜘蛛，可用15%乳油1000~1500倍液，或20%乳油1000~2000倍液，或22%乳油1000~1500倍液，喷雾。

6. 甲氰·喹

（1）有效成分：甲氰菊酯+喹硫磷。

（2）制剂：8%乳油。

（3）用法：防治柑橘红蜘蛛，可用制剂800~1000倍液喷雾。

7. 甲氰·乙酰

（1）有效成分：甲氰菊酯+乙酰甲胺磷。

（2）制剂：30%乳油。

（3）用法：防治小菜蛾，可亩用制剂70~90 mL对水40~60 kg喷雾。

8. 敌畏·甲氰

（1）有效成分：甲氰菊酯+敌敌畏。

（2）作用特点：具有触杀、胃毒作用及一定的熏蒸作用，杀虫速度快。

（3）制剂：20%、35%乳油。

（4）用法：防治蚜虫，可亩用20%乳油20~40 mL或35%乳油20~30 mL，对水40~50 kg喷雾。

（六）含氟氯氰菊酯的混合杀虫剂

【主要品种】

1. 氟氯氰·乐

（1）有效成分：氟氯氰菊酯+乐果。

（2）作用特点：具有触杀、胃毒作用及较好的内吸作用。

（3）制剂：20.5%乳油。

（4）用法：防治菜青虫，可亩用制剂 70～100 mL 对水 40～50 kg 喷雾。

2. 氟氯氰·辛

（1）有效成分：氟氯氰菊酯+辛硫磷。

（2）作用特点：具有触杀和胃毒作用，杀虫谱广，杀虫速度快，对多种鳞翅目害虫有效，并有较好的杀螨作用。

（3）制剂：30%乳油（百兴），43%乳油（新百兴），25%乳油（涤虫清）。

（4）用法：

1）防治棉铃虫，可亩用 30%乳油 35～50 mL 或 43%乳油 25～50 mL，对水 60～75 kg 喷雾。

2）防治蚜虫，可亩用 43%乳油 20～40 mL 对水 30～50 kg 喷雾。

3）防治红蜘蛛，可亩用 43%乳油 25～50 mL 对水 50～60 kg 喷雾。

4）防治美洲斑潜蝇，可亩用 30%乳油 35～50 mL 对水 40～60 kg 喷雾。

5）防治菜青虫，可亩用 25%乳油 25～50 mL 对水 40～50 kg 喷雾。

3. 氟氯氰·乙酰甲

（1）有效成分：氟氯氰菊酯+乙酰甲胺磷。

（2）制剂：25%乳油。

（3）用法：防治菜青虫，可亩用制剂 30～60 mL 对水 40～50 kg 喷雾。

4. 三唑磷·氟氯氰

（1）有效成分：三唑磷+氟氯氰菊酯。

（2）制剂：10%乳油。

（3）用法：

1）防治棉铃虫，可亩用制剂 80～100 mL 对水 60～75 kg 喷雾。

2）防治蚜虫，可亩用制剂 25～50 mL 对水 60～70 kg 喷雾。

5. 马拉·氟氯氰

（1）有效成分：马拉硫磷+氟氯氰菊酯。

（2）制剂：20%乳油（含马拉硫磷18%、氟氯氰菊酯2%）。

（3）用法：防治羽叶甘蓝菜青虫，用制剂按 120～180 g/hm² 喷雾。

（七）含高效氯氟氰菊酯的混合杀虫剂

【主要品种】

1. 氯氟·丙溴磷

（1）有效成分及含量：高效氯氟氰菊酯2%、丙溴磷10%。

1）制剂：12%乳油。

2）用法：防治观赏棉棉铃虫，可按 90～126 g/hm² 喷雾。

（2）有效成分及含量：高效氯氟氰菊酯 1.5%、丙溴磷8.5%。

1）制剂：10%乳油。

2）用法：防治观赏棉棉铃虫，可按 195～225 g/hm² 喷雾。

2. 氯氟·吡虫啉

（1）有效成分及含量：高效氯氟氰菊酯3%、吡虫啉30%。

1）剂型：33%水分散粒剂。

2）用法：防治羽叶甘蓝白粉虱，可按 34.65～39.6 g/hm² 喷雾。

（2）有效成分及含量：高效氯氟氰菊酯3%、吡虫啉12%。

1）制剂：15%可湿性粉剂。

2）用法：防治羽叶甘蓝蚜虫，可按 33.75～39.375 g/hm² 喷雾。

（3）有效成分及含量：高效氯氟氰菊酯 2.5%、吡虫啉 5.0%。

1）制剂：7.5%悬浮剂。

2）用法：防治蚜虫，可按 33.75～39.375 g/hm² 喷雾。

（4）有效成分及含量：高效氯氟氰菊酯 10%、吡虫啉 42%。

1）制剂：52%可湿性粉剂。

2）用法：防治羽叶甘蓝蚜虫，可按 24～36 g/hm² 喷雾。

3. 甲维·高氯氟

（1）有效成分及含量：甲氨基阿维菌素苯甲酸盐 0.2%、高效氯氟氰菊酯 1.8%。

1）制剂：2%微乳剂。

2）用法：防治羽叶甘蓝小菜蛾，可按 9～12 g/hm² 喷雾。

（2）有效成分及含量：甲氨基阿维菌素苯甲酸盐 0.15%、高效氯氟氰菊酯 2.15%。

1）制剂：2.3%乳油。

2）用法：防治羽叶甘蓝小菜蛾，可按 6.9～8.625 g/hm² 喷雾。

（3）有效成分及含量：甲氨基阿维菌素苯甲酸盐 1%、高效氯氟氰菊酯 4%。

1）制剂：5%水乳剂。

2）用法：防治羽叶甘蓝甜菜夜蛾，可按 6～9 g/hm² 喷雾。

（4）有效成分及含量：甲氨基阿维菌素苯甲酸盐 0.5%、高效氯氟氰菊酯 4.5%。

1）制剂：5%水乳剂。

2）用法：防治羽叶甘蓝菜青虫，可按 7.5～11.25 g/hm² 喷雾。

（5）有效成分及含量：甲氨基阿维菌素苯甲酸盐 0.6%、高效氯氟氰菊酯 2%。

1）制剂：2.6%微乳剂。

2）用法：防治羽叶甘蓝甜菜夜蛾，可按 7.02～9.36 g/hm² 喷雾。

（6）有效成分及含量：甲氨基阿维菌素苯甲酸盐 0.3%、高效氯氟氰菊酯 4.5%。

1）制剂：4.8%乳油。

2）用法：防治羽叶甘蓝甜菜夜蛾，可按 8.64～12.96 g/hm² 喷雾。

（7）有效成分及含量：甲氨基阿维菌素苯甲酸盐 0.2%、高效氯氟氰菊酯 1.6%。

1）制剂：1.8%微乳剂。

2）用法：防治夜蛾类害虫，可按 9～10 g/hm² 喷雾。

（8）有效成分及含量：甲氨基阿维菌素苯甲酸盐 1%、高效氯氟氰菊酯 9%。

1）制剂：10%水乳剂。

2）用法：防治羽叶甘蓝菜青虫，可按 10.5～13.5 g/hm² 喷雾。

（9）有效成分及含量：甲氨基阿维菌素苯甲酸盐 0.5%、高效氯氟氰菊酯 2.5%。

1）制剂：3%水乳剂。

2）用法：防治羽叶甘蓝甜菜夜蛾，可按 4.5～9 g/hm² 喷雾。

4. 氯氟·噻虫啉

（1）有效成分及含量：高效氯氟氰菊酯 3%、噻虫啉 27%。

（2）制剂：30%水分散粒剂。

（3）用法：防治羽叶甘蓝蚜虫，可按 27～45 g/hm² 喷雾。

5. 吡蚜·高氯氟

（1）有效成分及含量：吡蚜酮 5%、高效氯氟氰菊酯 5%。

1）制剂：10%悬浮剂。

2）用法：防治蚜虫，可按 26.25～30 g/hm² 喷雾。

（2）有效成分及含量：吡蚜酮 21%、高效氯氟氰菊酯 3%。

1）制剂：24%可湿性粉剂。

2）用法：防治羽叶甘蓝蚜虫，可按 54～72 g/hm² 喷雾。

6. 氯氟·毒死蜱

（1）有效成分及含量：高效氯氟氰菊酯 1.5%、毒死蜱 8.5%。

1）制剂：10%乳油。

2）用法：防治十字花科类植物菜青虫，可按 120～150 g/hm² 喷雾。

（2）有效成分及含量：高效氯氟氰菊酯 2%、毒死蜱 20%。

1）制剂：22%水乳剂。

2）用法：防治棉铃虫，可按 148.5～198 g/hm² 喷雾。

（3）有效成分及含量：高效氯氟氰菊酯 4%、毒死蜱 40%。

1）制剂：44%水乳剂。

2）用法：防治棉铃虫，可用 44%水乳剂按 132～198 g/hm² 喷雾。

7. 噻虫·高氯氟

（1）制剂：

1）10%悬浮剂（含噻虫嗪 6%、高效氯氟氰菊酯 4%）。

2）22%悬浮剂、22%微囊悬浮剂（均含噻虫嗪 12.6%、高效氯氟氰菊酯 9.4%）。

3）26%悬浮剂（含噻虫嗪 11.1%、高效氯氟氰菊酯 14.9%）。

（2）用法：

1）防治观赏菊花蓟马，可用 26%悬浮剂按 39～58.5 g/hm² 喷雾。

2）防治蚜虫，可用 10%悬浮剂按 13.5～22.5 g/hm² 喷雾，

或用 22%悬浮剂按 14.85~21.45 g/hm² 喷雾。

3）防治苹果蚜虫，可用 22%微囊悬浮剂按 24.7~49.4 g/hm² 喷雾。

4）防治茶树茶尺蠖、茶小绿叶蝉，可用 22%微囊悬浮剂按 14.82~22.23 g/hm² 喷雾。

8. 氯氟·啶虫脒

（1）有效成分及含量：高效氯氟氰菊酯 1.5%、啶虫脒 6%。

1）制剂：7.5%乳油。

2）用法：防治蚜虫，可按 11.25~16.875 g/hm² 喷雾。

（2）有效成分及含量：高效氯氟氰菊酯 1%、啶虫脒 6.5%。

1）制剂：7.5%可湿性粉剂。

2）用法：防治羽叶甘蓝蚜虫，可按 22.5~30 g/hm² 喷雾。

（3）有效成分及含量：高效氯氟氰菊酯 2.5%、啶虫脒 23.5%。

1）制剂：26%水分散粒剂。

2）用法：防治蚜虫、烟粉虱、蓟马，可按 19.5~27.3 g/hm²喷雾。

（4）有效成分及含量：高效氯氟氰菊酯 1.5%、啶虫脒 5%。

1）制剂：6.5%乳油。

2）用法：防治羽叶甘蓝蚜虫，可按 14.625~19.5 g/hm² 喷雾。

（5）有效成分及含量：高效氯氟氰菊酯 3%、啶虫脒 12%。

1）制剂：15%水分散粒剂。

2）用法：防治羽叶甘蓝蚜虫，可按 18~27 g/hm² 喷雾。

（6）有效成分及含量：高效氯氟氰菊酯 2.5%、啶虫脒 7.5%。

1）制剂：10%水分散粒剂。

2）用法：防治羽叶甘蓝蚜虫，可按 18~27 g/hm² 喷雾。

（7）有效成分及含量：高效氯氟氰菊酯5%、啶虫脒20%。

1）制剂：25%水分散粒剂。

2）用法：防治蚜虫，可按90~135 g/hm² 喷雾。

（8）有效成分及含量：高效氯氟氰菊酯2.5%、啶虫脒20%。

1）制剂：22.5%可湿性粉剂。

2）用法：防治羽叶甘蓝黄曲跳甲，可按67.50~101.25 g/hm²喷雾。

（9）有效成分及含量：高效氯氟氰菊酯1.5%、啶虫脒3.5%。

1）制剂：5%微乳剂。

2）用法：防治羽叶甘蓝蚜虫，可按22.5~30 g/hm² 喷雾。

（10）有效成分及含量：高效氯氟氰菊酯1.5%、啶虫脒2%。

1）制剂：3.5%微乳剂。

2）用法：防治观赏棉蚜虫，可按12~18 g/hm² 喷雾。

9. 辛硫·高氯氟

（1）26%辛硫·高氯氟：

1）有效成分及含量：辛硫磷25%、高效氯氟氰菊酯1%；辛硫磷25.4%、高效氯氟氰菊酯0.6%。

2）制剂：26%乳油。

3）用法：防治棉铃虫或蚜虫，可按312~390 g/hm² 喷雾。

防治十字花科类植物小菜蛾可按162.5~325 g/hm² 喷雾。

防治苹果树桃小食心虫可按130~260 mg/kg 喷雾。

防治茶树茶尺蠖可按173~260 mg/kg 喷雾。

（2）25%辛硫·高氯氟：

1）有效成分及含量：辛硫磷24%、高效氯氟氰菊酯1%；辛硫磷24.5%、高效氯氟氰菊酯0.5%。

2）制剂：25%乳油。

3）用法：防治观赏棉棉铃虫，可按 300~375 g/hm² 喷雾。

（3）16%辛硫·高氯氟：

1）有效成分及含量：辛硫磷 15.3%、高效氯氟氰菊酯 0.7%。

2）制剂：16%乳油。

3）用法：防治观赏棉棉铃虫，可按 144~204 g/hm² 喷雾。

（4）20%辛硫·高氯氟：

1）有效成分及含量：辛硫磷 19%、高效氯氟氰菊酯 1%；辛硫磷 18.5%、高效氯氟氰菊酯 1.5%。

2）制剂：20%乳油。

3）用法：防治棉铃虫，可按 300~360 g/hm² 喷雾。

（5）21%辛硫·高氯氟：

1）有效成分及含量：辛硫磷 20%、高效氯氟氰菊酯 1%；辛硫磷 20.1%、高效氯氟氰菊酯 0.9%。

2）制剂：21%乳油。

3）用法：防治棉铃虫，可按 189~252 g/hm² 喷雾。

防治室外蝇，可按 21~42 mg/m³ 喷雾。

防治地面卫生蝇，可按 0.3 mL/m² 喷洒。

防治卫生蚊，可按 0.3 mL/m² 喷洒。

（6）30%辛硫·高氯氟：

1）有效成分及含量：辛硫磷 29.75%、高效氯氟氰菊酯 0.25%。

制剂：30%乳油。

用法：防治十字花科类植物菜青虫，可按 180~270 g/hm² 喷雾。

2）有效成分及含量：辛硫磷 29%、高效氯氟氰菊酯 1%。

制剂：30%乳油。

用法：防治棉铃虫，可按 360~450 g/hm² 喷雾。

（7）40%辛硫·高氯氟：

1）有效成分及含量：辛硫磷 39.5%、高效氯氟氰菊酯 0.5%。

2）制剂：40%乳油。

3）用法：防治棉铃虫，可按 300~420 g/hm² 喷雾。

（8）21.5%辛硫·高氯氟：

1）有效成分及含量：辛硫磷 20%、高效氯氟氰菊酯 1.5%。

2）制剂：21.5%可溶液剂。

3）用法：防治羽叶甘蓝蚜虫，可按 64.5~96.75 g/hm² 喷雾。

10. 氯氟·敌敌畏

（1）有效成分及含量：高效氯氟氰菊酯 0.6%、敌敌畏 19.4%。

（2）制剂：20%乳油。

（3）用法：防治蚜虫，可按 120~180 g/hm² 喷雾。

11. 阿维·高氯氟

（1）有效成分及含量：阿维菌素 0.3%、高效氯氟氰菊酯 1%。

1）制剂：1.3%乳油。

2）用法：防治十字花科蔬菜小菜蛾，可按 7.8~9.75 g/hm² 喷雾。

（2）有效成分及含量：阿维菌素 0.2%、高效氯氟氰菊酯 1.8%。

1）制剂：2%乳油。

2）用法：防治十字花科类植物小菜蛾，可按 15~18 g/hm² 喷雾。

（3）有效成分及含量：阿维菌素 0.3%、高效氯氟氰菊酯

1.7%。

1) 制剂：2%乳油。

2) 用法：防治羽叶甘蓝菜青虫、小菜蛾，可按 7.5～10.5 g/hm² 喷雾。

防治苹果树红蜘蛛，可按 10～13.3 mg/kg 喷雾。

（4）有效成分及含量：阿维菌素 0.4%、高效氯氟氰菊酯 1.6%。

1) 制剂：2%乳油。

2) 用法：防治美洲斑潜蝇，可按 15～21 g/hm² 喷雾。

防治十字花科类植物小菜蛾，可按 9～12 g/hm² 喷雾。

（5）有效成分及含量：阿维菌素 0.2%、高效氯氟氰菊酯 1.5%。

1) 制剂：1.7%可溶液剂。

2) 用法：防治十字花科类植物菜青虫，可按 5.1～7.65 g/ hm² 喷雾。

（6）有效成分及含量：阿维菌素 0.2%、高效氯氟氰菊酯 0.8%。

1) 制剂：1%乳油。

2) 用法：防治羽叶甘蓝小菜蛾，可按 9～12 g/hm² 喷雾。

（7）有效成分及含量：阿维菌素 0.6%、高效氯氟氰菊酯 2.4%。

1) 制剂：3%水乳剂。

2) 用法：防治羽叶甘蓝菜青虫，可按 6.75～11.25 g/hm² 喷雾。

（8）有效成分及含量：阿维菌素 0.3%、高效氯氟氰菊酯 1.5%。

1) 制剂：1.8%乳油。

2) 用法：防治小菜蛾，可按 8.1～13.5 g/hm² 喷雾。

（9）有效成分及含量：阿维菌素0.6%、高效氯氟氰菊酯2.4%。

1）制剂：3%微乳剂。

2）用法：防治羽叶甘蓝菜青虫，可按9～13.5 g/hm²喷雾。

12. 马拉·高氯氟

（1）有效成分及含量：马拉硫磷19.5%、高效氯氟氰菊酯0.5%。

1）制剂：20%乳油。

2）用法：防治十字花科类植物菜青虫，可按120～150 g/hm²喷雾。

（2）有效成分及含量：马拉硫磷19%、高效氯氟氰菊酯1%。

1）制剂：20%乳油。

2）用法：防治红蜘蛛，可按135～180 g/hm²喷雾。

（3）有效成分及含量：马拉硫磷36.2%、高效氯氟氰菊酯0.8%。

1）制剂：37%乳油。

2）用法：防治十字花科类植物菜青虫，可按175.5～354 g/hm²喷雾。

13. 右胺·高氯氟

（1）有效成分及含量：右旋胺菊酯2%、高效氯氟氰菊酯3%。

（2）制剂：5%水乳剂。

（3）用法：防治室外蝇，可按3 mg/m²超低容量喷雾。防治室外蚊，可按3 mg/m²超低容量喷雾。

14. 氯氟·敌敌畏

（1）有效成分及含量：高效氯氟氰菊酯0.6%、敌敌畏19.4%。

（2）制剂：20%乳油。

（3）用法：防治蚜虫，可按 120~240 g/hm^2 喷雾。防治室外蚊，可用 20%乳油足量喷雾。

15. 灭·辛·高氯氟

（1）有效成分及含量：灭多威 7%、辛硫磷 22.6%、高效氯氟氰菊酯 0.4%。

（2）制剂：30%乳油。

（3）用法：防治棉铃虫，可按 112.5~225 g/hm^2 喷雾。

16. 噻嗪·高氯氟

（1）有效成分及含量：噻嗪酮 8%、高效氯氟氰菊酯 1%。

（2）制剂：9%乳油。

（3）用法：茶树小绿叶蝉，可按 90~120 mg/kg 喷雾。

17. 灭威·高氯氟

（1）有效成分及含量：灭多威 11%、高效氯氟氰菊酯 1%。

1）制剂：12%微乳剂。

2）用法：防治棉铃虫，可按 90~144 g/hm^2 喷雾。

（2）有效成分及含量：灭多威 14.2%、高效氯氟氰菊酯 0.8%。

1）制剂：15%乳油。

2）用法：防治棉铃虫，可按 112.5~157.5 g/hm^2 喷雾。

18. 乐果·高氯氟

（1）有效成分及含量：乐果 20%、高效氯氟氰菊酯 0.5%。

（2）制剂：20.5%乳油。

（3）用法：防治十字花科类植物菜青虫，可按 215.3~301.5 g/hm^2 喷雾。

19. 双甲·高氯氟

（1）有效成分及含量：双甲脒 10.5%、高效氯氟氰菊酯 1.5%。

（2）制剂：12%乳油。

（3）用法：防治柑橘红蜘蛛，可按 60~80 mg/kg 喷雾。

20. 唑磷·高氯氟

（1）有效成分及含量：三唑磷 20%、高效氯氟氰菊酯 1%。

（2）制剂：21%乳油。

（3）用法：防治观赏棉棉铃虫，可按 220.5~252 g/hm² 喷雾。

21. 氯虫·高氯氟

（1）有效成分及含量：氯虫苯甲酰胺 9.3%、高效氯氟氰菊酯 4.7%。

（2）制剂：14%微囊悬浮剂。

（3）用法：防治棉铃虫、蚜虫，可按 22.5~45 g/hm² 喷雾。防治苹果小卷叶蛾、桃小食心虫，可按 3000~5000 倍液喷雾。

22. 氯氟·吡虫啉

（1）有效成分及含量：高效氯氟氰菊酯 3%、吡虫啉 30%。

1）制剂：33%水分散粒剂。

2）用法：防治羽叶甘蓝白粉虱，可按 34.65~39.6 g/hm² 喷雾。

（2）有效成分及含量：高效氯氟氰菊酯 3%、吡虫啉 12%。

1）制剂：15%可湿性粉剂。

2）用法：防治羽叶甘蓝蚜虫，可按 33.75~39.375 g/hm² 喷雾。

（3）有效成分及含量：高效氯氟氰菊酯 2.5%、吡虫啉 5.0%。

1）制剂：7.5%悬浮剂。

2）用法：防治蚜虫，可按 33.75~39.375 g/hm² 喷雾。

23. 丁醚·高氯氟

（1）有效成分及含量：丁醚脲 25%、高效氯氟氰菊酯 5%。

1）制剂：30%可湿性粉剂。

2）用法：防治羽叶甘蓝小菜蛾，可按 90~135 g/hm² 喷雾。

（2）有效成分及含量：丁醚脲 15%、高效氯氟氰菊酯 2.5%。

1）制剂：17.5%微乳剂。

2）用法：防治羽叶甘蓝小菜蛾，可按 78.75~105 g/hm² 喷雾。

24. 溴氰·高氯氟

（1）有效成分及含量：溴氰菊酯 2%、高效氯氟氰菊酯 2.5%。

（2）制剂：4.5%可湿性粉剂。

（3）用法：防治卫生蚊、蝇、蜚蠊等。

1）玻璃面蚊、蝇可按 15 mg/m²，蜚蠊可按 25 mg/m² 喷雾。

2）木板面蚊、蝇可按 30 mg/m²，蜚蠊可按 50 mg/m² 喷雾。

3）石灰面蚊、蝇可按 60 mg/m²，蜚蠊可按 75 mg/m² 滞留喷洒。

25. 杀虫泡腾片

（1）有效成分及含量：高效氯氟氰菊酯 2.5%、甲基嘧啶磷 6%。

（2）制剂：8.5%泡腾片剂。

（3）用法：防治卫生蚊、蝇、蜚蠊，可用 8.5%泡腾片剂按 100 mg/m² 滞留喷洒。

（八）其他

【主要品种】

1. 氯氟氰·马

（1）有效成分：氯氟氰菊酯+马拉硫磷。

（2）作用特点：具有触杀和胃毒作用，杀虫谱广，可用于治螨。

（3）制剂：20%乳油。

（4）用法：防治红蜘蛛，可亩用制剂 45～60 mL 对水 60～75 kg 喷雾。

2. 氯氟氰·辛

（1）有效成分：氯氟氰菊酯+辛硫磷。

（2）作用特点：具有触杀、胃毒作用，对鳞翅目害虫较有效。

（3）制剂：26%乳油（铁功、双灭灵）。

（4）用法：防治棉铃虫，可亩用制剂 60～80 mL 对水 60～75 kg 喷雾。

3. 高氯氟氰·辛

（1）有效成分：高效氯氟氰菊酯+辛硫磷。

（2）作用特点：具有触杀和胃毒作用，杀虫谱广，对多种鳞翅目害虫有较好的防效。

（3）制剂：16%、20%、21%、25%、26%、30%、40%乳油。

（4）用法：

1）防治桃小食心虫，可用26%乳油1000～2000倍液喷雾。

2）防治茶小绿叶蝉，可亩用26%乳油45～70 mL 对水 40～60 kg 喷雾。

3）防治松毛虫，可用26%乳油5200～10 000倍液喷雾。

4. 高氯氟氰·乐

（1）有效成分：高效氯氟氰菊酯+乐果。

（2）作用特点：具有触杀、胃毒作用及较好的内吸作用，杀虫谱广。

（3）制剂：20.5%乳油。

（4）用法：防治菜青虫，可亩用制剂 70～100 mL 对水 40～50 kg 喷雾。

5. 敌畏·高氯氟氰

（1）有效成分：敌敌畏+高氯氟氰菊酯。

（2）作用特点：具有触杀、胃毒作用及较强的熏蒸作用，杀虫迅速。

（3）制剂：20%乳油。

（4）用法：防治棉蚜，可亩用制剂 40～60 mL 对水 30～50 kg 喷雾。

6. 联苯·马

（1）有效成分：联苯菊酯+马拉硫磷。

（2）作用特点：具有触杀和胃毒作用，杀虫谱广，可虫、螨兼治。

（3）制剂：14%乳油（或 14%马·联苯乳油）。

（4）用法：防治苹果红蜘蛛，可用制剂的 3000～4000 倍液喷雾。

7. 四溴·唑磷

（1）有效成分：四溴菊酯+三唑磷。

（2）作用特点：具有触杀和胃毒作用，杀虫谱广。

（3）制剂：15%乳油。

（4）用法：防治棉铃虫，可亩用制剂 60～100 mL 对水 60～75 kg 喷雾。

8. 辛·溴氟

（1）有效成分：辛硫磷+溴氟菊酯。

（2）制剂：25%乳油。

（3）用法：防治棉铃虫，可亩用制剂 50～75 mL 对水 60～75 kg 喷雾。

9. 辛·溴灭

（1）有效成分：辛硫磷+溴灭菊酯。

（2）制剂：26%乳油。

（3）用法：防治棉铃虫，可亩用制剂 50～75 mL 对水 60～75 kg 喷雾。

10. 氟氯氰·辛

（1）有效成分：氟氯氰菊酯+辛硫磷。

（2）作用特点：具有触杀和胃毒作用，杀虫谱广，杀虫速度快，对多种鳞翅目害虫有效，并有较好的杀螨作用。

（3）制剂：25%、30%、43%乳油。

（4）用法：

1）防治美洲斑潜蝇，可亩用30%乳油35～50 mL 对水 40～60 kg 喷雾。

2）防治蚜虫，可用30%乳油 2000～3000 倍液喷雾。

3）防治棉铃虫，可亩用 30%乳油 35～50 mL 或 43%乳油 25～50 mL，对水 60～75 kg 喷雾。

4）防治红蜘蛛，可亩用 43%乳油 25～50 mL 对水 50～60 kg 喷雾。

11. 联苯·三唑磷

（1）有效成分：联苯菊酯+三唑磷。

（2）制剂：20%微乳剂。

（3）用法：防治蚜虫、红蜘蛛，可用制剂按 60～90 g/hm² 喷雾。

三、菊酯与氨基甲酸酯复配的混合杀虫剂

【主要品种】

1. 灭·氰

（1）有效成分：灭多威+氰戊菊酯。

（2）作用特点：具有触杀、胃毒、内吸作用及一定的杀卵作用，杀虫谱广，见效快。

（3）制剂：9%、12%、18%、20%乳油，20%微乳剂。

（4）用法：

1）防治棉铃虫，可亩用20%乳油50～100 mL 或12%乳油35～50 mL，对水60～75 kg 喷雾。

2）防治蚜虫，可亩用9%乳油135～170 mL 对水30～50 kg喷雾。

3）防治螟虫，可亩用9%乳油40～60 mL 对水50～60 kg 喷雾。

2. 氯·灭

（1）有效成分：氯氰菊酯+灭多威。

（2）制剂：16%乳油，10%水乳剂，20%微乳剂。

（3）用法：

1）防治棉铃虫，可亩用10%水乳剂60～80 mL 或20%微乳剂40～50 mL，对水60～75 kg 喷雾。

2）防治羽叶甘蓝上的菜青虫和蚜虫，可亩用16%乳油30～60 mL 对水40～60 kg 喷雾。

3. 高氯氟氰·灭

（1）有效成分：高效氯氟氰菊酯+灭多威。

（2）制剂：15%乳油，12%微乳剂。

（3）用法：防治棉铃虫，可亩用15%乳油50～70 mL 或12%

微乳剂 50~80 mL，对水 60~75 kg 喷雾。

4. 高氯·灭

（1）有效成分：高效氯氰菊酯+灭多威。

（2）制剂：5%、10%、12%、15%、16%乳油，15%高渗乳油，10%、15%、24%微乳剂。

（3）用法：

1）防治棉铃虫，可亩用 5%乳油 100~120 mL，或 10%乳油 40~80 mL，或 12%乳油 40~80 mL，对水 60~75 kg 喷雾。

2）防治羽叶甘蓝蚜虫，可亩用 12%乳油 25~50 mL 对水 40~50 kg 喷雾。

3）防治苹果树上的红蜘蛛，可用 5%乳油 1000~1500 倍液喷雾。

5. 高氯氟氰·抗

（1）有效成分：高效氯氟氰菊酯+抗蚜威。

（2）作用特点：具有强触杀、胃毒和熏蒸作用，对植物组织有一定的渗透作用，对蚜虫较有效。

（3）制剂：25.6%乳油。

（4）用法：防治蚜虫，可亩用制剂 20~30 mL 对水 40~50 kg 喷雾。

6. 高氯·仲

（1）有效成分：高效氯氰菊酯+仲丁威。

（2）制剂：18%、20%乳油。

（3）用法：

1）防治菜青虫，可亩用 20%乳油 40~50 mL 对水 40~50 kg 喷雾。

2）防治蓟马，可亩用 18%乳油 50~80 mL 对水 40~50 kg 喷雾。

7. 氯·仲

（1）有效成分：氯氰菊酯+仲丁威。

（2）制剂：20%乳油。

（3）用法：防治菜青虫、斜纹夜蛾、蚜虫等，可用20%乳油2000~3000倍液喷雾。

8. 氯·异

（1）有效成分：氯氰菊酯+异丙威。

（2）制剂：8%乳油（打虫精）。

（3）用法：防治蚜虫，可亩用制剂25~50 mL对水50~60 kg喷雾。

9. 苯氧·高氯

（1）有效成分：苯氧威+高效氯氰菊酯，药效强于高效氯氰菊酯单剂。

（2）制剂：5%乳油（双绿宝）。

（3）用法：

1）防治梨木虱和苹果黄蚜，可用制剂2000~2500倍液喷雾。

2）防治卫生害虫，可用5%乳油100倍液，在蟑螂活动场所的物体表面或缝隙处做滞留喷洒，每平方米50 mL。较用5%高效氯氰菊酯可湿性粉剂100倍液效果好。

3）防治复杂环境（指无法用一般喷雾器喷洒到位的地方，如老鼠能存留活动的天花板，堆放杂乱的货仓等），可将5%乳油用柴油稀释成1%的溶液，用热烟雾机喷雾，用药剂量视具体情况掌握在10~20 mL/m³范围内。

10. 氰·异

（1）有效成分：氰戊菊酯+异丙威。

（2）制剂：10%悬浮剂（重农杀），8%乳油。

（3）用法：防治蚜虫，可用10%悬浮剂100~150 mL对水

30～50 kg 喷雾。

11. 增效溴·仲

（1）有效成分：溴氰菊酯+仲丁威。

（2）制剂：2.5%乳油。

（3）用法：防治蚜虫，可亩用制剂 20～30 mL 对水 40～50 kg 喷雾。

12. 甲萘·氰

（1）有效成分：甲萘威+氰戊菊酯。

（2）作用特点：具有强触杀作用兼有胃毒作用，杀虫谱广。

（3）制剂：20%、25%悬浮剂。

（4）用法：防治蚜虫、棉铃虫，可亩用20%悬浮剂 100～150 mL 对水 30～50 kg 喷雾。

（5）注意事项：对蜜蜂有毒，使用时须注意。

13. 杀虫气雾剂

（1）1.22%气雾剂（含胺菊酯0.12%、残杀威1%、炔丙菊酯0.1%），0.6%气雾剂（含胺菊酯0.15%、残杀威0.4%、炔丙菊酯0.05%）。

用法：防治卫生蝇、蚊、蜚蠊，可用1.22%气雾剂或0.6%气雾剂喷雾。

（2）1.25%气雾剂（含胺菊酯0.15%、残杀威1%、富右旋反式烯丙菊酯0.1%）。

用法：防治卫生蚊、蝇、蜚蠊，可用1.25%气雾剂喷雾。

（3）0.55%气雾剂（含胺菊酯0.15%、残杀威0.32%、高效氯氰菊酯0.08%），0.74%气雾剂（含胺菊酯0.21%、残杀威0.42%、高效氯氰菊酯0.11%）。

用法：防治卫生蚂蚁、蚊、蝇、蜚蠊，可用0.55%或0.74%气雾剂喷雾。

（4）1.17%气雾剂（含 *Es*－生物烯丙菊酯0.15%、残杀威

1.0%、溴氰菊酯 0.02%)。

用法：防治卫生蚂蚁、蚊、蝇、蜚蠊，可用 1.17% 气雾剂喷雾。

（5）0.66% 气雾剂（含胺菊酯 0.21%、残杀威 0.32%、氯氰菊酯 0.13%)。

用法：防治卫生蚂蚁、蚊、蝇、蜚蠊，可用 0.66% 气雾剂喷雾。

（6）1.1% 气雾剂（含胺菊酯 0.28%、残杀威 0.82%)，0.81% 气雾剂（含胺菊酯 0.36%、残杀威 0.45%)。

用法：防治卫生蚊、蝇、蜚蠊，可用 1.1% 或 0.81% 气雾剂喷雾。

（7）1.24% 气雾剂（含胺菊酯 0.20%、残杀威 1.00%、氟氯氰菊酯 0.04%)。

用法：防治卫生蚊、蝇、蜚蠊，可用 1.24% 气雾剂喷雾。

（8）0.6% 气雾剂（含胺菊酯 0.15%、残杀威 0.3%、氯氰菊酯 0.15%)。

用法：防治卫生蚊、蝇、蜚蠊，可用 0.6% 气雾剂喷雾。

（9）0.47% 气雾剂（含残杀威 0.35%、高效氯氰菊酯 0.075%、炔咪菊酯 0.045%)。

用法：防治卫生蚂蚁、蚊、蝇、蜚蠊，可用 0.47% 气雾剂喷雾。

（10）0.7% 气雾剂（含残杀威 0.5%、氯菊酯 0.1%、右旋胺菊酯 0.1%)。

用法：防治卫生蚂蚁、蚊、蝇、蜚蠊，可用 0.7% 气雾剂喷雾。

（11）2.5% 杀虫热雾剂（含残杀威 1%、氯氰菊酯 1.5%)。

用法：防治卫生蚊，可按 $25 \sim 37.5 \ mg/m^3$ 热雾机喷雾。

（12）0.51% 气雾剂（含残杀威 0.36%、高效氯氰菊酯

0.09%、炔咪菊酯 0.06%）。

用法：防治卫生蚂蚁、蚊、蝇、蜚蠊，可用 0.51% 气雾剂喷雾。

（13）0.85% 气雾剂（含残杀威 0.233%、氯菊酯 0.54%、右旋烯丙菊酯 0.077%）。

用法：防治卫生蚂蚁、蚊、蝇、蜚蠊，可用 0.85% 气雾剂喷雾。

14. 高氯·残杀威

（1）有效成分：高效氯氰菊酯 + 残杀威。

（2）毒性：低毒。

（3）制剂：8% 悬浮剂（含高效氯氰菊酯 3%、残杀威 5%），10% 悬浮剂（含高效氯氰菊酯 4%、残杀威 6%），0.6% 粉剂（含高效氯氰菊酯 0.15%、残杀威 0.45%），0.8% 粉剂（含高效氯氰菊酯 0.3%、残杀威 0.5%），5% 乳油（含高效氯氰菊酯 3%、残杀威 2%），10% 微乳剂（含高效氯氰菊酯 4%、残杀威 6%），0.5% 微乳剂（含高效氯氰菊酯 0.2%、残杀威 0.3%），0.35% 杀蟑笔剂。

（4）用法：

1）防治卫生蝇，可用 10% 悬浮剂按 80 mg/m² 滞留喷洒。

2）防治卫生蚊，可用 10% 悬浮剂按 50 mg/m² 滞留喷洒。

3）防治卫生蜚蠊，可用 10% 悬浮剂按 120 mg/m² 滞留喷洒或用 0.6% 粉剂按 3 g/m² 撒布。

4）防治蚊蝇，也可用 8% 悬浮剂按 1 g/m² 滞留喷洒。

5）防治卫生蝇、蜚蠊，可用 10% 微乳剂按 30 mg/m²（玻璃板面），或 50 mg/m²（木板面、水泥面、白灰面）滞留喷洒。

15. 窗纱涂剂

（1）有效成分：残杀威 + 氯菊酯 + 氯氰菊酯。

（2）制剂：1.8% 涂抹剂（含残杀威 0.75%、氯菊酯

0.30%、氯氰菊酯 0.75%)。

（3）用法：防治卫生蝇、蚊，可用 1.8% 涂抹剂按 0.54 g/m² 涂刷。

16. 氯氰·残杀威

（1）有效成分：氯氰菊酯+残杀威。

（2）毒性：低毒。

（3）制剂：15% 乳油（含氯氰菊酯 5%、残杀威 10%），顺式残杀威 10% 乳油（含顺式氯氰菊酯 4%、残杀威 6%），0.35% 笔剂。

（4）用法：

1）防治卫生蜚蠊，玻璃面可用 15% 乳油按 50 mg/m²，油漆、石灰面 200 mg/m²，滞留喷洒。

2）防治蚊蝇，可用 10% 乳油 100 倍液喷雾。

17. 苯氰·残杀威

（1）有效成分：右旋苯醚氰菊酯+残杀威。

（2）毒性：低毒。

（3）制剂：15% 乳油（含右旋苯醚氰菊酯 3%、残杀威 12%），10% 乳油（含右旋苯醚氰菊酯 5%、残杀威 5%），10% 杀蟑烟片（含右旋苯醚氰菊酯 5%、残杀威 5%），8% 悬浮剂（含右旋苯醚氰菊酯 3%、残杀威 5%）。

（4）用法：防治卫生蝇、蚊、蜚蠊，可用 15% 乳油按 50 mg/m² 滞留喷洒，或用 10% 乳油按 250 mg/m² 滞留喷洒。

18. 杀蚁粉剂

（1）有效成分：残杀威+氟氯氰菊酯。

（2）制剂：0.55% 粉剂（含残杀威 0.5%、氟氯氰菊酯 0.05%）。

（3）用法：防治室内蚂蚁，可用 0.55% 粉剂撒布。

19. 顺氯·残杀威

（1）有效成分：顺式氯氰菊酯+残杀威。

（2）毒性：低毒。

（3）制剂：10%可湿性粉剂（含顺式氯氰菊酯7.5%、残杀威2.5%）。

（4）用法：防治室内蚊、蝇、蜚蠊，可按 50 mg/m² 滞留喷洒。

20. 残杀·氯

（1）有效成分：残杀威+氯菊酯。

（2）毒性：微毒。

（3）制剂：0.6%粉剂（含残杀威0.4%、氯菊酯0.2%），0.5%笔剂（含残杀威0.2%、氯菊酯0.3%）。

（4）用法：防治卫生蚂蚁、蜚蠊，可用 0.6%粉剂按 3 g/m² 撒布或用笔剂涂抹。

21. 右胺·残·高氯

（1）有效成分：右旋胺菊酯+残杀威+高效氯氰菊酯。

（2）毒性：低毒。

（3）制剂：10%水乳剂（含右旋胺菊酯2%、残杀威5%、高效氯氰菊酯3%）。

（4）用法：防治室内蚊、蝇、蜚蠊，可用 10%水乳剂按 15 mL/m³（蚊、蝇）、150 mL/m²（蜚蠊）滞留喷洒。

22. 溴氰·仲丁威

（1）有效成分：溴氰菊酯+仲丁威。

（2）毒性：中等毒。

（3）制剂：2.5%乳油（含溴氰菊酯0.6%、仲丁威1.9%）。

（4）用法：防治十字花科类植物蚜虫，可用制剂按 11.25～15 g/hm² 喷雾。

四、氨基甲酸酯与有机磷复配的混合杀虫剂

（一）灭多威与有机磷类杀虫剂复配的混合杀虫剂

【主要品种】

1. 灭·辛

（1）有效成分：灭多威+辛硫磷。

（2）作用特点：具有触杀、胃毒及内吸作用，杀虫力强，见效快，对鳞翅目幼虫较有效。

（3）制剂：18%、20%、25%、26%、30%、35%、45%、50%乳油。

（4）用法：防治棉铃虫，可亩用18%乳油50～100 mL，或20%乳油50～100 mL，或25%乳油75～100 mL，或26%乳油50～75 mL，对水60～75 kg喷雾。

2. 灭·氧乐

（1）有效成分：灭多威+氧乐果。

（2）作用特点：具有触杀和胃毒作用，对蚜虫较有效。

（3）制剂：25%乳油（惠麦农）。

（4）用法：防治蚜虫，一般亩用制剂30～40 mL对水50～60 kg喷雾。

3. 灭·唑磷

（1）有效成分：灭多威+三唑磷。

（2）作用特点：具有触杀和胃毒作用，对鳞翅目害虫幼虫防效较好。

（3）制剂：20%乳油（农家乐）。

（4）用法：防治棉铃虫，可在卵孵化初期至孵化盛期，亩用制剂100～150 mL对水60～75 kg喷雾。

4. 马·灭

（1）有效成分：马拉硫磷+灭多威。

（2）作用特点：具有触杀、胃毒作用，主要用于防治棉铃虫等鳞翅目害虫。

（3）制剂：30%、32%、35%乳油。

（4）用法：

1）防治棉铃虫，可亩用30%乳油67～70 mL，或32%乳油75～100 mL，或35%乳油40～60 mL，对水60～75 kg喷雾。

2）防治蚜虫，可亩用32%乳油75～100 mL对水30～50 kg喷雾。

3）防治卷叶螟，可在幼虫低龄期卷叶前，亩用30%乳油120～150 mL对水50～60 kg喷雾。

5. 敌·灭

（1）有效成分：敌百虫+灭多威。

（2）作用特点：具有触杀和胃毒作用，对鳞翅目幼虫有很好的防效。

（3）制剂：24%、30%、45%乳油。

（4）用法：

1）防治棉铃虫，可在低龄幼虫期亩用24%乳油150～180 mL或30%乳油75～100 mL，对水60～75 kg喷雾。

2）防治蚜虫，可亩用24%乳油60～80 mL对水30～50 kg喷雾。

6. 敌畏·灭

（1）有效成分：敌敌畏+灭多威。

（2）作用特点：具有触杀、熏蒸和胃毒作用，击倒作用强。

（3）制剂：30%乳油（快敌）。

（4）用法：防治十字花科类植物的夜蛾，可亩用制剂80～100 mL对水40～50 kg喷雾。

7. 毒·灭

（1）有效成分：毒死蜱+灭多威。

（2）作用特点：具有较好的触杀、胃毒及较好内吸性，对鳞翅目害虫杀伤力强。

（3）制剂：30%乳油（奥绿蛾除净，顽虫净）。

（4）用法：防治羽叶甘蓝上的斜纹夜蛾，可亩用制剂 60～100 mL 对水 50～70 kg 喷雾。

8. 丙·灭

（1）有效成分：丙溴磷+灭多威。

（2）作用特点：具有一定的杀卵作用，可在卵孵化初期至孵化盛期施药。

（3）制剂：25%乳油。

（4）用法：防治棉铃虫，可在卵孵化盛期亩用制剂 60～100 mL对水 60～75 kg 喷雾。

9. 水胺·灭多威

（1）有效成分：水胺硫磷+灭多威。

（2）毒性：高毒。

（3）制剂：25%乳油（含水胺硫磷20%、灭多威5%）。

（4）用法：防治棉铃虫，可用制剂按 $150～225 g/hm^2$ 喷雾。

（二）含仲丁威的混合杀虫剂

【主要品种】

1. 仲·唑磷

（1）有效成分：仲丁威+三唑磷。

（2）作用特点：具有触杀、胃毒作用，对植物组织有较强的渗透性，无内吸性。三唑磷单剂不能用于防治飞虱。

（3）制剂：21%、25%、30%、35%乳油。

（4）用法：防治螟虫、飞虱等，可亩用 21%乳油 100～120 mL，或 25%乳油 150～200 mL，或 30%乳油 120～200 mL，对

水 50~75 kg 喷雾。

（5）注意事项：对家蚕、鱼类毒性较高，使用时须注意。在使用前后 10 天内避免使用敌稗。

2. 敌·仲

（1）有效成分：敌百虫+仲丁威。

（2）作用特点：具有触杀和胃毒作用。

（3）制剂：36%乳油。

（4）用法：防治飞虱，可亩用制剂 90 ~ 120 mL 对水 50 ~ 75 kg 喷雾。

3. 敌畏·仲

（1）有效成分：敌敌畏+仲丁威。

（2）作用特点：具有较强的熏蒸作用，可用于防治稻飞虱。

（3）制剂：20%、50%乳油。

（4）用法：防治飞虱，可亩用 20%乳油 100 ~ 120 mL 对水 50~75 kg 喷雾。

4. 辛·仲

（1）有效成分：辛硫磷+仲丁威。

（2）作用特点：具有较好的触杀、胃毒作用及较好内吸性。

（3）制剂：24%、25%乳油，24%悬浮剂。

（4）用法：

1）防治棉铃虫，可亩用 25%乳油 60 ~ 70 mL 对水 60 ~ 75 kg 喷雾。

2）防治菜青虫，可亩用 24%乳油 60 ~ 80 mL 对水 40 ~ 50 kg 喷雾，或用 24%悬浮剂按 216 ~ 288 g/hm^2 喷雾。

5. 毒·仲

（1）有效成分：毒死蜱+仲丁威。

（2）制剂：40%乳油（倍死特），20%、25%乳油。

（3）用法：

1）防治菜青虫，可在低龄幼虫期，亩用 40% 乳油 50～70 mL 对水 50～60 kg 喷雾。

2）防治飞虱，可用 25% 乳油按 300～450 g/hm² 喷雾。

6. 氧乐·仲

（1）有效成分：氧乐果+仲丁威。

（2）作用特点：具有一定的触杀、胃毒及内吸作用，击倒力强，药效稳定。

（3）制剂：25% 乳油（蚜杀星）。

（4）用法：防治蚜虫，可亩用制剂 40～50 mL 对水 30～50 kg 喷雾。

7. 稻丰·仲

（1）有效成分：稻丰散+仲丁威。

（2）制剂：40% 乳油（七星宝）。

（3）用法：防治蓟马，可亩用制剂 75～150 mL 对水 50～60 kg 喷雾。

8. 乐果·仲丁威

（1）有效成分：乐果+仲丁威。

（2）毒性：中等毒。

（3）制剂：40% 乳油（含乐果 32%、仲丁威 8%）。

（4）用法：防治飞虱，可用 40% 乳油按 600～900 g/hm² 喷雾。

（三）含克百威或丁硫克百威的混合杀虫剂

【主要品种】

1. 克·马

（1）有效成分：克百威+马拉硫磷。

（2）作用特点：具有较好内吸作用。

（3）制剂：3% 颗粒剂。

（4）用法：防治飞虱，可亩用制剂 2～2.5 kg 拌细土 15～

20 kg 撒施。

2. 克·辛

（1）有效成分：克百威+辛硫磷。

（2）作用特点：具有触杀、胃毒和内吸作用。

（3）制剂：3%颗粒剂。

（4）用法：防治绵蚜，可亩用制剂 5~6 kg 撒施地表并覆土。

3. 敌·克

（1）有效成分：敌百虫+克百威。

（2）作用特点：具有强内吸、胃毒和触杀作用，杀虫谱广。

（3）制剂：3%颗粒剂。

（4）用法：防治蝼蛄、蚜虫，可亩用制剂 3~4.5 kg 拌细土 15~20 kg 撒施。

4. 丁硫·辛

（1）有效成分：丁硫克百威+辛硫磷。

（2）作用特点：具有触杀和胃毒作用，对鳞翅目幼虫较有效，也可用于防治地下害虫，杀虫谱广。

（3）制剂：20%、21%乳油。

（4）用法：

1）防治棉铃虫，一般在卵孵化初期至孵化盛期，亩用20%乳油 100~125 mL 对水 60~75 kg 喷雾。

2）防治蚜虫，可用21%乳油按 189~252 g/hm² 喷雾。

5. 丁硫·马

（1）有效成分：丁硫克百威+马拉硫磷。

（2）制剂：20%、25%乳油。

（3）用法：

1）防治果树害虫如桃小食心虫，可用 20%乳油 1000~1500 倍液或 25%乳油 1000~2000 倍液喷雾。

2）防治苹果黄蚜，可用 25%乳油 1000~3000 倍液喷雾。

6. 丁硫·唑磷

（1）有效成分：丁硫克百威+三唑磷。

（2）制剂：20％乳油（农益）。

（3）用法：防治柑橘红蜘蛛，可用 20％乳油 1000～1500 倍液喷雾。

7. 丁硫·喹

（1）有效成分：丁硫克百威+喹硫磷。

（2）制剂：16％乳油（虫线清）。

（3）用法：

1）防治松材线虫，按 2∶1 浓度注药，连续注药 2 次可防止其发生和流行。

2）防治松墨天牛 1～5 龄幼虫、蛹及成虫，可用制剂 100～150 倍液喷雾；防治光肩星天牛 1～4 龄幼虫、红脂大小蠹，可用制剂 100～300 倍液喷雾。

3）防治森林的松墨天牛，可用制剂 200～300 倍液喷洒枝干梢。

4）防治松材线虫及松墨天牛，可用制剂按 250～500 mg/mL 常规喷雾。

5）对需保护的古松树，可于松墨天牛羽化初期，在树干基部打孔注入虫线清 1∶1 乳剂进行保护。

（4）注意事项：不得与碱性农药混用。对蜜蜂有一定毒性。

8. 敌畏·丁硫

（1）有效成分：敌敌畏+丁硫克百威。

（2）作用特点：具有触杀、胃毒和熏蒸作用，杀虫谱广。

（3）制剂：35％乳油。

（4）用法：防治蚜虫，可亩用制剂 30～50 mL 对水 40～60 kg 喷雾。

9. 丁硫·毒死蜱

（1）有效成分：丁硫克百威+毒死蜱。

（2）毒性：低毒。

（3）制剂：5%颗粒剂（含丁硫克百威1%、毒死蜱4%）。

（4）用法：防治根结线虫，可用制剂按2250～3750 g/hm² 沟施或穴施。

10. 甲柳·克百威

（1）有效成分：甲基异柳磷+克百威。

（2）毒性：中等毒（原药高毒）。

（3）制剂：3%颗粒剂（含甲基异柳磷1.8%、克百威1.2%），20%、25%悬浮种衣剂。

（4）用法：防治蝼虫等，可用3%颗粒剂按1800～2700 g/hm² 撒施。

（四）其他

【主要品种】

1. 毒·异

（1）有效成分：毒死蜱+异丙威。

（2）作用特点：具有触杀和胃毒作用，药效迅速。

（3）制剂：13%乳油（金农宝）。

（4）用法：防治飞虱，可在若虫盛发期，亩用制剂150～200 mL对水50～75 kg喷雾。

2. 马·异

（1）有效成分：马拉硫磷+异丙威。

（2）作用特点：具有触杀和胃毒作用，击倒力强，药效迅速。

（3）制剂：23%、30%乳油。

（4）用法：防治叶蝉和飞虱，可在成虫迁飞高峰期或若虫盛发期，亩用30%乳油100～140 mL或23%乳油50～75 mL，对水 50~75 kg 喷雾。

3. 辛·异

（1）有效成分：辛硫磷+异丙威。

（2）制剂：32%乳油（爱棉）。

（3）用法：防治棉铃虫，可在低龄幼虫期，亩用 32%乳油 80~100 mL 对水 60~75 kg 喷雾。

4. 抗·乙酰甲

（1）有效成分：抗蚜威+乙酰甲胺磷。

（2）作用特点：具有触杀和胃毒作用，也有一定的内吸和熏蒸作用，对蚜虫较有效。

（3）制剂：30%可湿性粉剂（蚜克灵）。

（4）用法：防治蚜虫，可亩用制剂 30~40 g 对水 50~75 kg 喷雾。

5. 敌畏·抗

（1）有效成分：敌敌畏+抗蚜威。

（2）作用特点：具有触杀和熏蒸作用，对蚜虫较有效。

（3）制剂：30%乳油（科林）。

（4）用法：防治蚜虫，可亩用制剂 25~50 mL 对水 50~75 kg 喷雾。

6. 丙威·毒死蜱

（1）有效成分：异丙威+毒死蜱。

（2）毒性：低毒。

（3）作用特点：具有强触杀、胃毒、熏蒸和透叶传导作用。

（4）制剂：20%可湿性粉剂（含异丙威 15%、毒死蜱 5%），13%、25%乳油。

（5）用法：防治飞虱，可用 20%可湿性粉剂按 240~360 g/hm^2 喷雾。

7. 残杀·毒死蜱杀蟑饵剂

（1）有效成分：残杀威+毒死蜱。

（2）毒性：低毒。

（3）制剂：2.6%饵剂（含残杀威2%、毒死蜱0.6%）。

（4）用法：防治卫生蜚蠊，可用制剂投放。

五、含沙蚕毒素类的混合杀虫剂

（一）含杀虫双的混合杀虫剂

该类杀虫剂对家蚕高毒，使用时须注意。

【主要品种】

1. 灭·杀双

（1）有效成分：灭多威+杀虫双。

（2）作用特点：具有内吸、触杀、胃毒作用及一定的熏蒸作用，杀虫谱广，对鳞翅目幼虫较有效，并有一定的杀卵作用。

（3）制剂：20%乳油，16%、20%、23%、24%水剂，23%可溶液剂。

（4）用法：

1）防治美洲斑潜蝇，可亩用23%可溶液剂40~50 mL对水50~60 kg喷雾。

2）防治卷叶螟，可亩用16%水剂120~150 mL对水喷雾。

2. 氯·杀双

（1）有效成分：氯氰菊酯+杀虫双。

（2）作用特点：具有胃毒、触杀及较好的内吸作用，杀虫谱较广。

（3）制剂：12%可溶液剂（甲虫净）。

（4）用法：防治菜青虫，可亩用制剂80~100 mL对水40~50 kg喷雾。

3. 阿维·杀双

（1）有效成分：阿维菌素+杀虫双。

（2）作用特点：具有触杀、胃毒和内吸作用，杀虫谱较广，对鳞翅目害虫高效。

（3）制剂：17%微乳剂（克螟宝）。

（4）用法：

1）防治菜青虫，可亩用制剂 80~100 mL 对水 50~60 kg 喷雾。

2）防治螟虫，可亩用制剂 120~150 mL 对水 50~70 kg 喷雾。

4. 吡·杀双

（1）有效成分：吡虫啉+杀虫双。

（2）制剂：14.5%微乳剂（蓟虱灵）。

（3）用法：防治飞虱、卷叶螟，可亩用制剂 150~200 mL 对水 60~75 mL 喷雾。

5. 杀双·辛硫磷

（1）有效成分：杀虫双+辛硫磷。

（2）制剂：8%颗粒剂（含杀虫双 5%、辛硫磷 3%）。

（3）用法：防治螟虫，可用制剂按 3600~4800 g/hm² 配制毒土撒施。

6. 绿杀螟

（1）有效成分：Bt+杀虫双。

（2）作用特点：为 4000 IU/μL 千胜悬浮剂与 10%杀虫双水剂配制的桶混剂，具有生物农药沙蚕毒素和生物农药 Bt 杀虫剂的双重作用。

（3）制剂：28%Bt·杀虫双桶混剂。

（4）用法：每亩用 4000 IU/μL 千胜悬浮剂 100 mL 加 18%杀虫双水剂 150 mL，对水 50 kg 喷雾。

（二）含杀虫单的混合杀虫剂

该类杀虫剂对家蚕高毒，使用时须注意。

【主要品种】

1. 杀单·乙酰甲

（1）有效成分：杀虫单+乙酰甲胺磷。

（2）制剂：90%可溶粉剂（易杀螟）。

（3）用法：防治卷叶螟，可用制剂 60～70 g，对二化螟可亩用制剂 70～80 g，对水 50～60 kg 喷雾。

2. 杀单·唑磷

（1）有效成分：杀虫单+三唑磷。

（2）作用特点：具有触杀、胃毒作用及较好的内吸作用。

（3）制剂：15%乳油，35%可湿性粉剂。

（4）用法：防治螟虫和卷叶螟，一般可亩用 15%乳油 200～250 mL 或 35%可湿性粉剂 90～100 g，对水 50～70 kg 喷雾。

3. 高氯·杀单

（1）有效成分：高效氯氰菊酯+杀虫单。

（2）作用特点：具有触杀、胃毒作用及较好的内吸作用，对鳞翅目害虫和蚜虫高效。

（3）制剂：16%、25%水乳剂，16%、20%微乳剂，78%可湿性粉剂。

（4）用法：

1）防治柑橘蚜虫，可用 25%水乳剂 500～1000 倍液喷雾。

2）防治十字花科类植物夜蛾，可亩用 20%微乳剂 30～40 mL 对水 40～50 kg 喷雾。

3）防治美洲斑潜蝇，可亩用 16%水乳剂或 16%微乳剂 75～150 mL 对水 40～60 kg 喷雾。

4. 毒·杀单

（1）有效成分：毒死蜱+杀虫单。

（2）作用特点：具有触杀、胃毒作用及很好的内吸性。

（3）制剂：2%粉剂，25%、40%、50%可湿性粉剂，5%颗粒剂。

（4）用法：防治蚜虫，可亩用50%可湿性粉剂60～100 g对水50～75 kg喷雾，或25%可湿性粉剂150～200 g对水50～75 kg喷雾。

5. 乐·杀单

（1）有效成分：乐果+杀虫单。

（2）制剂：80%可溶粉剂，40%、80%可湿性粉剂。

（3）用法：防治蚜虫，可在其1～2龄幼虫高峰期施药，亩用80%可溶粉剂50～70 g，或80%可湿性粉剂70～80 g，或40%可湿性粉剂80～100 g，对水50～70 kg喷雾。

6. 吡·杀单

（1）有效成分：吡虫啉+杀虫单。

（2）作用特点：具有触杀、胃毒作用及一定的熏蒸作用。

（3）制剂：30%、33%、46%、46.5%、50%、52%、58%、60%、62%、66.2%、72%、74%、75%、80%可湿性粉剂，25%微乳剂。

（4）用法：防治害螨、飞虱等，一般亩用有效成分25～50 g对水喷雾。

7. 阿维·杀单

（1）有效成分：阿维菌素+杀虫单。

（2）制剂：20%、30%、40%、50%可湿性粉剂，20%、30%微乳剂。

（3）用法：

1）防治菜青虫，可亩用20%可湿性粉剂80～120 g对水40～60 kg喷雾。

2）防治小菜蛾，可亩用20%可湿性粉剂120～140 g，或

50%可湿性粉剂 60～80 g，或 20%微乳剂 20～40 mL，对水 40～60 kg喷雾。

3）防治美洲斑潜蝇，可亩用 30%可湿性粉剂 40～60 g，或40%可湿性粉剂 50～70 g，或 20%微乳剂 30～60 mL，或30%微乳剂 40～60 mL，对水 40～60 kg喷雾。

8. 灭·杀单

（1）有效成分：灭多威+杀虫单。

（2）作用特点：具有触杀和胃毒作用及内吸性，对鳞翅目高效。

（3）制剂：75%、80%可溶粉剂，60%可湿性粉剂，16%水剂。

（4）用法：防治害螟，可亩用 75%可溶粉剂 70～80 g，或80%可溶粉剂 40～50 g，或 60%可湿性粉剂 50～60 g，或 16%水剂 120～160 mL，对水 50～75 kg喷雾。

9. 克·杀单

（1）有效成分：克百威与杀虫单。

（2）作用特点：具有触杀、胃毒作用及内吸作用。

（3）制剂：3%颗粒剂。

（4）用法：

1）防治蓟马，可在 2～3 龄幼虫高峰期，亩用制剂 2.5～4 kg拌适量细土撒施。

2）防治害螟，可在卵孵化高峰期施药，亩用制剂 2.5～4 kg拌适量细土撒施。

10. 灭蝇·杀单

（1）有效成分：灭蝇胺+杀虫单。

（2）作用特点：灭蝇胺属几丁质合成抑制剂，对斑潜蝇较有效；杀虫单属神经毒剂，内吸性强，对斑潜蝇也较有效。

（3）制剂：20%可溶粉剂，50%可湿性粉剂。

（4）用法：防治美洲斑潜蝇，可亩用20%可溶粉剂80～100 g 或50%可湿性粉剂50～70 g，对水50～70 kg喷雾。

11. 杀单·苏云菌

（1）有效成分：杀虫单+Bt。

（2）制剂：46%可湿性粉剂（锐霸），55%可湿性粉剂（科诺），杀虫单51%、Bt 100亿活芽孢/g可湿性粉剂，杀虫单62.6%、Bt0.5%可湿性粉剂，杀虫单36%、Bt 100亿活芽孢/g，杀虫单19.3%、Bt 50亿活芽孢/g。

（3）用法：

1）防治害螟，可用杀虫单51%、Bt 100亿活芽孢/g可湿性粉剂按750～1125 g/hm² 喷雾，或用杀虫单36%、Bt 100亿活芽孢/g 按750～1050 g/hm² 喷雾。

2）防治卷叶螟，可用46%可湿性粉剂按345～448.5 g/hm² 喷雾。

12. 杀单·三唑磷

（1）有效成分：杀虫单+三唑磷。

（2）毒性：中等毒。

（3）制剂：15%乳油（含杀虫单10%、三唑磷5%），35%可湿性粉剂（含杀虫单20%、三唑磷15%），15%微乳剂。

（4）用法：防治卷叶螟等，可用15%乳油按450～562.5 g/hm² 喷雾。

（三）其他

【主要品种】

1. 吡·杀安

（1）有效成分：吡虫啉+杀虫安。

（2）作用特点：杀虫性能与防治对象与吡·杀单相似。

（3）制剂：60%可湿性粉剂。

（4）用法：防治飞虱、卷叶螟，可亩用制剂50～70 g 对水

60~75 kg 喷雾。

（5）注意事项：杀虫安对家蚕高毒，使用时须注意。

2. 杀虫安·灭

（1）有效成分：杀虫安+灭多威。

（2）作用特点：具有胃毒和触杀作用及内吸性。

（3）制剂：71%可溶粉剂。

（4）用法：防治菜青虫可亩用制剂 50~60 g，防治小菜蛾可亩用制剂 40~50 g，对水 50 kg 喷雾。

六、含吡虫啉或啶虫脒的混合杀虫剂

吡虫啉与三大类杀虫剂有机磷、氨基甲酸酯、拟除虫菊酯复配，增效明显，能延缓害虫对吡虫啉产生耐药性，延长混剂的持效期，降低成本。

【主要品种】

1. 吡·马

（1）有效成分：吡虫啉+马拉硫磷。

（2）作用特点：具有触杀、胃毒及较好的内吸作用，对蚜虫很有效。

（3）制剂：6%可湿性粉剂。

（4）用法：防治十字花科类植物蚜虫，可亩用制剂 50~70 mL对水 40~50 kg 喷雾。

2. 吡·灭

（1）有效成分：吡虫啉+灭多威。

（2）作用特点：具有触杀、胃毒及一定的内吸和杀卵作用，对多种蚜虫有效。

（3）制剂：10%、22.6%可湿性粉剂，10%、11%、12.8%乳油。

（4）用法：防治苹果黄蚜，可用 10% 可湿性粉剂 1000～2000 倍液喷雾。

3. 吡·辛

（1）有效成分：吡虫啉+辛硫磷。

（2）毒性：低毒、低残留。

（3）作用特点：具有触杀和胃毒作用，杀虫谱广，对鳞翅目幼虫、粉虱等刺吸式口器害虫有效，可防治地下害虫。

（4）制剂：20%、22%、25%、30% 乳油。

（5）用法：

1）防治茶小绿叶蝉，可在若虫发生高峰期前，用 25% 乳油 800～1000 倍液对茶树冠面进行快速喷雾。

2）防治飞虱，可亩用 30% 乳油 80～100 mL 对水 75～100 kg 喷雾。

4. 吡·毒

（1）有效成分：吡虫啉+毒死蜱。

（2）作用特点：具有良好的内吸性能，杀虫谱广。

（3）制剂：13%、12%、22% 乳油，25% 微囊悬浮剂，33% 可湿性粉剂，30% 乳油。

（4）用法：

1）防治梨木虱，可用 33% 可湿性粉剂按 165～330 mg/kg 喷雾。

2）防治蚜虫，可亩用 12% 乳油 100～150 mL 对水 40～60 kg 喷雾。

3）防治金针虫等，可用 25% 微囊悬浮剂按 1800～2250 g/hm² 撒施。

4）防治飞虱与卷叶螟，可亩用 12% 乳油 100～150 mL 或 22% 乳油 40～50 mL，对水 60～80 kg 喷雾；或用 30% 乳油按 360～450 g/hm² 喷雾。

5. 吡·乐

（1）有效成分：吡虫啉+乐果。

（2）作用特点：具有胃毒、触杀作用及内吸性，对刺吸式口器的小型害虫较有效。

（3）制剂：21%可湿性粉剂。

（4）用法：防治蚜虫、飞虱，可亩用制剂 50~60 g 对水 60~100 kg 对水稻基部喷雾。

6. 吡·仲

（1）有效成分：吡虫啉+仲丁威。

（2）作用特点：具有强胃毒及强触杀作用。

（3）制剂：10%、20%、25%、40%乳油。

（4）用法：防治飞虱、蚜虫，可亩用 10%乳油 100~150 mL，或 20%乳油 30~60 mL，或 25%乳油 50~75 mL，或 40%乳油 50~60 mL，对水 50~75 kg 喷雾。

（5）注意事项：混剂因含仲丁威，在施药前后 10 天内不能使用敌稗，以免产生药害。

7. 吡·异

（1）有效成分：吡虫啉+异丙威。

（2）作用特点：具有胃毒和触杀作用。

（3）制剂：10%、24%、25%、35%、52%可湿性粉剂，20%、30%乳油，10%烟剂。

（4）用法：

1）防治保护地内的蚜虫及白粉虱，可亩用 10%烟剂 500~600 g 点燃放烟。

2）防治飞虱，可在 2~3 龄若虫盛发期，亩用 10%可湿性粉剂 50~75 g，或 24%可湿性粉剂 30~50 g，或 25%可湿性粉剂 15~20 g，对水 50~75 kg 喷雾。

8. 吡·抗

（1）有效成分：吡虫啉+抗蚜威。

（2）作用特点：具有触杀、胃毒作用，对蚜虫较有效。

（3）制剂：10%、24%、25%可湿性粉剂。

（4）用法：防治蚜虫，可亩用10%可湿性粉剂30~40 g，或24%可湿性粉剂15~20 g，或25%可湿性粉剂30~40 g，对水60~75 kg喷雾。

9. 吡·氯

（1）有效成分：吡虫啉+氯氰菊酯。

（2）作用特点：其杀虫性能与防治对象与吡·高氯相同。

（3）制剂：10%可溶粉剂，8.5%可湿性粉剂，5%、6%、7.5%、10%乳油。

（4）用法：

1）防治梨木虱，可用5%乳油1000~1500倍液喷雾。

2）防治苹果黄蚜，可用7.5%乳油1500~3000倍液喷雾。

3）防治茶小绿叶蝉，可用7.5%乳油30~50 mL或5%乳油40~60 mL对水50~60 kg喷雾。

10. 吡·氰

（1）有效成分：吡虫啉+氰戊菊酯。

（2）作用特点：其杀虫性能与吡·氯相似，对刺吸式口器害虫较有效。

（3）制剂：7.5%乳油。

（4）用法：用于防治蚜虫，可亩用制剂40~50 mL对水30~50 kg喷雾。

11. 吡·噻

（1）有效成分：吡虫啉+噻嗪酮。

（2）作用特点：具有触杀、胃毒和内吸作用。

（3）制剂：10%、10.5%、18%、20%、22%可湿性粉剂，

10%、11.5%、16.5%、18%乳油。

（4）用法：

1）防治茶小绿叶蝉，可亩用10%乳油60~80 mL对水50~75 kg喷雾。

2）防治蚜虫，可亩用18%乳油15~20 mL对水40~60 kg喷雾。

3）防治飞虱，一般亩用有效成分3~6 g对水喷雾。

12. 吡·唑磷

（1）有效成分：吡虫啉+三唑磷。

（2）制剂：20%、21%、25%、30%乳油。

（3）用法：

1）防治害螨、飞虱，可亩用20%乳油或21%乳油100~150 mL，或25%乳油100~120 mL，或30%乳油80~120 mL，对水60~75 kg喷雾。

2）防治蚜虫，可亩用20%乳油15~20 mL对水25~30 kg喷雾。

13. 吡·乙酰甲

（1）有效成分：吡虫啉+乙酰甲胺磷。

（2）制剂：36%可溶液剂，24%、25%可湿性粉剂。

（3）用法：

1）防治害螨，可亩用24%可湿性粉剂80~100 g或25%可湿性粉剂150~180 g，对水60~75 kg喷雾。

2）防治飞虱，可亩用24%可湿性粉剂40~50 g或25%可湿性粉剂120~140 g，对水75~100 kg喷雾。

14. 吡·氧乐

（1）有效成分：吡虫啉+氧乐果。

（2）作用特点：具胃毒、触杀作用及内吸性，对刺吸式口器小型害虫有效。

（3）制剂：20%可溶性剂，10%、20%、24%、25%乳油。

（4）用法：

1）防治蚜虫，可亩用10%乳油40~50 mL 对水 30~50 kg 喷雾。

2）防治飞虱，可亩用20%可溶液剂 40~50 mL 或 10%乳油 60~80 mL，对水 75~100 kg 喷雾。

15. 吡·丁硫

（1）有效成分：吡虫啉+丁硫克百威。

（2）制剂：5%、9%、11%乳油，10%、24%、25%可湿性粉剂。

（3）用法：

1）防治柑橘蚜虫，可用5%乳油 3000~4000 倍液喷雾。

2）防治十字花科类植物的蚜虫，可亩用11%乳油 10~15 mL 对水 50~60 kg 喷雾。

3）防治麦类蚜虫，可亩用 10%可湿性粉剂 30~40 g，或 24%可湿性粉剂 15~20 g，或 25%可湿性粉剂 30~40 g，对水 60~75 kg 喷雾。

16. 吡·高氯

（1）有效成分：吡虫啉+高效氯氰菊酯。

（2）作用特点：具有触杀、胃毒作用及内吸性，对刺吸式口器害虫和鳞翅目幼虫有很好的防效。

（3）制剂：2.5%、3%、3.6%、4%、5%乳油，3%、7.5%高渗乳油。

（4）用法：

1）防治梨木虱，可用 7.5%高渗乳油 3000~5000 倍液喷雾。

2）防治苹果黄蚜，可用 2.5%乳油 1500~2000 倍液或 3%高渗乳油 300~400 倍液喷雾。

17. 吡·灭幼

（1）有效成分：吡虫啉+灭幼脲。

（2）作用特点：可防治鳞翅目幼虫及小型的刺吸式口器害虫。

（3）制剂：25%可湿性粉剂。

（4）用法：防治苹果金纹细蛾及黄蚜，可用制剂1500~2500倍液喷雾。

18. 吡·敌畏

（1）有效成分：吡虫啉+敌敌畏。

（2）作用特点：具有内吸、熏蒸作用，对刺吸式口器小型害虫有效。

（3）制剂：21%、26%乳油，15%烟剂。

（4）用法：

1）防治保护地内的蚜虫，可亩用15%烟剂260~400 g点烟熏杀。

2）防治梨树黄粉虫，可用26%乳油1000~1500倍液喷雾。

3）防治蚜虫，可亩用26%乳油60~80 mL对水30~50 kg喷雾。

4）防治飞虱，可亩用21%乳油60~70 mL对水60~100 kg喷雾。

19. S-氰·吡

（1）有效成分：S-氰戊菊酯+吡虫啉。

（2）作用特点：其杀虫性能与防治对象与吡·氰相似。

（3）制剂：2%乳油。

（4）用法：防治蚜虫，可亩用制剂30~40 mL对水60~75 kg喷雾。

20. 阿维·吡

（1）有效成分：阿维菌素+吡虫啉。

（2）作用特点：对蚜虫、木虱、蓟马、螨类及鳞翅目幼虫都较有效。

（3）制剂：1.4%、1.8%、4.5%可湿性粉剂，1%、1.5%、1.6%、1.8%、2%、2.2%、2.5%、3.15%、5%、5.2%乳油，36%水分散粒剂（阿希米）。

（4）用法：

1）防治梨木虱，可用1%乳油1000～1500倍液，或2.5%乳油2000～3000倍液，或5%乳油5000～8000倍液，或5.2%乳油5200～6000倍液，喷雾。

2）防治柑橘蚜虫，可用3.15%乳油3000～4000倍液喷雾。

3）防治小菜蛾，可亩用1.4%可湿性粉剂45～80 g，或1.5%乳油50～70 mL，或1.6%乳油40～60 mL，或2%乳油40～60 mL，对水50～60 kg喷雾。

4）防治菜青虫，可亩用1.8%乳油40～60 mL对水50～60 kg喷雾。

5）防治蓟马，可亩用2.2%乳油60～80 mL对水50～60 kg喷雾。

6）防治黏虫，可亩用2.5%乳油40～50 mL对水60～75 kg喷雾。

7）防治红蜘蛛，可亩用1.4%可湿性粉剂35～60 g对水30～60 kg喷雾。

21. 阿维·啶虫

（1）有效成分：阿维菌素+啶虫脒。

（2）作用特点：与阿维·吡相似，具有触杀、胃毒、内吸作用，对蚜虫、梨木虱有效。

（3）制剂：4%乳油（力杀死）。

（4）用法：

1）防治苹果黄蚜，可用制剂4000～5000倍液喷雾；防治黄瓜蚜虫，可用制剂 10~20 mL 对水喷雾。

2）防治苹果树、梨树、蔬菜、烟草等上的梨木虱、白粉虱、潜叶蛾、菜青虫、烟青虫、美洲斑潜蝇等，一般可用制剂 3000~5000 倍液喷雾。

22. 啶虫·辛

（1）有效成分：啶虫脒+辛硫磷。

（2）作用特点：对辛硫磷产生抗药性的害虫有效。

（3）制剂：20%乳油（虫必克）。

（4）用法：

1）防治蚜虫，可亩用制剂 20~35 mL 对水 60~75 kg 喷雾。

2）防治苹果黄蚜，可用制剂 1500~2000 倍液喷雾。

23. 啶虫·高氯

（1）有效成分：啶虫脒+高效氯氰菊酯。

（2）作用特点：具有触杀和胃毒作用，对蚜虫高效。

（3）制剂：5%乳油（绿定宝）。

（4）用法：防治蚜虫，可亩用制剂 35~40 mL 对水 40~60 kg 喷雾。

24. 啶虫·氯

（1）有效成分：啶虫脒+氯氰菊酯。

（2）作用特点：与啶虫·高氯相似，对蚜虫高效。

（3）制剂：10%乳油。

（4）用法：防治苹果绵蚜，可用制剂 1000~2000 倍液喷雾。

25. 啶虫·氟氯氰

（1）有效成分：啶虫脒+氟氯氰菊酯。

（2）作用特点：具有触杀和胃毒作用，对鳞翅目害虫高效。

（3）制剂：5%乳油，26%水分散粒剂（尽打）（啶虫脒23.5%+高效氟氯氰菊酯2.5%）。

（4）用法：

1）防治棉铃虫，可亩用 5%乳油 40~50 mL 对水 60~75 kg 喷雾。

2）防治盲蝽，可用 26%水分散粒剂按 23.4~31.2 g/hm² 喷雾；防治蚜虫、烟粉虱、蓟马，可用 26%水分散粒剂按 19.5~27.3 g/hm² 喷雾。

26. 水胺·吡虫啉

（1）有效成分：水胺硫磷+吡虫啉。

（2）制剂：29%乳油。

（3）用法：防治棉蚜，可用制剂按 174~217.5 g/hm² 对水喷雾。

27. 啶虫·毒死蜱

（1）有效成分：啶虫脒+毒死蜱。

（2）毒性：中等毒。

（3）制剂：30%水乳剂（含啶虫脒 1%、毒死蜱 29%），41.5%乳油（含啶虫脒 1.5%、毒死蜱 40%），20%乳油，41.5%微乳剂。

（4）用法：

1）防治柑橘介壳虫，可用 20%乳油按 133.3~200 mg/kg 喷雾。

2）防治柑橘蚜虫，可用 30%水乳剂按 200~300 mg/kg 喷雾。

3）防治苹果绵蚜，可用 41.5%乳油按 138.3~207.5 mg/kg 喷雾。

28. 啶虫·仲丁威

（1）有效成分：啶虫脒+仲丁威。

（2）毒性：低毒。

（3）制剂：22%乳油（含啶虫脒 2%、仲丁威 20%）。

（4）用法：防治飞虱，可用 22%乳油按 132~198 g/hm² 喷雾。

29. 蚜克威

（1）有效成分：啶虫脒+烯啶虫胺+吡蚜酮。

（2）作用特点：对蚜虫、稻飞虱等害虫高效。具触杀、胃毒、渗透等作用及内吸活性，克服了噻嗪酮类见效慢，有机磷、氨基甲酸酯类持效期短，烟碱类抗性高等缺点，具有较好的速效性。

（3）制剂：5%微乳剂。

（4）用法：防治蚜虫，可按 20～30 mL/亩喷雾；防治飞虱，可按 50～80 mL/亩喷雾。

七、含噻嗪酮的混合杀虫剂

【主要品种】

1. 噻·杀单

（1）有效成分：噻嗪酮+杀虫单。

（2）制剂：20%、25%、40%、42%、45%、50%、52%、58%、60%、70%、75%、80%可湿性粉剂，20%高渗可湿性粉剂，17.5%悬浮剂。

（3）用法：防治害螟、飞虱等害虫，一般可亩用有效成分 25～50 g 对水喷雾。

（4）注意事项：含杀虫单，对家蚕高毒，使用时须注意。

2. 噻·杀安

（1）有效成分：噻嗪酮+杀虫胺。

（2）作用特点：其杀虫性能、防治对象及使用方法与噻·杀单相同。

（3）制剂：42%可湿性粉剂。

（4）用法：防治害螟和飞虱，可亩用制剂 80～100 g 对水

60～75 kg 喷雾。

3. 噻·唑磷

（1）有效成分：噻嗪酮+三唑磷。

（2）作用特点：三唑磷会刺激飞虱产卵，而噻嗪酮对飞虱高效，两者复配后对螟虫和飞虱都高效。

（3）制剂：20%、30%、23%乳油。

（4）用法：防治害螟、飞虱，可亩用20%乳油 100～150 mL，或23%乳油 100～150 mL，或30%乳油 80～120 mL，对水 50～75 kg喷雾。

4. 噻·杀扑

（1）有效成分：噻嗪酮+杀扑磷。

（2）作用特点：该混剂对介壳虫防效比单剂使用效果好。

（3）制剂：20%、25%、28%、31%乳油，20%可湿性粉剂。

（4）用法：

1）防治柑橘矢尖蚧，可用 20%乳油 800～1000 倍液，或25%乳油 1000～1500 倍液，或28%乳油 800～1200 倍液，或31%乳油 800～1000 倍液，喷雾；也可用 20%可湿性粉剂按 200～250 mg/kg 喷雾。

2）防治柑橘果实的粉介壳虫，可用 20%乳油 600～800 倍液喷雾。

5. 噻·氧乐

（1）有效成分：噻嗪酮+氧乐果。

（2）作用特点：内吸性好，能被叶、茎、根多途径吸收，药效较好。

（3）制剂：30%、35%乳油。

（4）用法：

1）防治柑橘矢尖蚧、红蜡蚧、红圆蚧等介壳虫，可用 35%乳油 800～1000 倍液喷雾。

2）防治飞虱，可亩用 30%乳油 50～90 mL 或 35%乳油 50～75 mL 对水 50～75 kg 喷雾。

6. 噻·仲

（1）有效成分：噻嗪酮+仲丁威。

（2）制剂：25%乳油。

（3）用法：防治飞虱，可亩用制剂 50～75 mL 对水 50～75 kg 喷雾。

7. 噻·异

（1）有效成分：噻嗪酮+异丙威。

（2）制剂：22%、25%可湿性粉剂，10%、25%、30%乳油，25%悬浮剂。

（3）用法：防治飞虱，一般亩用有效成分 15～25 g 对水喷雾。

8. 噻·速

（1）有效成分：噻嗪酮+速灭威。

（2）制剂：25%可湿性粉剂，25%、30%乳油。

（3）用法：防治飞虱，可用 25%可湿性粉剂按 187.5～281.25 g/hm² 喷雾，或用 30%乳油按 450～540 g/hm² 喷雾。

9. 毒·噻

（1）有效成分：毒死蜱+噻嗪酮。

（2）制剂：10%乳油，30%展膜油剂（稻瘿蚊净）。

（3）用法：防治飞虱，可亩用 10%乳油 60～80 mL 对水 50～75 kg 喷雾。

10. 马·噻

（1）有效成分：马拉硫磷+噻嗪酮。

（2）制剂：30%乳油。

（3）用法：防治柑橘矢尖蚧，可用制剂 800～1000 倍液喷雾。

11. 高氯·噻

（1）有效成分：高效氯氰菊酯+噻嗪酮。

（2）作用特点：具有触杀和胃毒作用，在低龄幼虫使用，可防治保护地白粉虱。

（3）制剂：20%乳油。

（4）用法：防治温室白粉虱，可亩用制剂 50~80 mL 对水 50 kg 喷雾。

12. 高氯氟氰·噻

（1）有效成分：高效氯氟氰菊酯+噻嗪酮。

（2）制剂：9%乳油。

（3）用法：防治茶小绿叶蝉，可用制剂 750~1000 倍液喷雾。

13. 敌畏·噻

（1）有效成分：敌敌畏+噻嗪酮。

（2）制剂：25%、50%乳油。

（3）用法：防治飞虱，可亩用 25%乳油 50~60 mL 或 50%乳油 100~150 mL，对水 60~75 kg 喷雾。

14. 甲嘧啶·噻

（1）有效成分：甲基嘧啶磷+噻嗪酮。

（2）制剂：21%乳油。

（3）用法：防治柑橘矢尖蚧，可用制剂 800~1000 倍液喷雾。

15. 甲维盐·毒死蜱

（1）有效成分：甲维盐+毒死蜱。

（2）制剂：25%、30%、31%、33% 水乳剂，20% 乳油，20%、21%微乳剂。

（3）用法：

1）防治飞虱，可亩用 20%乳油 100~200 mL 喷雾。

2）防治卷叶螟，可用 25% 水乳剂按 225～300 g/hm² 喷雾，或用 20% 微乳剂按 180～210 g/hm² 喷雾。

16. 噻嗪·毒死蜱

（1）有效成分：噻嗪酮+毒死蜱。

（2）毒性：低毒。

（3）制剂：40% 悬浮剂（含噻嗪酮 22%、毒死蜱 18%），42% 乳油（含噻嗪酮 14%、毒死蜱 28%），10%、30% 乳油，20%、40% 可湿性粉剂。

（4）用法：

1）防治柑橘矢尖蚧，可用 40% 悬浮剂按 200～266.67 mg/kg 喷雾。

2）防治飞虱，可用 42% 乳油按 126～252 g/hm² 喷雾，或用 10% 乳油按 112.5～135 g/hm² 喷雾，或用 40% 可湿性粉剂按360～600 g/hm² 喷雾。

17. 混灭·噻嗪酮

（1）有效成分：混灭威+噻嗪酮。

（2）毒性：低毒。

（3）制剂：30% 乳油（含混灭威 25%、噻嗪酮 5%）。

（4）用法：防治飞虱，可用制剂按 337.5～405 g/hm² 喷雾。

八、含硫丹的混合杀虫剂

【主要品种】

1. 硫丹·氯

（1）有效成分：硫丹+氯氰菊酯。

（2）制剂：18%、22.5% 乳油。

（3）用法：

1）防治棉铃虫，可亩用 18% 乳油 60～75 mL 或 22.5% 乳油

60～80 mL，对水 60～75 kg 喷雾。

2）防治茶小绿叶蝉，可亩用 18％乳油 40～60 mL 对水 50～60 kg 喷雾。

2. 硫丹·氰

（1）有效成分：硫丹＋氰戊菊酯。

（2）作用特点：其杀虫性能与硫丹·氯相似。

（3）制剂：25％乳油。

（4）用法：

1）防治棉铃虫，可亩用制剂 80～120 mL 对水 60～75 kg 喷雾。

2）防治苹果黄蚜，可用制剂 1000～2000 倍液喷雾。

3）防治梨木虱，可用制剂 1500～2000 倍液喷雾。

3. 硫丹·S-氰

（1）有效成分：硫丹＋S-氰戊菊酯。

（2）制剂：20％乳油（福灵丹），22％乳油（强力丹）。

（3）用法：防治棉铃虫，可亩用 20％乳油 50～70 mL 或 22％乳油 60～80 mL 对水喷雾。

4. 硫丹·溴

（1）有效成分：硫丹＋溴氰菊酯。

（2）制剂：10％、32.8％乳油。

（3）用法：

1）防治棉铃虫，可亩用 10％乳油 100～140 mL 或 32.8％乳油 80～100 mL，对水 60～75 kg 喷雾。

2）防治蚜虫，可亩用 32.8％乳油 55～65 mL 对水 40～60 kg 喷雾。

5. 硫丹·辛

（1）有效成分：硫丹＋辛硫磷。

（2）制剂：35％、36％、40％、45％乳油。

（3）用法：

1）防治棉铃虫，可亩用 35% 乳油 50~75 mL，或 36% 乳油 80~120 mL，或 40% 乳油 35~50 mL，或 45% 乳油 100~120 mL，对水 60~75 kg 喷雾。

2）防治苹果红蜘蛛，可用 35% 乳油 800~1000 倍液喷雾。

6. 硫丹·灭

（1）有效成分：硫丹+灭多威。

（2）制剂：18%、20% 乳油。

（3）用法：防治棉铃虫，可亩用 18% 乳油 75~100 mL 或 20% 乳油 35~50 mL，对水 60~75 kg 喷雾。

7. 硫丹·唑磷

（1）有效成分：硫丹+三唑磷。

（2）制剂：25% 乳油（辰龙）。

（3）用法：防治棉铃虫，可亩用制剂 40~60 g 对水 60~75 kg 喷雾。

8. 高氯·硫丹

（1）有效成分：高效氯氰菊酯+硫丹。

（2）制剂：20% 乳油（凯威）。

（3）用法：防治棉铃虫、蚜虫，可亩用制剂 40~60 mL 对水 60~75 kg 喷雾。

9. 甲氰·硫丹

（1）有效成分：甲氰菊酯+硫丹。

（2）制剂：20% 乳油（美收）。

（3）用法：防治棉铃虫，可亩用制剂 30~50 mL 对水 60~75 kg 喷雾。

10. 水胺·硫丹

（1）有效成分：水胺硫磷+硫丹。

（2）毒性：中等毒（原药高毒）。

（3）制剂：25%乳油（含水胺硫磷 15%、硫丹 10%）。

（4）用法：防治棉铃虫，可用制剂按 300~450 g/hm² 喷雾。

九、关于阿维菌素及甲维盐的混合杀虫剂

（一）含阿维菌素的混合杀虫剂

阿维菌素具有杀虫速度慢、作用方式特殊、持效期长等特点，可与其他具有速效性、触杀作用强的杀虫剂复配。

【主要品种】

1. 阿维·高氯

（1）有效成分：阿维菌素+高效氯氰菊酯。

（2）作用特点：具有触杀和胃毒作用。

（3）制剂：1.65%、2%、2.4%、6.3%可湿性粉剂，1%、1.2%、1.5%、1.65%、1.8%、2%、2.8%、3%、3.3%、5%、6%乳油，1.2%、2%高渗乳油，1%、2%微乳剂。

（4）用法：

1）防治小菜蛾，可亩用 1.65%可湿性粉剂 32~64 g，或 2%可湿性粉剂 40~60 g，或 6.3%可湿性粉剂 20~30 g，或 1%乳油 50~80 mL，或 1.8%乳油 30~40 mL，或 2.8%乳油 30~50 mL，或 3%乳油 35~50 mL，或 3.3%乳油 20~30 mL，或 5%乳油 15~25 mL，或 6%乳油 20~25 mL，对水 40~60 kg 喷雾。

2）防治美洲斑潜蝇，可亩用 2.4%可湿性粉剂 25~50 g，或 1%乳油 40~60 mL，或 2%高渗乳油 40~70 mL，对水 40~60 kg 喷雾。

3）防治柑橘潜叶蛾，可用 6.3%可湿性粉剂 4000~5000 倍液或 2%微乳剂 1500~2000 倍液喷雾。

4）防治梨木虱，可用 1%乳油 1000~2000 倍液，或 1.2%乳油 1000~2000 倍液，或 3%乳油 1000~1500 倍液，或 6%乳油

5000~7000 倍液，喷雾。

5）防治苹果红蜘蛛，可用 1.2%高渗乳油 1500~2000 倍液喷雾。

6）防治苹果黄蚜，可用 6%乳油 5000~7000 倍液喷雾。

2. 阿维·氯

（1）有效成分：阿维菌素+氯氰菊酯。

（2）制剂：2.1%、2.5%、5%、5.2%乳油，2.4%微乳剂。

（3）用法：

1）防治小菜蛾，可亩用 2.1%乳油 50~75 mL，或 2.5%乳油 50~70 mL，或 5%乳油 50~70 mL，或 5.2%乳油 25~35 mL，或 2.4%微乳剂 30~50 mL，对水 40~60 kg 喷雾。

2）防治菜青虫，可亩用 2.5%乳油 30~50 mL 对水 40~60 kg 喷雾。

3. 阿维·甲氰

（1）有效成分：阿维菌素+甲氰菊酯。

（2）作用特点：具有触杀和胃毒作用，杀虫又杀螨。

（3）制剂：5.1%可湿性粉剂，1.5%、2.5%、2.8%乳油。

（4）用法：

1）防治苹果红蜘蛛，可用 2.8%乳油 1000~1500 倍液喷雾。

2）防治棉铃虫、红蜘蛛，可亩用 2.5%乳油 100~120 mL 对水 50~75 kg 喷雾。

3）防治菜青虫，可亩用 2.8%乳油 20~30 mL 对水 40~60 kg 喷雾。

4. 阿维·氰

（1）有效成分：阿维菌素+氰戊菊酯。

（2）制剂：2.2%、7.5%乳油。

（3）用法：

1）防治小菜蛾，可亩用 2.2%乳油 30~40 mL 对水 40~60 kg

喷雾。

2）防治梨木虱，可用 7.5%乳油 3000~4000 倍液喷雾。

5. 阿维·高氯氟氰

（1）有效成分：阿维菌素+高效氯氟氰菊酯。

（2）制剂：1.3%、2%乳油，1%微乳剂。

（3）用法：

1）防治菜青虫，可亩用 1%微乳剂 75～100 mL 对水 40～60 kg喷雾。

2）防治苹果红蜘蛛，可用 2%乳油 1500~2000 倍液喷雾。

6. 阿维·S-氰

（1）有效成分：阿维菌素+S-氰戊菊酯。

（2）制剂：1.8%乳油。

（3）用法：防治美洲斑潜蝇，可亩用 1.8%乳油 50～60 mL 对水 40~60 kg 喷雾。

7. 阿维·溴氰

（1）有效成分：阿维菌素+溴氰菊酯。

（2）制剂：1.5%乳油（阿秀乐）。

（3）用法：防治美洲斑潜蝇，可亩用制剂 50～60 mL 对水 40~60 kg 喷雾。

8. 阿维·联苯

（1）有效成分：阿维菌素+联苯菊酯。

（2）制剂：3.3%乳油。

（3）用法：防治小菜蛾，可亩用制剂 50～80 mL 对水 40～60 kg 喷雾。

9. 阿维·毒

（1）有效成分：阿维菌素+毒死蜱。

（2）制剂：5.5%、10%、10.2%、12%、15%、17%、18%、24%、25%、26%、26.5%、32%、32.5%、38%、41%、

42%乳油，15%、20%、25%、42%水乳剂，20%、30.2%、42%微乳剂。

（3）用法：

1）防治柑橘红蜘蛛，可用5.5%乳油1000～1500倍液喷雾。

2）防治梨木虱，可亩用24%乳油163～200 mL对水喷雾。

3）防治棉铃虫，可亩用5.5%乳油60～80 mL对水60～75 kg喷雾。

4）防治美洲斑潜蝇，可亩用15%乳油60～80 mL，或18%乳油35～50 mL，或26%乳油15～25 mL，或32.5%乳油50～80 mL，对水40～60 kg喷雾。

5）防治卷叶蛾，可用15%水乳剂按135～157.5 g/hm² 喷雾，或25%水乳剂按75～150 g/hm² 喷雾。

10. 阿维·辛

（1）有效成分：阿维菌素+辛硫磷。

（2）作用特点：具有触杀和胃毒作用。

（3）制剂：10%、15%、20%、20.15%、33%、35%、36%乳油。

（4）用法：

1）防治苹果红蜘蛛，可亩用20%乳油75～100 mL对水60～75 kg喷雾。

2）防治菜青虫，可亩用33%乳油100～120 mL对水40～60 kg喷雾。

11. 阿维·敌畏

（1）有效成分：阿维菌素+敌敌畏。

（2）作用特点：具有触杀、胃毒作用及一定的熏蒸作用。

（3）制剂：40%乳油。

（4）用法：防治美洲斑潜蝇，可用40%乳油1000～1250倍液喷雾，或亩用40%乳油60～80 mL对水喷雾。

12. 阿维·马

（1）有效成分：阿维菌素+马拉硫磷。

（2）制剂：15%、36%乳油。

（3）用法：

1）防治羽叶甘蓝小菜蛾，可亩用 15%乳油 50～75 mL 对水 40～60 kg 喷雾。

2）防治卷叶螟，可用 15%乳油按 225～270 g/hm² 喷雾。

13. 阿维·乙酰甲

（1）有效成分：阿维菌素+乙酰甲胺磷。

（2）作用特点：具有触杀、胃毒和内吸作用。

（3）制剂：20%乳油（农特，四秀春）。

（4）用法：防治菜青虫，可亩用制剂 35～50 mL 对水 40～60 kg 喷雾。

14. 阿维·唑磷

（1）有效成分：阿维菌素+三唑磷。

（2）制剂：10.2%、15%、18%、20%、20.2%、20.5%乳油，11%、15%微乳剂，15%、20%水乳剂。

（3）用法：

1）防治蓟马，可亩用 10.2%乳油 75～150 mL 对水 40～60 kg 喷雾。

2）防治害螟，可亩用 18%乳油 80～100 mL 或 20%乳油 50～70 mL，对水 50～75 kg 喷雾；或用 20%水乳剂按 240～300 g/hm² 喷雾。

3）防治蔷薇科观赏植物红蜘蛛，可用 11%微乳剂按 55～110 mg/kg 喷雾。

15. 阿维·杀

（1）有效成分：阿维菌素+杀螟硫磷。

（2）制剂：16%、20%乳油。

（3）用法：

1）防治害螨，可亩用16%乳油60～70 mL 或20%乳油50～70 mL，对水50～70 kg 喷雾。

2）防治卷叶螟，可亩用16%乳油50～60 mL 对水50～70 kg 喷雾。

3）防治红蜘蛛，可亩用20%乳油20～30 mL 对水50～60 kg 喷雾。

16. 阿维·灭幼

（1）有效成分：阿维菌素+灭幼脲。

（2）制剂：30%悬浮剂。

（3）用法：防治小菜蛾，可亩用制剂30～40 mL 对水40～60 kg 喷雾。

17. 阿维·丁硫

（1）有效成分：阿维菌素+丁硫克百威。

（2）制剂：14%乳油。

（3）用法：防治柑橘红蜘蛛，可用14%乳油1200～1500倍液喷雾。

18. 阿维·灭

（1）有效成分：阿维菌素+灭多威。

（2）制剂：8%、22.8%可湿性粉剂，12.15%乳油。

（3）用法：防治羽叶甘蓝小菜蛾，可亩用8%可湿性粉剂40～60 g 或12.5%乳油40～60 mL，对水40～60 kg 喷雾；或用22.8%可湿性粉剂1000～1200倍液喷雾。

19. 阿维·苏

（1）有效成分：阿维菌素+Bt。

（2）作用特点：由复配而成的生物复配杀虫剂。阿维菌素对虫、螨有胃毒、触杀作用。与Bt复配可扩大杀虫谱、提高对害虫的击倒速度。可用于防治菜青虫、小菜蛾、斜纹夜蛾及夜蛾、螨类等。

（3）制剂：2%可湿性粉剂。

（4）用法：防治棉铃虫、蓟马、梨木虱，以及红蜘蛛、黄蜘蛛，可用 1500～2000 倍液喷雾；防治菜青虫、斑潜蝇、小菜蛾等，可用 2000～3000 倍液喷雾。

20. 阿维·丙溴磷

（1）有效成分：阿维菌素+丙溴磷。

（2）作用特点：具有触杀、胃毒作用及微弱的熏蒸作用，无内吸性，对叶片有一定的渗透作用。

（3）制剂：37%乳油（卡蒙），20%、25.5%乳油，40%水乳剂。

（4）用法：防治害螨，可用37%乳油按 166.5～277.5 g/hm² 喷雾，或用40%水乳剂按 270～360 g/hm² 喷雾，或用25.5%乳油按 306～382.5 g/hm² 喷雾。

21. 阿维菌素·啶虫脒

（1）有效成分：阿维菌素+啶虫脒。

（2）作用特点：可防治各种抗性椿象。

（3）制剂：4%乳油。

（4）用法：

1）防治盲蝽，可亩用制剂 40～60 mL 喷雾。

2）防治各种蚜虫、红蜘蛛、斜纹夜蛾、棉铃虫、红铃虫、盲蝽，可亩用制剂 40～80 mL 喷雾。

3）防治跳甲类害虫，可亩用制剂 40～60 mL 喷雾。

22. 阿维·灭幼

（1）有效成分：阿维菌素+灭幼脲。

（2）作用特点：与传统的有机磷、氨基甲酸酯、菊酯三大类杀虫剂无交互抗性，对已产生抗性的害虫有效。

（3）制剂：30%悬浮剂。

（4）用法：防治小菜蛾，亩用制剂 30～40 mL 对水 40～60 kg 喷雾。

23. 阿维·柴油

（1）有效成分：阿维菌素+柴油。

（2）制剂：58%乳油。

（3）用法：防治蓟马，可用制剂 1500 倍液喷雾。

24. 阿维·二嗪磷

（1）有效成分：阿维菌素+二嗪磷。

（2）制剂：20%乳油（含阿维菌素 0.1%、二嗪磷 19.9%）。

（3）用法：防治害螨，可用 20%乳油按 360～450 g/hm^2 喷雾。

25. 阿维·仲丁威

（1）有效成分：阿维菌素+仲丁威。

（2）毒性：低毒（原药高毒）。

（3）制剂：12%乳油（含阿维菌素 0.2%、仲丁威 11.8%）。

（4）用法：防治害螨，可用制剂按 90～108 g/hm^2 喷雾。

26. 其他　如阿维·吡、阿维·啶虫、阿维·烟、阿维·印楝、阿维·鱼藤、阿维·机油、阿维·杀单、阿维·杀双等。

（二）含甲维盐的混合杀虫剂

甲维盐与菊酯或有机磷杀虫剂复配表现出增效作用，既有速效性又有持效性。

【主要品种】

1. 甲基阿维·高氯

（1）有效成分：甲维盐+高效氯氰菊酯。

（2）制剂：2.02%乳油。

（3）用法：防治夜蛾，可亩用制剂 50～80 mL 对水喷雾。

2. 甲基阿维·氯

（1）有效成分：甲维盐+氯氰菊酯。

（2）制剂：3.2%微乳剂。

（3）用法：防治夜蛾，可亩用制剂 40~60 mL 对水喷雾。

3. 甲基阿维·辛

（1）有效成分：甲维盐+辛硫磷。

（2）制剂：15%、21%、38%乳油。

（3）用法：

1）防治杨树美国白蛾，可用 15%乳油按 75~150 mg/ kg 喷雾。

2）防治夜蛾，可亩用 38%乳油 60~80 mL 对水喷雾。

3）防治小菜蛾，可用 21%乳油按 263.25~283.5 g/hm² 喷雾。

4. 甲维·三唑磷

（1）有效成分：甲维盐+三唑磷。

（2）毒性：中等毒。

（3）制剂：10%微乳剂，20%微乳剂（含甲维盐 0.5%、三唑磷 19.5%），20%乳油。

（4）用法：防治害螟，可用 20%微乳剂按 120~180 g/hm² 喷雾。

5. 甲维·毒死蜱

（1）有效成分：甲维盐+毒死蜱。

（2）毒性：中等毒。

（3）制剂：20%、26%、31%水乳剂，33%水乳剂（含甲维盐 1%、毒死蜱 32%），25%水乳剂（含甲维盐 1%、毒死蜱 24%），40%水乳剂（含甲维盐 1%、毒死蜱 39%），20%微乳剂（含甲维盐 0.5%、毒死蜱 19.5%），15.5%、21%、32%微乳剂，10%、14.1%、20%、30%、30.2%乳油。

（4）用法：防治卷叶螟，可用 33%水乳剂按 250~300 g/hm² 喷雾，或用 20%微乳剂按 180~210 g/hm² 喷雾。

6. 甲维·丙溴磷

（1）有效成分：甲维盐+丙溴磷。

（2）毒性：低毒。

（3）制剂：15.2%乳油（含甲维盐0.2%、丙溴磷15%），31%乳油，40.2%乳油（含甲维盐0.2%、丙溴磷40%）。

（4）用法：

1）防治小菜蛾，可用15.2%乳油按182.4～228 g/hm² 喷雾。

2）防治羽叶甘蓝斜纹夜蛾，可用31%乳油按186～306 g/hm² 喷雾。

3）防治卷叶螟，可用40.2%乳油按241.2～482.4 g/hm² 喷雾。

7. 甲维·仲丁威

（1）有效成分：甲维盐+仲丁威。

（2）毒性：低毒。

（3）制剂：21%微乳剂（含甲维盐1%、仲丁威20%），25%乳油（含甲维盐0.4%、仲丁威24.6%）。

（4）用法：防治卷叶螟，可用21%微乳剂按252～315 g/hm² 喷雾，或用25%乳油按225～262.5 g/hm² 喷雾。

十、其他混合杀虫剂

【主要品种】

1. 除·高氯

（1）有效成分：除虫脲+高效氯氰菊酯。

（2）制剂：7.5%乳油。

（3）用法：防治菜青虫，可亩用制剂20～30 mL 对水40～60 kg 喷雾。

2. 除·氰

（1）有效成分：除虫脲+氰戊菊酯。

（2）制剂：3%乳油（速杀）。

（3）用法：防治菜青虫，可亩用制剂 67～100 mL 对水喷雾。

3. 除·辛

（1）有效成分：除虫脲+辛硫磷。

（2）制剂：20%乳油（菜青必克）。

（3）用法：防治菜青虫，可亩用制剂 30～40 mL 对水喷雾。

4. 高氯·灭幼

（1）有效成分：高效氯氰菊酯+灭幼脲。

（2）制剂：15%悬浮剂。

（3）用法：防治菜青虫，可亩用制剂 50～70 mL 对水 40～60 kg 喷雾。

5. 哒·灭幼

（1）有效成分：哒螨灵+灭幼脲。

（2）作用特点：用于防治鳞翅目害虫和红蜘蛛。

（3）制剂：30%可湿性粉剂。

（4）用法：

1）防治苹果树的金纹细蛾、红蜘蛛，可用制剂 1500～2000 倍液喷雾。

2）防治柑橘潜叶蛾和红蜘蛛，可用制剂 900～1000 倍液喷雾。

6. 氟铃·高氯

（1）有效成分：氟铃脲+高效氯氰菊酯。

（2）制剂：5.7%乳油。

（3）用法：防治小菜蛾，可亩用制剂 50～60 mL 对水 40～60 kg 喷雾。

7. 氟铃·辛

（1）有效成分：氟铃脲+辛硫磷。

（2）制剂：20%、21%、42%乳油。

（3）用法：

1）防治棉铃虫，可亩用20%乳油50～100 mL 或42%乳油110～140 mL，对水60～75 kg喷雾。

2）防治小菜蛾，可亩用20%乳油30～50 mL 或42%乳油40～50 mL，对水40～60 kg喷雾。

8. 毒·氟铃

（1）有效成分：毒死蜱+氟铃脲。

（2）制剂：10%、20%、22%、46.8%、50%乳油。

（3）用法：

1）防治棉铃虫，可亩用50%乳油100～137 mL 对水60～75 kg喷雾，或用20%乳油按360～450 g/hm² 喷雾。

2）防治小菜蛾，可亩用10%乳油30～50 mL 对水40～60 kg喷雾。

9. 氟铃·唑磷

（1）有效成分：氟铃脲+三唑磷。

（2）制剂：15%乳油（螟纵净）。

（3）用法：防治害螟，可亩用制剂60～80 mL 对水60～75 kg喷雾。

10. 杀铃·辛

（1）有效成分：杀铃脲+辛硫磷。

（2）制剂：30%乳油。

（3）用法：防治棉铃虫，可亩用制剂75～100 mL 对水60～75 kg喷雾。

11. 毒·灭蝇

（1）有效成分：毒死蜱+灭蝇胺。

（2）作用特点：主要用于防治斑潜蝇。

（3）制剂：25%可湿性粉剂（卓尔）。

（4）用法：防治美洲斑潜蝇，可亩用制剂 30~50 mL 对水 30~60 kg 喷雾。

12. 氟腈·溴

（1）有效成分：氟虫腈+溴氰菊酯。

（2）作用特点：具有胃毒和触杀作用。

（3）制剂：3.5%乳油（锐丹）。

（4）用法：防治小菜蛾，可亩用制剂 30~50 mL 对水 40~60 kg 喷雾。

13. 氟腈·唑磷

（1）有效成分：氟虫腈+三唑磷。

（2）制剂：21%乳油（锐捷）。

（3）用法：防治卷叶螟，可亩用制剂 80~100 mL 对水 50~75 kg 喷雾。

14. 敌·氟腈

（1）有效成分：敌百虫+氟虫腈。

（2）制剂：50%乳油（虎娃）。

（3）用法：防治害螟、飞虱，可亩用制剂 80~100 mL 对水 50~70 kg 喷雾。

15. 氟腈·乙酰甲

（1）有效成分：氟虫腈+乙酰甲胺磷。

（2）制剂：36%乳油（雄斯）。

（3）用法：

1）防治害螟，可亩用制剂 70~80 mL 对水 50~70 kg 喷雾。

2）防治蔬菜小菜蛾，可亩用制剂 80~90 mL 对水 60~75 kg 喷雾。

16. 抗·异

（1）有效成分：抗蚜威+异丙威。

（2）作用特点：具有触杀和一定的熏蒸作用，对蚜虫和白粉虱较有效。

（3）制剂：25%烟剂（熏蚜虱）。

（4）用法：防治保护地内蚜虫、白粉虱等，可亩用制剂250~300 g分若干处点燃。

17. 丁硫·异

（1）有效成分：丁硫克百威+异丙威。

（2）制剂：20%乳油（好双畏）。

（3）用法：防治橘蚜，可用制剂3000~4000倍液喷雾。

18. 克·仲

（1）有效成分：克百威+仲丁威。

（2）制剂：3%颗粒剂。

（3）用法：防治飞虱，可亩用制剂2~2.5 kg拌适量细土撒施。

19. 多杀·毒

（1）有效成分：多杀霉素+毒死蜱。

（2）毒性：低毒、低残留。

（3）作用特点：具有触杀、胃毒和熏蒸作用，杀虫速度快。

（4）制剂：52.5%乳油（安保）。

（5）用法：防治棉铃虫，可亩用制剂60~80 mL对水60~75 kg喷雾。

20. 丙·虱螨

（1）有效成分：丙溴磷+虱螨脲。

（2）作用特点：具有触杀和胃毒作用。

（3）制剂：55%乳油（快绿扬）。

（4）用法：防治棉铃虫，可亩用制剂30~50 mL对水60~

75 kg 喷雾。

21. 螨醇·杀

（1）有效成分：三氯杀螨醇+杀螟硫磷。

（2）制剂：30%、35%乳油（农福，除螨特）。

（3）用法：

1）防治棉铃虫，可亩用35%乳油50～75 mL对水60～75 kg喷雾。

2）防治棉红蜘蛛和蚜虫，可亩用30%乳油30～60 mL对水40～60 kg喷雾。

22. 螨醇·灭

（1）有效成分：三氯杀螨醇+灭多威。

（2）制剂：28.8%乳油（三威多杀）。

（3）用法：防治柑橘红蜘蛛和橘蚜、苹果红蜘蛛和苹果黄蚜，可用制剂600～800倍液喷雾。

23. 甲氰·噻螨

（1）有效成分：甲氰菊酯+噻螨酮。

（2）制剂：7.5%、12.5%乳油。

（3）用法：

1）防治柑橘红蜘蛛，可用7.5%乳油750～1000倍液或12.5%乳油2000～3000倍液喷雾。

2）防治桃小食心虫，可用7.5%乳油500～750倍液喷雾。

24. 氰·双甲

（1）有效成分：氰戊菊酯+双甲脒。

（2）制剂：15%乳油（虮螨灵）。

（3）用法：防治梨木虱，可用制剂1000～1500倍液喷雾。

25. 哒·氯

（1）有效成分：哒螨灵+氯氰菊酯。

（2）制剂：14.4%乳油（虫螨必清）。

（3）用法：防治苹果红蜘蛛和桃小食心虫，可用制剂1500~2000倍液喷雾。

26. 哒·灭

（1）有效成分：哒螨灵+灭多威。

（2）制剂：15%乳油（虫螨双杀）。

（3）用法：防治苹果红蜘蛛和苹果黄蚜，可用制剂1500~2000倍液喷雾。

27. 哒·异

（1）有效成分：哒螨灵+异丙威。

（2）制剂：12%烟剂。

（3）用法：防治保护地内的白粉虱与蚜虫，可亩用烟剂200~400 g点燃放烟（防治蚜虫用低药量，防治白粉虱用高药量）。

28. 机油·石硫

（1）有效成分：机油+石硫合剂。

（2）作用特点：是一种清园药剂，具有杀菌和杀虫、杀螨作用，病虫兼治。

（3）制剂：30%微乳剂（14%机油+16%石硫合剂）。

（4）用法：

1）常绿树柑橘、杨梅等在冬季、早春（柑橘在萌芽前，杨梅在开花前），茶树在秋季，可用制剂500~600倍液喷雾。

2）桃、梨、李、苹果、葡萄等落叶果树在冬季修剪后、春季萌动前，可用制剂500~600倍液喷雾。对病虫害发生严重的失管果园或茶园，可用制剂250~300倍液喷雾。

29. 阿立卡

（1）有效成分：噻虫嗪+高效氯氟氰菊酯。

（2）作用特点：广谱杀虫，兼具速效性和持效性，可防治刺吸式和咀嚼式口器害虫，如桃蚜、苹果蚜虫、粉虱、叶蝉、跳甲、棉铃虫、桃小食心虫等。

（3）制剂：22%微囊悬浮–悬浮剂（含 12.6%噻虫嗪、9.4%高效氯氟氰菊酯）。

（4）用法：防治茶尺蠖、茶小绿叶蝉、蚜虫等，可亩用制剂 5～10 mL 对水 200～300 L 喷雾。

30. 氯虫·高氯氟

（1）有效成分：氯虫苯甲酰胺+高效氯氟氰菊酯。

（2）作用特点：主要用于防治咀嚼式和刺吸式口器害虫。

（3）制剂：14%微囊悬浮剂（含高效氯氟氰菊酯 4.7%、氯虫苯甲酰胺 9.3%）。

（4）用法：防治夜蛾，可用制剂 3000 倍液灌根。

31. 蛾螨灵

（1）有效成分：灭幼脲 3 号+15%扫螨净。

（2）作用特点：除防治灭幼脲 3 号的防治对象外，还可防治红蜘蛛。

（3）制剂：30%可湿性粉剂（30%哒·灭幼可湿性粉剂）。

（4）用法：

1）防治金纹细蛾，可用制剂 1200～1500 倍液喷雾。

2）防治黄刺蛾，可用制剂 2000 倍液喷雾。

3）防治各种叶螨特别是二斑叶螨，可用制剂 2000 倍液喷雾。

4）防治苹果红蜘蛛、卷叶虫、星毛虫、金纹细蛾、白粉病、花腐病等，可在现蕾期树上喷制剂 2000 倍液加 4%水剂农抗 120 的 600～800 倍液。

32. 溴氰·八角油

（1）有效成分：溴氰菊酯+八角茴香油。

（2）作用特点：具有触杀、驱避和拒食作用。

（3）制剂：0.042%微粒剂（含溴氰菊酯 0.024%、八角茴香油 0.018%）。

（4）用法：防治种子害虫，每 1000 kg 可用制剂 1~1.5 kg 分层均匀撒施，持效期达 8~10 个月。

33. 敌百·鱼藤酮

（1）有效成分：敌百虫+鱼藤酮。

（2）制剂：25%乳油（含敌百虫 24.5%、鱼藤酮 0.5%）。

（3）用法：防治羽叶甘蓝菜青虫，可用制剂按 150~225 g/hm² 喷雾。

34. 辛硫·三唑酮

（1）有效成分：三唑酮+辛硫磷。

（2）毒性：低毒。

（3）制剂：20%乳油（含三唑酮 2%、辛硫磷 18%）。

（4）用法：防治地下害虫，可用制剂按每千克种子 15~30 g 拌种；防治蚜虫，可用制剂按 60~120 g/hm² 喷雾。

35. 柴油·辛硫磷

（1）有效成分：柴油+辛硫磷。

（2）毒性：低毒。

（3）制剂：40%乳油（含柴油 20%、辛硫磷 20%）。

（4）用法：防治观赏棉棉铃虫，可用制剂按 480~720 g/hm² 喷雾。

36. 辛硫·矿物油

（1）有效成分：矿物油+辛硫磷。

（2）毒性：低毒。

（3）制剂：40%乳油（含矿物油 20%、辛硫磷 20%），50%乳油。

（4）用法：防治观赏棉棉铃虫，可用制剂按 600~900 g/hm² 喷雾。

37. 虫酰·辛硫磷

（1）有效成分：虫酰肼+辛硫磷。

（2）毒性：低毒。

（3）制剂：20%乳油（含虫酰肼5%、辛硫磷15%）。

（4）用法：防治夜蛾，可用制剂按240~300 g/hm² 喷雾。

38. 辛硫·福美双

（1）有效成分：辛硫磷+福美双。

（2）毒性：低毒。

（3）制剂：18%种子处理微囊悬浮剂（含福美双10%、辛硫磷8%）。

（4）用法：防治根腐病及地下害虫，可用制剂按300~450 g/100 kg 种子包衣。

39. 五硝·辛硫磷

（1）有效成分：五氯硝基苯+辛硫磷。

（2）毒性：低毒。

（3）制剂：15%悬浮种衣剂。

（4）用法：防治地老虎、金针虫、蝼蛄、蛴螬，可用制剂按250~375 g/100 kg 种子包衣。

40. 马拉·矿物油

（1）有效成分：马拉硫磷+矿物油。

（2）毒性：低毒。

（3）制剂：40%乳油（含马拉硫磷10%、矿物油30%），44%乳油（含马拉硫磷20%、矿物油24%）。

（4）用法：

1）防治蚜虫，可用40%乳油按480~600 g/hm² 喷雾。

2）防治柑橘矢尖蚧，可用44%乳油按1000~1250 mg/hm² 喷雾。

41. 氟腈·毒死蜱

（1）有效成分：氟虫腈+毒死蜱。

（2）毒性：低毒。

（3）制剂：18%种子处理微囊悬浮剂（含氟虫腈3%、毒死蜱15%）。

（4）用法：防治蛴螬，可用制剂按 180～360 g /100 kg 种子拌种。

42. 吡蚜·毒死蜱

（1）有效成分：吡蚜酮+毒死蜱。

（2）毒性：低毒。

（3）制剂：25%可湿性粉剂（含吡蚜酮10%、毒死蜱15%），50%可湿性粉剂（含吡蚜酮20%、毒死蜱30%），35%悬浮剂（含吡蚜酮5%、毒死蜱30%）。

（4）用法：防治飞虱，可用25%可湿性粉剂按 112.5～150 g/hm² 喷雾，或用35%悬浮剂按 367.5～420 g/hm² 喷雾。

43. 虱脲·毒死蜱

（1）有效成分：虱螨脲+毒死蜱。

（2）毒性：中等毒。

（3）制剂：30%微乳剂（含虱螨脲1.2%、毒死蜱28.8%）。

（4）用法：防治棉铃虫，可用制剂按 405～675 g/hm² 喷雾。

44. 灭胺·毒死蜱

（1）有效成分：灭蝇胺+毒死蜱。

（2）毒性：低毒。

（3）制剂：25%可湿性粉剂（含灭蝇胺5%、毒死蜱20%）。

（4）用法：防治美洲斑潜蝇，可用制剂按 112.5～187.5 g/hm² 喷雾。

45. 多·福·毒死蜱

（1）有效成分：多菌灵+福美双+毒死蜱。

（2）毒性：中等毒。

（3）制剂：25%悬浮种衣剂（含多菌灵 6%、福美双 12%、毒死蜱 7%）。

（4）用法：防治根腐病及地下害虫，可用制剂按 417～500 g/100 kg 种子包衣。

46. 毒·矿物油

（1）有效成分：毒死蜱+矿物油。

（2）毒性：中等毒。

（3）制剂：40%乳油（含毒死蜱 10%、矿物油 30%），48%乳油。

（4）用法：防治蚜虫，可用 40%乳油按 420～480 g/hm² 喷雾；防治棉铃虫，可用 48%乳油按 576～720 g/hm² 喷雾。

47. 氟啶·毒死蜱

（1）有效成分：氟啶脲+毒死蜱。

（2）毒性：中等毒。

（3）制剂：10%水乳剂（含氟啶脲 1%、毒死蜱 9%）。

（4）用法：防治羽叶甘蓝小菜蛾，可用制剂按 120～180 g/hm² 喷雾。

48. 除脲·毒死蜱

（1）有效成分：除虫脲+毒死蜱。

（2）毒性：中等毒。

（3）制剂：20%乳油（含除虫脲 1%、毒死蜱 19%）。

（4）用法：防治棉铃虫，可用制剂按 240～300 g/hm² 喷雾。

49. 福·唑·毒死蜱

（1）有效成分：福美双+戊唑醇+毒死蜱。

（2）毒性：低毒。

（3）制剂：20.3%悬浮种衣剂（含福美双 15%、戊唑醇 0.3%、毒死蜱 5%）。

（4）用法：防治金针虫、蝼蛄、蛴螬，可用制剂按 338~570 g/100 kg 种子包衣。

50. 乙虫·毒死蜱

（1）有效成分：乙虫腈+毒死蜱。

（2）毒性：中等毒。

（3）制剂：30%悬乳剂（含乙虫腈 2%、毒死蜱 28%）。

（4）用法：防治飞虱，可用制剂按 405~450 g/hm² 喷雾。

51. 氰虫·毒死蜱

（1）有效成分：氰氟虫腙+毒死蜱。

（2）毒性：中等毒。

（3）制剂：36%悬乳剂（含氰氟虫腙 4%、毒死蜱 32%）。

（4）用法：防治卷叶螟，可用制剂按 540~648 g/hm² 喷雾。

52. 丙溴·氟铃脲

（1）有效成分：丙溴磷+氟铃脲。

（2）毒性：低毒。

（3）制剂：32%乳油（含丙溴磷 30%、氟铃脲 2%）。

（4）用法：

1）防治羽叶甘蓝小菜蛾，可用制剂按 144~192 g/hm² 喷雾。

2）防治棉铃虫，可用制剂按 240~336 g/hm² 喷雾。

53. 丙溴·矿物油

（1）有效成分：丙溴磷+矿物油。

（2）毒性：中等毒。

（3）制剂：44%乳油（含丙溴磷 11%、矿物油 33%）。

（4）用法：防治棉铃虫，可用制剂按 528~660 g/hm² 喷雾。

54. 氟啶·丙溴磷

（1）有效成分：氟啶脲·丙溴磷。

（2）毒性：低毒。

（3）制剂：30%乳油（含氟啶脲 1%、丙溴磷 29%）。

（4）用法：防治棉铃虫，可用制剂按 $225 \sim 315$ g/hm^2 喷雾。

55. 丙溴·炔螨特

（1）有效成分：丙溴磷+炔螨特。

（2）毒性：低毒。

（3）制剂：50%乳油（含丙溴磷20%、炔螨特30%）。

（4）用法：防治柑橘红蜘蛛，可用 50% 制剂按 $200 \sim 333.3$ mg/kg 喷雾。

56. 矿物油·乙酰甲

（1）有效成分：矿物油+乙酰甲胺磷。

（2）毒性：低毒。

（3）制剂：50%乳油（含矿物油35%、乙酰甲胺磷15%）。

（4）用法：防治蚜虫，可用制剂按 $900 \sim 1125$ g/hm^2 喷雾。

57. 拌·福·乙酰甲

（1）有效成分：拌种灵+福美双+乙酰甲胺磷。

（2）毒性：低毒。

（3）制剂：18.6%悬浮种衣剂（含拌种灵3.6%、福美双3.6%、乙酰甲胺磷11.4%）。

（4）用法：防治蓟马，可用制剂按 $338 \sim 372$ g/100 kg 种子包衣。

58. 灭幼·乙酰杀蟑胶饵

（1）有效成分：灭幼脲+乙酰甲胺磷。

（2）毒性：低毒。

（3）制剂：4.5%胶饵（含灭幼脲0.5%、乙酰甲胺磷4%），2.5%毒饵。

（4）用法：用于防治卫生害虫蜚蠊，可投放于蜚蠊出没处。

59. 氯·乙酰杀虫饵剂

（1）有效成分：氯菊酯+乙酰甲胺磷。

（2）毒性：低毒。

（3）制剂：1.1%饵剂（含氯菊酯 0.1%、乙酰甲胺磷 1.0%）。

（4）用法：用于防治卫生蚂蚁、蜚蠊，可投放于蚂蚁、蜚蠊出没处。

60. 乐·杀单

（1）有效成分：乐果+杀虫单。

（2）毒性：中等毒。

（3）制剂：80%可湿性粉剂（含乐果 20%、杀虫单 60%）。

（4）用法：防治害螟，可用制剂按 840～960 g/hm² 喷雾。

61. 乐·酮·多菌灵

（1）有效成分：乐果+三唑酮+多菌灵。

（2）毒性：中等毒。

（3）制剂：60%可湿性粉剂（含乐果 20%、三唑酮 10%、多菌灵 30%）。

（4）用法：防治蚜虫，可用制剂按 630～720 g/hm² 喷雾。

62. 乐果·矿物油

（1）有效成分：乐果+矿物油。

（2）毒性：低毒。

（3）制剂：40%乳油（含矿物油 20%、乐果 20%）。

（4）用法：防治蚜虫，可用制剂按 480～600 g/hm² 喷雾。

63. 唑酮·氧乐果

（1）有效成分：三唑酮+氧乐果。

（2）毒性：高毒。

（3）制剂：25%乳油（含三唑酮 7%、氧乐果 18%），30%乳油（含三唑酮 10%、氧乐果 20%），21%乳油（含三唑酮 6%、氧乐果 15%），23%乳油（含三唑酮 8%、氧乐果 15%）。

（4）用法：防治蚜虫、红蜘蛛、白粉病，可用 30%乳油按 450～480 g/hm² 喷雾，或用 25%乳油按 375～420 g/hm² 喷雾。

64. 杀扑·矿物油

（1）有效成分：杀扑磷+矿物油。

（2）毒性：中等毒（原药高毒）。

（3）制剂：40%乳油（含矿物油16%、杀扑磷24%）。

（4）用法：防治柑橘矢尖蚧，可用制剂800~1000倍液喷雾。

65. 甲柳·三唑酮

（1）有效成分：甲基异柳磷+三唑酮。

（2）毒性：高毒。

（3）制剂：10%乳油（含甲基异柳磷8%、三唑酮2%），20.8%乳油。

（4）用法：防治地下害虫，可用10%乳油按40~80 g/100 kg种子拌种。

66. 甲柳·福美双

（1）有效成分：甲基异柳磷+福美双。

（2）毒性：高毒。

（3）制剂：20%悬浮种衣剂（含甲基异柳磷10%、福美双10%），15%悬浮种衣剂（含甲基异柳磷5%、福美双10%）。

（4）用法：防治金针虫、蝼蛄、蛴螬、地老虎，可用20%悬浮种衣剂或15%悬浮种衣剂按药种比1：（40~50）对种子包衣。

67. 柳·戊·三唑酮

（1）有效成分：甲基异柳磷+戊唑醇+三唑酮。

（2）制剂：6.9%悬浮种衣剂（含甲基异柳磷4.8%、戊唑醇0.3%、三唑酮1.8%）。

（3）用法：防治地下害虫，可用制剂按药种比1：（40~50）对种子包衣。

68. 甲柳·三唑醇

（1）有效成分：甲基异柳磷+三唑醇。

（2）制剂：7.5%悬浮种衣剂（含甲基异柳磷4.7%、三唑醇2.8%）。

（3）用法：防治地下害虫，可用制剂按药种比1：（80~100）对种子包衣。

69. 甲·戊·福美双

（1）有效成分：甲基异柳磷+戊唑醇+福美双。

（2）制剂：14%悬浮种衣剂（含甲基异柳磷3.88%、戊唑醇0.12%、福美双10%）。

（3）用法：防治纹枯病、地下害虫，可用制剂按药种比1：50对种子包衣。

70. 唑醇·甲拌磷

（1）有效成分：三唑醇+甲拌磷。

（2）毒性：高毒。

（3）制剂：10.9%悬浮种衣剂（含三唑醇2%、甲拌磷8.9%）。

（4）用法：防治纹枯病及地下害虫，可用制剂按药种比1：（80~100）拌种。

71. 多·福·甲拌磷

（1）有效成分：多菌灵+福美双+甲拌磷。

（2）毒性：高毒。

（3）制剂：17%悬浮种衣剂（含多菌灵5%、福美双4%、甲拌磷8%）。

（4）用法：防治地下害虫，可用制剂按药种比1：（40~50）对种子包衣。

72. 仲丁·吡蚜酮

（1）有效成分：仲丁威+吡蚜酮。

（2）毒性：低毒。

（3）制剂：30%悬浮剂（含仲丁威20%、吡蚜酮10%），36%悬浮剂（含仲丁威32%、吡蚜酮4%）。

（4）用法：防治飞虱，可用30%悬浮剂按180~270 g/hm² 喷雾，或用36%悬浮剂按270~337.5 g/hm² 喷雾。

73. 吡蚜·速灭威

（1）有效成分：吡蚜酮+速灭威。

（2）毒性：低毒。

（3）制剂：30%可湿性粉剂（含吡蚜酮10%、速灭威20%）。

（4）用法：防治飞虱，可用制剂按90~135 g/hm² 喷雾。

74. 速灭·硫酸铜

（1）有效成分：速灭威+硫酸铜。

（2）毒性：低毒。

（3）制剂：74%可湿性粉剂（含速灭威0.1%、硫酸铜73.9%）。

（4）用法：防治旱地田蜗牛，可用制剂按3108~3663 g/hm² 喷雾。

75. 马拉·三唑酮

（1）有效成分：马拉硫磷+三唑酮。

（2）毒性：低毒。

（3）制剂：35%乳油（含马拉硫磷28%、三唑酮7%）。

（4）用法：防治蚜虫、白粉病，可用制剂按525~682.5 g/hm² 喷雾。

76. 唑磷·矿物油

（1）有效成分：三唑磷+矿物油。

（2）毒性：中等毒。

（3）制剂：40%乳油（含三唑磷10%、矿物油30%）。

（4）用法：防治害螨，可用制剂按 600~720 g/hm^2 喷雾。

77. 福戈（VIRTAKO）

（1）有效成分：氯虫苯甲酰胺+噻虫嗪。

（2）制剂：40%水分散粒剂（含氯虫苯甲酰胺 20%、噻虫嗪 20%）。

（3）用法：一般制剂亩用 8 g 对水 45~80 kg 喷施。防治卷叶螟高龄幼虫，应适当增加用药量。

1）防治二化螟，可用制剂按 48~60 g/hm^2 喷雾。

2）防治飞虱，可用制剂按 36~48 g/hm^2 喷雾。

78. 度锐

（1）有效成分：氯虫苯甲酰胺+噻虫嗪。

（2）制剂：10%氯虫苯甲酰胺+20%噻虫嗪悬浮剂。

（3）用法：用于苗床防治小跳甲和小菜蛾等害虫，可用制剂按 125~150 g/hm^2 喷淋或灌溉。

十一、杀螨剂的混剂

（一）含三氯杀螨醇的混剂

【主要品种】

1. 螨醇·噻螨

（1）有效成分：三氯杀螨醇+噻螨酮。

（2）作用特点：对害螨具有触杀和胃毒作用，对成螨、卵、若螨及幼螨都有效，弥补了噻螨酮单用对成螨防效低的弱点。该药杀螨谱广，对幼螨杀伤迅速，持效期 20 天。

（3）制剂：20%、22.5%乳油。

（4）用法：

1）防治柑橘和苹果害螨，可用 20%乳油 800~1000 倍液或 22.5%乳油 1000~1500 倍液喷雾。

2）防治棉红蜘蛛，可亩用 22.5%乳油 30～50 mL 对水 50～60 kg 喷雾。

2. 螨醇·四螨

（1）有效成分：三氯杀螨醇+四螨嗪。

（2）作用特点：具有强触杀作用，对卵杀伤力强，有良好的速效性和持效性。

（3）制剂：20%、35%悬浮剂。

（4）用法：防治苹果树上的害螨，一般可用 20%悬浮剂 800～1500 倍液或 35%悬浮剂 1500～2000 倍液喷雾。

3. 螨醇·氧乐

（1）有效成分：三氯杀螨醇+氧乐果。

（2）作用特点：具有内吸性及触杀作用，可用于防治果树及观赏棉等植物上的多种螨类和蚜虫，兼治盲蝽，对成螨、若螨、螨卵均有效，具有速效性与持效性。

（3）制剂：28%、30%乳油。

（4）用法：

1）防治柑橘红蜘蛛，可用 28%乳油 800～1000 倍液喷雾。

2）防治棉蚜，可亩用 30%乳油 50～100 mL 对水 50～75 kg 喷雾，7 天后再喷 1 次。

4. 哒·螨醇

（1）有效成分：三氯杀螨醇+哒螨灵。

（2）作用特点：对害螨具有强触杀作用，速效性与持效性均好，杀螨谱广，能有效地防治叶螨、瘿螨、锈螨、跗线螨。

（3）制剂：10%、15%、16%、17%、20%、25%乳油，9%、20%高渗乳油，20%、25%可湿性粉剂。

（4）用法：

1）防治花卉及农田螨类，一般可亩用有效成分 4～10 g 对水喷雾。

2）防治果树、林木的螨类，一般可用 15% 乳油按 100~200 mg/kg 喷雾。

5. 阿维·螨醇

（1）有效成分：阿维菌素+三氯杀螨醇。

（2）制剂：20% 乳油。

（3）用法：防治柑橘红蜘蛛，可用制剂 1000~1500 倍液喷雾。

6. 苯丁·螨醇

（1）有效成分：苯丁锡+三氯杀螨醇。

（2）作用特点：具有强触杀作用，对各生育期的螨均有效，具有苯丁锡持效期长与三氯杀螨醇速效性好的优点。

（3）制剂：15%、18% 乳油。

（4）用法：防治柑橘红蜘蛛，可用 15% 乳油 1500~2000 倍液或 18% 乳油 1000~2000 倍液喷雾。

7. 敌畏·螨醇

（1）有效成分：敌敌畏+三氯杀螨醇。

（2）作用特点：具有强触杀作用及强熏蒸作用，适合于封闭度较高的地方使用。

（3）制剂：20% 乳油。

（4）用法：防治红蜘蛛，可亩用制剂 70~100 mL 对水 50~75 kg 喷雾。

8. 丁硫·螨醇

（1）有效成分：丁硫克百威+三氯杀螨醇。

（2）作用特点：具有触杀和胃毒作用，对柑橘锈壁虱有特效，兼治潜叶蛾和橘蚜。

（3）制剂：18%、19% 乳油。

（4）用法：防治柑橘锈壁虱，一般用 18% 乳油 2000~3000 倍液或 19% 乳油 1500~2000 倍液喷雾。

9. 甲氰·螨醇

（1）有效成分：甲氰菊酯+三氯杀螨醇。

（2）作用特点：具有良好的触杀和胃毒作用。

（3）制剂：20%乳油。

（4）用法：防治柑橘红蜘蛛，一般用制剂 800～1200 倍液喷雾。

10. 机油·螨醇

（1）有效成分：磺酸值小于 40 的 30 号机油+三氯杀螨醇。

（2）制剂：40%乳油。

（3）用法：防治棉红蜘蛛，可亩用制剂 67～110 mL 对水喷雾。

11. 氯·螨醇

（1）有效成分：氯氰菊酯+三氯杀螨醇。

（2）作用特点：广谱安全，具有触杀和胃毒作用。

（3）制剂：9.5%乳油。

（4）用法：防治苹果树等果树上的螨类，一般用制剂 1000～1500 倍液喷雾。

12. 杀螟·螨醇

（1）有效成分：杀螟硫磷+三氯杀螨醇。

（2）制剂：30%乳油。

（3）用法：防治红蜘蛛和蚜虫，可在为害初期，亩用制剂 30～60 mL 对水 50～60 kg 喷雾。

（二）含三氯杀螨砜的混剂

【主要品种】

1. 螨砜·炔螨

（1）有效成分：三氯杀螨砜+炔螨特。

（2）作用特点：对害螨具有触杀和胃毒作用，对成螨、幼螨、若螨和夏卵有效，对冬卵基本无效。杀螨谱广，主要用于防治柑橘树上的螨类。

（3）制剂：26%、40%乳油。

（4）用法：防治柑橘树上的螨类，一般用 26%乳油 1000～1500 倍液或 40%乳油 1000～1500 倍液喷雾。

2. 螨砜·唑锡

（1）有效成分：三氯杀螨砜+三唑锡。

（2）作用特点：对害螨具有强触杀作用，对叶螨、瘿螨、锈螨都有效，持效期长。

（3）制剂：14%、20%乳油。

（4）用法：防治柑橘树上的螨类，一般用 14%乳油 1000～1500 倍液或 20%乳油 2000～2500 倍液喷雾。

3. 阿维·螨砜

（1）有效成分：阿维菌素+三氯杀螨砜。

（2）制剂：10%乳油。

（3）用法：防治柑橘红蜘蛛，可用制剂 1000～1500 倍液喷雾。

4. 敌畏·螨砜

（1）有效成分：敌敌畏+三氯杀螨砜。

（2）制剂：35%乳油。

（3）用法：防治苹果树上的红蜘蛛，可用 35%乳油 630～1500 倍液喷雾。

5. 甲氰·螨砜

（1）有效成分：甲氰菊酯+三氯杀螨砜。

（2）制剂：10%乳油。

（3）用法：防治苹果树上的红蜘蛛，一般可用制剂 1000～1500 倍液喷雾。

（三）含哒螨灵的混剂

【主要品种】

1. 哒·四螨

（1）有效成分：哒螨灵+四螨嗪。

（2）作用特点：对害螨具有强触杀作用，持效性与速效性都很好，可防治多种植物的各种害螨。

（3）制剂：5%、12%、15%、16%可湿性粉剂，10%悬浮剂。

（4）用法：

1）防治苹果树上的螨类，用16%可湿性粉剂1000～1500倍液或10%悬浮剂1000～2000倍液喷雾。

2）防治柑橘红蜘蛛，可用5%可湿性粉剂500～800倍液，或12%可湿性粉剂1000～1500倍液，或15%可湿性粉剂1000～1500倍液，或10%悬浮剂1000～2000倍液，喷雾。

2. 哒·炔螨

（1）有效成分：哒螨灵+炔螨特。

（2）作用特点：对害螨具有强触杀作用，兼有胃毒作用。

（3）制剂：30%、33%、40%乳油。

（4）用法：防治柑橘红蜘蛛，可用30%乳油1500～2000倍液，或33%乳油1500～2500倍液，或40%乳油1500～2000倍液，喷雾。

3. 哒·螨砜

（1）有效成分：哒螨灵+三氯杀螨砜。

（2）制剂：10%、12.5%、15%乳油，20%可湿性粉剂。

（3）用法：

1）防治苹果树上的红蜘蛛，可用10%乳油1000～1500倍液或20%可湿性粉剂1500～2000倍液喷雾。

2）防治柑橘红蜘蛛，可用10%乳油1000～1500倍液，或

12.5%乳油 1500～2000 倍液，或 15%乳油 1000～1500 倍液，或 20%可湿性粉剂 1000～2000 倍液，喷雾。

4. 哒·唑锡

（1）有效成分：哒螨灵+三唑锡。

（2）制剂：10%、16%可湿性粉剂，16%乳油。

（3）用法：防治柑橘红蜘蛛，可用 10%可湿性粉剂 1000～2000 倍液，或 16%可湿性粉剂 1000～1500 倍液，或 16%乳油 1500～2000 倍液，喷雾。

5. 哒·辛

（1）有效成分：哒螨灵+辛硫磷。

（2）作用特点：以杀螨为主，兼治蚜虫，具有触杀和胃毒作用。

（3）制剂：24%、25%、29%乳油。

（4）用法：防治柑橘和苹果树上的红蜘蛛，可用 24%乳油 1000～2000 倍液或 25%乳油 1000～1500 倍液喷雾，或用 29%乳油 40～60 mL 对水 40～60 kg 喷雾。

6. 哒·氧乐

（1）有效成分：哒螨灵+氧乐果。

（2）制剂：15%、20%、25%、30%乳油。

（3）用法：

1）防治柑橘红蜘蛛，可用 15%乳油 1000～2000 倍液，或 25%乳油 1500～2000 倍液，或 30%乳油 1500～2000 倍液，喷雾。

2）防治红蜘蛛，可亩用 20%乳油 25～50 mL 对水 60～75 kg 喷雾。

7. 哒·乐

（1）有效成分：哒螨灵+乐果。

（2）作用特点：具有触杀和内吸作用。

（3）制剂：30%乳油。

（4）用法：防治柑橘红蜘蛛，可用制剂 800～1200 倍液喷雾。

8. 哒·磷锡

（1）有效成分：哒螨灵+三磷锡。

（2）制剂：20%乳油。

（3）用法：防治柑橘红蜘蛛，可用制剂 2000～2500 倍液喷雾。

9. 哒·唑磷

（1）有效成分：哒螨灵+三唑磷。

（2）作用特点：具有触杀和胃毒作用。

（3）制剂：20%乳油。

（4）用法：防治柑橘红蜘蛛，可用制剂 1000～1500 倍液喷雾。

10. 哒·乙酰甲

（1）有效成分：哒螨灵+乙酰甲胺磷。

（2）作用特点：具有触杀和胃毒作用。

（3）制剂：20%乳油。

（4）用法：防治柑橘红蜘蛛，可用制剂 1000～2000 倍液喷雾。

11. 哒·甲氰

（1）有效成分：哒螨灵+甲氰菊酯。

（2）作用特点：具有触杀和胃毒作用。

（3）制剂：10%、10.5%、15%乳油，6%高渗乳油。

（4）用法：

1）防治柑橘红蜘蛛，可用 10%乳油 1000～1500 倍液或 10.5%乳油 1000～1500 倍液喷雾。

2）防治苹果红蜘蛛，可用 6%高渗乳油 2000～3000 倍液喷雾。

12. 哒·联苯

（1）有效成分：哒螨灵+联苯菊酯。

（2）作用特点：具有触杀和胃毒作用。

（3）制剂：7.3%乳油。

（4）用法：防治柑橘红蜘蛛，可用制剂 1500～2000 倍液喷雾。

13. 阿维·哒

（1）有效成分：阿维菌素+哒螨灵。

（2）制剂：3.2%、4%、5%、5.5%、6%、6.78%、8%、10%、10.2%、10.5%乳油，10.5%可湿性粉剂，10%高渗可分散性粒剂。

（3）用法：

1）防治林木螨类，可用 10%乳油 3000～6000 倍液喷雾。

2）防治柑橘红蜘蛛，可用 3.2%乳油 800～1000 倍液，或 4%乳油 1500～2000 倍液，或 10.5%乳油 1000～2500 倍液，或 10.5%可湿性粉剂 1000～2000 倍液，喷雾。

3）防治苹果红蜘蛛，可用 5%乳油 1000～4000 倍液，或 6%乳油 1500～2500 倍液，或 10%乳油 1500～3000 倍液，喷雾。

4）防治苹果二斑叶螨，可用 5%乳油 1000～3000 倍液，或 6.78%乳油 1500～2500 倍液，或 10.2%乳油 1500～2000 倍液，喷雾。

14. 苯丁·哒

（1）有效成分：苯丁锡+哒螨灵。

（2）制剂：10%、15%乳油，25%可湿性粉剂。

（3）用法：防治柑橘红蜘蛛，可用 10%乳油 1000～1500 倍液，或 15%乳油 1500～2000 倍液，或 25%可湿性粉剂 1000～1500 倍液，喷雾。

15. 敌畏·哒

（1）有效成分：敌敌畏+哒螨灵。

（2）制剂：热雾剂。

（3）用法：防治柑橘红蜘蛛，可亩用制剂100～120 mL热雾机喷雾。

16. 柴油·哒

表4　柴油·哒的不同组成

混剂组成	有效成分	防治对象及稀释倍数
28%柴油+哒乳油	柴油+哒螨灵	苹果红蜘蛛，2000～4000倍
30%柴油+哒乳油	柴油+哒螨灵	苹果红蜘蛛，2000～3000倍
34%柴油+哒乳油	柴油+哒螨灵	苹果和柑橘红蜘蛛，1500～2000倍
38%柴油+哒乳油	柴油+哒螨灵	柑橘红蜘蛛，1000～1500倍
40%柴油+哒乳油	柴油+哒螨灵	苹果和柑橘红蜘蛛，1500～2000倍
41%柴油+哒乳油	柴油+哒螨灵	柑橘红蜘蛛，1500～2000倍
44%柴油+哒乳油	柴油+哒螨灵	柑橘红蜘蛛，1000～1500倍
80%柴油+哒乳油	柴油+哒螨灵	柑橘红蜘蛛，2000～3200倍
35%高渗柴油+哒乳油	柴油+哒螨灵	柑橘红蜘蛛，1000～1500倍

（四）含四螨嗪的混剂

【主要品种】

1. 阿维·四螨

（1）有效成分：阿维菌素+四螨嗪。

（2）作用特点：具有触杀和胃毒作用。

（3）制剂：5.1%可湿性粉剂，10%悬浮剂。

（4）用法：防治柑橘害螨，可用5.1%可湿性粉剂1000～1500倍液喷雾；防治苹果红蜘蛛，可用10%悬浮剂1500～2000倍液喷雾。

2. 苯丁·四螨

（1）有效成分：苯丁锡+四螨嗪。

（2）制剂：17.5%可湿性粉剂。

（3）用法：防治柑橘和苹果红蜘蛛，可用制剂 1000～1500 倍液喷雾。

3. 炔螨·四螨

（1）有效成分：炔螨特+四螨嗪。

（2）作用特点：具有触杀和胃毒作用，对成螨、卵、若螨、幼螨均有效，持效期长，杀螨谱广。

（3）制剂：20%可湿性粉剂。

（4）用法：防治柑橘红蜘蛛，可用制剂 1000～2000 倍液喷雾。

4. 四螨·唑锡

（1）有效成分：四螨嗪+三唑锡。

（2）制剂：10%乳油。

（3）用法：防治柑橘红蜘蛛，可用制剂 1000～1500 倍液喷雾。

5. 四螨·联苯肼

（1）有效成分：四螨嗪+联苯肼酯。

（2）制剂：30%悬浮剂（含四螨嗪 10%、联苯肼酯 20%）。

（3）用法：防治柑橘红蜘蛛，可用制剂按 100～150 mg/kg 喷雾。

（五）含炔螨特的混剂

【主要品种】

1. 炔螨·水胺

（1）有效成分：炔螨特+水胺硫磷。

（2）作用特点：具有触杀和胃毒作用。

（3）制剂：40%、45%乳油。

（4）用法：防治柑橘红蜘蛛和锈螨，可用 40% 乳油 1000~1500 倍液或 45% 乳油 1500~3000 倍液喷雾。

2. 炔螨·唑螨

（1）有效成分：炔螨特+唑螨酯。

（2）作用特点：具有触杀和胃毒作用。

（3）制剂：13% 水乳剂。

（4）用法：

1）防治柑橘红蜘蛛，可用制剂 1000~1500 倍液喷雾。

2）防治苹果红蜘蛛，可用制剂 1500~2000 倍液喷雾。

3. 炔螨·机油

（1）有效成分：炔螨特+磺酸值小于 40 的 30 号机油。

（2）制剂：60%、73% 乳油。

（3）用法：防治柑橘红蜘蛛，可用 60% 乳油 1500~2000 倍液喷雾。

4. 阿维·炔螨

（1）有效成分：阿维菌素+炔螨特。

（2）作用特点：具有触杀和胃毒作用。

（3）制剂：40% 乳油。

（4）用法：防治柑橘红蜘蛛，可用制剂 1000~2000 倍液喷雾。

（六）含三唑锡的混剂

【主要品种】

1. 硫·唑锡

（1）有效成分：硫黄+三唑锡。

（2）制剂：25% 可湿性粉剂。

（3）用法：防治苹果红蜘蛛，可用制剂 1000~1500 倍液喷雾。

2. 阿维·唑锡

（1）有效成分：阿维菌素+三唑锡。

（2）制剂：5.5%乳油，12.15%可湿性粉剂。

（3）用法：防治柑橘红蜘蛛，可用5.5%乳油1500~2500倍液或12.15%可湿性粉剂1500~2000倍液喷雾。

3. 吡·唑锡

（1）有效成分：吡虫啉+三唑锡。

（2）制剂：20%可湿性粉剂。

（3）用法：防治柑橘、苹果红蜘蛛及蚜虫，可用制剂1000~2000倍液喷雾。

（七）其他混剂

【主要品种】

1. 单甲·氰

（1）有效成分：单甲脒+氰戊菊酯。

（2）作用特点：具有触杀和胃毒作用，能杀螨和防治某些害虫。

（3）制剂：20%水乳剂。

（4）用法：防治柑橘红蜘蛛，可用制剂1000~1500倍液喷雾。

2. 苯丁·硫

（1）有效成分：苯丁锡+硫黄。

（2）作用特点：对各种螨类均有效，对螨卵和对有机磷产生耐药性的螨也有良好的防效，同时对白粉病、树木溃疡病也有良好的兼治效果。

（3）制剂：50%悬浮剂。

（4）用法：防治柑橘、橙等果树上的红蜘蛛、锈壁虱等，一般可用制剂500~800倍液喷雾。

（5）注意事项：不要在高温天气时使用，以防产生药害和被灼伤。

3. 丁硫·磷锡

（1）有效成分：丁硫克百威+三磷锡。

（2）制剂：22.5%乳油。

（3）防治柑橘锈螨，可用制剂 2000~2500 倍液喷雾。

4. 喹·噻螨

（1）有效成分：喹硫磷+噻螨酮。

（2）制剂：25%乳油（福果），5%增效乳油（速扑螨）。

（3）用法：

1）防治柑橘红蜘蛛，可用 25%乳油 1000~2000 倍液或 5%增效乳油 800~1000 倍液喷雾。

2）防治苹果叶螨，可用 25%乳油 1000~2000 倍液喷雾。

5. 甲氰·噻螨

（1）有效成分：甲氰菊酯+噻螨酮。

（2）作用特点：具触杀和胃毒作用，对叶螨各生育期均有效。具速效性与持效性。有效期达 50~60 天，可用于防治多种果树害虫和害螨。

（3）制剂：7.5%乳油（含甲氰菊酯 5%、噻螨酮 2.5%）。

（4）用法：

1）防治苹果红蜘蛛，可在苹果开花前后用制剂 1000~1500 倍液喷雾。

2）防治柑橘红蜘蛛，可在春季害螨始发期用制剂 750~1000 倍液喷雾。

3）防治桃小食心虫，可于卵果率达 1%时用制剂 500~750 倍液喷雾。

6. 毒·唑螨

（1）有效成分：毒死蜱+唑螨酯。

（2）作用特点：具有触杀和胃毒作用。

（3）制剂：19%乳油。

（4）用法：防治柑橘红蜘蛛，可用制剂 1000～1500 倍液喷雾。

7. 苯丁·联苯肼

（1）有效成分：苯丁锡+联苯肼酯。

（2）制剂：30%悬浮剂（含苯丁锡 15%、联苯肼酯 15%）。

（3）用法：防治柑橘红蜘蛛，可用制剂按 120～150 mg/kg 喷雾。

第二十二章　生产上用到的
单验方杀虫剂

【主要品种】
1. 松脂合剂

（1）有效成分：松脂酸钠。

（2）通用名称：松脂酸钠，sodium pimaric acid。

（3）作用特点：由松香（或榄香）和烧碱或纯碱制成的黑褐色液体，呈强碱性，主要成分是松香皂，具强黏着性和渗透性，对害虫具有强触杀作用。能侵蚀害虫体壁（如腐蚀介壳虫的蜡质层）。可防治果树及其他植物上的多种介壳虫、粉虱、红蜘蛛等。

（4）用法：

1）防治蚧、粉虱、红蜘蛛等害虫，可在冬季休眠期喷 8～12 倍液或生长季节喷 10～18 倍液。

2）防治介壳虫，应在卵盛孵期用 20～25 倍液均匀喷雾，隔 7～10 天再喷 1 次。

（5）注意事项：为强碱性药剂，不能和忌碱性农药和含钙的农药混用，不能同任何有机合成药混用，也不能同含钙的波尔多液、石硫合剂混用。在使用波尔多液后 15～20 天内不能喷松脂合剂，使用松脂合剂后要隔 20 天才能喷石硫合剂，以防产生药害。

（6）熬制方法：原料的配比为松香：氢氧化钠：水为 1：（0.6~0.8）：（5~6）。水加入锅中，加碱，加热煮沸，使碱溶化。再将碾成细粉的松香慢慢地均匀撒入，共煮，边煮边搅，并注意用热水补充，以维持原来的水量。约半小时后，松香全部溶化，变成黑褐色液体，即为松脂合剂原液，其密度为 1.2 g/cm³ 左右，松香皂含量约为 14%，游离碱含量约为 10%。

（7）注意事项：仅限于果树发芽前使用，使用时应注意防护。

2. 虫尸制剂 将菜青虫、黏虫、棉铃虫和地老虎的尸体收集好，捣烂成浆。每 100 g 浆加少量水，浸泡 24 小时，滤出虫液，再对水 50 kg，加洗衣粉 50 g 充分搅拌均匀后即制成药液。用这些药液防治同类害虫，杀死率可达 90% 以上。

3. 蒜葱制剂 大蒜、洋葱各 20 g 混合捣烂，用纱布包好，放入 10 kg 水中浸泡 24 小时。此药液可有效防治甲壳虫、蚜虫、红蜘蛛等。

4. 麦麸制剂 先将 5 kg 麦麸炒香，冷却备用。将 90% 晶体敌百虫 130~150 g、白糖 250 g、白酒 50 g 与 5 kg 温水搅拌均匀，然后将冷却的麦麸倒入配好的混合液搅拌均匀。选在晴天傍晚将药剂洒在蔬菜行间、苗根附近，可防治蝼蛄、地老虎等地下害虫。

5. 树叶制剂 将 1.5 kg 鲜苦楝树叶捣烂加 1.5 kg 水，过滤后去渣，每千克汁液加 40 kg 水，可防治菜青虫、菜螟。用 1 份椿树叶加 3 份水，浸泡 1~2 天，将水浸液过滤后喷洒，可防治蚜虫、菜青虫等。

6. 草木灰制剂 每亩用 10 kg 草木灰对水 50 kg 浸泡 24 小时，取滤液喷洒，可有效防治蚜虫、黄守瓜。若葱、蒜、韭菜受种蝇、葱蝇的危害，可每亩沟施或撒施草木灰 20~30 kg，既防蛆又能增加钾肥，杀虫增产有明显效果。

7. 鸽粪制剂 每千克鸽粪加 10 kg 水，装入桶内或瓦缸内密封沤制 15～20 天。用时搅拌均匀，浇施于瓜菜根部，既能防治地老虎，又可给植物追肥，一举两得。

8. 黏虫胶

（1）作用特点：为物理杀虫剂，可防治从地表向树上转移的害虫。如防治杨树草履蚧、春尺蠖、食叶害虫，楸树的楸螟，枣树绿盲蝽，苹果红蜘蛛等。还可作为预测预报一些害虫的手段。

（2）用法：可在春季杨树草履蚧上树为害前，把黏虫胶涂于树干上阻杀草履蚧，同时阻杀春尺蠖和杨小舟蛾等食叶害虫。定期查数黏胶带内阻杀害虫的数量，可以帮助预测害虫当年的发生情况。

9. 棉油泥皂

（1）作用特点：棉油泥皂是用棉油泥（精制棉籽油时的沉淀物）加烧碱熬制成的肥皂，黑褐色，在水中呈乳状液，呈碱性反应。对害虫具有触杀作用，可防治多种植物上的蚜虫、红蜘蛛。

（2）用法：切片，加热水化开后，搅拌均匀稀释到 40～50 倍液喷雾。与化学农药混合使用，能改善药液化合浸润性 Bé 能。

（3）熬制方法：棉油泥 100 kg，浓度 27%（波美度 33°Bé）的氢氧化钠23 kg，水 5～8 L。将油和水放入锅内，徐徐加热，保持 70 ℃左右，最高不超过 80 ℃；慢慢加入碱水，边加边搅拌，加完后继续搅拌 1 小时，直到液体稠厚；锅面皂液起黑皮提起搅棒皂液沿棒流下形成了透明的薄膜，表示皂化完成。停止加热再搅拌半小时，静止，冷却成固体，切块备用。制成品总量约 105 kg。

10. 防虫贴

（1）作用特点：可防治刺吸式、咀嚼式害虫，如蚜虫、红蜘蛛、叶蝉、天牛、蚜虫、卷叶虫、刺蛾、介壳虫、钻心虫等。

（2）用法：一般 2~20 年的树木，每棵树在主茎 120 cm 处贴一处药剂贴；20 年以上的大树，视树木的生长状况，可在主茎 200 cm 处贴药贴或肥贴；也可以在树木的侧枝上贴一片药贴。

（3）注意事项：在贴药贴、贴肥贴之前，先用刀或者剥皮工具清理树木主茎外的保护层，至树皮处，以提高保证药肥效果。

11. 大葱 用大葱 1 kg 加水 400 g 捣烂取汁，每千克汁液加水 6 kg，搅匀后喷雾，可防治菜青虫、蚜虫、螟虫等多种害虫。

12. 番茄叶 用番茄叶加少量水捣烂，去渣取原液。以 3 份原液加 2 份水搅拌均匀，再加少量肥皂液喷洒，对红蜘蛛较有效。

13. 丝瓜叶 用丝瓜叶加少量水捣烂，去渣取原液。以 7 份原液加 13 份水混合，再加少量肥皂液混合均匀喷雾，防治菜青虫、红蜘蛛、菜螟等害虫较有效。

14. 南瓜叶 用南瓜叶加少量水捣烂，去渣取原液。以 3 份原液加 3 份水混合再加少量的肥皂液搅拌均匀，防治蚜虫较有效。

15. 黄瓜藤 取黄瓜藤按 2.5 kg 加水 1 kg 的比例，将黄瓜藤捣烂。去渣取原液，每千克原液加水 5 kg 稀释，防治菜青虫、菜螟有效。

16. 花生叶 在棉蚜发生时，用鲜花生叶加水捣烂挤汁，按 2 kg 叶汁加 3 kg 水的比例，再加入一些肥皂液，喷施观赏棉茎叶，可杀死棉蚜。

17. 白屈菜 别名山黄连、断肠草等。

（1）防治菜青虫，可用白屈菜 1.5 kg、石灰 0.5 kg 加水 3 kg 熬 1 小时成浓汁，喷洒。

（2）花期割全草，阴干后搓成粉末撒在菜地，对地蚕类有特效。

（3）干燥全草 800 g，切碎加热水 5 kg 浸泡 1~2 天，防治蚜虫、甲虫类有效。

18. 烟草

（1）烟草粉末、粗碎的烟茎或烟筋（再加生石灰）浸水后，滤去烟渣喷雾，可防治蚜虫、羽叶甘蓝夜蛾、蓟马、椿象、叶跳虫、大豆食心虫、菜青虫、潜叶蝇、潜叶蛾、桃小食心虫、梨小食心虫、螨、黄条跳甲、稻螟、叶蝉、飞虱等。在稀释液中加入一定量肥皂和碱，能提高药效。

（2）防治椿象、飞虱、黄曲跳甲、叶蝉、潜叶蛾等害虫，可亩用烟草粉末 3~4 kg 直接喷粉或 1 kg 烟草粉末拌细土 4~5 kg，于清晨露水较多时撒施。

（3）用烟叶下脚料（按每千克下脚料对水 6~8 kg）放入清水浸泡 12~14 小时，浸泡时揉搓烟草 1 次，换水 4 次，1 kg 烟草下脚料可揉出 24~32 kg 液体，用纱布过滤后田间喷雾，可防治蚜虫、甘蓝夜蛾、潜叶蛾、菜青虫等。

（4）用 1 kg 烟叶泡入 10 kg 热水，揉搓后捞出再放入另 10 kg 清水中揉搓。将两次揉搓液与 10 kg 石灰水（其中含 0.5 kg 石灰）混匀后喷雾，可防治蚜虫、蓟马、椿象等。

（5）用卷烟厂的烟草粉末，按每公顷 45~60 kg 直接喷粉，可防治飞虱、椿象、跳甲、红铃虫成虫。

（6）用烟草粉末 1 kg、生石灰 0.5 kg、水 40 L。先用 10 L 热水浸泡烟草粉末半小时，揉搓后捞出，放在另外 10 L 清水中再揉搓，直到无较多浓汁液揉搓出为止，合并揉搓液；另用 10 L 水配石灰乳，滤去残渣。使用时将揉搓液和石灰乳混合，并加水至 40 L 搅匀喷雾，可防治蚜虫、甘蓝夜蛾、潜叶蛾、菜青虫等。

（7）用烟草茎或叶、叶柄 0.5 kg，加水 2.5 kg，浸泡 2 天后煮沸 1 小时。过滤后在滤液中加入石灰 0.5 kg 或洗衣粉 200 g 拌匀后喷雾，可防治蚜虫、蓟马、椿象等。

19. 辣椒水　取尖辣椒 50 g，加水 30~35 倍，加热煮制半小时后，取滤液喷洒，可防治蚜虫、土蚕和红蜘蛛等害虫；50 g 辣椒面加入 1 kg 水中，煮 10 分钟后冷却过滤喷雾，可防治蚜虫。

20. 蓖麻　将蓖麻叶捣碎，榨出原汁后去渣，再加入 1 倍的水进行喷雾，可杀死蚜虫。将蓖麻叶捣烂取汁液，加水 3~5 倍，并浸泡 12 小时后喷雾，可有效防治蚜虫、菜青虫、地老虎、金龟子、小菜蛾等多种害虫。将蓖麻叶、茎晒干后，研成粉末施入土中，可防治地下害虫蛴螬。

21. 臭椿　臭椿的根、茎、叶、种子均含有苦木素，其种子榨油后的麸饼，散播在果园中可杀死蝼蛄、蛴螬、金针虫等果树地下害虫。也可用叶和适量果实，加 2 倍水浸泡 2 天后，用其浸出液喷雾，可杀死果树上的各种软体害虫。

22. 马齿苋　用马齿苋 0.5 kg，加水 1 kg，煮开 30 分钟后过滤，在滤液中加入樟脑 150 g，搅拌溶化成原汁。每 0.5 kg 原汁加水 2.5 kg 喷雾，可杀死果树上的软体害虫。

23. 大葱、洋葱、大蒜混合液　大葱、洋葱、大蒜各 30 g，捣成细泥状，加水 10 kg 搅拌，一昼夜后加水 15~20 kg，取其滤液喷施，可有效防治蚜虫、红蜘蛛等害虫。防治甲壳虫也有效果，连续使用两次可以防治蜗牛。

24. 番茄叶、苦瓜叶、黄瓜茎混合液　将番茄叶、苦瓜叶、黄瓜茎混合捣烂，加清水 2~3 倍浸 5~6 小时，取上层清液喷施，可有效防治菜青虫、三星叶甲、螟虫、地老虎、红蜘蛛等。

25. 大蒜　取大蒜 1000 g，加水适量捣烂成泥，每千克原液加水 5 kg 喷雾，可防治蚜虫、红铃虫、象鼻虫、菜青虫等；或把 20~30 g 大蒜的蒜瓣捣成泥状，然后加 10 kg 水搅拌，取其滤液，用来防治蚜虫、红蜘蛛和甲壳虫。

26. 侧柏叶粉　将晒干的侧柏叶研成细粉末，拌种入土后可防治地下害虫蛴螬。

27. 白头翁 用白头翁 0.5 kg，加水 5 kg，煮沸 30 分钟，过滤去渣，待冷却后浇灌，可防治地老虎。

28. 苦瓜叶溶液 摘取新鲜苦瓜叶片，加少量的清水捣烂榨取原液，然后每千克原液加 1 kg 石灰水，调和均匀后用于根部浇灌，防治地老虎有特效。

29. 韭菜溶液 取新鲜韭菜 1 kg，捣烂后加水 400～500 g 浸泡，榨取汁液，然后每千克原液加水 8 kg 喷雾，可防治红蜘蛛、蚜虫、棉铃虫等。

30. 牛尿液 用鲜牛尿液 1 kg 加水 50 kg 喷雾，可有效防治红蜘蛛、黄蜘蛛。

31. 生姜 用生姜 0.5 kg 加水 0.25 kg 捣烂的汁（去渣），每千克原汁加水 3 kg 配成溶液喷雾，可防治花卉蚜虫。

32. 花椒 用花椒 0.2 kg，加水 2 kg，熬成 1 kg 原汁液，每千克原液加水 2～3 kg 配成溶液喷雾，可防治花卉蚜虫。

33. 花椒、辣椒、半夏、烟草混合液 用花椒、辣椒、半夏、烟草各 0.5 kg，切碎混合成原料，每千克原料加水 0.35～0.5 kg 浸一夜，过滤后即成原汁液，再用每千克原汁加水 5 kg 配成溶液喷雾，可防治花卉蚜虫。

34. 复合迷向丝 为棕色塑胶丝，弯曲绑在树上，可防治桃小食心虫、苹小食心虫、金纹、苹褐卷叶蛾类害虫，每亩可悬挂复合胶信搅乱迷向剂 Confuser-A200 枚。

35. 频振式杀蛾灯 防治大型磷翅目迁飞害虫，每 4 hm^2 悬挂一台杀蛾灯。装灯方法：选择果园较为空旷地方装灯，灯的高度以树的高度而定，原则上灯的接虫口高出树冠顶部 0.5 m。

36. 其他

（1）用白头翁 500 g 加水 5 kg，煮液或浸泡 1 天，过滤后喷雾，可防治地老虎、蚜虫及其他软体害虫。

（2）马齿苋的 5 倍水煮液，过滤后喷雾对大豆蚜虫杀虫率为46.9%。

（3）用升麻全草 14 g 对水 300 mL，煮 1 小时，过滤后喷洒蔬菜，对蚜虫杀虫率达 57%。

（4）用龙牙草全草捣烂加水 21 kg，过滤去渣后喷洒，防治蚜虫效果达 70%。

（5）可作为植物性杀虫剂的除了上述植物，还有独活、半夏、透骨草、东北薄荷、东北龙胆、卵叶芍药、苍耳、地肤等林间常见的野生植物。

附 录

附录一 防治常见害虫的药剂

（一）螟虫类

1. 螟虫 乙酰甲胺磷、氟氯氰菊酯、甲氰菊酯、高效氯氟氰菊酯、杀虫双、杀虫单、杀虫安、杀虫单胺、杀螟丹、毒死蜱、杀螟硫磷、哒嗪硫磷、氧乐果、稻丰散、三唑磷、喹硫磷、二嗪磷、亚胺硫磷、氯唑磷、甲氧虫酰肼、氟虫腈、抑虫肼、克百威、丙硫克百威、丁硫克百威、硫双威、灭·杀双、阿维·杀双、阿维·杀单、吡·杀单、毒·杀单、乐·杀单、杀单·唑磷、杀单·乙酰甲、唑·杀单、灭·杀单、克·杀单、噻·杀安、吡·杀安、吡·唑磷、吡·乙酰甲、吡·噻、噻·唑磷、阿维·唑磷、阿维·毒、阿维·杀、敌·氟腈、氟腈·乙酰甲、氟铃·唑磷、敌·唑磷、敌·杀、敌畏·氧乐、敌畏·唑磷、稻丰·唑磷、马·唑磷、马·杀、氧乐·乙酰甲、辛·唑磷、敌·辛、丙·辛、敌·毒、灭·唑磷、敌·克、丁硫·马、敌·灭、灭·辛、仲·唑磷、杀单·苏、辛硫磷、敌百虫、敌敌畏、甲基异柳磷、甲萘威、溴氰菊酯、白僵菌、苏云金杆菌（Bt）、除虫脲、乐·氯、氰·辛、灭·氰、灭多威、灭幼脲。

2. 大螟 杀虫双、杀虫单、杀螟丹。

3. 纵卷叶螟 杀虫双、杀虫单、杀虫安、三唑磷、杀螟硫磷、敌百虫、毒死蜱、甲基毒死蜱、亚胺硫磷、醚菊酯、氟硅菊酯、氧乐果、硫双威、除虫脲、氟苯脲、抑食肼、Bt、杀单·苏、乐·氰、氰·马、仲·唑磷、敌·乙酰甲、敌·乐、稻丰·唑磷、氧乐·乙酰甲、乐·异稻、乐·稻净、灭·杀双、吡·杀双、吡·杀单、毒·杀单、杀单·唑磷、杀单·乙酯甲、灭·杀单、吡·杀安、吡·毒、吡·乙酰甲、噻·杀单、噻·唑磷、氟氰·唑磷、氟铃·唑磷、阿维·毒。

4. **小穗螟** 杀虫双、氰戊菊酯、顺式氰戊菊酯、溴氰菊酯。

5. **穗螟** 杀虫双、溴氰菊酯。

6. **蠹野螟** 乐果、敌百虫。

7. **野螟** 辛硫磷、溴氰菊酯、高效氯氰菊酯、敌百虫、敌敌畏、杀螟硫磷、氟铃脲、氟啶脲、氟虫脲、氰戊菊酯、顺式氰戊菊酯、溴氰菊酯、氯氰菊酯、高效氯氟氰菊酯。

8. **荚螟** 辛硫磷、杀螟硫磷、敌百虫、氰戊菊酯、溴氰菊酯、顺式氯氰菊酯、氯氰菊酯、高效氯氟氰菊酯、氟铃脲、氟虫脲、氟啶脲、毒·氯、敌敌畏、毒死蜱、伏杀硫磷、倍硫磷、嘧啶氧磷、顺式氰戊菊酯、溴氟菊酯、高效氟氯氰菊酯、甲萘威、灭多威、白僵菌、Bt。

9. **卷叶螟** 敌敌畏、杀螟硫磷、倍硫磷。

10. **蛀螟** 辛硫磷、杀螟硫磷、辛·马、敌百虫、敌敌畏、Bt、乐果。

11. **黄斑螟** 辛硫磷、杀螟硫磷、马拉硫磷、乙酰甲胺磷、敌百虫、敌敌畏。

12. **粉斑螟** 敌敌畏、氯化苦。

13. **条螟** 敌百虫、亚胺硫磷、杀螟腈、杀虫双、杀螟丹、克百威、氟虫腈、溴氰菊酯、甲萘威、Bt。

14. **二点螟** 敌百虫、杀螟硫磷、氯唑磷、甲基异柳磷、杀虫双、杀虫安、杀螟丹、氟虫腈、克百威、甲萘威。

15. **黄螟**　杀螟硫磷、敌百虫、克百威、溴氰菊酯。

16. **灰螟**　敌百虫、杀螟硫磷、氯唑磷、甲基异柳磷、杀虫双、杀虫安、杀螟丹、氟虫腈、甲萘威。

17. **白螟**　敌百虫、敌敌畏、克百威。

18. **草地螟**　毒死蜱、辛硫磷、敌敌畏、溴氰菊酯、氰戊菊酯、氯氰菊酯、伏杀硫磷、敌百虫、Bt、白僵菌。

19. **粉螟**　烯虫酯。

20. **绢野螟**　辛硫磷。

21. **螟蛾**　氧乐果、杀螟硫磷。

22. **二化螟**　杀虫双、杀螟硫磷。

23. **木子螟**　乐果、氧乐果、敌敌畏。

24. **桃蛀螟**　杀螟硫磷、好劳力、安民乐、安绿宝、虫赛死、阿托力、阿耳发特、阿灭灵、功夫、溴氰菊酯、绿百事、敌杀死、高效氯氰菊酯、保得、百树菊酯、果隆、杀铃脲、除虫脲、氟啶脲、灭幼脲 3 号、氟虫脲等。

25. **白禾螟**　杀虫双、乙酰甲胺磷、敌敌畏。

（二）飞虱类

1. **飞虱**　噻嗪酮、异丙威、混灭威、仲丁威、速灭威、克百威、丙硫克百威、丁硫克百威、敌敌畏、敌百虫、辛硫磷、乐果、氧乐果、稻丰散、毒死蜱、马拉硫磷、亚胺硫磷、氯唑磷、嘧啶磷、甲基毒死蜱、丙溴磷、三唑磷、二嗪磷、氟虫腈、醚菊酯、氟硅菊酯、吡蚜酮、抑食肼、噻虫嗪、毒·异、马·异、仲·唑磷、敌·仲、敌畏·仲、克·马、毒·唑磷、敌畏·毒、丙·辛、敌·乐、敌畏·氧乐、马·杀、乐·异稻、乐·稻净、吡·杀双、吡·杀单、吡·杀安、吡·辛、吡·毒、吡·唑磷、吡·氧乐、吡·乐、吡·敌畏、吡·仲、吡·异、噻·杀单、噻·杀安、噻·唑磷、毒·噻、敌畏·噻、噻·氧乐、噻·异、噻·速、噻·仲、克·仲、敌·氟腈。

2. 灰飞虱　氧乐果、马拉硫磷、敌敌畏、甲拌磷、异丙威、速灭威、噻嗪酮。

3. 长绿飞虱　辛硫磷、杀虫双、异丙威、溴氰菊酯。

（三）蛾类

1. 谷蛾　敌百虫、敌敌畏、辛硫磷、敌·马。

2. 单线天蛾　敌百虫、氰·马。

3. 天蛾　辛硫磷、敌百虫、敌敌畏、杀螟硫磷、马拉硫磷、乙酰甲胺磷、甲萘威、灭幼脲、氟苯脲、溴氰菊酯、氰戊菊酯、顺式氰戊菊酯、氯氰菊酯、高效氯氰菊酯、杀虫单、白僵菌、亚胺硫磷、Bt、氧乐果、杀螟丹、灭多威、克百威、甲氰菊酯、高效氯氟氰菊酯。

4. 麦蛾　敌百虫、乐果、亚胺硫磷、氧乐果、辛硫磷、倍硫磷、杀虫双。

5. 潜叶蛾　敌敌畏、丙硫磷、乐果、敌百虫、杀虫双、杀虫安、杀螟丹、氟铃脲、氟啶脲、氟虫脲、氟苯脲、毒死蜱、稻丰散、杀螟硫磷、唑硫磷、吡虫磷、噻虫嗪、丁硫克百威、青虫菌、氰戊菊酯、顺式氰戊菊酯、氯氰菊酯、高效氯氰菊酯、溴氰菊酯、高效氯氟氰菊酯、氟氯氰菊酯、氟胺氰菊酯、甲氰菊酯、阿维·高氯、毒·高氯、毒·氯、氯·唑磷、敌畏·氯、氰·马、乐·氰、氧氯·氰、哒·灭幼。

6. 白潜叶蛾　乐果、马拉硫磷、杀螟硫磷、伏杀硫磷、联苯菊酯、甲氰菊酯、高效氯氟氰菊酯。

7. 刺蛾（包括黄刺蛾、桑褐刺蛾、扁刺蛾、绿刺蛾及两色绿刺蛾等）　敌敌畏、伏杀硫磷、亚胺硫磷、氰戊菊酯、氯氰菊酯、高效氯氰菊酯、醚菊酯、Bt、辛硫磷、杀螟硫磷、敌百虫、马拉硫磷、溴氰菊酯、吡虫啉、灭幼脲、蛾螨灵、苦皮藤素等。

8. 卷叶蛾　敌百虫、敌敌畏、亚胺硫磷、杀螟硫磷、Bt、白僵菌、青虫菌、吡虫啉、氰戊菊酯、辛硫磷、毒死蜱、甲萘威、硫双威、杀螟丹、鱼藤酮、氯氰菊酯、高效氯氰菊酯、顺式氯氰菊酯、高效氯氟氰菊酯、联苯菊酯、倍硫磷。

9. 细卷蛾 辛硫磷、马·辛。

10. 小卷叶蛾 亚胺硫磷、杀螟硫磷、敌百虫、敌敌畏、硫双威、氟虫脲、Bt、青虫菌、敌·辛。

11. 毒蛾 敌百虫、马拉硫磷、敌敌畏、氧乐果、杀螟硫磷、辛硫磷、倍硫磷、除虫脲、乙酰甲胺磷、氰戊菊酯、顺式氰戊菊酯、白僵菌、氟虫腈、溴氰菊酯。

12. 蝙蝠蛾 敌敌畏、克百威。

13. 金纹细蛾 氟铃脲、杀铃脲、吡虫啉、甲氧虫酰肼、吡·灭、哒·灭幼。

14. 小菜蛾 杀虫双、杀虫安、杀螟丹、氟铃脲、氟啶脲、氟苯脲、灭幼脲、除虫脲、丁醚脲、虫螨腈、阿维菌素、甲氨基阿维菌素、苯甲酸盐、抑食肼、Bt、烟碱、楝素、苦皮素、毒死蜱、丙溴磷、二嗪磷、二溴磷、三唑磷、辛硫磷、喹硫磷、马拉硫磷、乙酰甲胺磷、敌敌畏、硫双威、氰戊菊酯、顺式氰戊菊酯、溴氰菊酯、氟氰菊酯、氟氯氰菊酯、高效氟氯氰菊酯、高效氯氟氰菊酯、甲氰菊酯、联苯菊酯、溴氟菊酯、醚菊酯、氟虫腈、茚虫威、多杀菌素、辛·烟、油酸·百部、楝·烟、氰·鱼藤、阿维·鱼藤、敌·鱼藤、楝素·茚楝素、苦皮藤素、白僵菌、小菜蛾颗粒体病毒、小颗·苏、杀单·苏、氟铃·苏、阿维·苏、苜银核、苏·斜夜核、柴油·毒、阿维·柴、高氯·辛、高氯·马、毒·高氯、高氯·乙酰甲、毒·氯、辛·氯、丙·氯、高氯氟氰·辛、氰·马、氰·辛、敌畏·氰、甲氰·乙酰甲、毒·唑磷、阿维·杀单、高氯·杀单、阿维·唑、阿维·高氯、阿维·氯、阿维·甲氰、阿维·高氯氟氰、阿维·氰、阿维·联苯、阿维·毒、阿维·辛、阿维·敌畏、阿维·马、阿维·灭幼、氟铃·高氯、氟铃·辛、毒·氟铃、氟腈·溴。

15. 蛀茎蛾　乐果、氧乐果、杀螟硫磷、丙硫磷、氟胺氰菊酯。

16. 竹斑蛾（梨星毛虫、大叶黄杨斑蛾等）　敌百虫、Bt、氯氟氰菊酯。

17. 美国白蛾　敌百虫、敌敌畏、杀螟硫磷、伏杀硫磷、除虫脲、灭幼脲、溴氰菊酯、Bt、美国白蛾核型多角体病毒、美国白蛾周氏啮小蜂、米满、卡死克、杀铃脲、烟参碱。

18. 舟蛾　乐果、敌敌畏、杀螟硫磷、马拉硫磷、氰戊菊酯、溴氰菊酯。

19. 虎蛾　乐果、敌敌畏、辛硫磷。

20. 蓑蛾　敌百虫、敌敌畏、马拉硫磷、鱼藤精。

21. 茶细蛾　敌敌畏、毒死蜱、辛硫磷、杀螟硫磷、甲萘威、硫双威、杀螟丹、鱼藤酮、Bt、白僵菌、氯氰菊酯、高效氯氰菊酯、顺式氯氰菊酯、高效氟氯氰菊酯、联苯菊酯。

22. 舞毒蛾　敌敌畏、敌百虫。

23. 尖细蛾　毒死蜱。

24. 爻纹细蛾　亚胺硫磷、抑食肼、杀虫双、敌敌畏、甲氰菊酯、顺式氯氰菊酯。

25. 举肢蛾　辛硫磷、高效氯氰菊酯、溴氰菊酯、甲氰菊酯、氰·马。

26. 夜蛾　乐果、敌敌畏、辛硫磷、敌百虫、敌·马、水胺硫磷、乙酰甲胺磷、杀螟硫磷、伏杀硫磷、甲萘威、氰戊菊酯、溴氰菊酯、Bt、倍硫磷、杀虫双、顺式氰戊菊酯、白僵菌、除虫脲、氟铃脲、氟啶脲、氟苯脲、灭幼脲、虫螨腈、阿维菌素、甲氨基阿维菌素苯甲酸盐、甜菜夜蛾核型多角体病毒、苜蓿银纹夜蛾核型多角体病毒、多杀菌素、虫酰肼、甲氧虫酰肼、甲萘威、丙溴磷、喹硫磷、马拉硫磷、杀虫双、氯氰菊酯、高效氯氰菊酯、高效氯氟氰菊酯、氟氰戊菊酯、氟胺氰戊菊酯、甲氰菊酯、乙氰菊酯、联苯菊酯、氟铃·苏、虫酰·苏、首银夜核·苏·斜纹核、苏·甜核、高氧·辛、毒·氯、敌·毒、高氯·杀单、阿维·杀单、阿维·高氧、甲基阿维·高氧、甲基阿维·氯、甲基阿维·辛、毒死蜱、硫双威。

27. **斜纹夜蛾** 氟铃脲、氟虫脲、氟啶脲、除虫脲、阿维菌素、Bt、斜纹夜蛾核型多角体病毒、毒死蜱、喹硫磷、辛硫磷、乙酰甲胺磷、马拉硫磷、敌敌畏、甲萘威、溴氰菊酯、氰戊菊酯、氟氰戊菊酯、氯氰菊酯、高效氯氰菊酯、高效氯氟氰菊酯、氟胺氰戊菊酯、甲氰菊酯、乙氰菊酯、联苯菊酯、醚菊酯、辛·鱼藤、毒·苏、乐·氰。

28. **银纹夜蛾** 甲萘威、氟啶脲、氰戊菊酯。

29. **横线尾夜蛾** 辛硫磷、杀螟硫磷、氯氰菊酯、高效氯氰菊酯、溴氰菊酯。

30. **透翅蛾** 辛硫磷、敌敌畏、甲萘威、溴氰菊酯、氰戊菊酯、杀螟硫磷。

31. **块茎蛾** 马拉硫磷、乐果、乙酰甲胺磷、杀螟丹、溴甲烷。

32. **桃潜蛾** 主要有虫赛死、敌杀死、赛丹、绿百事、阿灭灵、阿托力、阿耳发特、安绿宝、功夫、灭扫利、高效氯氰菊酯、保得、果隆、杀铃脲、灭幼脲 3 号、除虫脲、氟啶脲、氟虫脲、好劳力、安民乐等。

33. **金刚钻** 杀螟硫磷、敌百虫、灭多威、硫双威、甲萘威、氰戊菊酯、顺式氰戊菊酯，以及防治棉铃虫的混剂。

34. **地老虎** 三唑磷、辛硫磷、甲拌磷、甲基异柳磷、敌敌畏、毒死蜱、亚胺硫磷。

35. **野蚕** 敌百虫、敌敌畏、辛硫磷、乙酰甲胺磷、喹硫磷、丁硫克百威、菊酯类农药（秋蚕后用）。

36. **蒂蛀虫** 毒死蜱、毒·高氯、高氯·唑磷、毒·氯、敌畏·高氯。

37. **蒂虫** 甲氰菊酯、溴氰菊酯、氰戊菊酯、杀螟硫磷、敌敌畏、氰·马。

38. **黏虫** 除虫脲、灭幼脲、敌百虫、敌敌畏、马拉硫磷、辛硫磷、喹硫磷、乐果、硫双威、白僵菌、苦参碱·内酯、敌·辛、二溴磷、氰戊菊酯、溴氰菊酯、杀虫双。

39. **造桥虫** 敌百虫、敌敌畏、乐果、氧乐果、马拉硫磷、乙酰甲胺磷、灭多威、灭幼脲、氟苯脲、氰戊菊酯、顺式氰戊菊酯、氯氰菊酯、高效氯氰菊酯、醚菊酯、白僵菌、甲萘威、杀螟硫磷、稻丰散、溴氰菊酯、甲氰菊酯、敌·辛。

40. **白小食心虫** 杀螟硫磷、马拉硫磷、甲氰菊酯、顺式氰戊菊酯。

41. **天幕毛虫** 敌百虫、杀螟硫磷、氰戊菊酯、氯氰菊酯、除虫脲。

42. **星毛虫** 敌百虫、敌敌畏、乐果、辛硫磷、溴氰菊酯、除虫脲、灭幼脲、蛾螨灵等。

43. **毛虫** 二溴磷、辛硫磷、喹硫磷、速灭威、溴灭威、敌·辛、毛虫多角体病毒、杀螟硫磷、亚胺硫磷、倍硫磷、马拉硫磷、毒死蜱、氟啶脲、氟虫脲、氟苯脲、鱼藤酮、苦参碱、Bt、白僵菌、核型多角体病毒、硫丹、氯氰菊酯、高效氯氰菊酯、顺式氯氰菊酯、溴氰菊酯、高效氯氟氰菊酯、甲氰菊酯、高氯·马、苦·高氯、敌百虫、敌敌畏、伏杀硫磷、氰戊菊酯、联苯菊酯、氟铃脲、虫酰肼、氟啶脲。

44. **大袋蛾（避债蛾）** 敌百虫、喹硫磷。

45. **甜菜夜蛾** 虫螨克、灭虫灵、除尽、锐劲特、万灵、巴丹、高效灭百可、百树得、夜蛾必杀。

（四）**蚜虫类**

1. **蚜虫** 甲拌磷、克百威、溴氰菊酯、高效氯氰菊酯、氰·马、乐·氰、氧乐·氰、毒·氯、氯·氧乐、辛·马、喹硫磷、灭多威、鱼藤酮、高效氯氟氰菊酯、稻丰散、水胺硫磷、倍硫磷、醚菊酯、氯·马、矿物油乳剂、丙硫克百威、啶虫脒、噻虫嗪、吡·灭、吡·高氯、吡·氯、二溴·马、啶虫·辛、阿维·啶虫、硫丹·氰、硫丹·S-氰、唑蚜威、丁硫克百威、毒死蜱、乐果、氧乐果、辛硫磷、敌敌畏、丙溴磷、吡蚜酮、块状耳霉菌、倍·氰、氰·马、氰·杀、氰·辛、敌·氰、S-氰·辛、高氯·氧乐、辛·氯、乐·氯、溴·氧乐、辛·溴、倍·溴、甲氰·氧乐、三唑磷、四溴·唑磷、敌畏·抗、灭·氧乐、敌畏·毒、敌·辛、辛·唑磷、辛·氧乐、敌·氧乐、敌畏·氧乐、吡·氧乐、吡·乐、吡·敌畏、吡·抗、S-氰·吡、阿维·吡、阿维·辛、油·溴、柴油·氯、柴油·辛、吡·柴油、柴·松、机油·溴、丙·氯、敌畏·氰、氰·唑磷、哒嗪·氰、溴·辛、氟氯氰·辛、高氯氟氰·辛、喹·辛、敌畏·高氯氟氰、甲萘·氰、灭·氰、氰·异、氧乐·仲、灭·辛、灭·马、敌·灭、吡·辛、吡·氧乐、丁硫脲、伏杀硫磷、杀扑磷、涕灭威、甲萘威、混灭威、速灭威、烟碱、苦豆子·灭、高氯·杀单、氟腈·乙酰甲、二嗪磷、二溴磷、亚胺硫磷、马拉硫磷、杀螟硫磷、抗蚜威、鱼藤精、双素碱、苦参碱、茴蒿素、氯氰菊酯、氰戊菊酯、顺式氰戊菊酯、氟氯氰菊酯、Β-氟氯氰菊酯、氟氰菊酯、甲氰菊酯、联苯菊酯、溴灭菊酯、吡虫啉、氯·烟、马钱·烟、苦参碱·内酯、苦·氯、苦·氰、苦·烟、高氯·乙酰甲、二溴·高氯、敌敌·溴、敌畏·甲氰、高氯·灭、氯·异、氯·仲、溴·仲、高氯氟氰·抗、抗·乙酰甲、敌·克、敌畏·丁硫、毒·马、敌畏·乐、乐·异稻、吡·敌畏、吡·马、吡·仲、吡·氰、吡·噻、乙酰甲胺磷、氟胺氰菊酯、异丙威、吡·异、柴油·高氯、机油乳剂、敌畏·氰戊。

2. 根绵蚜 辛硫磷、乐果、氧乐果。

3. 绵蚜 毒死蜱、吡虫啉、抗蚜威、乐果、氧乐果、克百威、甲氰菊酯、克·辛。

4. 黄粉蚜 乐果、吡虫啉、啶虫脒、敌敌畏、杀螟硫磷、抗蚜威。

5. 粉蚜 乐果、氧乐果、敌敌畏、氰戊菊酯、氯氰菊酯。

6. 根瘤蚜 辛硫磷、敌敌畏。

7. 白术长管蚜 乐果、氧乐果、敌敌畏。

8. 交脉蚜 氧乐果、敌敌畏、抗蚜威、高效氯氟氰菊酯、溴氰菊酯、氯氰菊酯、四溴菊酯。

9. 桃蚜 主要有矿物油乳剂、柴油乳剂、石硫合剂、融蚧、速扑杀、杀扑磷、吡虫啉、蚜虱净、康福多、艾美乐、金好年、好年冬、抗蚜威、丙硫克百威、啶虫脒、莫比朗、阿克泰、噻虫嗪、硫丹、赛丹、阿托力、阿耳发特、阿灭灵、虫赛死、绿百事、歼灭等。

10. 松大蚜 吡蚜酮、扑虱灵、高效氯氰菊酯、毒死蜱、啶虫脒、吡虫啉、噻虫啉、氯噻啉、噻虫嗪、氧乐果、烯啶虫胺等。

(五) 蝇类

1. 潜叶蝇 乐果、氧乐果、敌百虫、敌敌畏、二嗪磷、乐·异稻、杀螟硫磷、马拉硫磷、氟虫腈、醚菊酯、辛硫磷、吡虫啉、杀虫双、阿维菌素、丁硫克百威、氰戊菊酯、溴氰菊酯、氯氰菊酯、高效氯氰菊酯、顺式氯氰菊酯、氟胺氰戊菊酯、增效氰·马、丁硫威。

2. 潜蝇 氧乐果、辛硫磷、马拉硫磷、杀螟硫磷、克百威、氰戊菊酯、顺式氰戊菊酯、溴氰菊酯、敌百虫、敌敌畏、乐果、甲萘威。

3. 斑潜蝇 灭蝇胺、吡虫啉、灭幼脲、毒死蜱、杀螟硫磷、敌敌畏、杀虫双、阿维菌素、氯氰菊酯、高效氯氰菊酯、顺式氯氰菊酯、灭蝇·杀单、毒·灭蝇、毒·氯、毒·高氯、高氯、高氯·杀单、阿维·高氯、阿维·高氯氟氰、阿维·S-氰、阿维·溴、阿维·毒、阿维·敌畏、阿维·柴、氟氯氰·辛、百部·楝·烟。

　　4. 秆蝇　敌敌畏、乐果、敌百虫、甲萘威。

　　5. 种蝇　杀螟硫磷、辛硫磷、敌敌畏、溴氰菊酯、甲萘威、苦参碱、乐果、氧乐果、敌百虫、二嗪磷、乐·异稻。

　　6. 水蝇　乐果、杀螟硫磷、敌百虫、马拉硫磷、亚胺硫磷。

　　7. 菰毛眼水蝇　溴氰菊酯、杀虫双、敌敌畏。

　　8. 芒蝇　克百威、氰菊酯、乐果。

　　9. 穗蝇　敌百虫、马拉硫磷、乐果、敌敌畏、敌·马。

　　10. 斑蝇　敌敌畏、辛硫磷、毒死蜱、毒·唑磷、毒·辛。

　　11. 实蝇　敌百虫、敌敌畏、氰戊菊酯、溴氰菊酯、增效氰·马。

（六）韭蛆

辛硫磷、毒死蜱、喹硫磷、苦参碱、氟啶脲、甲萘威、溴氰菊酯、毒·唑磷、毒·辛、毒·氯、吡·辛、异丙威、速灭威、克百威。

（七）木虱类

　　1. 木虱　吡虫啉、阿维菌素、噻虫嗪、喹硫磷、氧乐果、水胺硫磷、双甲脒、氯氰菊酯、高效氯氰菊酯、顺式氰戊菊酯、阿维·柴、阿维·高氯、阿维·啶虫、阿维·氰、阿维·吡、吡·氯、吡·高氯、苯氧·高氯、毒·氯、氰·双甲、乐果、马拉硫磷·乐果、氟虫腈、噻嗪酮、敌敌畏、溴氰菊酯。

　　2. 锈壁虱　三氯杀螨醇、双甲脒、单甲脒、炔螨特、唑螨酯、浏阳霉素、硫悬浮剂、石硫合剂、噻嗪酮、苦·烟、丁硫克百威、苯丁·硫、丁硫·螨醇、丁硫·磷锡。

（八）粉虱类

　　1. 粉虱　氰戊菊酯、氯氰菊酯、溴氰菊酯、氧乐果、敌敌畏、氟虫腈、噻嗪酮、乐果、敌百虫、马拉硫磷、二嗪磷、乙酰甲胺磷、丁硫克百威、氟啶脲、高效氯氟氰菊酯、甲氰菊酯、联苯菊酯、醚菊酯。

2. 黑刺粉虱　毒死蜱、乐果、稻丰散、辛硫磷、吡虫啉、噻嗪酮、灭多威、Bt、白僵菌、溴氰菊酯、联苯菊酯、噻·单。

3. 烟粉虱　吡虫啉、苦参碱、甲萘威、氯氰菊酯、氟氯氰菊酯。

4. 温室白粉虱　吡虫啉、噻虫嗪、矿物油乳剂、二嗪磷、乐果、敌敌畏、乙酰甲胺磷、氟啶脲、丁硫克百威、噻嗪酮、溴氰菊酯、高效氯氟氰菊酯、甲氰菊酯、联苯菊酯、醚菊酯、高氯·噻、高氯·马、甲氰·辛、吡·异。

5. 黑刺粉虱　毒死蜱、乐果、稻丰散、辛硫磷、吡虫啉、噻嗪酮、灭多威、Bt、白僵菌、溴氰菊酯、联苯菊酯、噻·单。

（九）棉铃虫类

1. 棉铃虫　毒死蜱、辛硫磷、丙溴磷、三唑磷、喹硫磷、敌敌畏、亚胺硫磷、水胺硫磷、氟铃脲、氟虫脲、氟啶脲、杀铃脲、氟苯脲、灭多威、硫双威、甲萘威、丁硫克百威、硫丹、甲氧虫酰肼、茚虫威、阿维菌素、甲氨基阿维菌素苯甲酸盐、多杀菌素、Bt、木烟碱、苦参碱内酯、苦皮藤素、氯氰菊酯、高效氯氰菊酯、溴氰菊酯、高效氯氟氰菊酯、氟氯氰菊酯、氟胺氰菊酯、氟氰戊菊酯、氰戊菊酯、顺式氰戊菊酯、联苯菊酯、醚菊酯、甲氰菊酯、四溴菊酯、高氯·辛、毒·高氯、丙·高氯、高氯·唑磷、高氯·氧乐、敌畏·高氯、高氯·马、毒·氯、辛·氯、丙·氯、氯·唑磷、敌畏·氯、氯·马、丙·氰、唑·氰、S-氰·辛、氰·杀、氧乐·氰、敌畏·氰、辛·溴、毒·溴、喹·溴、甲氰·辛、甲氰·马、甲氰·乐、氟氯氰·辛、氟氯氰·唑磷、四溴·唑磷、辛·溴氟、辛·溴灭、甲萘·氰、灭·氰、高氯·灭、氯·灭、高氯氟氰·灭、灭·辛、马·灭、敌·

灭、丙·灭、灭·唑磷、辛·异、丁硫·辛、毒·唑磷、毒·辛、丙·辛、敌·毒、敌畏·毒、敌·辛、马·辛、杀·辛、辛·唑磷、辛·氧乐、丙·敌、马·杀、吡·灭、阿维·吡、啶虫·氟氯氰、阿维·甲氰、阿维·毒、阿维·辛、阿维·唑磷、硫丹·氯、高氯·硫丹、硫丹·S-氰、硫丹·溴、甲氰·硫丹、硫丹·辛、硫丹·唑磷、硫丹·灭、氟铃·辛、毒·氟铃、杀铃·辛、多杀·毒、棉铃虫核多角体病毒、棉核·苏、棉核·辛、棉核·高氯、莨菪·烟、柴油·甲氰、柴油·辛、柴油·高氯。

2. 红铃虫 辛硫磷、毒死蜱、敌敌畏、杀螟硫磷、水胺硫磷、伏杀硫磷、亚胺硫磷、二溴磷、三唑磷、灭多威、硫双威、氟铃脲、氟虫脲、氟苯脲、红铃虫性诱剂、氯氰菊酯、高效氯氰菊酯、高效氯氟氰菊酯、氟胺氰菊酯、氰戊菊酯、顺式氰戊菊酯、氟氰戊菊酯、溴氰菊酯、甲氰菊酯、醚菊酯、毒·氯、丙·氯、氯·唑磷、氧乐·氯、敌畏·氯等。

（十）菜青虫类

1. 菜青虫 毒死蜱、三唑磷、二嗪磷、丙溴磷、喹硫磷、亚胺硫磷、杀螟硫磷、伏杀硫磷、辛硫磷、马拉硫磷、乙酰甲胺磷、敌敌畏、杀虫双、杀虫安、灭幼脲、除虫脲、氟铃脲、氟啶脲、氟虫脲、氟苯脲、甲萘威、丁硫克百威、硫双威、氟虫腈、丁醚脲、虫螨腈、阿维菌素、鱼藤酮、烟碱、楝素、茴蒿素、苦参碱、藜芦碱、Bt、抑食肼、溴氰菊酯、氰戊菊酯、顺式氰戊菊酯、氯氰菊酯、高效氯氰菊酯、氟氯氰菊酯、氟氰戊菊酯、高效氯氟氰菊酯、甲氰菊酯、乙氰菊酯、联苯菊酯、溴氟菊酯、溴灭菊酯、辣椒碱、烟碱、阿维·烟、马钱烟、百部·楝·烟、苦·氯、苦·氰、苦·灭、苦·烟、苦·鱼藤、苦参碱·内酯、氧化苦参碱、藜芦碱、异羊角扭苷、莨菪烷碱、苦豆子总碱·辛、杀单·苏、阿维·苏、菜颗·苏、柴油·毒、柴油·辛、阿维·柴油、丙·柴、高氯·辛、高氯·马、高氯·唑磷、高氯·乙酰甲、毒·高氯、敌畏·高氯、二嗪·高氯、毒·氯、辛·氯、敌畏·氯、敌·氯、乐·氯、喹·氯、氯·马、氰·马、氰·辛、氰·杀、乐·杀、敌·氰、敌畏·氰、氰·杀腈、哒嗪·氰、*S*-氰·辛、毒·溴、辛·溴、乐·溴、马·溴、敌畏·溴、甲氰·辛、甲氰·唑磷、甲氰·马、敌畏·甲氰、氟氯氰·辛、氟氯氰·乐、氟氯氰·乙酰甲、高氯氟氰·辛、高氯氟氰·乐、联苯·马、甲萘·氰、灭·氰、高氯·灭、高氯·仲、氯·仲、辛·仲、毒·仲、丁硫·马、毒·唑敌、敌·毒、敌畏·毒、丙·辛、敌·辛、马·辛、敌·乙酰甲、马·杀、氯·杀双、阿维·杀双、阿维·杀单、吡·毒、吡·高毒、吡·氯、阿维·吡、阿维·高氯、阿维·氯、阿维·甲氰、阿维·高氯氟氰、阿维·毒、阿维·辛、阿维·敌畏、阿维·乙酰甲、除·高氯、除·辛、高氯·灭幼。

2. 烟青虫 辛硫磷、杀螟硫磷、喹硫磷、敌敌畏、毒死蜱、苦参碱、Bt、棉铃虫核型多角体病毒、灭多威、甲萘威、硫双威、丁硫克百威、溴氰菊酯、氯氰菊酯、氰戊菊酯、高效氯氟氰菊酯、甲氰菊酯、吡·苏、氰·辛、乐·氰、哒嗪·氰、*S*-氰·辛、敌畏·氧乐、丙·辛、高氯氟氰·辛、硫丹·溴。

（十一）钻心虫类

1. 钻心虫 敌百虫、敌敌畏、马拉硫磷。

2. 旋心虫 甲萘威、敌百虫、敌敌畏。

3. 苞虫 杀虫双、杀虫单、杀虫安、杀螟丹、甲萘威、马拉硫磷、杀螟硫磷、敌百虫、敌敌畏、氧乐果、醚菊酯、氟苯脲、Bt、噻·杀单。

4. 桃小食心虫 ①地面用农药主要有：辛硫磷、二嗪农、毒死蜱、好劳力、安民乐、乐斯本等。②树上用农药主要有：乙酰甲胺磷、杀螟硫磷、安民乐、好劳力、毒死蜱、乐斯本、果隆、除虫脲、氟啶脲、氟虫脲、氟苯脲、阿托力、阿耳发特、速灭杀丁、阿灭灵、氟氯氰菊酯、阿灭灵、安绿宝、绿百事、功夫、天王星、百树菊酯、保得、虫赛死、敌杀死、歼灭、高效氯氰菊酯、来福灵、灭扫利等。

5. **梨小食心虫**　主要有毒死蜱、乙酰甲胺磷、杀螟硫磷、果隆、杀铃脲、除虫脲、氟啶脲、氟虫脲、氟苯脲、虫赛死、速灭杀丁、阿耳发特、氟氯氰菊酯、安绿宝、歼灭、阿灭灵、功夫、天王星、百树菊酯、百树得等。

6. **大食心虫**　敌百虫、敌敌畏、杀螟硫磷、溴氰菊酯。

7. **白小食心虫**　杀螟硫磷、马拉硫磷、甲氰菊酯、顺式氰戊菊酯。

8. **小食心虫**　辛硫磷、甲基异柳磷、毒死蜱、水胺硫磷、乙酰甲胺磷、杀螟硫磷、除虫脲、灭幼脲、氟啶脲、氟虫脲、氟苯脲、氰戊菊酯、氟氯氰菊酯、氯氰菊酯、高效氯氰菊酯、甲氰菊酯、氰·马、氰·辛、氰·杀、S-氰·马、S-氰·辛、高氯·辛、高氯·马、毒·高氯、毒·氯、辛·氯、哒·氯、甲氰·辛、甲氰·马、高氯氟氰·马、丁硫·马、乐果。

9. **食心虫**　毒死蜱、稻丰散、亚胺硫磷、倍硫磷、嘧啶氧磷、马拉硫磷、杀螟硫磷、敌百虫、敌敌畏、伏杀硫磷、混灭威、甲萘威、灭多威、氰戊菊酯、顺式氰戊菊酯、氯氰菊酯、高效氯氰菊酯、溴氰菊酯、氟氯氰菊酯、高效氟氯氰菊酯、溴氟菊酯、醚菊酯、白僵菌、Bt、氧乐·氰、辛·氯、氯·氧乐、氰马、氧乐·甲氰。

（十二）叶蝉类

杀螟硫磷、溴氰菊酯、鱼藤精、异丙威、混灭威、仲丁威、速灭威、吡虫啉、毒死蜱、二嗪磷、克百威、乐果、氧乐果、甲基异柳磷、林丹、氰戊菊酯、磷·克百威、甲萘威、氟虫腈、抑食肼、乐·稻净、噻·杀单、二溴磷、稻丰散、杀扑磷、伏杀硫磷、氯氰菊酯、高效氯氟氰菊酯。

1. 一点叶蝉　乐果、敌敌畏、马拉硫磷、杀螟硫磷。

2. 条沙叶蝉　乐果、氧乐果、甲拌磷、亚胺硫磷、敌·马。

3. 小绿叶蝉　乐果、敌敌畏、辛硫磷、杀螟硫磷、喹硫磷、亚胺硫磷、噻嗪酮、吡虫啉、硫丹、杀螟丹、灭多威、速灭威、丁硫克百威、白僵菌、鱼藤酮、百部·楝·烟、氯氰菊酯、高效氯氰菊酯、顺式氯氰菊酯、高效氯氟氰菊酯、联苯菊酯、甲氰菊酯、氟丙菊酯、高氯·马、硫丹·氯、吡·氯、吡·噻、吡·辛、高氯氟氰·辛、高氯氟氰·噻。

4. 草蝉　克百威、甲拌磷、甲拌·克。

5. 斑衣蜡蝉　氧乐果、辛硫磷。

6. 桃一点叶蝉　速扑杀、马拉硫磷、杀螟硫磷、喹硫磷、吡虫啉、阿灭灵、安绿宝、阿耳发特、阿托力、虫赛死、敌杀死、功夫、高效氯氰菊酯、保得、百树菊酯等。

（十三）尺蠖

二溴磷、敌百虫、敌敌畏、甲萘威、敌·辛、辛·乙酰甲、乐·氰、乐果、马拉硫磷、Bt、敌·马、辛硫磷、伏杀硫磷、氟啶脲、甲氧滴滴涕、氰·马、毒死蜱、亚胺硫磷、杀螟硫磷、喹硫磷、二嗪磷、杀螟丹、除虫脲、灭幼脲、氟啶脲、氟虫脲、硫丹、核型多角体病毒、鱼藤酮、苦参碱、苦皮藤素、白僵菌、溴氰菊酯、氯氰菊酯、高效氯氰菊酯、顺式氯氰菊酯、高效氯氟氰菊酯、联苯菊酯、辛·氯、敌畏：氯、高氯·马、甲氰·辛、敌畏·毒、灭多威、虫螨特。

（十四）蓟马类

1. 蓟马　三唑磷、乙酰甲胺磷、喹硫磷、苦参碱、鱼藤酮、吡虫啉、溴氰菊酯、氯氰菊酯、高效氯氰菊酯、氟胺氰菊酯、硫丹·溴、辛硫磷、敌敌畏、灭多威、异丙威、马拉硫磷、敌百虫、亚胺硫磷、抑食肼、杀虫双、杀虫单、杀虫安、敌·马、噻虫嗪、二溴磷、乐果、氧乐果、甲拌磷、喹硫磷、克百威、甲萘威、氰戊菊酯、顺式氰戊菊酯、甲氰菊酯、二嗪磷、氰·马、乙酰甲胺磷、氧乐·氰。

2. **黄蓟马**　乐果、敌敌畏、辛硫磷、马拉硫磷、灭多威、丁硫克百威、吡虫啉、氯氰菊酯、顺式氯氰菊酯、高效氯氰菊酯、高效氯氟氰菊酯、联苯菊酯、甲氰菊酯、高氯·马。

（十五）瘿蚊

乐果、敌敌畏、喹硫磷、甲基异柳磷、吡虫啉、氟虫腈、毒死蜱、二嗪磷、氯唑磷、杀螟硫磷、哒嗪硫磷、水胺硫磷、克百威、速灭威、毒·唑磷、毒·噻、灭线磷、马拉硫磷。

（十六）二十八星瓢虫

辛硫磷、亚胺硫磷、马拉硫磷、杀螟硫磷、杀螟丹、鱼藤酮、溴氰菊酯、乙氰菊酯、氰·马、敌百虫、敌敌畏、氧乐果、鱼藤酮、氰戊菊酯、甲氰菊酯。

（十七）蜡类

1. **盲蝽**　氧乐果、马拉硫磷、毒死蜱、二溴磷、杀扑磷、伏杀硫磷、灭多威、氰戊菊酯、顺式氰戊菊酯、高效氯氟氰菊酯、氟胺氰菊酯、溴氰菊酯、甲氰菊酯、敌·辛、氰·辛、喹硫磷、乙酰甲胺磷、氯氰菊酯、氟氯氰菊酯、吡虫啉、甲萘威、硫丹·溴、辛硫磷、乐果、乐·异稻、辛·马。

2. **网蝽**　敌敌畏、马拉硫磷、乐果、杀螟硫磷。

3. **茶翅蝽**　主要有马拉硫磷、虫赛死、阿托力、阿耳发特、敌杀死、阿灭灵、安绿宝、氯氰菊酯、保得、功夫、绿百事、歼灭、高效氯氰菊酯、速灭杀丁等。

（十八）蝶类

1. **凤蝶**　敌百虫、敌敌畏。

2. **黄凤蝶**　敌百虫。

3. **粉蝶**　辛硫磷、氰戊菊酯、速灭威、溴氰菊酯、甲氰菊酯。

4. **拟豹纹蛱蝶**　敌百虫。

5. **赤蛱蝶**　敌百虫、马拉硫磷、速灭威、杀虫双、菊酯类。

6. **黄蛱蝶**　敌百虫、敌敌畏、马拉硫磷、杀虫双、菊酯类。

（十九）天牛、象甲、叩甲类

1. **天牛**　磷化铝、敌敌畏、氧乐果、杀螟硫磷、辛硫磷、水胺硫磷、氰戊菊酯。

2. **象甲类**　杀螟丹、联苯菊酯、杀螟硫磷、甲基异柳磷、敌敌畏、乐果、甲拌磷、氰戊菊酯、乐·异稻、毒死蜱、三唑磷、倍硫磷、吡虫磷、氟虫腈、乙氰菊酯、醚菊酯、克百威、丁硫克百威。

3. **大象甲**　乐果、敌百虫、三唑磷、杀螟硫磷、倍硫磷。

4. **纹象甲**　乐果、辛硫磷、杀螟硫磷、甲萘威。

5. **金象甲**　敌百虫。

6. **小象甲**　敌百虫。

7. **食芽象甲**　敌百虫、甲氧滴滴涕。

8. **大灰象甲**　敌百虫、甲萘威、乐果。

9. **四纹豆象**　溴甲烷。

10. **豆象**　溴甲烷、磷化铝、马拉硫磷。

11. **切叶象**　辛硫磷、敌敌畏、敌百虫、菊酯类。

12. **椿象**　敌百虫、高效氯氰菊酯、白僵菌、毒·高氯、高氯·马、毒·氯、氯·马、敌畏·氯、氰·马、敌畏·马。

13. **框沟象**　克百威。

14. **水象甲**　三唑磷、倍硫磷、甲基异柳磷、水胺硫磷、克百威、丁硫克百威、氟虫腈、乙氰菊酯、醚菊酯。

（二十）叶甲类

1. **叶甲**　三唑磷、甲基异柳磷、水胺硫磷、克百威、敌百虫、杀螟硫磷、马拉硫磷、氧乐果、辛硫磷、敌敌畏、乐果、氰戊菊酯、溴氰菊酯。

2. **双斑萤叶甲**　氧乐果、亚胺硫磷、马拉硫磷、伏杀磷、乐果、辛硫磷、倍硫磷。

3. **斑叶甲**　乐果、辛硫磷。

4. **金龟甲**　辛硫磷、甲基异柳磷、克百威、涕灭威、毒死蜱、氧乐果、敌百虫、氰戊菊酯、波尔多液。

5. **黑色蔗龟**　甲基异柳磷、辛硫磷、敌百虫、克百威、氰戊菊酯。

6. **两点褐鲶金龟**　克百威、甲基异柳磷、辛硫磷、氯唑磷、毒死蜱、氟虫腈。

7. **露尾甲**　乐果、伏杀硫磷、甲拌磷、氰戊菊酯、乐·异稻。

8. **拟地甲**　辛硫磷、甲基异柳磷。

9. **二条叶甲**　辛硫磷、敌百虫、敌敌畏、杀螟硫磷、氯氰菊酯、高效氯氰菊酯。

10. **双带象甲**　毒死蜱、敌敌畏、氯唑磷、灭线磷、克百威、乙酰甲胺磷。

11. **犀甲**　敌百虫、辛硫磷、丙溴磷、氧乐果。

12. **金龟子**　地面用农药为辛硫磷、甲基异柳磷、克百威、涕灭威、毒死蜱、敌百虫、二嗪农、好劳力、安民乐等。树上用农药为辛硫磷、氰戊菊酯、杀灭菊酯、安绿宝、绿百事、歼灭、兴棉宝、灭百可、保得等。

13. **黄守瓜**　二溴磷、马拉硫磷、敌百虫、敌敌畏、辛硫磷、鱼藤酮、楝素、溴氰菊酯、氰戊菊酯、增效氰·马。

14. **金针虫**　辛硫磷、甲基异柳磷、乙基硫环磷、嘧啶氧磷、乐果、敌百虫、二嗪磷、毒死蜱、氯唑磷、辛·拌磷。

15. **蛴螬**　辛硫磷、甲基异柳磷、乙基硫环磷、嘧啶氧磷、乐果、敌百虫、二嗪磷、毒死蜱、氯唑磷、辛·拌磷。

16. 负泥虫　杀螟硫磷、乐果、敌百虫、醚菊酯、氟虫腈。

17. 猿叶虫　杀螟硫磷、鱼藤酮、辛硫磷、敌百虫、辛·马。

（二十一）跳甲类

甲基异柳磷、敌敌畏、敌百虫、毒死蜱、辛硫磷、马拉硫磷、乙酰甲胺磷、杀螟丹、鱼藤酮、溴氰菊酯、甲氰菊酯、氯氰菊酯、高效氯氰菊酯、敌畏·氯、氰·马、氰·杀、敌畏·马、水胺硫磷。

（二十二）芜菁

敌百虫、马拉硫磷、杀螟硫磷、氰戊菊酯、溴氰菊酯、辛·马。

（二十三）蝼蛄类

辛硫磷、甲基异柳磷、乙基硫环磷、嘧啶氧磷、乐果、敌百虫、二嗪磷、毒死蜱、氯唑磷、辛·拌磷。

（二十四）吸浆虫

林丹、辛硫磷、甲基异柳磷、敌敌畏、氧乐果、二嗪磷、甲拌磷、敌·马、敌百虫、甲萘威。

（二十五）介壳虫类

1. 蚧类　噻嗪酮、辛硫磷、亚胺硫磷、喹硫磷、杀螟硫磷、马拉硫磷、二溴磷。

2. 桑白蚧　主要有矿物油乳剂、蚧螨灵、柴油乳剂、石硫合剂、融蚧、杀扑磷、优乐得、噻嗪酮等。

3. 扁平球坚蚧　主要有矿物油乳剂、蚧螨灵、柴油乳剂、石硫合剂、融蚧、速扑杀、优乐得等。

4. 白蚧　杀扑磷、水胺硫磷、杀螟硫磷、马拉硫磷、噻嗪酮、机油乳油、松脂合剂、敌敌畏、氧乐果。

5. 龟蜡蚧　柴油乳剂、水胺硫磷、氧乐果、杀扑磷、氰戊菊酯、甲萘威。

6. **圆蚧** 柴油乳剂、速扑杀、氧乐果、敌敌畏、丙溴磷、高效氯氰菊酯、啶虫脒。

7. **绵蚧** 机油乳剂（或加辛硫磷或加杀螟硫磷）、氧乐果、水胺硫磷、石硫合剂。

8. **草履蚧** 敌敌畏、辛硫磷、氧乐果、伏杀硫磷、甲萘威、溴氰菊酯。

9. **干蚧** 氧乐果、杀螟硫磷、乙酰甲胺磷、石硫合剂。

10. **矢尖蚧** 毒死蜱、亚胺硫磷、杀螟硫磷、嘧啶磷、乐果、氧乐果、噻嗪酮、烟碱、机油乳油、机油·马、毒·机油、机油·石硫、毒·氯、毒·扑杀、噻·氧乐、噻·扑杀、马·噻、甲嘧磷·噻。

11. **糠片盾蚧** 杀扑磷、氧乐果、喹硫磷、噻嗪酮、机油乳油。

12. **粉蚧** 松脂合剂、二嗪磷、杀扑磷、氧乐果、乐果、敌敌畏。

（二十六）蝗类

1. **蝗** 杀螟硫磷、乐果、稻丰散、氟虫腈。

2. **土蝗** 马拉硫磷、杀螟硫磷、稻丰散、乐果、氧乐果、甲基异柳磷、林丹、菊酯类。

3. **东亚飞蝗** 马拉硫磷、稻丰散、杀螟硫磷、氟虫腈、林丹、氰戊菊酯、溴氰菊酯等多种菊酯类杀虫剂、绿僵菌、高氯·马。

4. **竹蝗类** 林丹、敌敌畏。

（二十七）蜂类

1. **叶蜂** 辛硫磷、敌百虫、甲萘威、硫双威、氰戊菊酯、溴氰菊酯、杀螟硫磷、敌敌畏。

2. **黄叶蜂** 敌百虫、乐果。

3. **茎蜂** 甲基异柳磷、敌百虫、敌敌畏、乐果。

4. 粟瘤蜂（粟瘿蜂）　乐果、氧乐果、杀螟硫磷。

5. 籽蜂　乐果。

（二十八）螨类

1. 山楂叶螨　石硫合剂、矿物油乳剂、蚧螨灵、机油乳剂、硫悬浮剂、多硫化钡、尼索朗、农螨丹、霸螨灵、唑螨酯、溴螨酯、螨涕、克螨特、炔螨特、噻螨酮、双甲脒、螨死净、阿波罗、速螨酮、扫螨净、哒螨灵、卡死克、浏阳霉素、苦参碱、苯丁锡、三唑锡、三磷锡、倍乐霸、丁硫脲、甲氰菊酯、灭扫利、天王星、氟丙菊酯、吡螨胺、螨即死、阿维菌素、爱福丁、害通杀等。

2. 蜘蛛　甲拌磷、乐果、氧乐果、马拉硫磷、敌·马。

3. 叶螨　达螨酮、噻螨酮、唑螨酯、炔螨特、溴螨酯、氟丙菊酯、高效氯氟氰菊酯、联苯菊酯、三氯杀螨醇、三氯杀螨砜、克螨特、双甲脒、迷螨酮、双甲脒、乐果、氧乐果、硫悬浮剂、苯丁锡。

4. 短须螨　三氯杀螨醇、炔螨特、双甲脒。

5. 瘿螨　石硫合剂、硫悬浮剂、四螨嗪、达螨酮、唑螨酯、溴螨酯、炔螨特、噻嗪酮、氟虫脲、毒死蜱、三唑锡、三氯杀螨醇、毒·氯、敌敌畏、乐果、氧乐果。

6. 黄螨　克螨特、浏阳霉素、乙酰甲胺磷、高效氯氟氰菊酯、甲氰菊酯、联苯菊酯。

7. 全爪螨　硫悬浮剂、石硫合剂、双甲脒、单甲脒、炔螨特、噻螨酮、四螨嗪、速螨酮、唑螨酯、苯丁锡、三唑锡、三磷锡、丁硫脲、吡螨胺、三氯杀螨醇、华光霉素、氟丙菊酯、矿物油乳剂、柴油·炔螨、柴油·四螨、阿维·柴油、柴油·哒、机油·炔螨、机油·螨特、阿维·机油、螨醇·噻螨、阿维·螨醇、苯丁·螨醇、螨醇·氧乐、甲氰·螨醇、三氯杀螨砜、螨砜·炔螨、螨砜·唑锡、阿维·螨砜、哒·四螨、哒·炔螨、哒·螨砜、哒·唑锡、苯丁·哒、哒·磷锡、阿维·哒、哒·辛、哒·氧乐、哒·乐、哒·唑磷、哒·乙酰甲、敌畏·哒、哒·甲氰、哒·联苯、阿维·四螨、苯丁·四螨、炔螨·四螨、四螨·唑锡、吡·唑锡、阿维·唑锡、阿维·炔螨、炔螨·唑螨、炔螨·水胺、单甲·氰、喹·噻螨、甲氰·噻螨、毒·唑螨、螨醇·灭、丁硫·唑磷、阿维·丁硫、阿维·毒、甲氰·辛、甲氰·唑磷、甲氰·乐。

8. 始叶螨　三氯杀螨醇、多硫化钡、乐果、氧乐果、马拉硫磷、敌畏·氧乐、喹·氰。

9. 跗线螨　炔螨特、溴螨酯、哒螨酮。

10. 红蜘蛛　浏阳霉素、哒螨灵、尼索朗、螨克、菊酯类。

（二十九）线虫类

1. 孢囊线虫　丙线磷、克百威、涕灭威。

2. 根结线虫　甲基异柳磷、灭线磷、氯唑磷、威百亩、棉隆、克百威、涕灭威、溴甲烷、氯化苦、淡紫拟青霉、厚壁孢子轮枝菌。

附录二　部分杀虫农药制剂的敏感植物

1. 敌敌畏

（1）核果类、猕猴桃很敏感，禁用。高粱、月季对敌敌畏乳油敏感，不宜使用。玉米、豆类、瓜类幼苗及柳树也较敏感，稀释不能低于 800 倍。敌敌畏对梅花、樱桃、桃子、杏子、榆叶梅、京白梨等观赏植物有明显的药害，通常情况下应改用其他种类的杀虫剂。敌敌畏对杜鹃、馒头柳、猕猴桃、国槐、核桃及瓜类等也有不同程度的药害。

（2）瓜类、豆类是比较敏感的植物。在瓜类植物上应慎用敌敌畏、辛硫磷、杀虫双；豆科植物应慎用敌敌畏、敌百虫、杀虫双等。瓜、豆类植物在使用以上农药品种时极易产生药害，最好用其他农药品种代替。

2. 敌百虫　
核果类、猕猴桃很敏感，禁用。高粱、豆类特别敏感，不宜使用。瓜类幼苗、玉米、苹果（曙光、元帅等品种）早期对敌百虫也易产生药害。对樱花、梅花、苹果中的金帅品种等均有药害作用。

3. 辛硫磷　
高粱敏感，不宜喷施，玉米只可用颗粒剂防治玉米螟。黄瓜、菜豆对该药敏感，50% 乳油 500 倍液喷雾有药害，1000 倍液时也可能有轻微药害。甜菜对辛硫磷也较敏感，如拌闷种时，应适当降低剂量和闷种时间。高温时对叶菜敏感，易烧叶。辛硫磷等有机磷农药产生变色等药害的机制：疏水性强的有机磷农药被叶绿体或其周围组织吸附，致叶绿体的机能发生紊乱，从而阻碍电子传导反应，即希尔反应，抑制光合成，出现变色，药害越严重，其体内的碳水化合物含量减少，全氮量相对增加。药液现配现用，勿与碱性农药混用。该药见光易分解，在田间喷雾时最好在傍晚进行。要避免在西瓜生长期、萝卜和叶菜苗期上使用（甚至生长期上不用），其他植物要避免在强光条件下使用。

4. 乐果及氧乐果 猕猴桃、人参果对乐果、氧乐果特别敏感，禁用。啤酒花、菊科植物、高粱的某些品种、烟草、枣、桃、梨、柑橘、杏、梅、橄榄、无花果等植物对稀释在1500倍以下的40%乐果或氧乐果乳油敏感。花生使用次数过多，会使子叶夜间不合拢，使用前要注意使用浓度。对梅花、樱花、花桃、榆叶梅、贴梗海棠、杏、梨等蔷薇科观赏植物，均可产生明显的药害；对爵床科的虾衣花、珊瑚花等，危害也很大。

5. 石硫合剂 桃、李、梅、梨、葡萄、豆类、马铃薯、番茄、葱、姜、甜瓜、黄瓜等敏感。对葡萄、桃、梨、李、梅、杏等果树的幼嫩组织易发生药害，使用要慎重，最好在落叶季节喷洒，切勿在生长季节或花果期使用。对猕猴桃、葡萄、黄瓜及豆科的花卉均有一定的药害。

6. 乙酰甲胺磷 不宜在桑、茶树上使用。

7. 三唑磷 甘蔗对该药敏感。

8. 毒死蜱 烟草对该药敏感。在瓜苗期使用易产生药害，同时要避开在一些植物花期使用。

9. 甲拌磷 在水、肥过大的条件下，若用量过大会推迟棉花的成熟期。

10. 水胺硫磷 在超过28~30℃的高温干旱季节，柑橘上使用果实上出现条纹花斑。不宜在果树、蔬菜、桑树上使用，在桃树上使用易产生落叶落果。

11. 倍硫磷 十字花科蔬菜的幼苗、梨、桃、樱桃、高粱及啤酒花对该药敏感，易发生药害，不宜使用。

12. 杀螟硫磷 高粱、玉米及白菜、油菜、萝卜、花椰菜、羽叶甘蓝、青菜、卷花菜等十字花科植物对该药敏感，用时应注意。

13. **马拉硫磷**　番茄幼苗、瓜类、豇豆、高粱、樱桃、梨和苹果的某些品种对该药敏感，使用时应注意浓度。

14. **哒嗪硫磷**　不能与2，4-滴除草剂同时使用，如两药使用的间隔期太短，易产生药害。

15. **杀螟丹（巴丹）**　水稻扬花期、白菜、羽叶甘蓝等十字花科蔬菜幼苗对该药敏感。

16. **杀虫双**　白菜、羽叶甘蓝等十字花科蔬菜幼苗，观赏棉叶面喷雾。豆类、柑橘类果树对其敏感，只能用低浓度。

17. **杀虫单**　观赏棉、烟草、四季豆、马铃薯及某些豆类对该药敏感。

18. **仲丁威（巴沙）**　瓜、豆、茄科植物对该药敏感。

19. **异丙威**　薯类植物对该药敏感。

20. **甲萘威（西威因）**　瓜类对该药敏感。

21. **氟啶脲（抑太保）**　白菜幼苗对该药敏感。

22. **克百威**　只能作根际埋施用药，不能溶水喷洒。

23. **噻嗪酮**　白菜、萝卜对该药敏感。

24. **吡虫啉**　豆类、瓜类对该药敏感。

25. **石油乳剂**　对某些桃树品种易产生药害，最好在落叶季节使用。

26. **敌死虫（99.1%矿物油乳油）**　可与大多数杀虫剂、杀菌剂混用，能减少药液蒸发，提高农药的附着能力和保护易受紫外线影响的杀虫剂品种，因而有一定的增效作用。它可与阿维菌素、Bt、吡虫啉、敌灭灵、万灵、可杀得、琥胶肥酸铜等药剂混用，但不可与含硫药剂、波尔多液、乐果、克螨特、甲萘威、灭螨猛、灭菌丹、百菌清、敌菌灵农药混用。同时还应注意，果树上喷过以上药剂后14天内不能再喷敌死虫，否则会发生药害。使用方法：先在容器内加入一定量的水，再往水中加入规定用量的敌死虫，再加足水量。如与其他农药混用，应先将其他农药和水混匀后再倒入敌死虫，不可颠倒。为防止出现药水分离现象，应不断搅拌。夏季使用机油乳剂，有的树种会发生药害，应先做试验。

27. 松脂合剂 在夏季使用松脂合剂对柿子有明显药害，春、夏时节对柑橘产生不利影响。

28. 松碱合剂 落叶果树对其都很敏感，在夏季生长季节不宜使用。

29. 克螨特 梨树禁用，25 cm 以下瓜、豆、棉苗稀释不低于 3000 倍。克螨特对柑橘春梢嫩叶有药害，产生褐色印斑，在果实上如使用浓度过高，用药剂量过大会使果面产生黄色条状或不规则的环纹，影响果实外观，高温下用药对果实易产生迟现性药害。

30. 三氯杀螨醇类杀螨剂 对柑橘有慢性药害（忌氯作用），会导致冬季大量落叶（氯中毒）；轻者叶片灰白，重者老叶落光（三氯杀螨砜同）。山楂及苹果的某些品种易产生药害，不宜使用。茄子对其特敏感。

31. 含机油、柴油的杀螨剂 在果实生长期使用会形成"花皮果"药害。

32. 高含量炔螨特农药 在高湿条件下使用浓度过高会对柑橘幼嫩组织有药害。在木瓜上一般不使用这类杀螨剂。

33. 三唑锡 25% 三唑锡可湿性粉剂除对春梢嫩叶期（低温）植物有药害，会造成严重落花、落叶、落果，在幼果期（气温在 20 ℃ 以下）仍会造成叶、果畸形。使用浓度以 1500 ~ 2000 倍液为宜。对脐橙药害需进一步试验。

34. 三磷锡 20% 三磷锡乳油 500 ~ 2000 倍液对柑橘春梢嫩叶均有药害。果实上 6 月用药对锦橙和温州蜜柑果皮基本无影响，7 月中旬施用 500、1000、2000 倍液对上述两个品种果实有不同程度药害，但在药后 50 ~ 65 天除 500 倍液在温州蜜柑果实上仍有明显症状外，1000、2000 倍液药害症状已基本消失，对果实外观基本无影响。果实收获前（尤其是温州蜜柑）50 天内最好不要喷药。

附录三　可替代部分禁限用杀虫剂一览表

禁限用杀虫剂	替代杀虫剂
甲胺磷	乙酰甲胺磷、三唑磷、锐劲特、阿维菌素
甲基对硫磷（甲基1605）	毒死蜱、辛硫磷、敌百虫、丙溴磷、Bt
对硫磷（1605）	辛硫磷、毒死蜱、丙溴磷、阿维菌素、Bt
磷胺	辛硫磷、敌敌畏、毒死蜱、三唑磷
甲拌磷（3911）	丁硫克百威、辛硫磷、灭蝇胺
甲基异柳磷	辛硫磷、灭蝇胺、毒死蜱
久效磷	锐劲特、毒死蜱、辛硫磷、阿维菌素
氧乐果	吡虫啉、扑虱灵、灭蝇胺
克百威	辛硫磷、毒死蜱、丁硫克百威、灭蝇胺
涕灭威	毒死蜱、辛硫磷、锐劲特
灭多威	毒死蜱、辛硫磷、锐劲特
灭线磷	丁硫克百威、辛硫磷
水胺硫磷	三唑磷、毒死蜱、辛硫磷
治螟磷	三唑磷、锐劲特、阿维菌毒
内吸磷	毒死蜱、辛硫磷、锐劲特

附录四　农业部推荐使用的高效低毒杀虫杀螨剂

1. 生物制剂和天然物质　Bt、甜菜夜蛾核多角体病毒、银纹夜蛾核多角体病毒、小菜蛾颗粒体病毒、茶尺蠖核多角体病毒、棉铃虫核多角体病毒、苦参碱、印楝素、烟碱、鱼藤酮、苦皮藤素、阿维菌素、多杀霉素、浏阳霉素、白僵菌、除虫菊素、硫悬浮剂。

2. 合成制剂　溴氰菊酯、氟氯氰菊酯、氯氟氰菊酯、氯氰菊酯、联苯菊酯、氰戊菊酯、甲氰菊酯、氟丙菊酯、硫双威、丁硫克百威、抗蚜威、异丙威、速灭威、辛硫磷、毒死蜱、敌百虫、敌敌畏、马拉硫磷、乙酰甲胺磷、乐果、三唑磷、杀螟硫磷、倍硫磷、丙溴磷、二嗪磷、亚胺硫磷、灭幼脲、氟啶脲、氟铃脲、氟虫脲、除虫脲、噻嗪酮、抑食肼、虫酰肼、哒螨灵、四螨嗪、唑螨酯、三唑锡、炔螨特、噻螨酮、苯丁锡、单甲脒、双甲脒、杀虫单、杀虫双、杀螟丹、甲氨基阿维菌素、啶虫脒、吡虫啉、灭蝇胺、氟虫腈、溴虫腈、丁醚脲。

注意：茶叶上不能使用氰戊菊酯、甲氰菊酯、乙酰甲胺磷、噻嗪酮、哒螨灵。

附录五 常见杀虫剂通用名与俗名对照表

中文通用名	英文通用名	俗名
S-氰戊菊酯	esfenvalerate	顺式氰戊菊酯、高效氰戊菊酯、来福灵、双爱士、强力农、白蚁灵、辟杀高、强福灵、盖化利
zeta-氯氰菊酯	zeta-cypermethrin	富锐
阿维菌素	abamectin	阿巴菌素、阿弗菌素、阿维虫清、阿维虫必清、阿维兰素、杀虫菌素、揭阳霉素、揭阳菌素、阿凡曼菌素、集琦虫螨克、爱螨力克、爱诺虫清、爱比菌素、齐墩螨素、齐墩霉素、螨虫素、蓝锐、齐螨素、青青乐、杀虫丁、害极灭、阿巴丁、爱福丁、虫克星、虫螨克、虫螨光、虫螨杀星、虫螨齐克、克虫星、灭虫丁、灭虫清、农哈哈、灭虫灵、赛福丁、强棒、杀虫畜、畜卫佳、7051杀虫素、巴面通、金钟罩、维多力、准灵、助旺、质如金、震田、真赛、斩除、悦达、勇猎、益梨克虱、抑蛾净、夜蛾折、叶不卷、野田虫了素、亚通、迅击、雄达、袭击、雾尘、卫汝特、维灭蛾、威克达、万朗、土线散、屠丝净、突破、透清、通克、天蝎、天惠虫螨敌、天富、太行生清、索卡、速妙、松线光、双面齐功、帅施梨、刷克、蔬喜、世佳虫清、世纪风、ZAP、虱螨立杀、胜欣、杀丝乐、杀虫素、爱福丁2号、爱诺虫清3号、菜虫星、克螨清1号、悦联卷必净、益定、Agrime、Avermectin B1
胺丙畏	propetamphos	赛福丁、巴胺磷、烯虫磷
白僵菌	beauveria bassiana	Boverin
保幼炔	farmoplant	JH286
苯丁锡	fenbutatin oxide	杀螨锡、托尔克、螨完锡、克螨锡、蛛螨绝、经纬风、经纬特、洗螨脱、螨得斯、神威特、蛛螨除、螨朝天、早美

续表

中文通用名	英文通用名	俗名
苯氧威	fenoxycarb	苯醚威、双氧威、Insegar、Logic Torus、Pictyl、O13－5223、NR8501、OMS3010、Efenoxecarb
吡丙醚	pyriproxyfen	灭幼宝、蚊蝇醚、可汗
吡虫啉	imidacloprid	咪蚜胺、益达胺、一遍净、一片净、一泡净、大功臣、蚜虱净、扑虱蚜、铁沙掌、康福多、高巧、艾美乐、比丹、四季红、高铁水、大拇指、刺克、金刚钻
吡螨胺	tebufenpyrad	必螨立克、MK－239
吡蚜酮	Pymetrozine	吡嗪酮、神约、飞电、万紫、顶峰
丙硫克百威	benfuracarb	安克力、呋喃威、丙硫威、安可、免扶克、OK－174
丙硫磷	prothiofos	低毒硫磷
丙溴磷	profenofos	溴氯磷、克虫磷、多虫磷、多虫清、布飞松、菜乐康、乐土、勇猛、维抗、克捕赛
菜青虫（菜粉蝶）颗粒体病毒	pieris rapae granulosis virus（PrGV）	Pieris rapae GV、菜青虫病毒、杨康、武洲1号、武大绿洲精准虫克
残杀威	propoxur	拜高、残杀畏、安丹、残虫畏、拜力坦
茶尺蠖核型多角体病毒	ectropis obliqua nucleopolyhedrovirus（EoNPV）	武大绿洲茶园
虫螨腈	chlorfenapyr	溴虫腈、除尽、快易杀、专攻、帕力特、伐蚁克、吡咯胺、氟唑虫清、溴虫氰
虫酰肼	tebufenozide	米满、天地扫、RH－5992
除虫菊素	pyrethrins	除虫菊、除虫菊酯、扑得
除虫脲	diflubenzuron	敌灭灵、伏虫脲、氟脲杀、灭幼脲1号、斯迪克、斯代克、敌虫灵、斯盖特、二氟脲

中文通用名	英文通用名	俗名
哒螨灵	pyridaben	速螨酮、哒螨灵、达螨灵、达螨净、牵牛星、螨必死、扫螨净、毕达本、双勇、螨净、螨宝灵、克胜螨清、哒螨净、虫螨星、螨策、杀螨灵、果尔康、世纪风、螨星、灭螨灵、巴斯本、杀螨特、速克、苯双得、绿34宁、螨虫宁、灭螨清、快杀螨1号、快杀螨2号、农氏乐、及时雨、立打螨2号、立打螨3号、大顺、螨死净、大鹏、卡螨丹、金果康、螨立死、克螨多、果螨特、高能达、红尔螨、大灵、久仰、横螨无立、控螨压虱、百加红、牵螨克、劲击、允达灵、螨卵清、龙跃、飞跃、猎螨、力诺特、真中用、鑫螨利、邦杀螨、螨降、螨巴、倍螨呐、休螨、好讯、银星、三季螨、三炔螨、诺红敌、醉螨、乐用、欣螨落、纳敌、裂螨、啄螨、螨赶跑、快讯、截击、八爪清、损螨、螨包抓、高宁、红斯诛、春螨夺、螨巧、重击、胜客、禁螨、独石、绿螨宁、庄锐、达达、螨易愁、傲克、螨齐杀、铲螨能手、诺瓦克、螨愁、庄得、螨创、金扫帚、罗螨、螨福来、速克螨、绿旋风、杀螨一片净、大螨冠、雄风、冠螨星、螨灵克、东冠、螨统死、通打、红萨、巨鹰、奇克螨、猛克螨、速杀果螨、特螨清、劲克螨、泰杀螨、克螨净、Sanmite、NC-129、NCI-129
哒嗪硫磷	pyridaphenthione	哒净硫磷、达净松、苯哒磷
单甲脒	semiamitraz	杀螨脒、锐索、津佳、络杀、螨不错、螨虱克、单甲脒盐酸盐、卵螨双净、天环螨清、螨类净、天泽
稻丰散	phenthoate	爱乐散、益尔散、甲基乙酯磷
敌百虫	trichlorfon	Dipterex
敌敌钙	calvinphos	钙敌畏、钙杀畏、CAVP

续表

中文通用名	英文通用名	俗名
敌敌畏	dichlorvos	DDVP、熏虫灵、速罢蚜、津九九、烟熏虫灭、灵兴、卫民、拼搏、熏蚜没、麦治、猛赛、索蜂、缉拿、杀虫优、家虫净、棚虫克、死得快、棚康、棚虫畏、熏蚜一号、歼蚜特、百扑灭、全乐走、卷虫平、昌盛灵、万事利、好家伙、赶走、排除、正击
丁氟螨酯	cyflumetofen	Danisraba、金满枝
丁硫克百威	carbosulfan	克百丁威、好年冬、安棉特、丁呋丹、丁硫威、好安威、丁基加保扶、好安卫、农悦、好百年3号、农克喜、乐无虫、好年丰、好百年、百卫、英赛丰、夺蚜、超击、威灵、红冠、利箭、田奴、FMC-35001
丁醚脲	diafenthiuron	杀螨脲、杀螨隆、宝路、Pegasus、保克螨、螨别Ⅰ号、螨别Ⅱ号
丁烯氟虫腈	rizazole	丁虫腈
丁烯基多杀菌素	butenyl-spinosyns	Pogonins
丁酯磷	butonate	
啶虫丙醚	pyridalyl	睫虫丙醚、PLEO、Overture、宽帮1号、速美效、三氟甲吡醚
啶虫脒	acetamiprid	莫比朗、绿园、农友、农不老、益达、阿达克、快益灵、依必克、亚锐诺、金世纪、圣手、毕达、蚜杀灵、虫即克、乐百农、农天力、金宁、七品红、美嘉、喜雕、喜办蚜、乙虫脒、吡虫清

中文通用名	英文通用名	俗名
毒死蜱	chlorpyrifos	乐斯本、杀死虫蓝珠（14%颗粒剂）、氯蜱硫磷、Dowco179、ENT27311、锐斧、虫煞、省事本、迪芬德、久敌、神农宝、同一顺、落螟、农斯特、雷丹、思虫净、绵贝、枪击、千钧棒、紫丹、地虫清、农本得、阿麦尔、刹必可、双盈、裕民、能打、地贝得、虫败、连击、斯皮锐、地下伏手、新一佳、巨雷、谋虫、东浪、酷龙、锐矛、佳丝本、斯地克、搏乐丹、红盾、大龄通、虫翘、田盛、绵停、达斯奔、地正丹、真功、广治、快斯达、标敌、禾诺、速龙、毒娇斯、毒士、蛆逃、阿捕郎、绵针、药螟、盖仑本、农斯利、安民乐、乐思耕、白蚁清、毒丝本、猎龙、白蚁清、泰乐凯、陶斯松、新农宝、博乐、金螟一休
多噻烷	polythialan	
多杀霉素	spinosad	Success、菜喜、催杀、刺糖菌素、催杀
耳霉菌	conidioblous thromboides	杀蚜霉素、杀蚜菌剂
二甲基二硫醚	dithioether	螨速克、二甲基二硫、甲基二硫醚、DMDS
二嗪磷	diazinon	二嗪农、地亚农、立本、大亚仙农、大利松、穿皮清、Diazol、Diazitol、Basudin、Sarloex、Nucidol、Exodin、Spectratide、Alfatox、Dazzel、Diaizet、Diazide、Dipofene
二溴磷	naled	DIBROM、二溴灵
呋虫胺	dinotefuran	
呋喃虫酰肼	furan tebufenozide	福先
伏杀硫磷	phosalone	伏杀磷、佐罗纳、沙龙、Embacide、Rubitox、Zolone、RP11974、ENT-27163、NPH1090
氟胺氰菊酯	tau-fluvalinate	马扑立克、福化利
氟苯脲	teflubenzuron	农梦特、伏虫隆、田氟脲、伏虫脲、特氟脲

续表

中文通用名	英文通用名	俗名
氟丙菊酯	acrinathrin	罗素发、罗速发、罗速、氟酯菊酯、杀螨菊酯
氟虫胺	sulfluramid	废蚁蟑、HX-12、FC-9、FINITRON
氟虫腈	fipronil	锐劲特、氟苯唑、威灭
氟虫脲	flufenoxuron	卡死克、氟芬隆、WL115110
氟虫酰胺	flubendiamide	氟虫双酰胺、垄歌、Belt、Fame、Fenos、Phoenix、Takumi
氟啶虫胺腈	sulfoxaflor	Closerand Transform、砜虫啶、特福力（Transform）、可立施（Closer）、Cyanamide、XDE-208
氟啶虫酰胺	flunicotamid	1KI-220、F-1785、铁壁、ARIA、BELEAF、CARBINE、MAINMAN、SETIS、TEPPEKI、TURBINE、ULALA
氟啶脲	chlorfluazuron	定虫隆、定虫脲、啶虫隆、氟伏虫脲、抑太保、IKI7899、氯伏虫脲、农美、菜得隆、蔬好、方通蛾、保胜、奎克洽益旺、抑统、菜亮、保胜、顶星、卷玫、赛信、夺众、顽结、妙保、友保、雷歌、博魁、玄峰、力成、瑞照、标正、美雷、仰大一保、夜蛾天关
氟硅菊酯	silafluofen	施乐宝（Silatop）、硅白灵（Silonen）
氟铃脲	hexaflumuron	六伏隆、盖虫散、抑杀净、伏虫灵、果蔬保、太宝
氟氯氰菊酯	cyfluthrin	百树菊酯、百树得（Baythroid）、氟氰醚菊酯、保得、天王百树、抢功、福乐庆、立威拜得、保富、鸿福、百治菊酯、氟氯氰醚、赛扶宁、杀飞克
氟螨	flufenzine	氟螨嗪
氟氰戊菊酯	flucythrinate	氟氰菊酯、氟戊酸氰酯、甲氟菊酯、保好鸿
氟蚁腙	hydramethylnon	伏蚁腙、TC伏蚁腙、A厚生杀蟑胶饵、克贝特（氟蚁腙2%）、猛力杀蟑饵剂、威灭MDRO、Matox、COMBAT、Wipeout、MAXFORCE、AC217300、CL217300

续表

中文通用名	英文通用名	俗名
高效氟氯氰菊酯	beta-cyfluthrin	顺式氟氯氰菊酯、高效百树菊酯、高效百树得、高效百树、保得、保富、拜虫杀
		三氟氯氰菊酯、功夫菊酯、功夫、空手道、单击、天功
高效氯氟氰菊酯	lambda-cyhalothrin	毒特星、功乐、攻关、功千、功勋、功禾、功锐、功星、功令、功浚、功特、攻猎、功将、功倒、攻索、功高、攻害、功力、功灿、功卡、功灭、金功、银功、立功、顶渺、好功、美功、森功、闪功、展功、广功、澳功、捷功、尊功、领功、稳功、爱功、极功、硬功、迅功、神功、易攻、至功、胜功、炫功、玄宝功、傲功、扑功、强攻、强弩、当关、飞红、红箭、惊彩、彩地、日高防、高发、高兰、高福、共福、泰龙、彪、劲彪、彪戈、英瑞、连斗、斗益、斗魁、雷帅、碧宝、喷金、金登、金菊、鑫碧、氟虎、暂星、铁骑、铁腕、美赛、赛镖、擒敌、更富、荣茂、闪点、万凯、万祥、万巧、巧克、巧杀、砍杀、统杀、统宁、冲锋、封害、狂纵、多击、击破、击断、米格、翠浓、务农、天戟、天矛、天弓、天菊、无患、刚劲、劲跑、劲夫、胜夫、夫伏、强悍、强镇、丝抑、顶秀、希利、真迅、迅拿、迅奇、奇猛、怒猛、蔬香、添翼、力鼎、透拿、速征、森戈、稼尊、震死、植喜、傲申、跃成、方捕、朗穗、朗星、健祥、黑雾、诱敌、闪平、联扑、妙胜、东晟、定生、定剑、乐剑、重歼、射手、单挑、双盾、通惠、惠择、大康、小康、康夫、消卷、穿纵、丰野、稳定杀、四面击、好农夫、好渗达、好乐士、圣斗士、金锐宁、黄金甲、恒功清、见虫卡、专整虫、虫垮台、绿青丹、雷司令、如雷贯、功得乐、特鲁伊、华夏龙、寒风刀、秋风扫、死翘翘、洽益鹏、百千浪、百业新、金秋风扫、菜茶帮手、苏化正功、丰山农富、上格治服、瑞德丰瑞功

中文通用名	英文通用名	俗名
高效氯氰菊酯	beta-cypermethrin	高效顺、反氯氰菊酯、α-顺、反氯氰菊酯、高效灭百可、卫害净、绿色威雷、虫真惊、好本事、百虫宁、保绿康、克多邦、绿邦、顺天宝、农得富、绿林、好防星、绿丹、田大宝、高露宝、奇力灵、绿青兰、克虱净、中保四号、高灭灵、三敌粉、无敌粉、蝇克星、高清、高冠、高保、高打、高亮、高唱、金高、商乐、植乐、太强、赛诺、赛康、宇豪、拦截、益稼、田备、邦富、万钧、聚焦、三破、亮棒、牺命、超杀、拼杀、铲杀、西杀、伏杀、跳杀、畅杀、勇刺、狂刺、蛾刀、歼打、歼灭、斩灭、大顺、寒剑、乐邦、保士、科海、对劲、电灭、丰元、卫宝、点通、菜菊、妙菊、福禄、绿泽、绿爽、绿佬、朗绿、绿隆、绿威、绿福、欣绿、百绿、百成、百媚、厉网、撒网、白隆、能治、盛歌、奇裘、轰动、安治、正龙、顶峰、争峰、博冠、五行、缚虫、寻虫、拷虫、虫寒、战将、庆除、维本、无恙、傻鹅、暴击、倍胜、阻害、叶屏、永进、夺标、金标、抑飞、锐猛、猛斩、欧功、锦功、好除、当先、稳克、准克、克怕、宰割、通祛、欧卡、通食、弗星、蓝钻、蓝科、兰能、澳手、快锐、方锐、胜爽、奥红、红福、民福、永富、内力、野战、天亮、天能、天龙宝、高绿宝、津绿宝、阿锐宝、绿安泰、绿百事、绿田宝、绿可安、绿稼园、绿杀丹、千织网、天邦风、好搭档、虫必除、百虫灭、百隆实、克虫厉、焚虫焚、保绿丰、保绿宁、保绿康、神农箭、菜得丰、乙太力、大灭灵、大决战、小卫士、瓢甲敌、好悦克、灭害特、利果兴、邦尼忙、杀敌通、普敌克、普虫杀、爱克杀、杀破狼、比杀力、金直击、三步倒、七把刀、福乐农、农喷乐、农人乐、农拜它、护田剑、祥宇剑、一刀准、一片倒、个个倒、莫格里、喷蔬田、焦虫水、净身灵、选对灵、联诚克、攻下塔、死了得、号角星、钱满袋、保丰净丹、凯明怡园、中农捷捕、威敌高禄、百虫斩首、百蚜净清、横杀百虫、荔蛀春宁、前打后死、悦联兴绿宝、野田杀虫毒、青虫隔叶杀、辉丰菜老大

续表

中文通用名	英文通用名	俗名
硅藻土	silicon dioxide	Diatomaceous、Diatomaceousearth、Kieselgel、保粮安
花绒寄甲虫	dastarcus helophoroides	花绒坚甲、花绒穴甲、木蜂寄甲、缢翅寄甲
华光霉素	nikkomycin	尼可霉素、日光霉素
茴蒿素	santonin	山道年、茴蒿素杀虫剂、宏宇
混灭威	dimethacarb	三甲威、3，4，5-三甲威
甲氨基阿维菌素苯甲酸盐	emamectin benzoate	埃玛菌素、甲氨基阿维菌素、埃玛菌素（因灭汀）、威克达、克胜力虫晶、成功、秋莎、华戎一号、虫离离、勇帅、绿卡、华戎二号、威克达、五星级、克胜力蟲晶、甲基阿维、金扶植、鸿甲、凯强、金尔悍马、达瑞
甲基毒死蜱	chlorpyrifos-methyl	甲基氯蜱硫磷、Dowlo214、甲基氯蜱硫磷、Reldan
甲基辛硫磷	phoximmethyl	
甲硫威	methiocarb	灭虫威、灭梭威、灭赐克、灭旱螺
甲萘威	carbaryl	西维因、胺甲萘、好爽、加保利、赛文、Bugmaster、Denapon、ENT-2369、Tricarnam、代号G7744 等
甲氰菊酯	fenpropathrin	灭扫利、韩乐村、芬普宁、阿托力、甲扫灭、解农愁、果奇、痛歼、剿螨巢、灭虫螨、农联手、都克、易敌、扫灭净、斯尔绿、祥宇盛、盖胜、吉大利、剿满粱、欢腾、中西农家庆、富农宝、银箭、爱国、稼欣、莱星帮办、农螨丹（混剂）、杀螨菊酯
甲氧虫酰肼	methoxyfenozide	美满
精高效氯氟氰菊酯	gamma-cyhalothrin	普乐斯

中文通用名	英文通用名	俗名
抗蚜威	pirimicarb	辟蚜雾、比加普、正港、灭定威、望俘蚜、蚜宁、辟蚜威
克百威	carbofuran	呋喃丹、卡巴呋喃、大扶农、蕲松、早螨威、加保扶、FMC-10242
噁虫威	bendiocarb	高卫士、苯噁威、免敌克、快康、Garvox
苦参碱	matrine	苦参素、绿诺、绿地一号、京绿、百草一号、害虫火、个卫、维绿特、维绿特Ⅱ、绿美、绿宇、碧绿、万穗1号、蚜螨敌、安肚、发太、绿Y丹2号、绿Y丹1号、绿小青、济农、绿梦源、卫园、全卫、虫危难、全中、医果、拔菌根、贝林、五丰特斩丁、凌颖、绿科昆岭、家稼乐、虫藤、杀确爽
喹硫磷	quinalphos	喹噁磷、爱卡士、克铃死、农翔
蜡质芽孢杆菌	bacilus cereus	蜡状芽孢杆菌、杀螟杆菌
乐果	dimethoate	乐戈、达灭速、灭介宁
藜芦碱	vertrine	虫敌、护卫鸟、赛丸丁、西伐丁、西代丁、藜芦定、绿藜芦碱、塞凡丁、四伐丁、藜芦碱Ⅰ、藜芦汀、VERATRINE、Sabadilla
联苯肼酯	lianbenjingzhi	NC-1111、CRAMITE、D2341、FLORAMITE
联苯菊酯	bifenthrin	氟氯菊酯、天王星、虫螨灵、虫从无、卡努、早螨灵、毕芬宁
楝素	toosedarin	川楝素、苦楝素、果蔬净、蔬果净、绿保威、川徕素、绿保丰、仙草
林丹	lindane	高丙林、Gamma-BHC
浏阳霉素	liuyangmycin	绿生、华秀绿、杀螨霉素、多活菌素

续表

中文通用名	英文通用名	俗名
硫丹	endosulfan	赛丹、硕丹、安都杀芬、安杀丹、韩丹
硫双威	thiodicarb	拉维因、双灭多威、硫双灭多威、索斯、田静二号、双捷、桑得卡、胜森、田静、硫敌克
硫肟醚	sulfoxime	HNPC-A9908
绿僵菌	netarhizium aniso-pliae	黑僵菌
氯虫苯甲酰胺	chlorantraniliprole	氯虫酰胺、康宽、科得拉、普尊、奥德腾、KK 原药、Coragen、Demacor X-100、Ryanxypyr、Altacor、Prevathon、Accelepryn、DPX-E2Y45、DKI-0002
氯氟氰虫酰胺		ZJ4042
氯氟氰菊酯	cyhalothrin	功夫、功夫菊酯、PP321、三氟氯氰菊酯
氯菊酯	permethrin	二氯苯醚菊酯、除虫精、苄氯菊酯、灭多宁、永福
氯氰菊酯	cypermethrin	安绿宝、灭百可、兴棉宝、赛波凯、韩乐宝、阿锐克、博杀特、倍力散、力克宁（富赐能）、保尔青、轰敌、奥思它、格达、赛灭灵、赛灭宁、多虫清、腈二氯苯醚菊酯、克虫威、氯氰全、桑米灵、田老大 8 号
氯噻啉	imidaclothiz	
氯唑磷	isazofos	米乐尔、异唑磷、异丙三唑磷
螺虫乙酯	spirotetramat	Movento、亩旺特
螺甲螨酯	spiromesifen	Oberon、Dancata
螺螨酯	spirodiclofen	螨危 Envidor（德国拜耳）、Daniemon、扫螨净、螨威多、季酮螨酯
马拉硫磷	malathion	马拉松、四零四九、马拉赛昂、防虫磷、粮虫净、粮泰安

园林植物杀虫剂应用技术

续表

中文通用名	英文通用名	俗名
弥拜菌素	milbemectin	橘霉素、密尔比霉素、粉蝶霉素、杀虫素 B41、橘青霉素、Milbeknock、Mibemectin、密减汀
醚菊酯	etofenprox	苄醚菊酯、多来宝、利多收、依芬、缗马劲、凌清侠、利来多、依芬宁
嘧啶氧磷	pirimioxyphos	灭定磷、N-23
嘧螨酯	fluacrypyrim	Titaron、NA83
棉铃虫核型多角体病毒	heliocoverpa armigera nucleopolyhedrovirus（HaNPV）	棉铃虫病毒、杀虫病毒、毙虫净、毙虫清、常春、虫瘟净、飞燕、环业一号、鸡公快捕、领锋、棉烟灵、农素蚀、奇劲、雪海
棉铃威	alanycarb	农虫威
灭除威	miechuwei	二甲威
灭多威	methomyl	万灵、灭多虫、甲氨叉威、乙肟威、快灵、灭虫快、纳乃得
灭杀威	xylylcarb	
灭蚜硫磷	menazon	灭蚜灵、灭那虫、灭蚜唑、唑蚜威、灭蚜松
灭蝇胺	cyromazine	Armor、Betrazin、Larvadex、美克、斑蝇敌、灭蝇宝、速杀蝇、潜蝇灵、潜力、钻皮净、蛆蝇克、乐灭斑潜蝇、潜克、果蝇灭、深能
灭幼脲	chlorbenzuron	灭幼脲 3 号、苏脲 1 号、降蛾风、抑丁保、金蛾天关、正高、潜蛾灵、抑皮壳、速顺宝、卡敌乐、康庄、降蛾风、虫索敌、虫别、蛾雷、猎蛾、争胜、巨刺、蛾决灭、抑宝、卡死特、抑脱赛、蛾杀灵、扑蛾丹、蛾杀灵、劲杀幼
苜蓿银纹夜蛾核型多角体病毒	autographa californica nucleopolyhedrovirus（AcNPV）	奥绿 1 号、双料食毙、攻蛾、秀田蛾克
哌虫啶	paichongding	吡咪虫啶、啶咪虫醚、IPP-44

504

中文通用名	英文通用名	俗名
七氟菊酯	tefluthrin	七氟苯菊酯
青虫菌		蜡螟杆菌二号、蜡螟杆菌三号
氰虫酰胺	cyantraniliprole	溴氰虫酰胺、氰虫苯甲酰胺、DPX-HGW86、倍内威、康达、海格、雷达、Cyazapyr、DPX-HG
氰氟虫腙	metaflumizone	艾法迪、Accel、Accsel、Alverde、Akuseru、Colony、Bustez、Vezisio，试验代号 BAS320I、BAS32000I、NNI-0250、R-153
氰戊菊酯	fenvalerate	速灭杀丁、杀灭菊酯、中西杀灭菊酯、敌虫菊酯、异戊氰酸酯、戊酸氰醚酯、抗飞多（稳化利）、西杀灭菊酯、凌丰、安雷特、青虫克、天果敌、正安、富通、力击、绿益净、孟刀、斯尔绿、银击、速灭菊酯、杀灭速丁、百虫灵、虫畏灵、分杀、军星10号、杀灭虫净
炔螨特	propargite	灭螨净、欧螨都、勇吉、BPPS、Propargil、Omite、Comite、满涕、满立得、满泯灭、汰螨特、仙农满力尽、益显得、灭螨净、剑效、螨排灵、满必克、满必克2号、扫螨利、新螨杀、索螨朗、螨可丹、拒螨大、绿抑净、秦星、威特满、杀螨特星、毒满泉、螨磁死、锐满净、保果好、奥美特、丙炔满特、螨除净、福螨灵、克螨特、踢满1号、果满园、满按卫、专抓螨、驱缚螨、艾螨、艾雅乐、金钻、金穗灭螨令、猛烈、睡螨地、绿柳净、奥美特
噻虫胺	clothianidin	
噻虫嗪	thiamethoxam	噻虫啉、阿可泰、锐胜、Actara
噻螨酮	hexythiazox	尼索朗

中文通用名	英文通用名	俗名
噻嗪酮	buprofezin	扑虱灵、环烷脲、稻虱净、优乐得、灭幼酮、雅得乐、布芬净、吉事能、NNI-750、稻虱灵、吉米佳、格虱去、格灭、振敌虱、美扑、飞舞、锐蜂、蜂止、川册灵、稻虱顿、金泽灵1号、佳米多、伏虱乐、总安、壳虱、除虱灵、环丰、七洲盖虱、赛旺
三氯杀螨砜	tetradifon	涕滴恩、天地红
三唑磷	triazophos	螟克清、扑虫特、关螟、锐螟治、风暴、龙狮风、金雀、钻灭、蛙闲、绞螟、水安、多速、螟特灵、维吐螟、万德农、螟劲死、施螟思、玉雀、天诛、蛙眠、和邦、亮晶晶、触皮死、速取、优尔克、焚螟、顺逆杀、剑螟、索克、螟斩、透螟、雷螟、兴谷、论秋、锁螟、吉丰、吉达、寻螟、农捷龙2号、螟化净、剿螟、一窝清、菲螟、擒螟英、瞬除、钻心杀、螟裂、梵螟、高端、万德星、先飞杀螟、力斩、螟死净、三螟定、净挫、惠民、克螟灵、易强特、三落松、真省钱
三唑锡	azocyclotin	倍乐霸、三唑环锡、锉满特、夏螨杀、满顺通、满必败、阿帕奇、红满灵、高克佳、锡先高、白满灵、南北满、红金焰、扑螨洗、使满伐、满无踪、清满丹2号、清满丹、遍地红、克蛛勇、满津、福达、歼满丹、永旺、扑捕、正满、劲灭、满秀、顶点、通击、火焰、背满、蛛即落、夏螨杀
杀虫单	thiosultapmono-sultap	单钠盐、彩蛙、稻卫士、潜置、挫瑞散、稻润、禾英红、叼虫、搏虫贝、庄胜、螟蛙、水陆全、螟叼、天祥、卡灭、射星、稻道顺、润田丹、亿安、杀螟克、灿禾、螟力司、杀螟2000、扑螟瑞、双锐、索螟、华杀1号、螟戒、锦克、丰足、弃虫、稻盛、克螟丹、劲丹、丹妙、围巢、稻刑螟

续表

中文通用名	英文通用名	俗名
杀虫环	thiocyclam	易卫杀、螟迪、稻顺星、螨堂红、艾杀、地虫化、逐螟、歼螟、卡三、稻抛净、喜相逢、杭虫畏、撒滴用、螟思特、禾立信、稻喜宝、稻螟一施净、撒哈哈、三通、华杀11号、顺民星、开尔、螟必杀、护田飞鹰、开口消、巧治螟、银泽、禾豪、割虫首、铁打、禾映红、天露、万德行、螟怕、锐净、科索、虫仇、斧创、屠螟、阳杀
杀虫双	bisultap thiosul-tapdisodium	螟归天、螟必杀
杀虫双胺	profurite-aminium	虫杀手、精虫杀手
杀铃脲	triflumuron	杀虫隆、氟幼灵、杀虫脲、三福隆
杀螺胺乙醇胺盐	niclosamideclamine	螺灭杀、百螺杀（Bayluscide）、贝螺杀、氯硝柳胺
杀螟丹	cartap	巴丹、派丹、沙蚕胺、保镖、禾丹、卡泰丹、金倍好、速惠本、双诛、兴旺、农省星、稻宏运、乐丹、克螟丹、培丹、卡塔普、克虫普、卡达普
杀螟腈	cyanophos	氰硫磷
杀螟硫磷	fenitrothion	杀螟松、杀虫松、速灭虫
杀扑磷	methidathion	速扑杀、速蚧克、甲噻硫磷、灭达松、Supracide、Uctracide Geigy、GS13005、NC-2964、OMS844J、ENT27193
杀线威	oxamyl	草胺威、草肟威、欧杀灭、万强（杜邦）、虫线胺、Oxamil、Blade［Power］、DPX 1410（杜邦）、Vydate（杜邦）
石蜡油	paraffinic oil	喜多乐
蔬果磷	dioxabenzofos	水杨硫磷、环硫磷、杀抗松、K9
双甲脒	amitraz	螨克、双二甲脒、阿米曲、果杀螨、双虫脒、杀伐螨、螨久力、金雁、虱螨清、安螨克、一枝花、螨黑、果螨治、螨焚、双胜、梨虱灵、Mitac

中文通用名	英文通用名	俗名
水胺硫磷	isocarbophos	羧胺磷、梨星一号、灭蛾净、羟胺磷
顺式氯氰菊酯	alpha-cypermethri	高顺氯氰菊酯、高效顺式氯氰菊酯、百事达、高效灭百可、高效安绿宝、快杀敌、阿尔法特、奋斗呐、亚灭宁
四氟苯菊酯	transfluthrin	四氟菊酯
四聚乙醛	metaldehyde	多聚乙醛、蜗牛敌、密达、梅塔、喷螺宝
四氯虫酰胺		9080
四螨嗪	clofentezine	螨死净、螨杰、克螨敌、扑螨特、三乐、阿波罗、红暴、卵落、破卵、美诺
四溴菊酯	tralomethrin	Scout、凯撒、刹克（Saga）
松脂酸钠	sodium pimaric acid	松碱合剂
苏云金杆菌（Bt）	bacillus thuringiensis	敌宝、蛾将、锐星、劲狮、拂康、金云、联除、好丰、明月、茶旺、惠旺、猛增、迅攻、触螟、苏泰、点杀、环杀、科敌、豪斩、斩吊、吊黑、恒绿、双贝、贝亿、兆亿、比力、力扁、力道、力宝、迅灭、优打、广打、久打、百纳、柔刀、泰极、康雀、山雀、奇喜、万喜、万颜、高点、虫击、震击、锐击、锐壮、益尔、甘雨、永胜、海生、青翠、赛功、凯绿、绿灵、绿卓、捉敌、普拿、祈福、比尼、安卡、方欣、福通、富泰、千胜、统抓、稳抓、顺诺、三捷、采虫、九鲤、先力、先得力、都来施、多害特、阔达秀、助农宝、苏杀顽、苏特灵、苏得利、苏蛾蛾、苏力精、菌杀敌、康多惠、绿得利、绿浦安、见大利、青虫灵、农林丰、劳吉特、使吉清、杀尔多、生态宝、苏利菌、加克多、金喷头、快来顺、虫定死、虫冒死、虫卵死、虫坐牢、众虫净、益万农、棒棒宝、蛾铃多克、天宇生得、康欣倍特、苏杀虫净、菜虫特杀、强敌313、强敌三一五、强敌三一六、6号菌粉、HD-1号水剂、包杀敌、灭蛾灵、杀虫菌一号

续表

中文通用名	英文通用名	俗名
速灭威	metolcarb	治灭虱
速杀硫磷	heterophos	速扑尽
替派	tepe	涕巴、绝有磷、Tepa、Triethylene phosphoramide、Aphoxide
甜菜夜蛾核型多角体病毒	Spodopteralitura nucleopoly-hedrovirus(SpltNPV)	蛾恨、绿洲3号、武大绿洲菜园、武大绿洲来瘟死、LeNPV
微孢子虫	nosema locustae carrning	蝗虫瘟药
芜菁夜蛾线虫	steinernema feltiae	斯氏线虫、小卷蛾线虫、夜蛾斯氏线虫
戊菊酯	valerate	中西菊酯、多虫畏、中西除虫菊酯、戊酸醚酯、S-5439
烯虫酯	methoprene	蒙五一五、阿托赛得（Altoside）、烯虫酯、ZR-515、甲氧庚崩、EHT-70460、SP-10、OMS1697、甲氧保幼素 Bripuets、Altoside CP-10、Altoside SR-10
烯啶虫胺	nitenpyram	鸟叔
烯啶噻啉	allyl pyridine imida-clothiz	
硝虫硫磷	xiaochongliulin	川化89-1
斜纹夜蛾核型多角体病毒	spodoptera litura nucleopoly hedrovirus(SpltNPV)	虫瘟一号、绞蛾

续表

中文通用名	英文通用名	俗名
辛硫磷	phoxim	腈肟磷、倍腈松、肟硫磷、多安、利尔杀、立贝克、Valaxon、Benzoyl、睛肪磷、地虫杀星、永星、仓虫净、快杀光、威必克、百吉、地舒适、稼可钦、虫眠、攻剑、农迅富、牛灵、快杀令、农舒、棉杀抗、奥星、青虫光、快杀清、捷施、叼灭、虫速灭、速毙铃、地虫光、高渗辛硫磷、长势好、地苏禾、绿鹰、虫崩、碧野、无敌手、撒杀、土虫遁、顺手丢、熹龙1号、辛害首、绿地丛清、棉佳、辛施-W,T、甘清清、田快扫、一灌清、歼土虫、丢丢净、硬帮帮、根治、护根、金通、堆堆净、虫舒、解愁、铁蛙、战天斗地、劈姑增、稳捕、真妙、立本净、地星、快管、快攻、速佳、邦力收、双攻、恒安、四清、铲螟洁、金线辛、大灵、巴赛松、拜辛松
溴氟菊酯	brofluthrinate	中西溴氟菊酯
溴螨酯	bromopropylate	螨代治（Neoron）、溴丙螨酯
溴灭菊酯	brofenvalerate	溴氰戊菊酯、溴敌虫菊酯
溴氰菊酯	deltamethrin	敌杀死、凯素灵、粮虫克、谷虫净、达喜、达喜精（大有）、卫害净（主要用于防除卫生害虫）、凯安保（防除仓储害虫）、K-othrine, K-obiol, NRDC-161、倍特、康素灵、克敌、扑虫净、氰苯菊酯、第灭宁、保棉丹、虫谷净、金鹿、强力安居保、骑士、天马、增效百虫灵、敌杀菊酯
蚜灭磷	vamidothion	除虫雷、蚜灭多、完灭硫磷、Kilval、Trucidor、Vamidoate、RP10465、NPH83
亚胺硫磷	phosmet	稻棉净虫、益灭松、亚氨硫磷、酰胺硫磷、亚胺磷
烟碱	nicotine	尼可丁、硫酸烟碱、绿色剑、蚜克、尼效灵、克虫灵、五丰黑鹰克
氧乐果	omethoate	华果、欧灭松、克蚜灵、军星八号

续表

中文通用名	英文通用名	俗名
野油菜黄单胞菌夜盗蛾变种	xanthomonas campestris var. litura GXW 15-4	虫瘟菌
乙虫腈	ethiprole	乙虫清
乙基多杀菌素	spinetoram	艾绿士、爱绿士、Delegate
乙硫磷	ethion	益赛昂、易赛昂、乙赛昂、蚜螨立死、爱杀松、1240
乙螨酯		喜满仓
乙螨唑	etoxazole	来福宝、来福禄、Oxazole、Baroque、Borneo、TetraSan、YI-5301、Zeal
乙氰菊酯	cycloprothrind	赛乐收
乙酰甲胺磷	acephate	高灭磷、益土磷、杀虫灵、删虫、农尔旺、百胜、欧胜、沙隆达、杀虫磷、酰胺磷、欧杀松
异丙威	isoprocarb	叶蝉散、扑灭威、异灭威、灭扑散、灭必虱、速死威、杀虱阶、瓜舒、棚杀、天踢力、冲杀、行农、棚蚜愁、蚜虱毙、蚜虫清、熏宝、打灭、易死、凯丰、稻开心、大纵杀、虫迷踪、横剑、虱落、益扑、贴稻战、蝉虱怕
抑食肼	yishijing	RH-5849、虫必净、佳娃、锐丁
印棟素	azadirachtin	卵棟素、印苦棟子素、爱禾、绿晶、全敌、Neem
茚虫威	indoxacarb	安达、安美、全垒打、凯恩
油酸烟碱	nirotine oleate	毙蚜丁、HUN-植物杀虫剂
诱虫烯	muscalure	Z-9-tricosene
鱼藤酮	rotenone	鱼藤、毒鱼藤，施绿宝、宝环一号、绿易、绿之宝

园林植物杀虫剂应用技术

中文通用名	英文通用名	俗名
藻酸丙二醇酯	propylene glycol alginate	藻盖杀、美加农、褐藻酸丙二醇酯
智利小植绥螨	phytoseiulus persimilis	智利螨、智利植绥螨
仲丁威	fenobucarbd	巴沙、速丁威、扑杀威、丁苯威
唑虫酰胺	Tolfenpyrad	HATI-HATI，OMI-88，捉虫朗
唑螨氰	cyenopyrafen	NC-512、Starmite、Nissan、抚生、腈吡螨酯
唑螨酯	fenpyroximated	霸螨灵、杀螨王、速霸螨
唑蚜威	triazamate	灭蚜灵、灭蚜唑